普通高等教育新工科人才培养测绘工程专业"十四五"规划教材

环 境 遥 感

冯徽徽 邹滨 王威 聂云峰 ⊙ 编著

REMOTE SENSING OF
ENVIRONMENT

中南大学出版社
www.csupress.com.cn
·长沙·

图书在版编目（CIP）数据

环境遥感／冯徽徽等编著. —长沙：中南大学出版社，2024.6

普通高等教育新工科人才培养测绘工程专业"十四五"规划教材

ISBN 978-7-5487-5276-9

Ⅰ．①环… Ⅱ．①冯… Ⅲ．①环境遥感—高等学校—教材 Ⅳ．①X87

中国国家版本馆 CIP 数据核字（2023）第 024982 号

环境遥感
HUANJING YAOGAN

冯徽徽　邹　滨　王　威　聂云峰　编著

□出 版 人	林绵优
□责任编辑	刘小沛
□责任印制	唐　曦
□出版发行	中南大学出版社
	社址：长沙市麓山南路　　　邮编：410083
	发行科电话：0731-88876770　　传真：0731-88710482
□印　　装	长沙鸿和印刷有限公司

□开　　本　787 mm×1092 mm　1/16　□印张 16.75　□字数 427 千字
□互联网+图书　二维码内容　字数 1 千字　图片 34 张
□版　　次　2024 年 6 月第 1 版　　□印次 2024 年 6 月第 1 次印刷
□书　　号　ISBN 978-7-5487-5276-9
□定　　价　76.00 元

目 录

扫一扫，看彩图

第 1 章　环境遥感概论

1.1　环境学概论

1.1.1　环境基本定义与概念

　　环境是人类生存与发展的关键物质基础与条件。根据《中华人民共和国环境保护法》的定义，"环境"是影响人类社会生存和发展的各种天然的和经过人工改造的自然因素的总体。按照环境的属性，可以将其分为自然环境和人文环境。其中，自然环境是指未经过人的加工改造而天然存在的环境，是客观存在的各种自然因素的总和，根据环境要素又可分为大气环境、土壤环境、水环境和生态环境等。

　　深刻理解"环境"的内涵，还需要了解几个密切相关的环境学概念，包括环境质量、环境容量、环境承载力和环境污染等。其中，环境质量是对自然环境质量和社会环境质量适宜程度的评价；环境容量主要用来评价污染物最大负荷量；环境承载力是指环境资源所容纳的人口规模与经济规模的大小，而环境污染是指超过环境自净能力而进入环境的那部分有害物质所引起的环境系统的变化。

1.1.2　地球系统中的环境学问题

　　环境是一个宏观的地学问题。一般而言，地球环境系统是指由大气圈、水圈、岩石圈和生物圈(包括人类)所组成的一个有机整体(图 1-1)，具有整体性、区域性和开放性等典型特征。其中，整体性是环境的最基本特性，是指环境的各个组成部分和要素之间构成了一个系统，即环境的各组成部分(包括大气、水体、土壤、植被、人工物等)以特定方式联系在一起，具有特定的结构，并通过稳定的物质、能量、信息网络进行运动，从而在不同时刻呈现出不同状态。环境的区域性和整体性是环境在空间域的特性。环境的区域性是指环境整体特性的区域差异，不同区域的环境有不同的整体性，例如地表覆盖、水资源分布、气候分区等在不同时空尺度上具有显著的差异性。环境整体性并不意味着它是一个封闭的系统，相反，它是一个与外界具有强烈的物质和能量交换的系统，如来自太空的陨石、地球大气逃逸等，都会伴随地球系统与外太空的物质交换，太阳辐射则是地球系统运转的主要能量来源。

　　厘清地球各子系统之间相互联系、相互作用的动态运转机制，是全球环境变化研究的重要内容。随着对资源、环境、灾害的认识深度、广度和研究重点的不断加深，环境问题研究的视野逐步扩展，从地球表层走向深部、从陆地走向海洋，并从单纯地注重矿产资源的找寻逐步转移到以可持续发展为目标的资源合理利用与环境保护并重上。此外，对环境问题的关注已从区域走向全球，对自然灾害的研究也从单一灾害走向群发灾害，从单纯的监测、预报

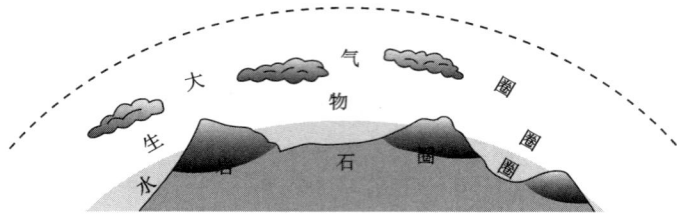

图 1-1　地球环境系统

走向集监测、预警、预报、灾情评估于一体的综合研究。

1.1.3　环境问题类型与起源

自地球诞生以来，其环境状况便时刻处于不断变化发展中。人类出现后，对地球环境的作用与影响不断加剧，截至目前，绝大部分地球系统都留下了人类影响的痕迹。尤其是工业革命以来，人类社会的经济活动和技术活动对整个地球系统产生了显著的影响，并由此对人类社会生存与发展带来巨大的反馈效应，导致人类正面临着一系列前所未有的重大而紧迫的全球环境问题，如土地荒漠化、资源短缺、环境污染加剧、全球变暖、臭氧屏蔽破坏、森林锐减和物种加速灭绝、淡水资源短缺等。理解上述环境问题的类型与起源对于制定合理的环境管理措施，实现区域可持续发展具有重要意义。

人类社会发展以来，主要经历了三个时期的环境问题：农业时期、工业化时期和当代时期。农业时期环境问题主要表现为不合理农业活动导致的水土流失、盐渍化等。工业化时期的环境问题是高度城市化导致的，呈现工业污染向农业污染、点源向面源、区域向全球的发展趋势。当代时期的环境问题日益严重，全球范围发展与环境保护的矛盾冲突加剧。例如，人类燃烧化石燃料，如石油和煤炭，或砍伐并焚烧森林时会产生大量的二氧化碳，也就是温室气体。这些温室气体对来自太阳辐射的可见光具有高度透过性，同时对地球发射的长波辐射具有高度吸收性，能强烈吸收地面辐射中的红外线，导致地球温度上升，这就是所谓的温室效应。全球变暖会导致全球降水量的重新分配、冰川和冻土消融、海平面上升、全球干旱、热浪等，这不仅危害自然生态系统的平衡，还影响人类健康，甚至威胁人类的生存。

中国的环境问题同样形势严峻，无论是大气圈、水圈、土壤圈还是生态圈均或多或少面临系列生态环境问题。如我国水资源虽然总量丰富，但单位国土面积水资源量和人均水资源拥有量都无法达到世界平均水平，人均水资源量 2100 m^3，仅占世界平均水平的 1/3。此外，我国水环境污染问题也比较突出，经过近些年综合治理，已得到一定改善。2020 年，全国地表水 1937 个水质断面，Ⅰ~Ⅲ类水质占 83.4%，较 2019 年上升 8.5%。土壤环境方面，我国荒漠化面积为 262.37 万 km^2，并且每年以 343 km^2 的速度不断扩展。此外，我国土壤污染也较严重，全国土壤总超标率为 16.1%，轻微、轻度、中度和重度污染面积占比分别为 11.2%、2.3%、1.5% 和 1.1%。在大气环境方面，2020 年，全国 59.9% 城市空气达标，但仍有 40.1% 未达标，主要为 $PM_{2.5}$、O_3、PM_{10}、NO_2 和 SO_2 等超标。在生态环境方面，2020 年全国生态环境状况指数（EI）为 51.7，生态质量一般，其中生态质量优良面积仅占全国土地面积的 46.6%，较差区域占 31.3%，从 2004 年至 2014 年，新增入侵物种近 50 种，涉及农田、湿地、森林、河流、岛屿、城镇居民区等几乎所有生态系统。

1.1.4　环境监测与分析技术

开展环境治理与管理首先需要对环境问题进行精准监测，把握环境问题演化的时空规律与趋势。传统监测方法主要依赖于地面采样，通过一定数量的地面监测数据，反映区域范围内环境状况，该方法精度较高，但费时费力，时空代表性差，难以运用于区域大范围连续监测。站点自动化监测利用固定监测站点开展地球系统状态变量的长时期自动监测，其精度较高，时间连续性好，但是空间代表性差，同样难以满足区域大范围监测需求。在世界各国科研人员的共同努力与协调下，使全球各个区域的观测站点按统一标准与规范形成观测网络，从而实现全球大范围环境状况的组网观测，该模式精度较高，时间连续性好，可以反映一定的空间规律，然而受不同国家重视程度及经费投入等因素的制约，全球范围内的站点分布极不平衡。如对于土壤水分观测网（ISMN）站点，部分发达国家及中国等高度重视环境问题的国家站点分布较多，而对于非洲、南美洲以及两极等区域，站点分布十分稀少，开展全球尺度的环境问题监测依然面临极大瓶颈。因此，如何实现区域大范围环境状况的精确观测成为环境治理需要解决的首要问题。

1.2　遥感概述

针对传统技术在环境监测中的局限性，遥感以其快速、低成本、大面积获取数据等优势，在监测调查、环境污染监测、自然灾害监测等地表状况探测方面得到了越来越广泛的应用。在分析环境遥感监测技术之前，需要了解遥感基本概念与原理。

1.2.1　遥感基本定义

遥感（remote sensing）是指遥远感知事物的过程，即通过运用传感器/遥感器在远距离和非接触目标条件下对物体的电磁波辐射、反射特性的探测，获取其反射、辐射或散射的电磁波信息（如电场、磁场、电磁波、地震波等信息），并进行提取、判定、加工处理、分析与应用的一门科学和技术。电磁波作为遥感的重要媒介，是遥感信息采集的主要方式。电磁波是以波动的形式在空间传播的，因此具有波动性，表现为电磁波有干涉、衍射、偏振、散射等现象；另一方面，电磁波是能量的传输，在与不同物体相互作用时具有不同的辐射效应，这种能量是通过光子的形式表现出来的，即粒子性，电磁辐射的实质是光子微粒有规律地运动。电磁波具有波粒二象性，电磁波在传播过程中，主要表现为波动性，在与物质相互作用时，则主要表现为粒子性；波动性和粒子性的强弱取决于频率和波长，波长愈短，粒子愈明显，波长愈长，波动性愈明显。光电效应体现了光的粒子性，遥感过程中具有一定波长的电磁波在与被探测物体相互作用后，激发出相应的光子，进而被遥感传感器所接收，物体对电磁波的辐射和反射能力随波长而变化，使得各种物体在不同波长情况下具有不同的波谱特性。根据产生的波谱信号的差异性，可以揭示物体的特征。如鉴别土地的光谱比辐射率和地面温度，即利用物体的波谱特性来进行。波谱特性作为判断物体属性的依据，是环境遥感最本质的物理基础。

将各种电磁波在真空中的波长/频率按其长短/高低，依次排列制成的图表，即电磁波谱

（图 1-2）。在电磁波谱中，波长最长的是无线电波，其按波长可分为长波、中波、短波和微波，波长最短的是 γ 射线。按照电磁波产生的方式，可将其划分成三个组成部分：高频区（高能辐射区），包括 X 射线、γ 射线和宇宙射线，特点是量子能量高，当与物质发生相互作用时，波动性弱而粒子性强；长波区（低能辐射区），包括长波、无线电波和微波等低频辐射，由能量在电容和电感之间振荡形成，它们与物质间的相互作用更多地表现为波动性；中间区（中能辐射区），包括红外辐射、可见光和紫外辐射，这部分辐射产生于原子和分子的运动，红外辐射主要产生于分子的转动和振动；而可见光与紫外辐射主要产生于电子在原子场中的跃迁，这部分辐射统称为光辐射，此类辐射在与物质的相互作用中，显示出波动和粒子双重性。

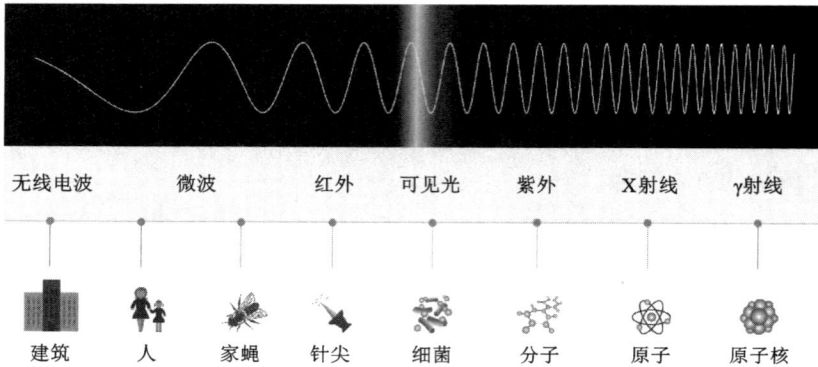

图 1-2　电磁波谱

1.2.2　典型遥感平台

　　遥感传感器需要搭载在一定的平台上开展监测，主要包括地面、航空和卫星平台等（表 1-1）。其中地面平台是指将传感器安置在地面设施上，如车载、船载、手提、固定或活动高架平台等，地面平台可以测得地物的光谱资料，配合辅助航空、航天遥感实施工作，但它不能反映出环境的综合信息；航空平台是指在飞机或气球上装载遥感仪器的方式，特点在于获取信息的分辨率高，不受地面条件的限制，收集资料方便，主要用于局部地区的资源遥感；航天平台是将传感器设置在航天器上，如人造卫星、探测火箭、宇宙飞船、天空实验室和航天飞机等，该平台可以对地球进行宏观的、综合的、动态的、快速的资源调查和环境监测。各种类型的平台可以获取到相同研究区域不同波段、不同成像范围、不同比例尺及不同地面分辨率的遥感信息资料，在具体的遥感作业中相互补充、相互配合使用。

表 1-1　遥感平台介绍

遥感平台	高度	目的及用途	其他
静止卫星	36000 km	定点地球观测	气象卫星（GMS 等）

续表1-1

遥感平台	高度	目的及用途	其他
圆轨道卫星	500~1000 km	定期地球观测	Landsat、SPOTMOS等
航天飞机	240~350 km	不定期地球观测空间实验	
无线探空仪	100 m~100 km	各种调查(气象等)	
高高度喷气机	10000~12000 m	侦察、大范围调查	
中低高度喷气机	500~8000 m	各种调查航空摄影测量	
飞艇	500~3000 m	空中侦察、各种调查	
直升机	100~2000 m	各种调查、摄影测量	
无线遥控飞机	500 m以下	各种调查、摄影测量	飞机、直升机
牵引飞机	50~500 m	各种调查、摄影测量	牵引滑翔机
系留气球	800 m以下	各种调查	
索道	10~40 m	遗址调查	
吊车	5~50 m	近距离摄影测量	
地面测量车	0~30 m	地面实况调查	车载升降台

1.2.3　遥感主要类型

根据遥感平台、波段选择及成像方式的不同,遥感主要可分为以下类型(图1-3):

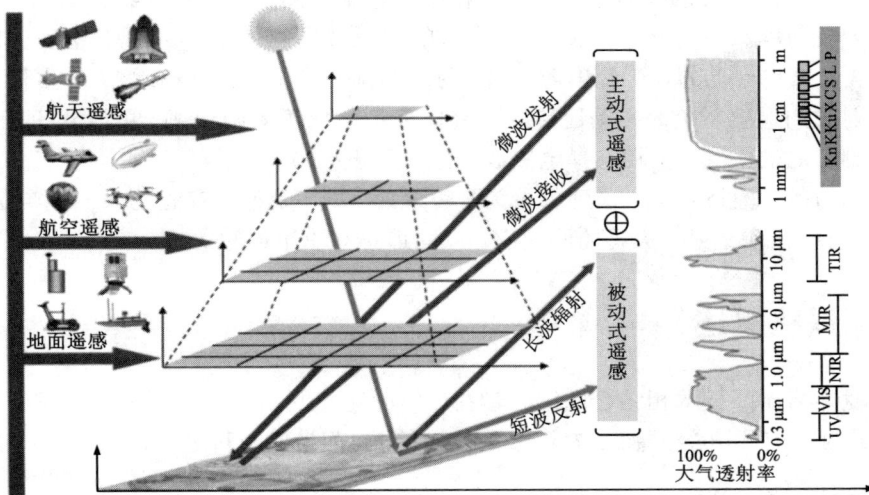

图1-3　遥感类型

按遥感平台的高度大体上可分为航天遥感、航空遥感和地面遥感。航天遥感又称太空遥感(space remote sensing)，泛指利用各种太空飞行器为平台的遥感技术系统。卫星遥感(satellite remote sensing)为航天遥感的组成部分，以人造地球卫星作为遥感平台，主要利用卫星对地球和低层大气进行光学和电子观测。航空遥感泛指从飞机、飞艇、气球等空中平台对地观测的遥感技术系统。地面遥感主要指以高塔、车、船为平台的遥感技术系统，地物波谱仪或传感器安装在地面平台上，可近距离进行各种地物波谱测量。

按遥感电磁波谱段可将它分为紫外遥感、可见光/反射红外遥感、热红外遥感和微波遥感。其中，紫外遥感是指利用紫外波段进行地物探测的遥感，波段范围为 $0.05 \sim 0.38$ μm。地球表面的一些物质，如岩石、矿物，经紫外辐射时可发出可见的光照射。可见光/反射红外遥感是指利用可见光波段、红外波段和短波红外波段进行探测的遥感技术，波段范围为 $0.38 \sim 2.5$ μm，是遥感监测中最常用的方式之一。其中，$0.38 \sim 0.76$ μm 是人眼可见的波段，$0.76 \sim 2.5$ μm 为反射红外波段，虽然人眼不能直接看见，但其信息能被特殊遥感器所接收，如高光谱遥感和超光谱遥感。它们的共同特点是：辐射源是太阳。这两个波段只反映地物对太阳辐射的反射，所以可以根据地物反射率的差异来获得相关的信息，并且都可以用摄影方式和扫描方式对观测区域进行成像。热红外遥感是指利用中、远红外波段进行地物探测的遥感技术，波段范围为 $2.5 \sim 1000$ μm。热红外遥感通常是通过红外敏感元件，探测物体的热辐射能量，显示目标的辐射温度或热场图像的遥感技术的统称。在常温（约 300 K）下，地物热辐射的绝大部分能量都位于此波段，因此，此波段上地物的热辐射能量大于太阳的反射能量。热红外遥感具有昼夜工作能力。微波遥感是指利用微波波段进行地物探测的遥感技术，波段范围为 $1 \sim 1000$ mm。微波遥感通过接收地物发射的微波辐射能量，或接收遥感仪器本身发出的电磁波束的回波信号，对地物进行探测、识别和分析。微波遥感的特点是它对云层、地表植被、松散沙层和干燥冰雪具有一定的穿透能力，具备全天时、全天候工作能力。

根据遥感成像方式可将它分为主动式遥感和被动式遥感。被动遥感又称无源遥感，即遥感系统本身不带有辐射源的探测系统，亦即在进行遥感探测时，探测仪器获取和记录目标物体自身发射或反射的来自自然辐射源（如太阳）的电磁波信息的遥感系统。主动遥感又称有源遥感，指从遥感平台上的人工辐射源，向目标物发射一定形式的电磁波，再由传感器接收和记录其反射波的遥感系统。主动遥感的主要优点是不依赖太阳辐射，可以昼夜工作，而且可以根据探测目的的不同，主动选择电磁波的波长和发射方式。

按应用的目的和意图不同，遥感可分为环境遥感、城市遥感、农业遥感、海洋遥感、地质遥感、林业遥感、气象遥感、灾害监测遥感、空间遥感和军事遥感等。

1.3 环境遥感概述

作为环境学与遥感技术相结合的综合学科，环境遥感既与两个学科紧密关联，又展现出独特特征，成为当前环境学、遥感技术领域具有活力与前景的学科之一。

1.3.1 环境遥感定义

广义而言，环境遥感是以探测地球表层系统及其动态变化为目的的遥感技术，涉及大气、水、土壤、生态环境等遥感活动。狭义上则是指遥感技术在环境科学研究中的应用。具体而言，环境遥感是指利用遥感探测技术来研究环境污染的空间分布、时间尺度、性质、发展动态、影响和危害程度，以便采取环境保护措施或制定生态环境规划的遥感活动。除了具备一般遥感技术所具备的普遍特征外，环境遥感在数据获取上具有多层次、多时相、多功能等特点，在应用层面则具有多源数据处理、多学科交叉综合分析、多维动态监测和多用途的特点，主要表现在：

（1）空间尺度效应

环境变化具有不同的空间尺度差异，通过采用不同的遥感技术手段从全球到区域到局地具体分为高、中、低三种分辨率类型。例如全球性的酸雨、二氧化碳温室效应及海平面升降等巨型宏观现象，主要采用千米级空间分辨率的气象卫星、海洋卫星。资源调查、环境质量评价、土地类型等大型环境特征，主要选用百米级分辨率的陆地卫星系列。中尺度环境特征，如作物估产、土种识别、污染监测等区域范围环境问题，则一般选用空间分辨率高的陆地卫星系列（如 Landsat TM、SPOT、CBERS-1 等）。城市空间规划、工程设计等地区性小尺度问题，则依赖于航空遥感数据和空间分辨率较高的高分系列等卫星数据。

（2）时间尺度效应

除空间尺度效应外，环境变化对遥感数据周期长短的需求体现出不同的时间尺度特征。如台风、寒潮、城市热岛、森林火灾等小时性变化，需以卫星与地面遥感监测相结合；江河洪水、作物旱情、森林虫害等逐天性变化，则需运用多时相遥感信息的对比分析；作物长势、草场畜牧量等中期季节性变化，一般运用多年遥感图像数据和抽样统计分析；水土流失、湖泊水量变化、城市扩张等长期性年际变化，除利用遥感图像以外，还需历史文献记录佐证。超长期变化如地壳变形等只能利用遥感图像的历史痕迹进行推断。

（3）多用途性

按照应用领域的不同，环境遥感可以分为水环境遥感、土壤环境遥感、大气环境遥感、生态环境遥感等类型。

1.3.2　环境遥感类型

20 世纪 90 年代以来，环境遥感技术应用领域越来越广，涵盖地球系统大气、水体、土壤及生态等各个圈层子系统。水环境遥感包括水资源遥感、水质遥感和海洋环境遥感，具体包括水温、水深、水量变化、水体污染等内容；土壤环境遥感的研究主要集中在土壤干旱和土壤污染等方向，前者主要研究土壤干旱、土壤水分，后者主要研究土壤 N、P 元素和重金属污染等内容；大气环境遥感的研究主要集中在大气温度及湿度比例变化、气溶胶含量、降水监测等方向；生态环境遥感主要包括自然生态环境遥感和城市生态环境遥感等，前者主要研究土地利用、覆盖、植被、土地退化，后者则着重于城市群落土地利用动态变化及趋势、城市交通、人口分布以及城市环境监测。

（1）水环境遥感

水环境遥感监测技术主要是利用水体中不同种类和不同浓度的污染物所具有的光谱特征，同时结合监测得到的水环境数据，利用其在遥感影像上的颜色、纹理等的差异判别水污染的种类及污染量。通过利用遥感技术对水温、总悬浮固体颗粒物、叶绿素、透明度、石油类污染等信息进行提取、处理和分析，逐渐形成了水体环境质量遥感监测、水域分布及变化遥感监测、水体沼泽化遥感监测、赤潮和富营养化遥感监测、泥沙污染遥感监测、固体悬浮物污染遥感监测等专题研究。

（2）土壤环境遥感

土壤环境遥感是指利用遥感技术获取土壤环境信息，通过解释和分析遥感数据，揭示土壤环境的空间分布、属性特征、动态变化以及与周围环境的关系。土壤环境遥感的原理是基于不同土壤类型的性质在电磁波谱上的不同响应。遥感传感器通过接收地面反射或发射的电磁波信号，记录土壤表面的光谱信息，通过对这些光谱信息进行提取、分析和处理，可以识别出土壤的类型、成分、湿度、质地等属性。同时，结合其他辅助数据（如地形、气候、植被等），可以进一步分析土壤环境的空间分布和动态变化。土壤环境遥感的研究包括土壤类型识别与分类、土壤污染监测与评估、土壤侵蚀与退化监测、土壤水分监测与预测等专题研究。土壤遥感监测有助于更好地了解土壤环境状况，为土壤资源管理和环境保护提供科学依据。

（3）大气环境遥感

大气环境遥感监测主要利用紫外、可见光、反射红外遥感技术，可以在瞬间获取区域地表的大气信息以便于进行动态监测。大气中不同气体物理性质的差异及不同波段的反射、吸收和透射能力明显的差异性，在遥感图像上表现为各大气组分的色调存在较大差异。大气环境遥感监测技术利用影像信息的差别，识别出污染物及污染源，包括对总悬浮颗粒物、二氧化硫、一氧化碳、空气水分含量和臭氧等信息进行处理、提取和分析，逐步形成大气成分变化遥感监测、大气污染与污染源监测、大气温度与密度遥感监测、温室气体浓度遥感监测、大气颗粒物遥感监测等专题研究。但由于在遥感信息中，大气污染信息属于叠加于多变的地面信息之上的弱信息，常规的信息提取方法均不适用，因此多年来该方向的研究进展较为缓慢。

（4）生态环境遥感

生态环境状况是影响社会和经济可持续发展的重要因素，通过遥感技术获取地表各种环境要素的定量数据可以研究陆地生态变化。对土壤水分、表土温度、植被覆盖度、叶面积指数等植被生物物理参数、地表覆盖类型等信息进行提取、处理和分析，逐渐形成如土地退化遥感监测、土地覆盖变化遥感监测、区域景观格局动态遥感监测等自然陆地研究成果。城市陆地人口分布集中，环境污染受人类活动影响较大，尤其体现在空气污染、垃圾污染和水污染等问题上，需要利用遥感技术监测城市群落动态变化、城市热岛、城市植被分布空间特征。全球尺度上，利用遥感技术研究生物量对大气中二氧化碳、甲烷等气体收支的影响问题以及生物量变化导致的气候变化问题，同时遥感技术在土地覆盖监测、作物估产、森林蓄积量调查等应用方面具有实际意义。

1.3.3　环境遥感与其他学科关系

作为一门综合性学科，环境遥感既具自身鲜明特色，又与地理学、环境学、社会学等其他学科具有紧密联系，充分了解环境遥感与其他学科的关系有助于深刻理解环境遥感的学科内涵，掌握遥感技术的典型应用原理与方法。

从研究客体与学科的角度，环境科学与环境遥感两者既统一也存在差异。环境科学是研究人类生存的环境质量及其保护与改善的科学，侧重研究环境污染与生态破坏的控制问题。环境遥感则是以获取的地理信息为基础，运用遥感技术的理论与方法，研究环境污染物在地球环境大气圈、水圈、岩石圈、生物圈中的形成、迁移、转化与归宿。环境遥感是从经验性的定性描述走向相对客观的定量分析，由此形成一个重要的遥感应用分支和地理科学、环境科学研究的技术工具学科。

地理科学研究的核心是地理区域分析，只有通过地理分析才能了解和掌握各个自然要素和人文要素间的关系，以及它们的相互影响及其转化演变的规律，从而揭示区域的特征，提出改造利用的前景。环境遥感对于地理科学研究方法的支持作用，体现在使地理科学从定性到定量，以及对地球表层系统物质信息和能量信息的双重同步考察等。而地理综合分析客观性的加强、规范化的"信息复合"技术应用，以及以地理环境遥感信息分析处理为核心的地理制图、地理信息系统技术应用和人–地关系中地域性或地域组合则是环境遥感的发展对地理科学研究理念的一系列拓展。

地球科学是指一切研究地球的科学，主要包括地质学、地理学，以及其他衍生学科。各学科通常会从物理、地理、地质、气象、数学、化学、生物的角度研究地球。地球系统科学以及全球变化问题的研究和应用的与日俱增，使得对地球系统开展地面和卫星观测发挥着至关重要的作用。在实现卫星观测之前，全球观测系统主要由地基观测系统、海洋船只报告、气球系统（如无线电探空仪）和飞机报告构成。从 20 世纪下半叶开始，卫星观测给大气科学领域带来了巨大突破，环地球轨道卫星观测促进了对地球大气物理和化学过程以及圈层间相互作用的认识。卫星独特的全球覆盖和日尺度的观测改变了地球科学的研究方法，其强调所能探测到的多时空尺度上的动力过程，在全球范围应对能源和环境挑战方面具有重要作用，揭示了地球系统多学科交叉的新纪元。环境遥感则是以地球系统中的环境问题为研究主题，充分利用空间探测技术的优势，监测和理解地球环境的变化，同时提高预报和预测地球系统各分量变化的水平，增强减灾防灾、资源管理和环境保护等方面的能力。

遥感与地理信息系统应用的不断深入与普及，面向不同专业的数学模型的进一步分化，使得以遥感物理模型为理论基础的专业化模型成为主流，环境遥感与数学、物理等自然科学之间的联系变得越发密切。例如遥感中电磁辐射的物理基础、遥感反演模型的数学表达以及各种遥感水文模型都是建立在降水与下垫面相互作用机制研究的基础上。同时随着数字分析技术的发展和计算机功能的提高，通过进一步的理论概括，可以形成以处理数字、数据为主体的通用化数学遥感模型，例如以研究时间进程内环境的变化为对象的时序分析模型的建立，以及以模拟环境现象二维或三维空间分布特征为对象的面模拟模型等。

人工智能的发展和落地应用，是以地理空间大数据为基础，利用人工智能技术挖掘其深层信息，赋予它更多的应用模式，将成为环境遥感领域发展的长期主题。其中遥感数据智能分析技术是将长期积累的遥感数据转化为对观测对象的整体观测、分析、解译，获取丰富准确的属性信息，挖掘目标区域的演化规律，能够进一步展示地表环境要素的动态变化和揭示地物的演化规律。主要包括遥感数据精准处理、遥感数据时空处理与分析、遥感目标要素分类识别、遥感数据关联挖掘等。以水环境为例，AI 在水质指标模型化及多维时空数据融合等方面的应用实践，为提升水污染的研判能力和防控水平创造了新机遇。例如，利用人工神经网络自适应选择方法，以水质遥感和检测数据为特征，可实现非线性水质指标模型的构建和应用，为水体水质管理与数字规划提供必要的基础数据。融合神经网络、支持向量机、分类回归树等 AI 算法，可以对更为复杂的水环境水质变化及其地球生物化学过程进行集成模拟，为水体水质保护与恢复提供重要的模型工具。

1.4　小结

　　本章主要介绍了环境遥感概论方面的内容，主要分为三部分，分别为环境学概述、遥感概述及环境遥感概述。其中，第一小节是从环境基本定义、环境问题类型与起源以及传统环境监测与分析技术等方面进行总体梳理。第二小节是站在遥感的角度，对遥感的基本定义、典型遥感平台以及遥感主要类型进行简要概述。第三小节则是综合环境学与遥感技术，引出环境遥感的主题。从环境遥感的定义与特征、环境遥感的类型以及环境遥感与其他学科间的关系等方面对环境遥感进行综合论述分析。

第 2 章　环境遥感信息提取基础

　　本章将在介绍遥感基本原理的基础上，从环境遥感图像解译与遥感反演定量模型两个方面，讲解环境遥感信息提取的主要概念与原理，以期为后续典型环境因素遥感监测奠定前期基础。

2.1　环境遥感理论基础

　　从监测体系角度而言，环境遥感理论基础源于遥感过程中的基本物理学原理。遥感过程是被探测对象（通常是地面）自身辐射或者反射太阳光进入空中，经过大气一系列的折射、反射、吸收、透射最终到达传感器（图 2-1）。根据辐射源的不同，可将遥感分为主动遥感和被动遥感。被动遥感又称无源遥感，即遥感系统本身不带有辐射源的探测系统，探测仪器获取和记录的是目标物体自身发射或反射来自自然辐射源（如太阳）的能量。主动遥感又称有源遥感，指从遥感平台上的人工辐射源向目标物发射一定形式的电磁波，再由传感器接收和记录其反射波的遥感系统。无论主动遥感还是被动遥感，所依据的都是被探测物体对电磁波的辐射特征。因此，要了解遥感的基本内涵，首先需要了解电磁波与电磁辐射的相关概念。

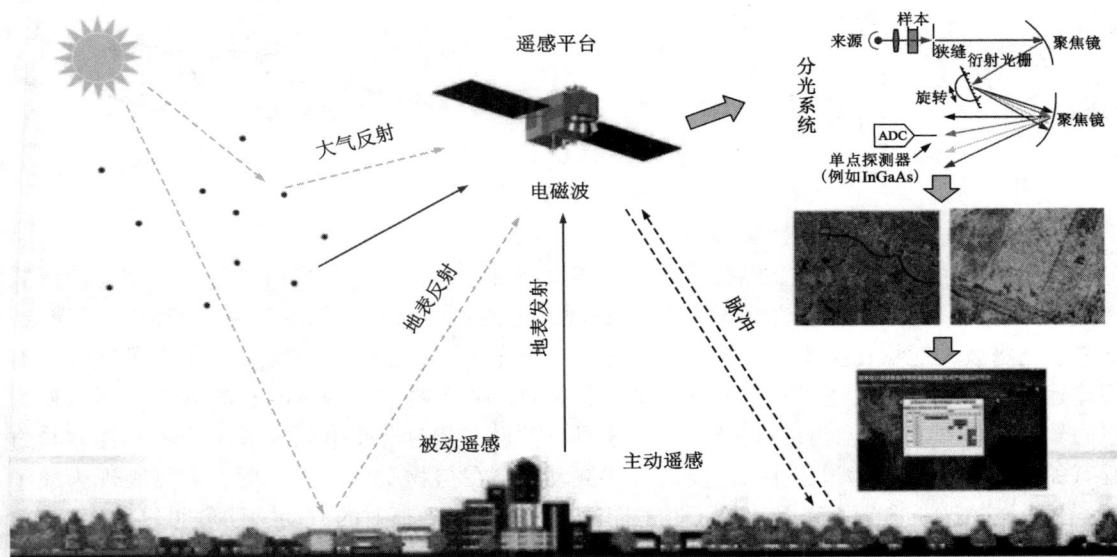

图 2-1　遥感基本过程

2.1.1 辐射传输过程

（1）电磁波与电磁波谱

了解电磁波之前需要了解"波"的定义。波是振动在空间的传播，波动则是各质点在平衡位置振动而能量向前传播的现象。生活中有不同的"波"，如声波、水波、弹簧纵波、地震波、光波、无线电波等（图2-2）。通常按照介质中质点振动方向和波传播方向间的关系，可将"波"分为横波和纵波两种。其中，横波是指质点振动方向与波传播方向垂直的波，如水波等；纵波则是指质点的振动方向与波的传播方向平行的波，如弹簧振动引起的波。

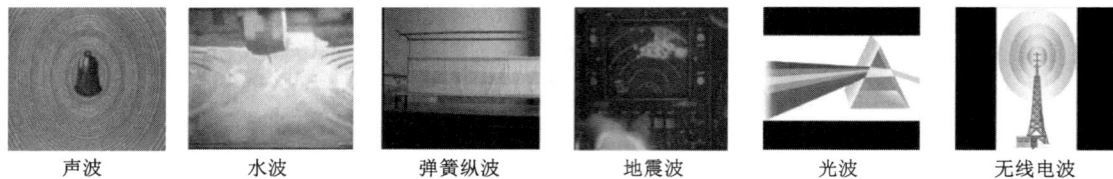

| 声波 | 水波 | 弹簧纵波 | 地震波 | 光波 | 无线电波 |

图2-2　无处不在的波

电磁波也是"波"的一种，它是一种伴随电场和磁场的横波，是遥感信息采集的主要方式，表现为电场与磁场的相互作用。根据电磁辐射原理，当空间中存在一个振动的电源时，会在其周围产生一个变化的电场，变化的电场又会进一步激发出磁场，这种电场和磁场交替产生，以有限的速度由近及远在空间传播的过程，即形成电磁波（图2-3）。

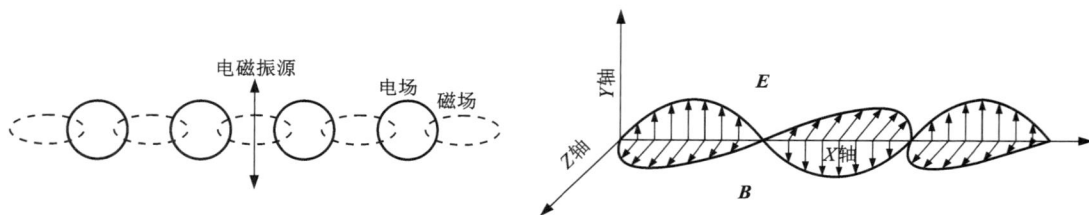

图2-3　电磁波的传播

作为波的一种特殊形式，电磁波具有其典型特征。首先，电磁波在空间中以波动的形式传播，因此其具有波动性（图2-4），具体表现为电磁波有干涉、衍射、偏振和散射等现象。此外，电磁波是能量在空中的传播，其能量单位为光子，电磁辐射的实质就是光子微粒的有规律运动，因此电磁波还具有粒子性，如光电效应、康普顿效应等。电磁波的粒子性也使得电磁辐射的能量具有统计性。综上，电磁波具有波粒二象性，而电磁波表现出来的性质与过程有关。电磁波在传播过程中，主要表现为波动性，在与物质相互作用时，主要表现为粒子性；电磁波的波长愈短，辐射的粒子性愈明显，波长愈长，辐射的波动特性愈明显。

以电磁波典型的光电效应（图2-5）为例，它是指在高于某特定频率的电磁波照射下，某些物质内部的电子会被光子激发出来而形成电流，即光生电。光电效应中产生的光电子的速度与光的频率有关，而与光强无关。入射光的强度只影响光电流的强弱，即只影响在单位时间内由单位面积逸出的光电子数目。电磁波的光电效应是遥感中十分重要的理论依据，具有一定波长的电磁波在与被探测物体相互作用后，激发出相应的光子，进而被遥感传感器所接收，作为判断物体属性的依据，是环境遥感最本质的物理基础。

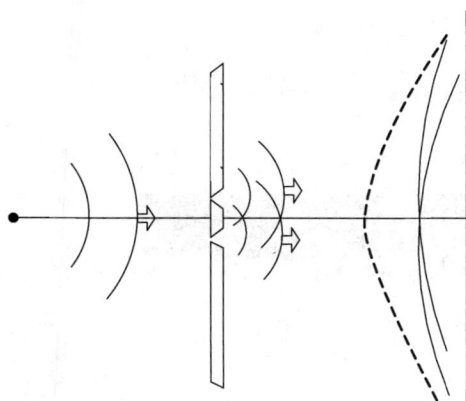

图2-4　波动性

$E=hf$

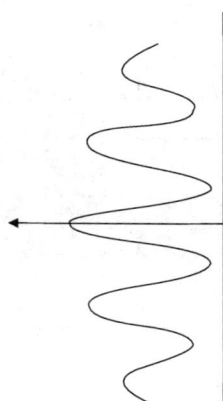

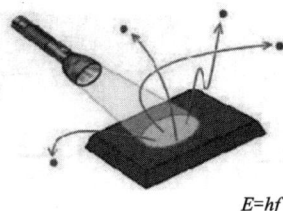

图2-5　光电效应

电磁波的波粒二象性通常可利用以下公式进行表达：

$$c = f\lambda \tag{2-1}$$

$$E = hf \tag{2-2}$$

$$P = h/\lambda \tag{2-3}$$

在对以上公式进行解释之前，需要了解波长和频率这两个物理量。频率是单位时间内完成周期性变化的次数，常用 f 表示；波长则是波在一个振动周期内在传播方向上传播的距离，用 λ 表示。由于电磁波具有波动性，因此其传播速度为频率与波长的乘积[式(2-1)]，其中电磁波在空气中的传播速度为光速（$c = 3 \times 10^8$ m/s）。电磁波的粒子性由能量 E 与动量 P 描述，分别满足式(2-2)与式(2-3)，式中 h 为普朗克常量（$h = 6.2607015 \times 10^{-34}$ J·s）。由此可见，能量 E 与频率 f 成正比，动量 P 与波长 λ 成反比。

综上所述，波长（或频率）是电磁波最重要的物理参数。将各种电磁波在真空中的波长/频率按其长短/高低依次排列制成的图表，即电磁波谱，是遥感中最重要的概念之一（图2-6、表2-1）。根据电磁波段范围，遥感常用的电磁波主要有紫外线、可见光、红外线与微波。其中，紫外线（UV）的波长范围为 $0.01 \sim 0.38$ μm，是一种不可见光，具有较高的能量，但是在大气中散射严重，主要用于探测碳酸盐岩分布、水面油污染等，不宜用于高空遥感。可见光的波长为 $0.38 \sim 0.76$ μm，能作用于人的眼睛并引起视觉，是遥感中最常使用的波段，由红、橙、黄、绿、青、蓝、紫光组成，其中红光的波长最长；可见光可以用于观察物体和照相等。红外线（IR）的波长范围很宽，为 $0.76 \sim 1000$ μm，由于它具有显著的热作用，因此通常将它应用于温度相关探测的研究，如红外摄影、红外遥感技术和红外测温仪等；还可以根据波长范围，将红外光划分为近红外（$0.76 \sim 3.0$ μm）、中红外（$3.0 \sim 6.0$ μm）、远红外（$6.0 \sim 15.0$ μm）和超远红外（$15 \sim 1000$ μm）。微波的波长较长，在 1 mm 和 1 m 之间，其穿透性强，能穿透云、雾、雨、雪而不受天气影响，所以能实现全天时、全天候遥感；根据微波遥感的工作原理，可将其划分为主动遥感和被动遥感；此外，微波对某些地物也具有一定的穿透能力，如能直接透过植被、冰雪、土壤等表层覆盖物，未来的发展潜力大。

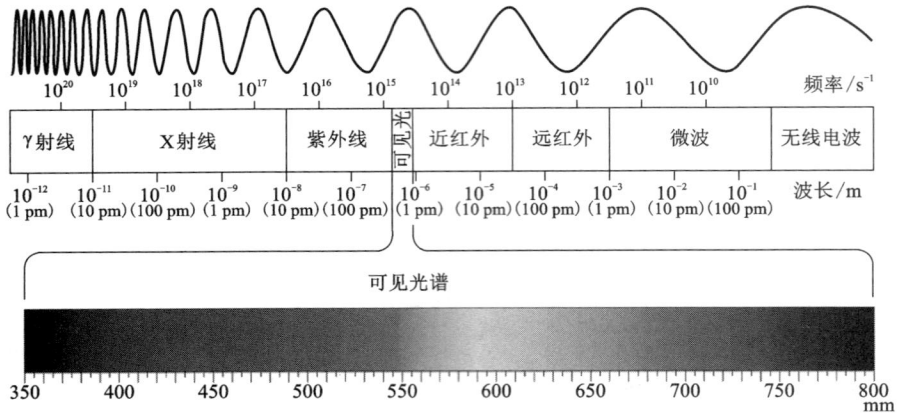

图 2-6 电磁波谱分布

表 2-1 电磁波谱频率与波长对应表

名称	波长	频率	分区(波长或频率)
γ 射线	<0.01 nm	>30 EHz	
X 射线	0.01~10 nm	30 EHz~30 PHz	
紫外线	10~380 nm	30 PHz~790 THz	UVC：100~280 nm UVB：280~315 nm UVA：315~380 nm
可见光	380~760 nm	790 THz~430 THz	紫：380~450 nm 蓝：450~495 nm 绿：495~570 nm 黄：570~590 nm 橙：590~620 nm 红：620~750 nm
红外线	760 nm~1 mm	430 THz~300 GHz	近红外：0.76~1.4 μm 短波红外：1.4~3 μm 中红外：3~6 μm 长波红外：6~15 μm 远红外：15~1000 μm
微波	1 mm~1 m	300 GHz~300 MHz	UHF：300~1000 MHz L 波段：1~2 GHz S 波段：2~4 GHz C 波段：4~8 GHz X 波段：8~12 GHz Ku 波段：12~18 GHz K 波段：18~27 GHz Ka 波段：27~40 GHz V 波段：40~75 GHz W 波段：75~110 GHz mm 波段：110~300 GHz

续表2-1

名称	波长	频率	分区(波长或频率)
无线电波	1 m~100000 km	300 MHz~3 Hz	TLF: <3 Hz ELF: 3~30 Hz SLF: 30~300 Hz ULF: 300~3000 Hz VLF: 3~30 kHz LF: 30~300 kHz MF: 300~3000 kHz HF: 3~30 MHz VHF: 30~300 MHz

（2）辐射传输过程

任何温度大于绝对零度的物体都会以电磁波的形式向外辐射能量，同时接受来自周围的电磁波，这种能量传播方式即为电磁辐射。电磁辐射在介质中传输的过程即为辐射传输过程，根据能量守恒原理，可将它分为反射、吸收和透射等作用。不同的物质，其反射、吸收和透射等的过程差异较大，这是遥感观测的基本原理。太阳是地球最主要的能量来源，也是遥感的主要辐射能量来源。"日—地"辐射传输过程中，卫星传感器接收到的来自空中或者地物反射的电磁波，主要是经过太阳辐射转换得到的。太阳辐射的能量进入地球大气层后，一部分能量被顶层大气反射回到太空，一部分能量被大气吸收，与此同时大气也会向外辐射能量；另外一部分能量经过大气中的各种气体成分以及水滴、尘埃等颗粒的反射、折射等过程最终到达地面，部分能量被地表反射再次进入大气，剩余能量被地表物体吸收转换为其他各种形式的能量，同时地表向外辐射能量进入大气。了解地表辐射传输的基本过程是掌握遥感监测原理的重要基础。

具体而言，当电磁波到达物体表面时，一部分能量被物体吸收转换为内能或者其他形式的能（Q_1），另一部分被反射回去（Q_2），还有一部分则会穿透物体（Q_3）（图2-7）。不同物体对电磁波的吸收率、反射率和透过率等差异较大，是遥感监测的核心参数与依据。在环境遥感研究中，经常根据不同地物类型的反射率、发射率等的内在联系，构建遥感模型，开展不同物体的识别与属性分析。

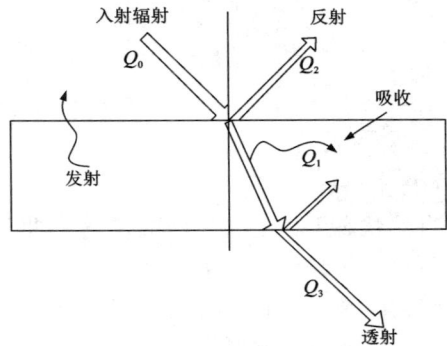

图2-7 吸收、反射、透射示意图

2.1.2 典型地物光谱特征

不同地物对电磁辐射的反射、吸收和透射特征称为地物的光谱特征。将不同波段内的光谱特征绘制成图所得到的曲线称为地物光谱曲线，是遥感的"基因"，也是遥感识别地物性质的基本原理。掌握典型地物的理论光谱特征，有助于进一步分析特定地物类型与性质，因而成为遥感监测中的重要内容。

（1）大气光谱特征

电磁波在大气传输过程中，受到大气中的水汽、甲烷、二氧化碳等成分以及其他颗粒的吸收、反射和透射等，导致强度、传输方向和偏振状态等发生变化，大气对电磁波的透射特征以及部分成分对电磁波的吸收特征表明，CH_4 在 3.0 μm 和 7.0 μm 波长处存在较强的吸收带；N_2O 则对波长为 4.8 μm 和 7.3 μm 附近的电磁辐射吸收较强；O_3 在紫外（波长 0.22 ~ 0.32 μm）和远红外 9.6 μm 波长处各有两个强吸收带外，在 0.6 μm 处还有一个较弱的吸收带；O_2 则是从 0.26 μm 开始向短波方向发展，形成连续的 Herzberg 吸收带；CO_2 在中-远红外区段均有较强的吸收带，其中最强的吸收带出现在 13 ~ 17.5 μm 的远红外段；此外水汽在 0.57 μm、0.72 μm、0.73 μm、0.91 μm、0.94 μm、0.98 μm、1.14 μm、1.38 μm 和 1.39 μm 波长处均具有吸收特征。某些通过大气而较少被反射、吸收或散射的透射率较高的波段，称为大气窗口（图 2-8），主要包括 0.3 ~ 1.3 μm、1.5 ~ 1.8 μm、2.0 ~ 2.6 μm、3.0 ~ 4.2 μm、4.3 ~ 5.0 μm、8 ~ 14 μm 以及 0.8 ~ 2.5 mm 等地面遥感监测常用的波段范围。

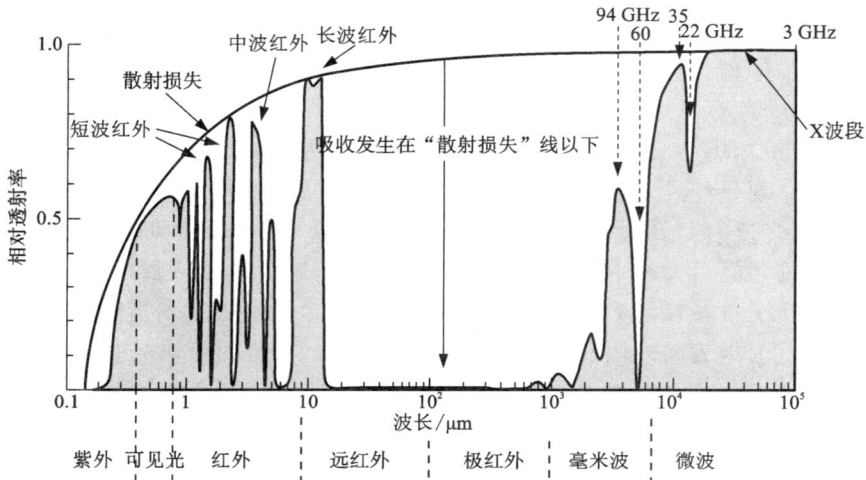

图 2-8　各波长电磁波大气穿透率曲线

（2）土壤光谱特征

自然状态下，土壤表面的反射率曲线并不存在明显的波峰与波谷，且由于曲线较为平滑，因此在各光谱段的遥感影像上，土壤的亮度区别并不明显。一般而言，干燥条件下同样物质组成的细颗粒土壤，较粗的颗粒反射率较低；有机质含量高的土壤，其反射率反而较低（图 2-9）。含水量不同也会影响土壤反射特性，图 2-10 和图 2-11 是黑土土壤在不同水平含水率条件下的反射曲线，

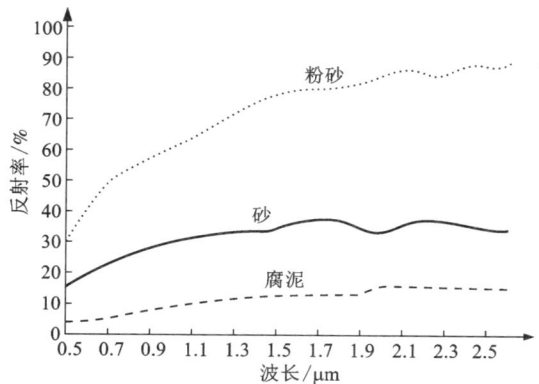

图 2-9　三种土壤的土壤反射光谱

在 1400 nm、1900 nm 和 2200 nm 附近出现 3 个水分吸收峰。当含水率在较低范围内变化时，土壤反射率随着含水率增加而下降，但当土壤水超过最大毛管持水量时，土壤反射率反而随着水分增加而升高。此外，土壤的光谱特征还受重金属含量、地貌和耕作特点等影响。

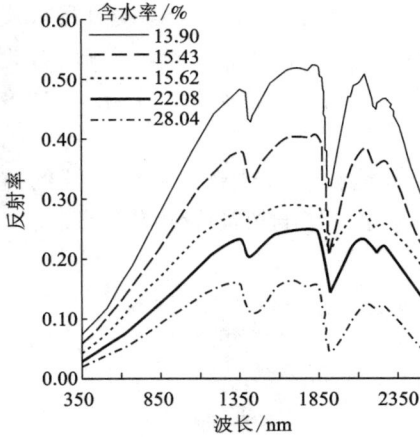

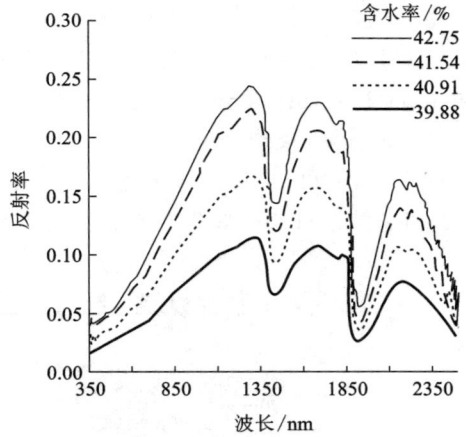

图 2-10　低水平含水率条件下黑土土壤光谱曲线　　图 2-11　高水平含水率条件下黑土土壤光谱曲线

（3）水体光谱特征

水体的反射率很低，通常低于 10%。水体的反射主要集中在蓝绿波段，并随着波长增加而减弱。过了红波段（0.75 μm），尤其是近红外、中红外波段，几乎全部被水体吸收，反射率接近于 0。因此在近红外波段，清澈水体呈黑色，可用此特征进行水体的识别和判读，确定遥感影像中水体的位置和轮廓。但是，当水体中含有杂质时，其反射率会发生变化。在含有泥沙的水体中，由于泥沙的散射作用，水体的反射作用增强，在黄红区出现反射峰值（图 2-12）。含叶绿素的清水其反射率峰值出现在绿波段，且峰值随着叶绿素含量增加而升高，在近红外波段反射率会出现明显抬升（图 2-13），可据此特征开展水藻浓度的监测与估算。此外，不同水体的水面性质、水深和水底特性也会影响水体的反射光谱特征。

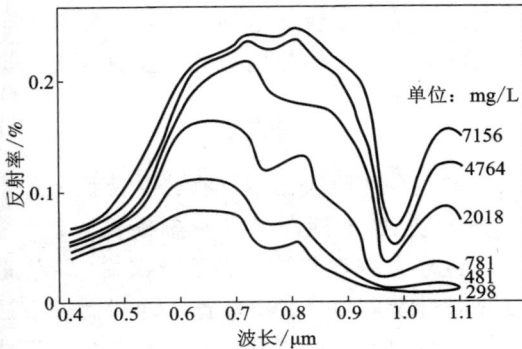

图 2-12　不同泥沙含量的水体的反射光谱　　　　图 2-13　不同叶绿素含量的水体的反射光谱

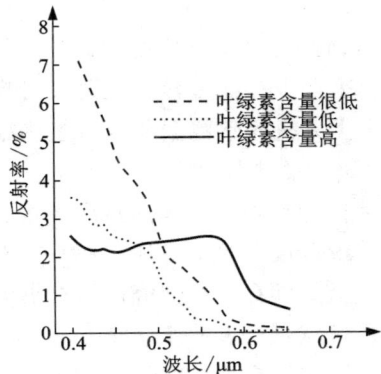

(4)植被光谱特征

由于植物都进行光合作用,所以各类绿色植物的反射波谱特性较为相似(图2-14)。植物中的叶绿素对蓝光和红光具有较强的吸收作用,而对绿光的反射作用较强,因此在可见光波段0.45 μm(蓝光)和0.67 μm(红光)处存在吸收带,而在0.55 μm(绿光)处出现反射波峰。由于植被叶子细胞结构的影响,在近红外波段0.8~1.0 μm反射率急剧爬升形成反射陡坡,并在1.1 μm处出现峰值,这也是植被的独有特性。此外,由于含水量的影响,在近红外波段1.3~2.5 μm,植被的水分吸收量增加,反射作用大大减弱,尤其在1.45 μm、1.95 μm和2.7 μm,形成反射波谷。

由上所述可以得出,植被色素、细胞构造和含水量是影响植被光谱响应特征的重要因素,此外,植被种类、季节、病虫害、灌溉和施肥等因素也会影响植被光谱响应特征。

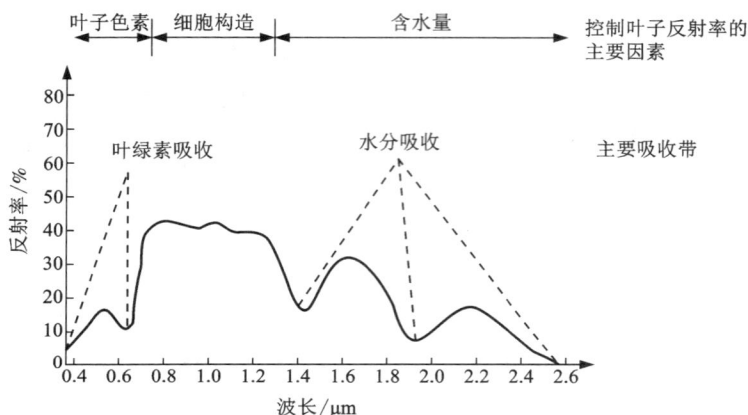

图2-14 绿色植物有效光谱响应特征

2.2 环境遥感图像解译

2.2.1 环境遥感主要数据源

在具体的环境遥感应用中,需要根据应用目的与需求选择适合的数据。环境遥感涉及信息丰富,来源也存在差异。根据数据源的工作平台,可将环境遥感数据源大致划分为地面监测数据、无人机遥感数据和卫星遥感数据三类。

(1)地面监测数据

地面监测是指利用地面观测技术,对特定区域内的气象、地表覆盖、植被生长状况等生态环境状况开展监测的方法,是一种传统的观测方法,包括实地调查与站点监测。

实地调查即在目标研究区域开展调研与考察,通过样方调查和采样等手段收集、统计地面生态环境状况,通过查询各统计年鉴、统计公报等资料收集社会经济数据。通过此类方法获取的数据精度高、可靠性强,但是需要消耗大量的人力物力进行观测和数据记录等,只能记录当下的环境状况,不连续且时效性差。

站点监测是在研究区域布设站点进行持续性观测的方法。常见的监测站种类有气象站、水文站和通量站等，能够监测区内气候条件、极端天气、水资源状况和固碳能力等。当前，许多国家和地区以站点监测为基础构建长期监测网络，实现监测数据共享，如我国已建立中国生态系统研究网络（CERN）、中国陆地生态系统通量观测研究网络（ChinaFLUX）等。站点监测数据精度较高且时间连续性强，但前期选位布点需消耗部分人力物力，后期监测过程中需要对设备进行维护以保障正常观测。此外，观测结果仅能反映站点及周边部分区域内的环境状况，空间代表性差。

（2）无人机遥感数据

无人机是一种机上无人驾驶的航空器，可通过其上搭载的遥感传感器，结合遥测遥控技术、POS 定位定姿技术、GPS 差分定位技术和通信技术等，实现对中小尺度区域内的资源、环境、国土等空间信息的监测与分析，具有低成本、低损耗、可重复使用且风险小等优势，发展前景广阔。

无人机遥感能够克服多云天气的影响，根据观测目的灵活采集数据，时效性好，且在一定程度上可弥补卫星因天气和时间无法采集目标区域信息的缺点，是衔接地面监测与卫星观测的重要桥梁。无人机遥感数据具有较高的时空分辨率，但观测范围小、数据量较大，且由于无人机在飞行中易受风力影响，导致飞行姿态、拍摄角度等发生变化，影响最终成像质量，并给后期数据处理增加难度。

（3）卫星遥感数据

自 20 世纪 70 年代开始，卫星遥感技术逐渐成为人们观测区域乃至全球环境变化、调查地球资源的主要手段。卫星遥感数据即利用卫星遥感技术对区域生态系统进行宏观、全局的监测所采集的数据，是当前环境遥感最主要、最常用的数据源。

卫星遥感以人造卫星作为平台，可在轨道上运行数年，获取长时序影像数据。相较于地面监测与无人机遥感，卫星遥感探测范围广，能够覆盖全球，具有宏观、综合和全面的特点。卫星遥感获取地面信息速度快，能够瞬时成像并实时传输，时效性强。由于卫星在太空成像，它受地面条件限制少，在自然条件恶劣、人迹罕至、地面工作难以开展的地区，卫星遥感也能够快速获取地面信息。由于不同的传感器、不同的波段探测的主要信息存在差异，因此卫星遥感数据信息十分丰富。但是卫星成像过程中易受云层、雾霾的影响，导致影像质量下降，且卫星遥感反映的主要是平面影像，立面精度较差。经过几十年的发展，国内外已有许多成熟的卫星遥感数据应用于环境现状监测与变化监测研究，如 Landsat 系列卫星数据、MODIS 系列产品数据、NOAA 系列卫星数据和哨兵数据等。

环境遥感数据多样，各有优点与不足。在实际应用中，使用何种数据需要根据具体需求来决定。然而，随着人们对环境监测需求的提高，单一平台的数据已无法满足需求。为弥补单一数据信息缺失、时空分辨率不足等问题，通常结合多平台数据，综合各平台数据的优势，以快速获取高精度、广覆盖、多参数遥感数据。当前，构建空天地一体化立体监测体系已成为环境遥感发展的必然趋势。

2.2.2　环境遥感数据预处理

遥感成像过程中，受到传感器自身、大气和地表等各种因素的影响，最终生成的影像和实际地物之间会存在几何畸变、辐射量失真等现象。因此在正式使用遥感影像进行研究之前需要对影像进行预处理来消除以上现象，同时使影像范围满足研究需要。遥感影像预处理是图像处理工程中的重要环节，通常包括辐射校正、几何校正、图像融合、图像增强、图像镶嵌和裁剪等。

（1）辐射校正

传感器记录的信息是电压或数字的量化值（DN）。传感器本身的光电系统特征、大气条件、太阳高度和地形起伏等条件的影响，会导致遥感器记录的 DN 值与目标地物的实际反射率或辐亮度存在差距，即出现失真现象。消除这些失真现象，使遥感器探测结果正确反映目标地物反射或辐射特征的过程，就是辐射校正。完整的辐射校正包括传感器辐射定标、大气校正、太阳高度和地形校正。

传感器辐射定标是通过建立传感器每一个探测元输出的 DN 值与对应像元内实际地物辐亮度值之间的定量关系，消除传感器本身光学系统或光电变换系统引起的畸变，是遥感信息定量化的基础。通常辐射定标包括绝对定标和相对定标两种。相对定标是为了校正探测元件的不均匀与响应不一致性，对各像元、探测器、波谱等之间的原始亮度值进行归一化处理的过程。绝对定标是通过建立相关的定量函数关系，完成 DN 值与辐亮度值的转换，如一般的线性传感器，常使用以下函数关系：

$$L_\lambda = \text{Gain} \cdot DN + \text{Offset} \tag{2-4}$$

式中，L_λ 为辐亮度值，常用单位 W/（$m^2 \cdot \mu m \cdot sr$）；Gain 为校正增益系数；Offset 为校正偏差量。在实际定标时，一般认为 Gain 和 Offset 是固定不变的。

大气校正的目的是消除大气对在其中传输的电磁波产生的吸收和散射等影响。因为大气对电磁波传输的影响很复杂（参见 2.1.1 小节），所以大气校正是遥感定量化的主要难点之一。常用的大气校正方法主要有三种：①估算大气程辐射值与大气透过率，假设大气向下的散射率为 0，使用式（2-5）进行校正。这种方法使用较为普遍，但通常会因为 L_p 和 τ_{vb} 的不合理估计出现重要的错误。②基于辐射传输方程的大气校正，即根据电磁波在大气中的辐射传输原理建立响应模型以消除大气的影响。该方法通过测定可见光近红外区的气溶胶密度及热红外的水汽密度，对辐射传输方程给出适当的近似值求解。此类方法校正精度较高，但所需物理量较难准确测得。常用的模型有 6S 模型、LOWTRAN 模型、MODTRAN 模型和 ACTOR 模型等。③使用地面实测数据或辅助数据进行校正。预先设置反射率已知的标志，或事先测出适当的目标物反射，对由此得到的地面实况数据和图像数据进行比较，从而消除大气的影响。此类方法计算简单，但是需要大量的地面实测数据作支撑，且对地面点的要求较高。此外，还有一些大气校正方法，如通过装备专门测量大气参数的传感器获取数据进行大气校正，使用植被指数转换进行 AVHRR 数据的大气校正等。

$$L_{G(x,\, y)} = \frac{L_{(x,\, y)} - L_p}{\tau_{vb}} \tag{2-5}$$

式中，$L_{G(x,\, y)}$ 是经过大气校正后的地物辐射值；$L_{(x,\, y)}$ 是传感器辐射定标之后的辐射值；L_p 是需要估计的大气辐射值；τ_{vb} 是从大气物理模型中估算出的大气透过率。

除了传感器辐射定标和大气校正之外，还需要进行太阳高度和地形校正才能获得像元的真实反射或辐射信息。对太阳高度引起的辐射校正，主要是通过成像时刻、季节和地理位置来确定成像时刻的太阳高度角，将太阳光倾斜入射时生成的影像校正为太阳光垂直照射时获取的影像。地形对辐亮度的影响，主要是由于倾斜的地形会改变电磁波反射和辐射的方向和强度等，这种影响在山区尤其强烈。对于地形因素引起的辐射畸变，主要是通过目标地区的

DEM(数字高程模型)和坡面倾角计算太阳瞬时入射角,以校正其辐亮度值。

(2)几何校正

受成像环境与遥感平台自身姿态等因素的影响,传感器在成像时通常会出现图像像元相对于地物实际位置发生挤压、拉伸、扭曲和偏移的情况,即出现几何变形。通常将图像几何变形分为系统性和非系统性两大类。系统性几何变形是指传感器(如透镜、探测元件、扫描镜等)本身原因导致图像畸变,这类变形一般是有规律可循的,可通过传感器模型进行校正。非系统性几何变形则是指遥感平台(高度、速度、姿势等)、地球系统(自转、大气折射、地形起伏、地球曲率等)等原因导致图像畸变,此类变形没有规律,需要通过几何校正来消除。

几何校正(图2-15)主要包括两个环节。一是实现坐标转换,利用空间位置变化关系,采用相关数学模型和辅助参数进行校正以消除非系统性因素带来的误差,此过程也称为几何粗校正;在此基础上,使图像的几何位置符合某种地理坐标系统,将图像投影到平面上,完成图像坐标的转变,此过程也称为几何精校正。二是对经过坐标转换的图像,使用最近邻域法、双线性内插法或双三次卷积法进行重采样,重新计算像元亮度值。

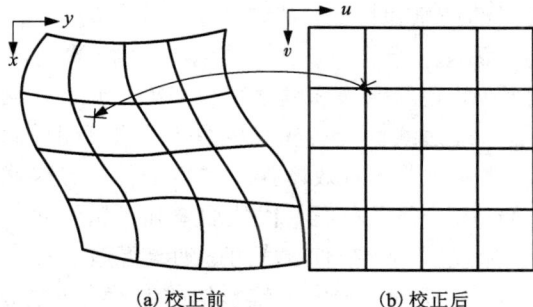

(a)校正前　　　　　　(b)校正后

图2-15　几何校正图示

(3)图像融合

遥感技术的发展为人们提供了丰富的数据资源,不同传感器生成的遥感影像在时间分辨率、空间分辨率和光谱分辨率方面具有不同的特征。单一传感器获得的影像所包含的信息有限,不能完整反映目标地物的特征,在应用时具有一定的局限性。为应对此类问题,可对具有不同特征的遥感数据或非遥感数据,在一定的地理坐标系下,按照一定的规则或算法进行运算,并综合各原始数据的优点,生成具有新的空间、波谱和时间特征的影像,以弥补单一数据信息不全、质量不佳的不足,这个过程就是图像融合。图像融合不仅能使影像更加完整地反映目标地物信息,还可以有效提高原始影像的时间分辨率、空间分辨率和光谱分辨率,改善影像分类精度、扩大各数据应用范围,如改善配准精度、增强影像信息透明度、变化检测、替补或修补多时相图像中的缺陷等。例如将高分辨率影像的全色波段和多光谱低分辨率的影像进行图像融合,生成的图像空间分辨率能够得到有效提高,同时还能保留多光谱特性。

通常图像融合可以从以下三个层次进行:①在像元层次上进行图像融合,即在不同栅格数据影像的像元一一配准对应的条件下,直接在原始数据层上进行融合的方式。这种方法需进行逐像元计算,数据处理量很大;各像元需匹配对应,对几何校正结果的精度具有较高要求;此外,由于不同来源的数据影像具有不同特征,难以通过一致性检验,因此基于像元的图像融合往往具有一定的盲目性。此类方法尽管具有诸多不足，但因其能够保留最原始数据的细微信息，故也得到了广泛的应用。针对像元层次融合的算法较为丰富，例如 IHS 变换、加权变换、主成分变换、小波变换等。②基于特征的图像融合，指通过算法提取各原始数据影像中如空间结构、边缘等的特征信息，随后对这些特征信息进行综合分析和融合。这类方法要求特征在空间上对应，而非在像元上对应，因此具体操作中数据运算量小。但是由于这种融合是针对特征而非原始影像，因此可能存在部分信息丢弃，无法提供原始影像中的细节等问题。③基于决策层的图像融合，这是一种基于图像理解和识别的高层次融合，通常直接面向应用。此类方法要求首先对原始图像进行特征提取，再添加辅助信息，形成有价值的复合数据，随后运用判别规则和决策准则对这些复合数据进一步进行判断、识别和分类，在更抽象的层次加以融合，生成的图像包含的信息具有高度综合性，更有助于理解研究目标，支撑决策。常用的方法有集合多源决策分类的马尔可夫随机场模型方法、贝叶斯法则的分类理论和方法、模糊集理论等。

（4）图像增强

当一幅影像中不同地物的识别度较低时，需要人为处理突出不同地物的差异信息。为了突出某些所需要的有用的局部信息和特征，抑制其他不需要的和无用的信息，以便人眼识别和观测及有利于计算分类，而对图像像元灰度进行某种变换的处理就是图像增强。常用的图像增强方法包括对比度变换、色彩变换和频率域增强等。通常人们根据遥感影像中不同的灰度信息值来识别图像信息，通过线性变换或非线性变换改变图像像元亮度值来实现图像像元对比度的变化，从而改善图像质量，有效增强图像特征信息，这就是对比度变换。常用的对比度变换方法有灰度拉伸、直方图均衡化、代数运算和逻辑运算等。灰度拉伸是通过分段线性变换，实现对图像某一灰度区间的拉伸，从而达到改善输出图像质量的目的（图 2-16）。常用的灰度拉伸方法如式（2-6）所示。通常一幅影像的像元亮度值是符合正态分布的，统计图像中各个灰度级的像元个数，可以得到灰度直方图。通过灰度直方图，可以粗略分析图像的质量，推测图像整体的明暗程度。灰度直方图峰值偏向坐标轴左侧时，表示图像偏暗；峰值偏向坐标轴右侧时，说明图像整体偏亮；而峰值提升过陡、过窄时，则表明图像的亮度值过于集中。使用直方图均衡化，可以将原始图像的直方图变换为均衡分布的状态，从整体上改善图像质量（图 2-17）。

$$DN^* = \frac{DN - DN_{\min}}{DN_{\max} - DN_{\min}} \times 255 \qquad (2-6)$$

式中，DN、$DN_{\max}$ 和 $DN_{\min}$ 分别为像元灰度值，以及图像最大、最小值。

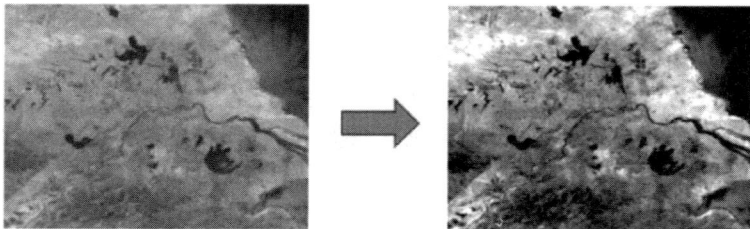

图 2-16　灰度拉伸

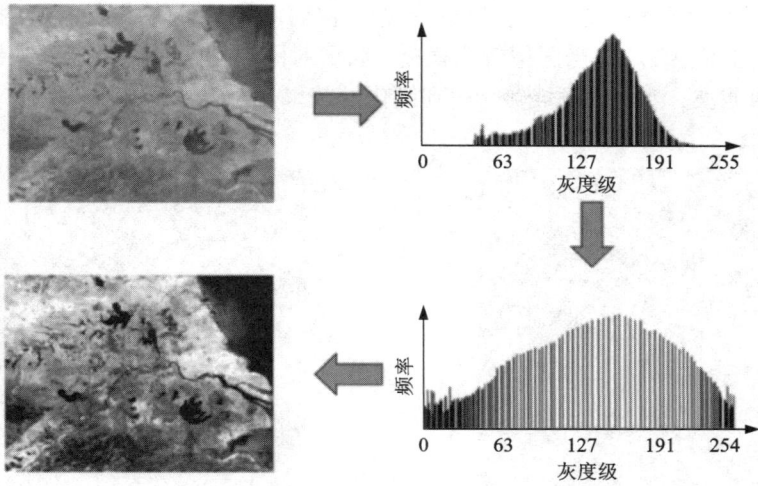

图 2-17　直方图均衡化

大多数人的眼睛对于黑白亮度级别的分辨能力大概只有 20 级。研究发现，人眼对彩色的分辨能力可以有 100 多种。因此，利用人眼对彩色的分辨能力远大于对黑白亮度级别的分辨能力，对图像进行彩色变换，可以大大提高遥感影像的可读性，改善图像的质量（图 2-18）。常用的彩色变换方法有单波段彩色变换、多波段彩色变换和 HLS 变换。其中多波段彩色变换是指依照加色法彩色合成原理，根据不同的应用目的与需求选择遥感影像的某 3 个波段，分别赋予红、绿、蓝三原色，合成彩色影像。不同的波段组合呈现的目视效果存在差异，突出的信息也不同，需要经过实验和分析寻找最佳的波段组合方案。

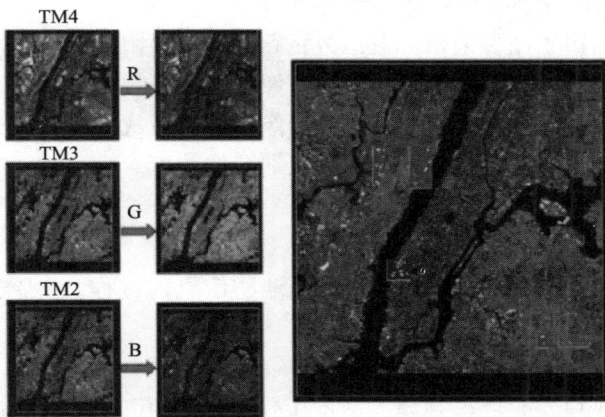

图 2-18　彩色合成

（扫描目录页二维码查看彩图）

频率域增强是指通过设置滤波器，过滤图像中不需要的变化强度信息，保留便于进行图像处理的特征信息的方法。一般来说，高频部分是图像中灰度发生剧烈变化的部分，如边缘和噪声等；而低频则对应的是灰度变化缓慢的部分。通常，为了改善图像质量，需要去除噪声,因此可以设置低通滤波器,通过低频信息,保留图像的整体成分,同时抑制高频成分、去除噪声信息(图2-19)。而当图像较为模糊,需要对图像进行锐化处理以突出细节部分时,则可以设置高通滤波,削弱低频成分,达到锐化的效果。

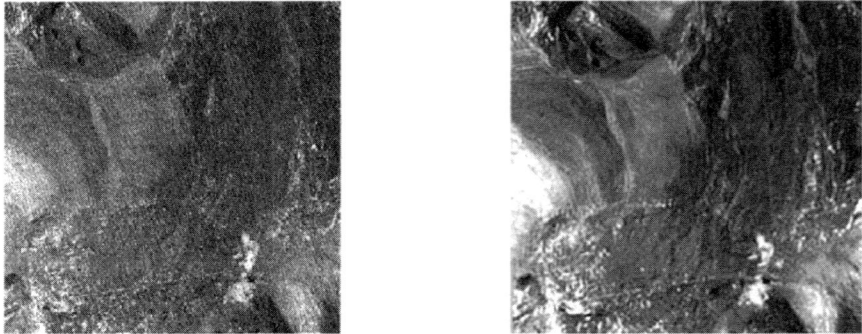

图2-19 低通滤波

(5)图像镶嵌与裁剪

遥感传感器记录的信息通常以若干幅遥感影像的形式呈现。目标地物在遥感影像上的大小由地物本身尺寸和影像分辨率决定。在实际应用中选择合适的遥感影像后,往往会发现一幅影像呈现的空间范围过大,研究区域只占影像的很小一部分;或者一幅遥感影像成像范围过小,研究区域被分散在不同幅影像中。此时,就需要对遥感影像进行镶嵌或裁剪操作,使遥感影像图幅范围与研究区域相匹配,以方便后续图像的处理。

图像镶嵌是将多幅相邻的遥感影像拼接成一幅无缝的影像的过程,使图幅范围扩大,通常需要约束这些影像,使其处于同一空间参考系中。

图像裁剪则是去除遥感图像上研究区以外的区域,只保留研究区部分数据的过程。按照裁剪图像的边界形状,可将图像裁剪分为规则图像裁剪和不规则图像裁剪。规则图像裁剪是指裁剪的图像边界范围是一个矩形;而不规则图像裁剪是指裁剪的图像边界范围是一个任意多边形。具体应用中,常根据行政区划进行不规则图像裁剪。

2.2.3 环境遥感图像解译

遥感图像解译就是识别图像中的地物、获取地物信息的过程,主要包括目视解译和计算机智能解译两种。

(1)目视解译

目视解译又称目视判读或目视判译,是指工作人员运用专业背景知识,通过肉眼观察,经过综合分析、逻辑推理、验证等提取和解析遥感影像的地物信息。在进行目视解译时,需要遵循先图内后图外、先整体后局部、先易后难的判读原则。通常建立解译标志是目视解译的关键。解译标志是指遥感影像光谱、辐射、空间和时间特征决定的影像视觉效果、表现形式和计算特点,并导致的物体在影像上的差别。根据解译标志建立的依据,又可将其分为直接解译标志和间接解译标志两类。

1）直接解译标志

直接解译标志是指地物本身的有关属性在遥感影像上的直接反映，包括色调、颜色、形状、大小、阴影、图形（样式）、纹理、位置和布局等。

①色调，也就是灰度，是全色遥感图像中从白到黑的密度比例，是识别遥感黑白影像中地物信息的基本依据。根据色调标志，不仅可以识别地物，有时还可以识别目标地物的属性，如含水量不同的同种土壤，含水量低的土壤色调发白，而含水量高的土壤相对较暗。

②颜色，遥感影像中地物呈现的颜色是地物对不同波段的电磁波反射或发射的综合结果，也是彩色遥感影像中识别目标地物的基本标志。人眼对色彩的分辨能力很高，对遥感影像进行色彩变换，也能够突出地物特征与差异，提高判读效率。

灰阶（黑白）或色别与色阶（彩色），是最重要、最直观的解译标志，使用该解译标志时，需要注意同物异谱与异物同谱现象。

③阴影，是光束在传播过程中被地物遮挡而产生的地物的影子（图2-20），通过分析阴影的形状和大小等特征可以推测地物的性质、外形剖面景观或高度。阴影的形状、大小等性质会受到地面起伏、光照入射角度等影响，而且连续大面积的阴影可能使地物模糊不清，增加解译难度。

④形状，是地物的轮廓在影像平面的投影（图2-21）。根据地物空间的平面形态，地面对象可分为点状体、线状体、面状体。飞行器的飞行姿态和成像方式等存在差异，可能会产生畸变或造成同一地物在不同影像上的形状不同的情况；此外在判读过程中，还需要根据影像比例尺和分辨率进行具体分析。需要注意的是，在高空间分辨率遥感影像中，形状是最重要的特征，特别是人工地物。

图2-20 阴影

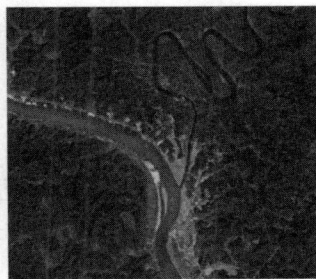

飞机　　　　　　　　　鸟巢　　　　　　　　　河流

图2-21 形状

⑤大小，是地物的尺寸、面积、体积等在遥感影像上按比例缩小的相似记录，是通过遥感影像测量目标地物实际尺寸的最重要的数量特征之一，主要受到影像分辨率、地物本身亮

度等因素的影响,如图 2-22 所示。在解译时需要考虑图像的比例尺。

操场　　　　　　　　　建筑群　　　　　　　　　停车场

图 2-22　大小

⑥纹理,是遥感图像中目标地物内部色调有规则变化造成的影像结构(图 2-23),即地物影像轮廓内色调变化的空间布局和频率,如影像上连续农田呈现的条状纹理。根据单个纹理的呈现效果,可以将纹理划分为点状、粒状、线状、斑状等,纹理整体呈现的质感可能是粗糙的,也可能是平滑的。纹理可以作为识别目标地物属性的重要依据。

耕地　　　　　　　　　绿地　　　　　　　　　林地

图 2-23　纹理

2)间接解译标志

由于遥感技术的局限性,许多问题不能从目视判读直接获得答案,需要从其他相关事物之间的联系,通过逻辑推理获得判断,这一过程叫间接解译,所采用的依据称为间接解译标志。如图 2-24 所示。

间接解译标志灵活、变化,通常没有规律可循。建立间接标志需要丰富的知识背景和严密的逻辑推理,有时需要建立模型,是一种综合分析、相关分析的方法。根据不同的应用目的,选择的间接解译标志也不

→ 港口

→ 货船

图 2-24　一个港口和停泊在其周围的货船

同。例如，进行地质构造分析时，可以把水系、地貌类型作为间接标志；而在进行城市人口分析时，可将建筑物密度、楼层、商业网点作为间接标志。

3）目视解译步骤与方法

只有当地物存在颜色或色调的差异，并且这种差异能为判读者视觉所感受时，才有可能将目标地物与背景区别开，这是遥感图像知觉形成的条件。当地物差异较小时，通常采用一些图像增强技术来扩大地物之间的对比差异。

①遥感图像目视判读的认知过程。

人们在进行遥感图像的目视判读时，往往不能一次直接识别出地物，而是需要经过多次判读才能正确识别地物。目视判读是一个复杂的认知过程，大致包括自下而上的图像信息获取、特征提取和识别证据选取过程，以及自上而下的特征匹配、提出假设和图像辨识过程。

在自下而上的过程中，人眼首先感受遥感影像呈现的色调、颜色、大小等信息，并在大脑中对这些信息进行整合，构成对图像的知觉，获取图像信息；之后大脑皮层对图像知觉进行选择性加工，抽取各种与目标地物匹配的特征，完成特征提取；最后从多种特征中，选取一个或多个能够代表地物的关键识别证据。

完成识别证据的选取后，大脑开始自上而下进行判读。首先，大脑会将选取的识别证据与记忆中的地物类型模式进行匹配。大脑中的地物类型模式，是人们在学习判读知识及长期进行解译实践的过程中积累的。根据匹配结果，大脑可能会给出不止一种地物类型作为识别特征的归属，此即为提出假设。之后大脑会主动将待识别地物的颜色、形状和空间位置等特征与假设的地物类型的特征进行反复对比，直到确定最相似的地物类型，并将其作为待识别地物的最终归属，从而完成地物的判读。

在实际操作中，由于判读证据不足或者个人经验不够等，往往需要多次重复自下而上和自上而下的认知过程（图2-25），每一次重复都能够加深对遥感图像的理解与认识。

图2-25　认知过程

②遥感图像目视判读的方法。

在进行遥感图像目视判读时，不能够仅着眼于单一的地物特征，需要综合分析多种地物信息、结合多种手段与方法、内外兼顾以保证解译精度。常用的目视解译方法有以下几种：

（a）直接判读法，是指根据遥感影像中地物的色彩、大小、形状、纹理等直接判读标志，直接确定目标地物类型的方法。如果待识别地物的边界特征很清晰，还可以根据其形状和图形等解译标志直接确定其分布范围。

（b）对比分析法，包括同类地物对比、空间对比和时相动态对比。同类地物对比主要用于同一幅遥感影像上，将未知地物与已知地物进行对比从而推出目标地物；空间对比多用于不同影像中，判读者将熟悉的遥感影像区域与待判读区域进行对比，能够快速定位地物属性范围；时相动态对比则是对同一地区在不同时期的遥感影像进行对比分析，获得目标地物的动态变化。

（c）逻辑推理法，是指根据地学规律，结合生活常识，分析地物之间的内在必然分布规律，由某种地物推断出另一种地物的存在及属性。如由植被类型可推断出土壤的类型，根据建筑密度可判断人口规模，等。

（d）信息复合法，是利用透明专题图或透明地形图与遥感图像复合，根据专题图或者地形图提供的多种辅助信息，识别遥感图像上目标地物的方法。例如在植被、土壤或地貌类型专题图上复合等高线，可以在一定程度上帮助识别信息。

（e）地理相关分析法，是根据地理环境中各种地理要素之间相互依存、相互制约的关系，借助专业知识，分析推断某种地理要素性质、类型、状况与分布的方法。例如，使用地理相关分析法可以分析洪积扇、冲积扇各种地理要素的关系，以及地形与土壤的关系，等。

（2）计算机智能解译

在计算机系统平台内，应用模式识别、人工智能与深度学习等技术，提取目标地物的影像特征，结合数据库中对目标地物的解译经验和规律等认知进行分析和推理，从而完成对图像的解译。常用的解译方法主要有基于像元的解译和面向对象的解译。

1）基于像元的解译

基于像元的解译是把像元作为分类处理的最小单元。传统的基于像元的解译技术路线如图 2-26 所示。首先对原始影像进行预处理，消除辐射失真、几何畸变等现象；然后对影像进行逐像元的光谱信息特征提取，主要提取像元的色调和纹理等特征信息；再根据提取的特征信息，通过监督分类或非监督分类方法对目标地物进行分类，最终得到分类结果。

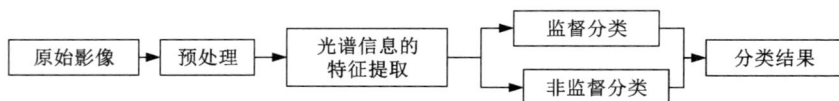

图 2-26　基于像元的解译技术路线

根据是否利用训练场地获取先验的类别知识，基于像元的解译常用的分类机制可分为监督分类、非监督分类和半监督分类。

①监督分类。

监督分类是根据已知类别的样本像元选择特征参数，建立判别函数，并对未知类别像元进行分类的方法。其中，建立训练样本数据集是监督分类的关键，要求操作者具有相关的图件分类经验，或者对待分类影像所处区域具有一定的了解，或者事先在该区域进行过野外考察。制作训练样本时，可以实地记录，也可以基于对影像的理解在屏幕上选择。选择好训练样本后，通过计算各类训练样本的最小（大）值、标准差、协方差矩阵等基本统计值，评估训练样本的准确性与合理性，符合要求的样本即可用于后续的分类工作。常用的分类算法有最短距离法、最大似然法、支持向量机（SVM）、平行算法、贝叶斯分类器等。

最短距离法是通过比较像元在特征空间中，与其他类别样本中心点的距离，将像元划分到与其距离最小的类别当中的方法。如图 2-27 所示，训练样本中类别 A 和类别 B 在特征空

间形成了集群 A 和集群 B，均值分别为（A_1，A_2）和（B_1，B_2）。此时像元 C 的特征值为（C_1，C_2），分别计算（C_1，C_2）与（A_1，A_2）、（B_1，B_2）的距离，图中 $AC<BC$，故将 C 划分到 A 类中。常见的计算距离的方法有欧氏距离法、曼哈顿距离法、切比雪夫距离法等。

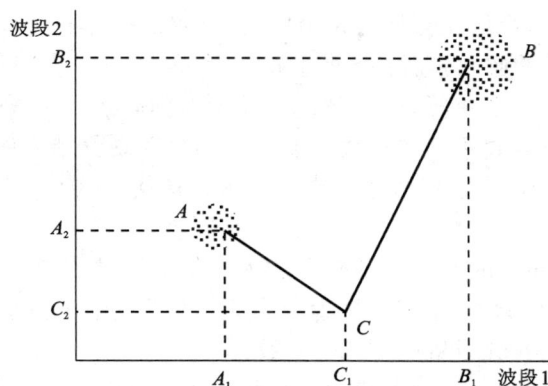

图 2-27　最短距离法示意图

最大似然法是假定地物光谱特征服从正态分布，采用统计方法构建判别函数，计算待识别像元对各类别的归属概率，然后将该像元划分到归属概率最大的类别中。计算归属概率时，常通过计算训练样本的平均值、方差和协方差等特征参数，求出总体的先验概率密度函数。此时，像元 x 对于类别 A 的归属概率可用式（2-7）表示。

$$L_{k(x)} = \left\{ (2\pi)^{n/2} \times \left(\det \sum\nolimits_k \right)^{1/2} \right\}^{-1} \times \exp \left\{ (1/2) \times (x - \mu_k)^t \sum\nolimits_k^{-1} (x - \mu_k) \right\} P(k) \quad (2-7)$$

式中，n 为特征空间的维数；x 是像元向量；$P(k)$ 是类别 k 的先验概率；$L_{k(x)}$ 为像元 x 划分到类别 k 中的归属概率；μ_k 是类别 k 的平均向量；det 是矩阵 A 的行列式；$\sum_k$ 为类别 k 的协方差矩阵。

监督分类通过人工选取样本，确定样本种类，可有效避免分类过程中出现不必要的地物类别；选取的样本可通过训练检验准确性，避免分类中的严重错误；同时可避免非监督分类中对光谱集群组的重新归类。但也正是由于需要人工选择样本，主观因素作用大，且制作和评估样本费时费力；同一地物可能因生长过程和外部条件不同而呈现不同的光谱特征，导致样本代表性差；同时，由于地物类别已经确定，若影像中存在尚未被训练者定义的类别，则监督分类无法识别。

②非监督分类。

非监督分类是不需要事先制作训练样本，仅需极少的人工初始输入便可进行影像分类的方法。非监督分类假定影像中，同一地物在相同条件下呈现的光谱特征相同，分析者先将具有相同光谱或空间特征的像元组成集群组，再将各个集群组与参考数据进行对应，确定各集群组的类别，因此非监督分类也被称为聚类分析或点群分析。经过长期发展，目前已有近百种自然集群算法，这里介绍 K-means 算法和 ISODATA 算法的原理。

K-means 算法是一种典型的基于划分的聚类算法，运算速度快、执行过程简单，其基本原理如下：

（a）在数据中随机选择 K 个初始化聚类中心；

（b）分别计算每个像元特征空间到 K 个初始化聚类中心的距离，并将各个像元划分至距离最短的像元簇中，该过程结束后，所有像元被划分为 K 个像元簇；

（c）重新计算以上 K 个像元簇的均值，并将这些均值作为新的聚类中心；

（d）参照（b），计算每个像元与新的 K 个聚类中心的距离，并重新划分像元簇；

（e）每次划分得到新的像元簇后，均需重新选择聚类中心，并计算各像元与各聚类中心的距离，再重新划分像元簇。重复以上步骤，直到所有的像元都无法更新到新的像元簇中。

在实际操作中，往往经过很多次迭代仍然达不到每次划分结果保持不变这个终止条件，因此通常会事先设定一个最大迭代次数。当达到最大迭代次数时，即使终止条件尚未达到，也不再继续计算。

ISODATA 算法在 K-means 算法的基础上加入了试探性的步骤，在迭代过程中可以进行类别的分离和合并，具有"自组织性"，即重复自组织数据分析技术。在使用 ISODATA 算法进行分类时，需要分析者预先设置以下几个参数：

（a）最大像元簇数量 C_{max}，一般来说 C_{max} 应该大于影像中的类别数量；

（b）最大的类别不变的像元百分比，在循环过程中，一旦达到此百分比，整个运算过程就应停止，但对于某些影像，可能永远达不到这个百分比，如果不加干预则会形成死循环，因此往往需要定义其他参数以中断运算；

（c）运行最长时间，当 ISODATA 算法的运行时间达到设定的运行最长时间时，即使（b）中的条件未达到，运算过程也要终止；

（d）每个像元簇中最小的像元数量和最大的标准差；

（e）最小的像元簇均值间距离，当两个像元簇中心的距离小于设定的最小间距时，合并这两个像元簇；

（f）像元簇分散值，通常将其设置为 0。

设置以上参数后，即可开始运行 ISODATA 算法，其基本过程与 K-means 算法类似。

（a）随机选择 C_{max} 个初始聚类中心；

（b）分别计算各像元到 C_{max} 个初始聚类中心的距离，将像元划分到距离最小的像元簇中；

（c）重新计算每个像元簇的均值并作为新的聚类中心，按照前文的设定合并或分离像元簇；

（d）重复以上步骤，直到满足最大的类别不变的像元百分比或运行最长时间的要求，循环停止。

和监督分类相比，非监督分类无需分析者事先对分类区域进行了解，也无需花费精力制作分类样本，减少了主观因素对分类结果的影响，独特的、覆盖量小的类别也不会被忽略。但是此类算法十分依赖影像的"自然"属性，其最终生成的各光谱集群组并没有类别信息，需要分析者自行对应、匹配和解释；同时，这些像元簇也并不总是对应分析者的类别需求，也许并不能让分析者满意；此外，影像中同一地物的光谱特征受到时间、地形等因素的影响，因此不同影像及不同时段的影像之间的像元簇无法保持其连续性，使得不同影像的可对比性较差。

③半监督分类。

半监督分类是指在训练有类标签的样本时，使用无类标签的样本辅助训练，从而弥补有类标签的不足，获得性能更优的分类器，是非监督分类和监督分类相结合的一种学习方法，目前在深度学习领域具有较为广泛的应用。

2) 面向对象的解译

传统的遥感影像信息提取只能依靠影像的光谱信息，且是在像素层次上进行分类。高空间分辨率影像虽然结构、纹理等信息非常突出，但光谱信息不足(波段较少)。仅仅依靠像素的光谱信息进行分类，着眼于局部像素而忽略邻近整片图斑的纹理、结构等信息，必然造成分类精度的降低，制约遥感信息提取的应用。与传统基于像元的影像处理方法不同，面向对象影像分析的基本处理单元是影像对象，其基本原理是根据现实世界中的地物特征(光谱信息、形状、大小、纹理和上下文信息等)将遥感图像划分为若干个对象，进而对对象进行识别与提取。面向对象的影像解译主要包括两个步骤(图 2-28)，首先通过影像多尺度分割生成对象分析基元，随后提取对象的光谱和空间等综合特征，使用监督分类或非监督分类方法实现影像分类。

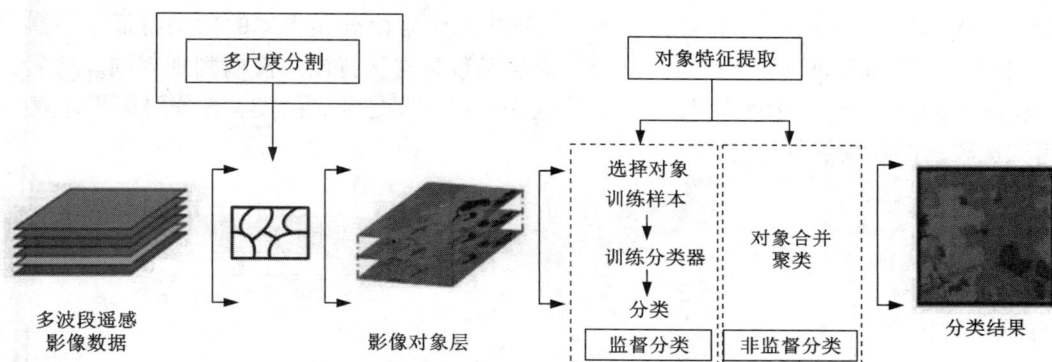

图 2-28 面向对象的影像解译主要步骤

采用面向对象分类方法的前提是对遥感图像进行多尺度分割，将其划分为若干对象，主要有分裂-合并(图 2-29)和区域增长(图 2-30)两种方法。其中，分裂-合并是先将整幅图像分裂为小的子区域再合并相似区域的过程。算法流程是首先四等份均分图像中灰度不同的子区域，然后合并满足特征相似性准则的像素，重复上述操作直到没有新的分裂-合并情况为止。而区域增长是以种子像素为基本单位，不断合并周围像素进行图像分割，算法的基本思想是首先选择种子点，然后确定区域增长过程中像元合并的规则，最后制定区域增长的停止条件。

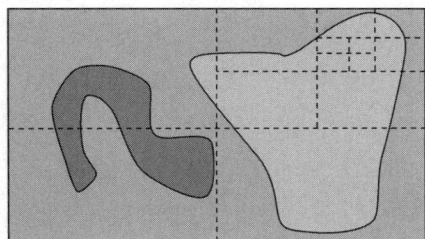

图 2-29 分裂-合并图示

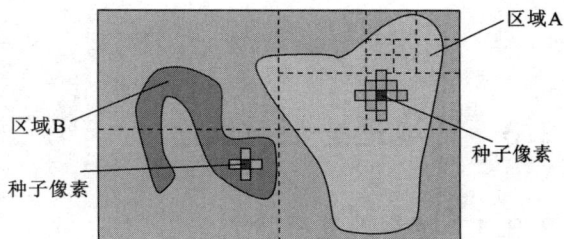

图 2-30 区域增长图示

选择最优尺度对原始影像进行分割是提取地物信息的前提，完成分割后还需对影像对象进行分类，常用的分类器有最邻近分类器和基于模糊规则分类器。

最邻近分类器是基于训练样本自动生成多维隶属函数，构成多维特征分类器，然后在一个适合的特征空间下对不同类别进行区分，其原理如图 2-31 所示。首先针对每个类别选取一定数量具有代表性的对象作为训练样本，提取样本中适合的特征构成最邻近分类特征空间，计算待识别对象到各个类别的距离 d，根据 d 的大小给待识别对象赋予其相对于各个类别的隶属度，距离越小，隶属度越大。随后，将距离 d 作为自变量并定义一个多维隶属函数，分析者设定一个模糊阈值，将待识别对象划分到隶属度最大的类别中。

基于模糊规则分类器对影像对象进行分类，关键是要建立类别模糊规则库，其基本流程如图 2-32 所示。首先，根据类别可分性原理选择不同类别特征响应曲线差别较大的特征作为模糊规则库的判别特征。例如，植被在近红外波段具有较大的反射值，而水体在该波段的反射值较小，因此可利用这个特征，选择近红外波段作为植被和水体的判别特征。其次，根据不同类别特征响应曲线的差别选择适合的隶属函数建立该特征的模糊判别规则。最后，统筹分析出来的所有类别，按"先易后难"的原则先分出较容易区分的类，再分层逐步建立一个逻辑层次较强的模糊规则分类库。

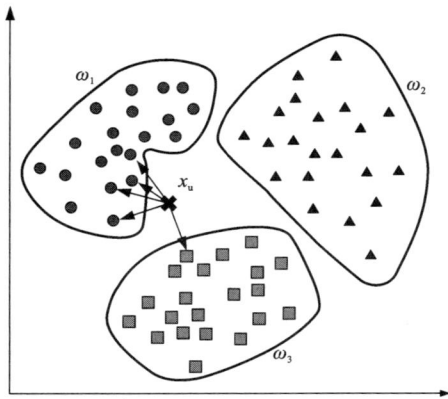

图 2-31　最邻近分类原理图

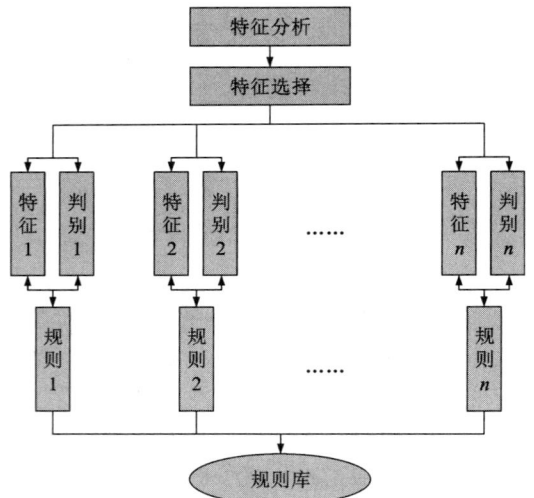

图 2-32　建立模糊规则流程图

2.3　环境遥感定量反演

2.3.1　定量遥感概念

遥感的目的在于对地监测，从监测的维度上，主要有两方面内容。其一是想了解该地物是什么的直观信息，可以通过传统的遥感解译进行监测。然而，在很多时候，不仅需要知道这里是什么的定性信息，还想知道更进一步的定量信息，如该区域土壤含水量、植被生产力等。此类信息是区别于直观信息的间接信息，难以通过简单的遥感解译而获取。此时，需要根据电磁波与地物的作用过程，采用一定的遥感模型，逆向反推物体的定量属性信息，即定量遥感。具体而言，定量遥感是指从对地观测电磁波信号中定量提取地表参数的技术和方法，区别于仅依靠经验判读的定性识别地物的方法，如图 2-33 所示。

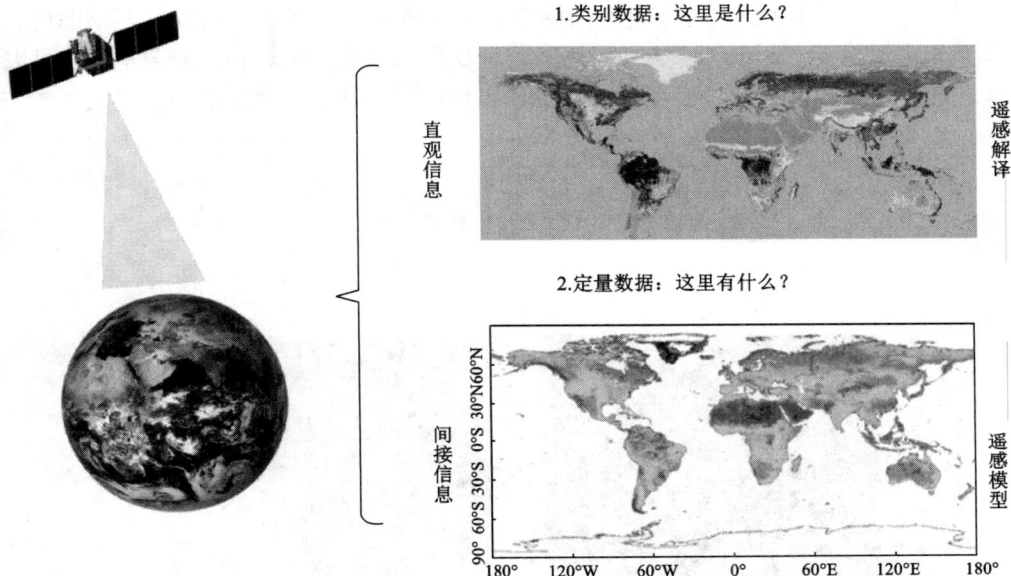

图 2-33　定量遥感

　　在定量遥感的反演策略（图 2-34）与方法中，首先确定研究的问题，随后选择合适的数据源并采用合适的反演方法，最后进行合理的精度检验与校正。其中定量遥感反演主要有三种方法：物理模型、经验模型和半经验模型/混合模型。

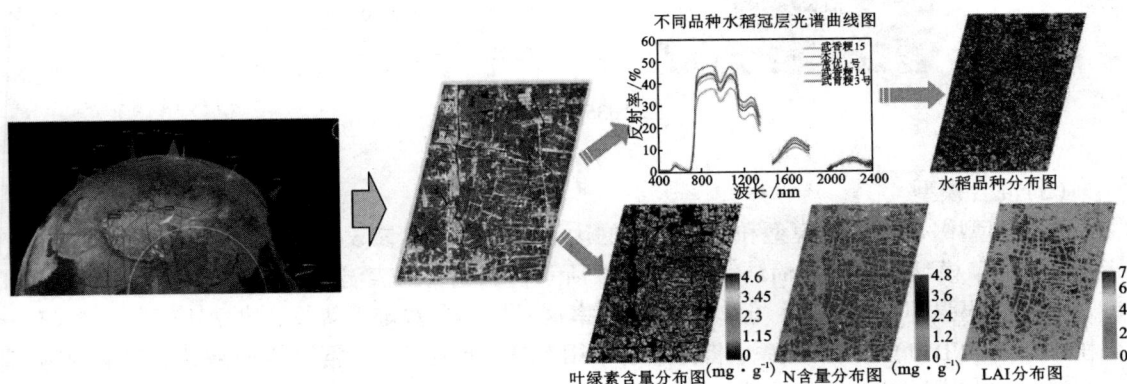

图 2-34　反演策略
（扫描目录页二维码查看彩图）

（1）物理模型

物理模型顾名思义具有很强的物理机制，采用完善的理论基础，模型参数具有明显的物理意义，并试图对作用机理进行数学描述，如描述作物生长过程的动力学模型等。其优点是物理机理明确，但是输入参数多、方程复杂、实用性较差。

（2）经验模型

经验模型是利用数理统计方法建立模型模拟的输入和输出之间的关系，如图2-35所示。如多元回归分析、人工神经网络、贝叶斯网络、机器学习等。例如在物理机制不明时，建立卫星像元与实测像元之间的关系方程，用该方程反推其余没有经过地面测量的点，可以得出整个区域环境要素的值。经验模型概念简单且容易操作，但是处理过程中需要人工参与，并且由于时空异质性的存在，其普适性有待考虑。

图2-35 经验模型

（3）混合模型

混合模型综合了经验模型和物理模型的优点，模型所用参数往往具有经验性，又具有一定的物理性，模型表达也较简洁，如图2-36所示。在进行地表温度反演时，辐射的能量与温度之间存在很强的物理关系。但其中比辐射率这一核心参数难以解算，建立比辐射率与归一化植被指数（NDVI）之间的关系，将比辐射率用NDVI近似代替。混合模型是基于很强的物理机制对某些关键性参数用经验性的方式获取，实现解算，兼具物理机制和可操作性。

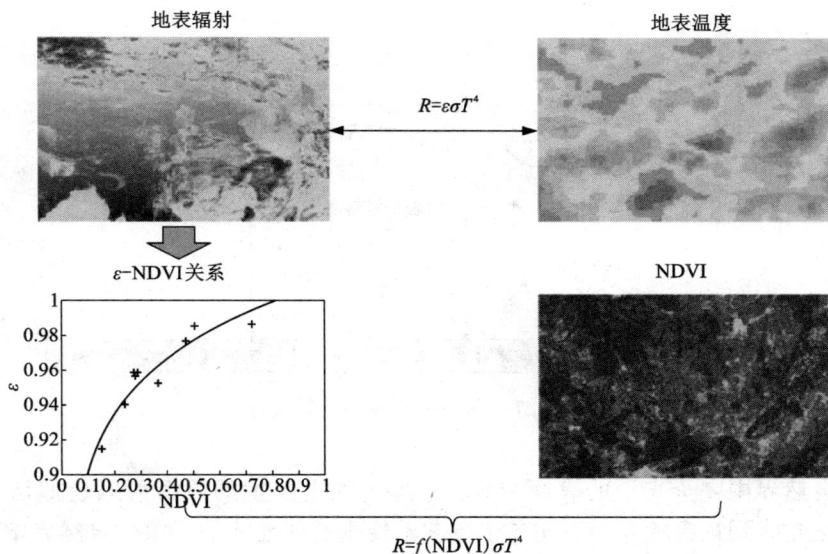

图 2-36 混合模型

2.3.2 定量遥感反演基本原理

定量遥感发展至今，针对不同问题与领域，已发展出难以计数的遥感模型。这些模型数学表现形式迥异，无法一一详述。然而，无论何种模型，都有其内在不变的基本遥感物理原理，也就是电磁波的辐射传输过程，了解这个原理是理解定量模型的基础。图 2-37 所示为"日—地"辐射传输过程，卫星传感器接收到的来自空中或者地物反射的电磁波，主要经过太阳辐射的转换得到。太阳辐射的能量进入地球大气层后，一部分被顶层大气反射回到太空（①），一部分被大气吸收（②），与此同时大气也会向外辐射能量（⑥和⑦）；另外一部分能量经过大气中的各种气体成分及水滴、尘埃等颗粒的反射、折射等过程最终到达地面，部分能量被地表反射再次进入大气（④），剩余能量被地表物体吸收转换为其他各种形式的能量，同时地表向外辐射的能量进入大气（③和⑤）。根据已有研究，太阳辐射在大气中的辐射传输过程，30%的能量遗失在太空，19%的能量被大气中的气体成分、云层和尘埃等吸收，仅51%的能量能够到达地面。在电磁波辐射传输过程中，有一些核心关键参数，也是构建具体遥感定量模型的基础。这些参数涉及了电磁波经由大气与地表相互作用后被传感器接收的全过程，包括顶层大气反射率、大气吸收率、地表反射率、地表发射率等。如在进行地表参数反演时，需要考虑不同参数与地表反射率、地表发射率的内在联系，进而建立相应的遥感模型。

以地表遥感监测为例，所涉及的核心关键参数主要包括地表反照率与发射率。经过世界各国研究人员的共同努力，目前已经发展出系列成熟的算法与模型。

（1）地表反照率估算

地表反照率是指地表在太阳辐射的影响下，反射辐射通量与入射辐射通量的比值，是反演很多地表参数的重要变量，反映了地表对太阳辐射的吸收能力。在遥感学习过程中，需要区别反射率、二向反射分布函数（BRDF）以及反照率。其中，反射率是某一波长波段反射能与入射能之比。反射类型包括镜面反射、漫反射和方向反射三种形式（图 2-38）。镜面反射是指在光滑表面发生的反射，平行光线到达光滑表面，其反射光线的方向也是平行的，满足

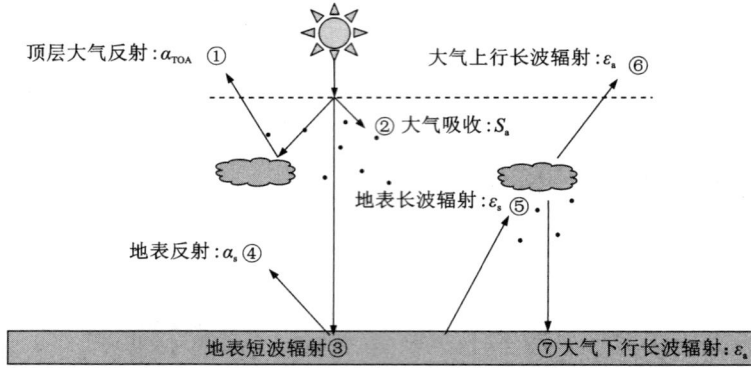

图 2-37 "日—地"辐射传输过程

反射定律。自然界中完全光滑的表面很少，平静水面上发生的反射可以近似认为是镜面反射。漫反射是光线到达粗糙表面后向各个方向不规则反射光线的现象。自然界中的漫反射十分常见，因为许多看似光滑的表面其实都是凹凸不平的，例如白纸、墙面等。方向反射则是镜面反射和漫反射的结合，当光线到达起伏不平的地面时，在某一个方向上的反射最为强烈，它发生在地物粗糙度继续增大的情况下，没有规律可循。

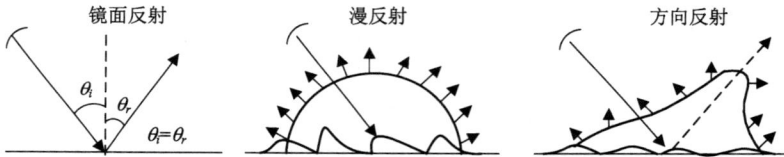

图 2-38 地表反射类型

为了描述入射光线在物体表面发生反射后如何在各个出射方向上分布，构建了二向反射分布函数（BRDF），如图 2-39 所示。经过多年的发展，BRDF 模型由原来的一个概念扩展到数百种应用于实践的具体模型，这些模型大致可以分为三类：经验统计模型、物理模型和半经验模型。物理模型又可细分为辐射传输模型（RT）、几何光学模型（GO）、混合模型等。以几何光学模型（图 2-40）为例，主要考虑地物的宏观几何结构，把地物假定为具有已知几何形状和光学性质，按一定方式排列的几何体。几何光学模型抓住了地物散射与大气散射的主要差别，在解释复杂地表的反射特征时具有简单明晰的优点，适用于处理不连续植被及粗糙地表等 RT 模型难以适用的地物，逐渐成为植被遥感模型的主要流派之一。

李-Strahler 几何光学模型可表示为以下形式：

$$\text{BRDF} = \frac{\int_A R(s) \cdot (r, s) \cdot I_i(s) \cdot (i, s) \cdot I_r(s) \, \mathrm{d}s}{A \cdot \cos \theta_r \cos \theta_i} \tag{2-8}$$

式中，$\mathrm{d}s$ 是地表或球形树冠表面的面积元；$R(s)$ 是该面积元假设是朗伯表面时的反射率；(i, s) 和 (r, s) 分别是 $\mathrm{d}s$ 的法向矢量与入射及观察的方向矢量夹角的余弦；$I_i(s)$ 是 $\mathrm{d}s$ 受阳光直照与否的指数，数值为 1（受直照）或 0；$I_r(s)$ 是 $\mathrm{d}s$ 是否直接在观察者视场内的指数，数值为

1(直接可见)或 0；A 是视场(FOV)在水平地面的投影面积。假定 $R(s)$ 只有两种不同的值，即地面和树冠的反射率，如果考虑天空光和多次散射，我们很容易得出遥感器接收的信号为 4 个分量的面积加权和：

$$S = K_g \cdot G + K_c \cdot C + K_z \cdot Z + K_t \cdot T \tag{2-9}$$

式中，K_g 是视场内地面受阳光直照部分的面积与 A 之比；K_c 是视场 A 内树冠承照表面的投影积与 A 之比；K_z 和 K_t 分别是视场内阴影中地面和树冠的面积与 A 之比；G、C、Z、T 分别是直照地面、直照树冠、阴影中地面、阴影中树冠这四个分量在给定光照条件下的实际亮度。

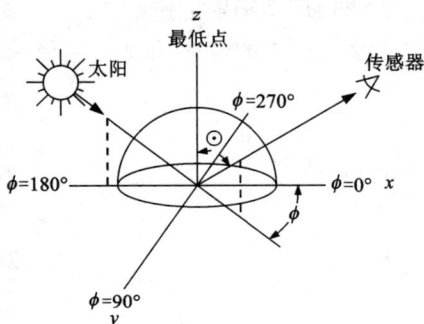

图 2-39　二向反射分布函数　　　　　　　　图 2-40　几何光学模型图示

目标物向各个方向反射的全部辐射能量与入射的总辐射能量之比称为反照率，也即半球反射率。从地表的角度来说，估算地表的宽波段反照率时首先要估算单波段的反射率二向发射系数 BRDF 在 2π 空间范围内的积分，再由窄波段反照率经过加权平均合成宽波段反照率。通过宽波段反照率可以探测不同地表类型的电磁波反射特征，进而推算物体类别及属性信息。例如土地利用类型分类是利用不同用地类型如植被、水体、建设用地等对不同波段反射率的特征不同进行遥感解译的。

窄波段反照率是指 BRDF 在观测方向 2π 空间范围内的积分(黑空)，或反照率在太阳入射方向 2π 空间范围内的积分(白空)。

白空：
$$\alpha_{ws}(\lambda) = f_{iso}(\lambda) g_{iso} + f_{vol}(\lambda) g_{vol} + f_{geo}(\lambda) g_{geo} \tag{2-10}$$

黑空：
$$\alpha_{bs}(\lambda) = f_{iso}(\lambda)(g_{0iso} + g_{1iso}\theta^2 + g_{2iso}\theta^3) +$$
$$f_{vol}(\lambda)(g_{0vol} + g_{1vol}\theta^2 + g_{2vol}\theta^3) +$$
$$f_{geo}(\lambda)(g_{0geo} + g_{1geo}\theta^2 + g_{2geo}\theta^3) \tag{2-11}$$

宽波段反照率是窄波段反照率的加权平均：

$$A = c_0 + \sum_{i=1}^{n} c_i \alpha_i \tag{2-12}$$

目前，MODIS 等多类遥感传感器均提供了地表反射率数据，可用于反照率的估算。

（2）地表发射率估算

不同地表类型除了对电磁波有反射作用以外，还有一种比较典型的电磁辐射特性——发射率(也称为比辐射率)。这种辐射特性在进行温度相关遥感反演时经常用到。在了解比辐射率之前需了解遥感中重要的假象物体——黑体，黑体是研究遥感热辐射时的一个重要概念，它能吸收和发射全部电磁波能量，其中吸收的是短波，发射的是长波。在自然界中不存在这样的物质，自然界中的物质辐射的能量永远小于黑体，所以相同波长物体辐射的能量 M 和同温黑体辐射能量（M_b）的比值称为比辐射率（ε）。

$$\varepsilon(\lambda,\ T)=\frac{M(\lambda,\ T)}{M_b(\lambda,\ T)} \tag{2-13}$$

$$M=\varepsilon\sigma T^4 \tag{2-14}$$

通过不同物体辐射能力的差异就能探测物体的内在属性。其中要准确测量物体表面温度，需要解决两方面关键难题：一是传统接触测温方式破坏了原表面热平衡机制，造成较大误差；二是目标物与周围环境存在复杂的交互作用，需要消除环境辐射的影响。

在一系列近似的经验型方法中，最重要的估算方法是 NDVI 的经验方法，主要有以下模型：

Griend and Owe（1993）模型：

$$\varepsilon=1.0094+0.047\ln(\text{NDVI}) \tag{2-15}$$

Valor and Caselles（1996）模型：

$$\varepsilon=\varepsilon_v P_v+\varepsilon_g(1-P_v)+\mathrm{d}\varepsilon \tag{2-16}$$

Sobrino（2001）模型：

$$\varepsilon=\begin{cases}\varepsilon_{s\lambda}, & \text{NDVI}<\text{NDVI}_s \\ \varepsilon_{v\lambda}P_v+\varepsilon_{s\lambda}(1-P_v)+C_\lambda, & \text{NDVI}_s\leqslant\text{NDVI}<\text{NDVI}_v \\ \varepsilon_{v\lambda}, & \text{NDVI}>\text{NDVI}_v\end{cases} \tag{2-17}$$

（3）地表辐射收支平衡估算

如图 2-41 所示，太阳辐射在传输过程中，会被地球、水汽、大气气体成分以及气溶胶吸收，同时还有部分能量被地表、云层和大气等反射。地气系统吸收能量后会以长波的形式向外辐射能量，使地表温度降低。倘若地气系统向外辐射的能量大于其吸收的辐射能量，地球将会变冷，反之，地球温度将会升高。而当地气系统吸收的太阳辐射能量与其向外辐射的能量相等时，地表的温度保持不变，此时即为辐射收支平衡状态。在全球气候变暖的背景下，研究地表辐射的收支平衡对于应对气候变化具有重要作用。其中，地表净长波辐射是地表辐射收支平衡的重要参数。地表净长波辐射 F_n 可通过大气下行长波辐射和地表上行长波辐射计算得到：

$$F_n=F_d-F_u \tag{2-18}$$

式中 F_d 为大气下行长波辐射，是大气对地表热辐射的直接度量；F_u 为地表上行长波辐射，反映地表的冷暖情况。

1）大气下行长波辐射遥感估算

大气下行长波辐射遥感估算主要有三种方法：第一种是基于大气廓线法，通过辐射传输模型及大气廓线数据计算下行长波辐射；第二种是混合模型法，它是利用辐射传输模型和大量廓线模拟地表下行长波辐射和某一特定传感器的 TOA（top of atmosphere reflectance，大气表观反射率）辐亮度，然后通过统计分析建立地表下行长波辐射和 TOA 辐亮度的经验关系；第三种是基于气象参数法，它是使用近地表空气温度（T_a）和湿度（σ）的观测数据对大气下行长波辐射进行估算：

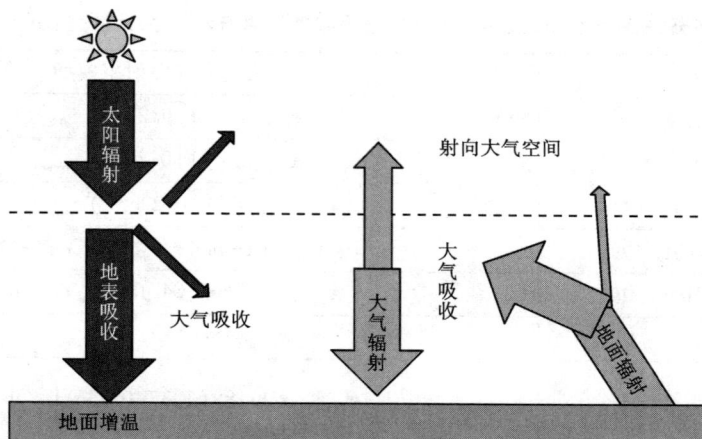

图2-41 地表辐射收支过程

$$F_d = \varepsilon_a \sigma T_a^4 \tag{2-19}$$

式中，ε_a 为大气发射率，晴空条件下主要受大气水汽影响，全天气条件下受大气水汽和云的共同影响，其计算方式见表2-2和表2-3。

表2-2 式(2-19)中晴空条件下大气发射率的估算方法

参考文献	晴空大气发射率模型
Angstrom，1918	$\varepsilon_{a,\,clear} = a - b \times 10^{-\alpha_0}$
Brunt，1932	$\varepsilon_{a,\,clear} = 0.52 + 0.065\sqrt{e_0}$
Idso and Jackson，1969	$\varepsilon_{a,\,clear} = 1 - 0.0261\exp[-7.77\times10^{-4}(T_a - 273)^2]$
Brutsaert，1975	$\varepsilon_{a,\,clear} = 1.24(e_0/T_a)^{1/7}$
Satterlund，1979	$\varepsilon_{a,\,clear} = 1.08[1 - \exp(-e_0^{\frac{T_a}{2016}})]$
Idso，1981	$\varepsilon_{a,\,clear} = 0.7 + 5.95\times10^{-5}e_0\exp(1500/T_a)$
Prata，1996	$\varepsilon_{a,\,clear} = 1 - (1+w)\exp(-\sqrt{1.2+3.0w})$
Dilley and O'Brien，1998	$\varepsilon_{a,\,clear} = 1 - \exp[-1.66(2.232 - 1.875(T_a/273.16) + 0.7365(w/25)^{0.5})]$
Niemela et al.，2001	$\varepsilon_{a,\,clear} = 0.72 + 0.009(e_0 - 0.2),\ e_0 \geqslant 0.2$ $\varepsilon_{a,\,clear} = 0.72 - 0.076(e_0 - 0.2),\ e_0 < 0.2$
Iziomon et al.，2003	$\varepsilon_{a,\,clear} = 1 - X\exp(-Ye_0/T_a)$ 低海拔站点：$X = 0.35,\ Y = 10.0$ 高海拔站点：$X = 0.43,\ Y = 11.5$
注：e_0 是水汽压；T_a 是近地面大气温度(K)；w 是可降水量	

表2-3　全天气条件下大气发射率参数计算方法（c 为云覆盖度）

参考文献	全天气大气发射率模型
Brunt, 1932	$\varepsilon_{a,\,cloudy}=(1+0.22c)\varepsilon_{a,\,clear}$
Jacobs, 1978	$\varepsilon_{a,\,cloudy}=(1+0.26c)\varepsilon_{a,\,clear}$
Maykut and Church, 1973	$\varepsilon_{a,\,cloudy}=(1+0.22c^{2.75})\varepsilon_{a,\,clear}$
Sugita and Brutsaert, 1993	$\varepsilon_{a,\,cloudy}=(1+uc^{v})\varepsilon_{a,\,clear}$, u, v 是系数
Unsworth and Monteith, 1975	$\varepsilon_{a,\,cloudy}=(1-0.84c)\varepsilon_{a,\,clear}+0.84c$
Crawford and Duchon, 1999	$\varepsilon_{a,\,cloudy}=(1-c)+c\varepsilon_{a,\,clear}$
Lhomme et al., 2007	$\varepsilon_{a,\,cloudy}=1.18\times(1.37-0.43c)\left(\dfrac{e_0}{T_a}\right)^{1/7}$
Iziomon et al., 2003	$\varepsilon_{a,\,cloudy}=1-X\exp(-Ye_0/T_a)(1+ZN^2)$ N 是云覆盖度（单位：okta） 低海拔站点：$X=0.35$, $Y=10.0$, $Z=0.0035$ 高海拔站点：$X=0.43$, $Y=11.5$, $Z=0.0050$

2）地表上行长波辐射遥感估算

地表上行长波辐射包括地表发射的长波辐射 $\left[\varepsilon\int_{\lambda_1}^{\lambda_2}\pi B(T_s)\mathrm{d}\lambda\right]$ 及地表对下行长波辐射的反射 $[(1-\varepsilon)F_d]$，遥感估算方法如下：

$$F_u=\varepsilon\int_{\lambda_1}^{\lambda_2}\pi B(T_s)\mathrm{d}\lambda+(1-\varepsilon)F_d \tag{2-20}$$

估算地表上行长波辐射还有一些其他模型，如 MODIS 线性地表上行长波辐射模型[式（2-21）]、GOES Sounder 和 GOES ABI 地表上行长波辐射模型[式（2-22）]。

$$F_u=a_0+a_1L_{29}+a_2L_{31}+a_3L_{32} \tag{2-21}$$
$$F_u=b_0+b_1L_7+b_2L_8+b_3L_{10} \tag{2-22}$$

3）地表净长波辐射

如式（2-18）所示，地表净长波辐射可通过地表下行长波辐射减去地表上行长波辐射得出。此外，估算地表净长波辐射还有一些经验模型，如联合国粮食及农业组织（FAO，1990）模型[式（2-23）]和 Hansen（2000）模型[式（2-24）]等。

$$F_n=\sigma\left[(T_{max}^4+T_{min}^4)/2\right](a_l+b_l\sqrt{e_0})(a_cS_i/S_{i,\,c}+b_c) \tag{2-23}$$
$$F_n=(\varepsilon_sF_{d,\,c}-F_u)(c_1S_i/S_{i,\,c}+c_2) \tag{2-24}$$

2.3.3　定量遥感反演应用举例

随着遥感科学的发展、遥感应用的深入，人们越来越意识到定量遥感的必要性。如今，定量遥感已被广泛应用于生态环境评估、植被生长与农作物估产、天气预报与气候预测、矿产资源调查与探测、海洋监测与开发等领域。下面以气溶胶与土壤水分为例，介绍定量遥感的应用。

（1）长株潭城市群气溶胶时空分布

长株潭城市群（图2-42）位于湖南省中东部，包括长沙、株洲和湘潭三个城市，是湖南省经济增长极。作为湖南省工业化、城镇化发展的核心区域,长株潭城市群大气污染物排放量高,且地形因素导致扩散条件不利,极易形成较严重的大气污染事件。

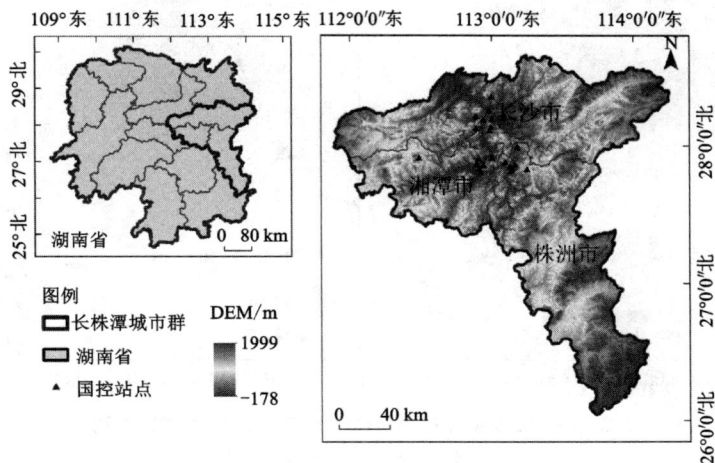

图 2-42　长株潭城市群
(扫描目录页二维码查看彩图)

结合来自 MODIS MAIAC 的 AOD 遥感数据产品 MCD19A2 和来自达尔豪斯大学成分分析组的 $PM_{2.5}$ 浓度数据,探索 2008—2016 年长株潭城市群的 AOD 时空演化规律。统计结果表明,在研究时间段内,长株潭城市群多年平均气溶胶光学厚度(aerosol optical depth,AOD)与年均 $PM_{2.5}$ 浓度均显著下降,变化趋势一致(图 2-43)。其中,年均 AOD 从 2008 年的 0.62 下降到 2016 年的 0.45,整体降幅达 27.4%;年均 $PM_{2.5}$ 浓度由 62.93 $\mu g/m^3$ 下降至 42.04 $\mu g/m^3$,整体降幅达 33.20%。

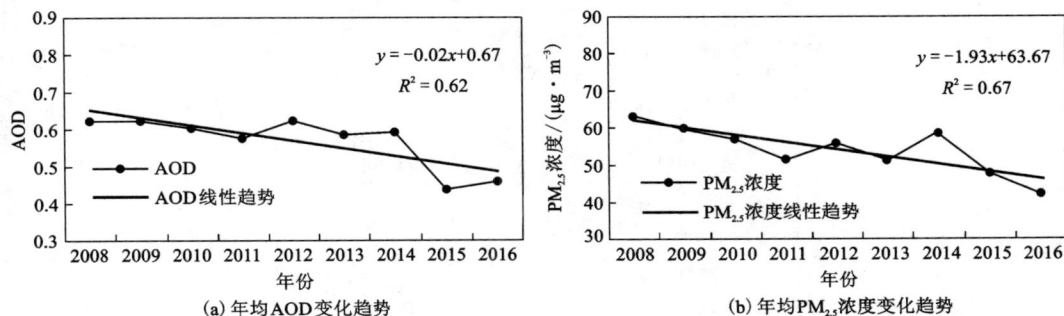

图 2-43　2008—2016 年长株潭城市群年均 AOD 及 $PM_{2.5}$ 浓度变化趋势

除时间变化特征外,长株潭城市群在研究时段内 AOD 空间分布上呈现显著异质性。研究区 AOD 与 $PM_{2.5}$ 浓度空间分布基本一致,总体上呈北高南低、西高东低格局,这一现象表明区域气溶胶可能以 $PM_{2.5}$ 为主导,如图 2-44 所示。

(2)2003—2009 年鄱阳湖流域土壤水分时空变化特征

鄱阳湖流域(图 2-45)位于 24°29′—30°04′N, 113°34′—118°28′E。流域四面环山,周围高、中

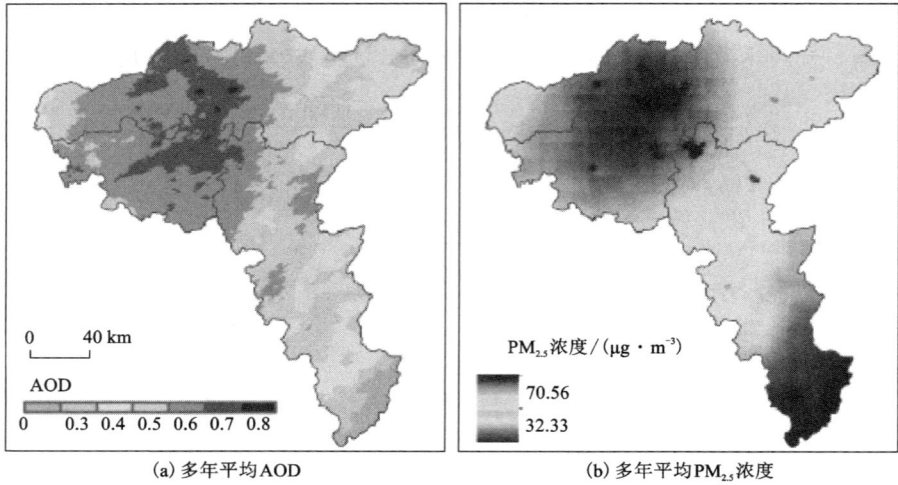

(a) 多年平均AOD (b) 多年平均PM₂.₅浓度

图 2-44 长株潭城市群 AOD 和 PM₂.₅ 浓度变化趋势

（扫描目录页二维码查看彩图）

间低。中心湖区主要为鄱阳湖平原，是长江中下游五大平原之一。湖区四周分别为修水、赣江、抚河、信江及饶河五大子流域，地貌类型以丘陵山地为主，地表覆被类型主要为林地。

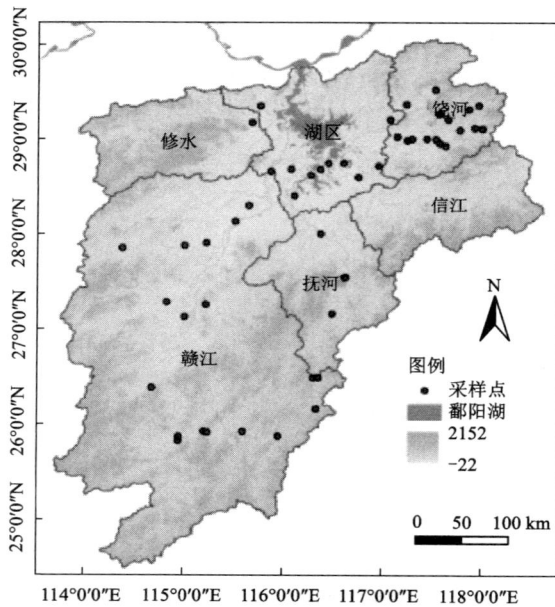

图 2-45 鄱阳湖流域

（扫描目录页二维码查看彩图）

采用美国冰雪数据中心（NSIDC）提供的 AMSR-E AE_Land3 土壤水分产品，选择 2003—2009 年的逐日土壤水分数据，按照年、月等不同时间尺度进行合并，探讨鄱阳湖流域 2003—2009 年土壤水分的变化特征。将鄱阳湖流域及其子流域均作为研究对象，统计区域内所有像元(地表覆被类型为水体的像元除外)的土壤水分均值,结果如图 2-46 所示。2003—2009 年鄱阳湖流域水分含量的多年均值为 15.22%,标准差为 0.79%。在年际尺度上,流域及其各子流域内土壤水分含量的最高和最低值分别出现在 2003 年和 2009 年,整体呈下降趋势。这表明鄱阳湖流域总体上呈干旱化特征,其中湖区干旱化最为严重,每年土壤水分可下降0.35%。图 2-47 进一步显示了鄱阳湖流域年均土壤水分的空间分布特征,由图可知土壤水分呈现明显的空间差异性,中心湖区土壤水分一直较低,总体上呈现中心低、四周高的"漏斗式"空间分布。

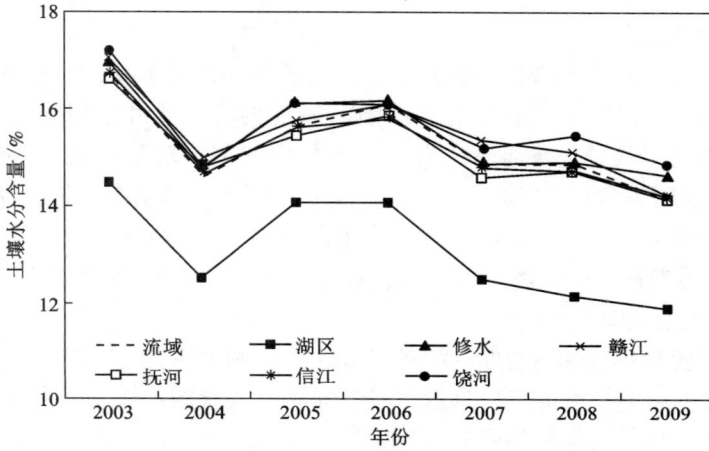

图 2-46 鄱阳湖流域土壤水分年际变化特征

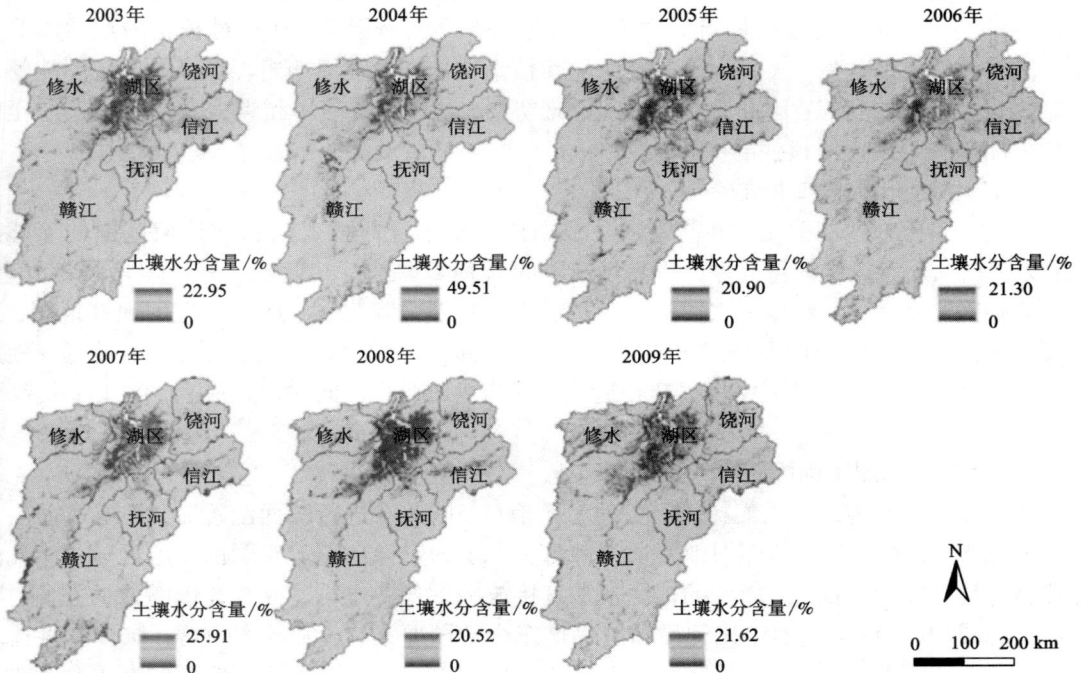

图 2-47 鄱阳湖流域土壤水分空间分布的年际变化特征

(扫描目录页二维码查看彩图)

2.4 环境遥感专题制图

在环境遥感信息提取的基础上，需要对提取结果进行专题制图，以更加直观形象的方式展示环境要素的时空格局与变化趋势，从而为环境治理与管理提供支持服务。

2.4.1 遥感专题制图设计与编制

（1）遥感制图的定义

遥感制图就是通过对遥感影像的判读或利用遥感影像处理系统，对各种遥感资料进行增强、识别、分类和制图的过程。根据遥感地图的表现内容，可将它划分为普通遥感影像地图和专题遥感影像地图两类。普通遥感影像地图包含的制图对象丰富，包括等高线、水系、居民区、植被、交通网等信息，能够全面、综合反映制图区域的情况；专题遥感影像地图在众多自然或经济社会要素中，选取一种或几种作为制图内容，能够更加突出且完备地表现专题要素，如用地类型专题图、植被类型专题图、环境污染物浓度分布专题图等。

（2）遥感影像地图特征

遥感影像地图包含丰富的信息量，相较于普通的线画地图而言，遥感影像地图没有空白信息区域，丰富的色彩更是增加了信息量，可以解译出大量的制图对象信息。其次，由于遥感影像地图是对制图区域与制图对象进行"自然概括"之后形成的构象，所以它具有直观形象的特点，例如在遥感影像地图上可以看到蜿蜒曲折的河流与盘山公路、高低起伏的地势地形和绵延但有层次的梯田等。此外由于遥感影像地图是按照一定的映射关系，将各种地表信息按比例缩小形成的，所以人们可以利用已知的比例尺和坐标系，在经过校正的遥感影像地图上测算出自己的位置。最后，由于获取地面信息快速、制图周期短，遥感影像地图能够反映制图区域当前的状况，因此它具有很强的现势性，在沙漠、沼泽和崇山峻岭等人迹罕至区域的地图制作中表现出很强的优越性。

（3）遥感专题制图基本流程

常规的遥感专题制图流程，首先需要根据任务要求选取适合时相和地域范围的遥感影像；为了增加遥感影像的可读性，需要对选取的遥感影像进行几何校正和图像增强等处理，以消除畸变和降噪，并对专题内容进行解译；获取制图内容之后，选择合适的地理地图，用于反映制图要素的空间位置和区域地理背景，同时对遥感影像进行几何纠正，通常选择地形图作为地理基础地图。之后便可以套合遥感影像与地理地图，同时添加必要的注记，提高地图易读性。

（4）遥感专题图图面配置

遥感专题图是为了给人们提供需要的专题信息，因此在进行图面配置时，需要贯彻以人为本的思想，符合人们的读图习惯。通常将需要展示的影像地图放在图的中心区域，让人们能够直观地获取地图信息；影像的标题常常直接放在图像的上方，或者置于图像的左侧，明示该专题图的内容；指北针、比例尺和图例这三个地图要素，通常放在角落，如一般将指北针置于图面的右上角，将比例尺放在图面下部右侧的位置，将图例放在地图的右下角，在不遮挡影像的同时尽量使图面美观；如果需要参考图来反映制图区域的地理位置等信息，可以将参考图置于图面右上角；当然，还可以根据情况添加图框。

2.4.2 遥感专题制图的典型应用

当前，遥感技术已被应用到众多研究领域，如在对水体、土壤、大气和生态环境的调查和监测中，遥感作为主要的监测手段与分析工具，具有重要作用。而监测结果往往通过专题图的形式呈现，以下介绍常用的专题图类型。

（1）水环境遥感专题制图

遥感在水环境监测方面的应用主要是获取水体的分布、水体污染及水深、水温等信息，进而评估区域内水资源和水环境状况。如2.1.2小节所述，水体在可见光范围内反射率较低，清澈的水体在近红外波段几乎呈黑色，因此使用遥感手段确定其分布及边界是极为可行的。图2-48为东洞庭湖遥感图，从图中可以清晰获得东洞庭湖的分布、边界以及其他情况等信息。水体污染的类型较多，包括富营养化、悬浮泥沙、石油污染、热污染等，根据污染物的光谱反射特征差异，结合科学的模型方法，可反演得到水体中泥沙、叶绿素、石油等物质的含量及范围，图2-49(a)所示为基于GF-1卫星数据反演得到的太

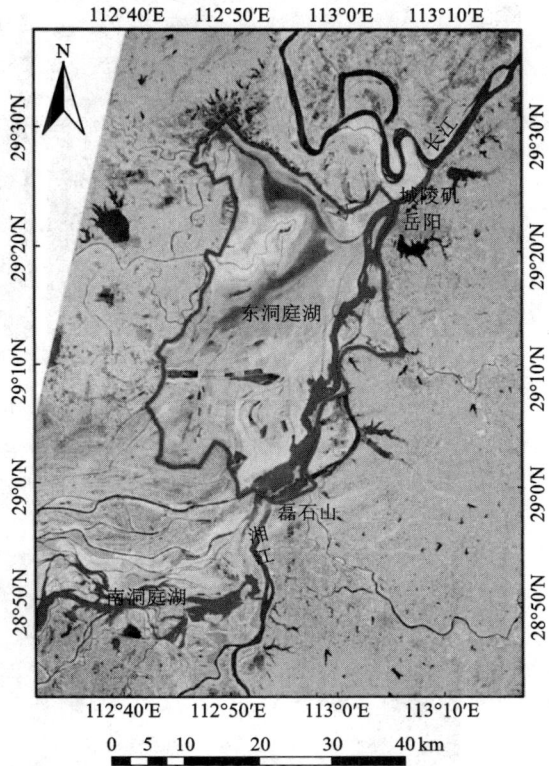

图2-48 东洞庭湖遥感图

湖水域内叶绿素a的浓度空间分布，图2-49(b)所示为基于HJ-1A HIS数据进行叶绿素a浓度反演的结果，可以看到不同的传感器观测时的角度、大气状况及卫星过顶时间等不同，导致对同一目标的反演结果存在差异。水体的光谱特征除受水中悬浮物的影响之外，还与水深有关，根据能量守恒定律，电磁波的能量因为水体深度的加深而衰减，因此使用遥感技术能够动态快速获取水深信息，能够有效补充传统水深测量方法的不足。图2-50所示为基于SPOT-6数据，使用水深反演模型获取的2013年海南省乐东区浅海海域水深信息，从海岸线向外，水深逐渐增加。遥感对水体温度探测的实现是基于水体的比热容大，在热红外波段具有明显特征，根据热红外传感器的温度定标，便可在热红外影像上反演出水体的温度。图2-51为2015年12月31日全球海表温度分布图，该图由VIIRS Level-3U的海表温度数据经过处理得到。对于以上应用的原理，将在本书第3章进行更为详实的介绍。

（2）土壤环境遥感专题制图

土壤是其母质在地形、气候、植被等自然因素和人为因素综合作用下发生、发展和演化形成的疏松多孔体，是覆盖于地球陆地地表的重要农业生产资源。土壤环境遥感的主要任务是通过遥感解译与反演，识别并划分土壤类型、估算土壤各成分含量、监测土壤污染及退化

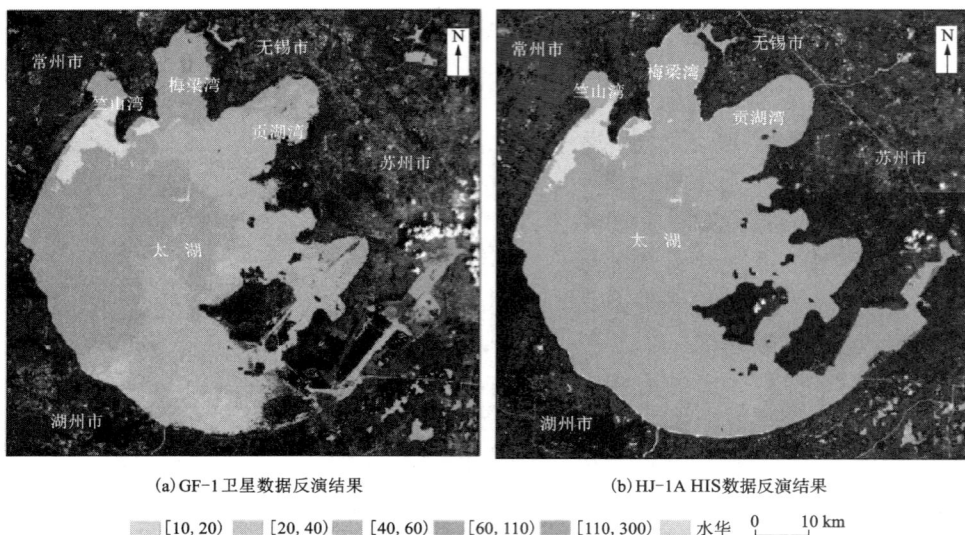

(a) GF-1 卫星数据反演结果　　　　　　　　(b) HJ-1A HIS数据反演结果

[10, 20)　[20, 40)　[40, 60)　[60, 110)　[110, 300)　水华　　0　10 km

图 2-49　太湖叶绿素 *a* 浓度(mg/m³) 分布图
(扫描目录页二维码查看彩图)

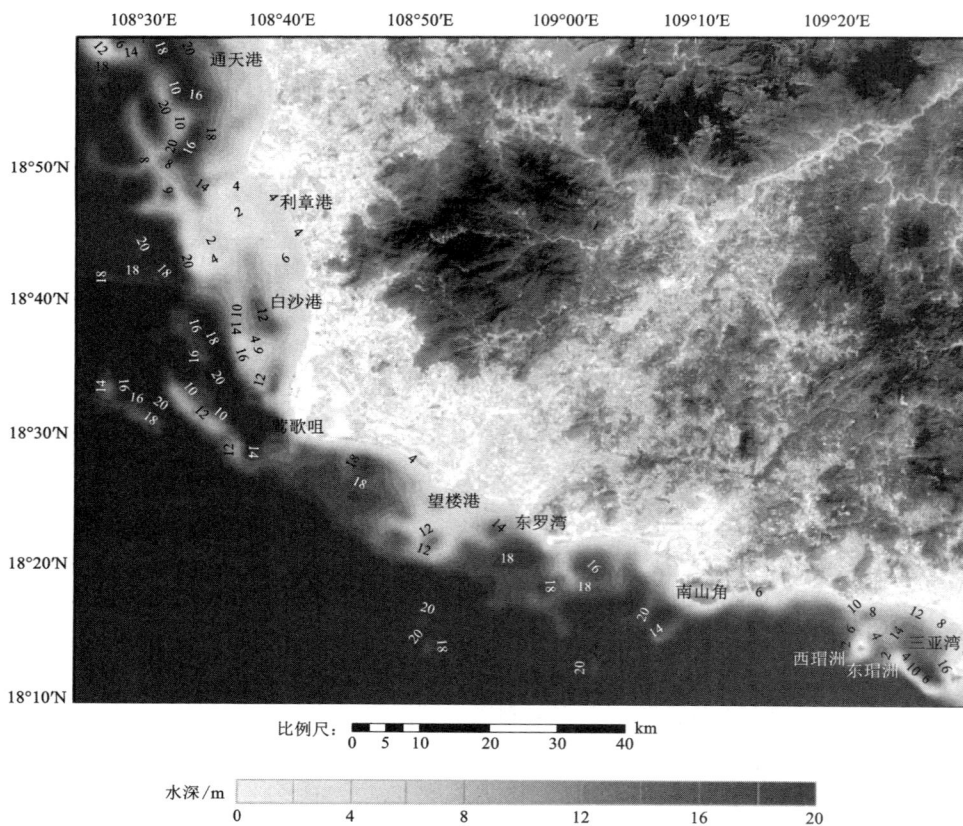

图 2-50　乐东区浅海海域水深反演图
(扫描目录页二维码查看彩图)

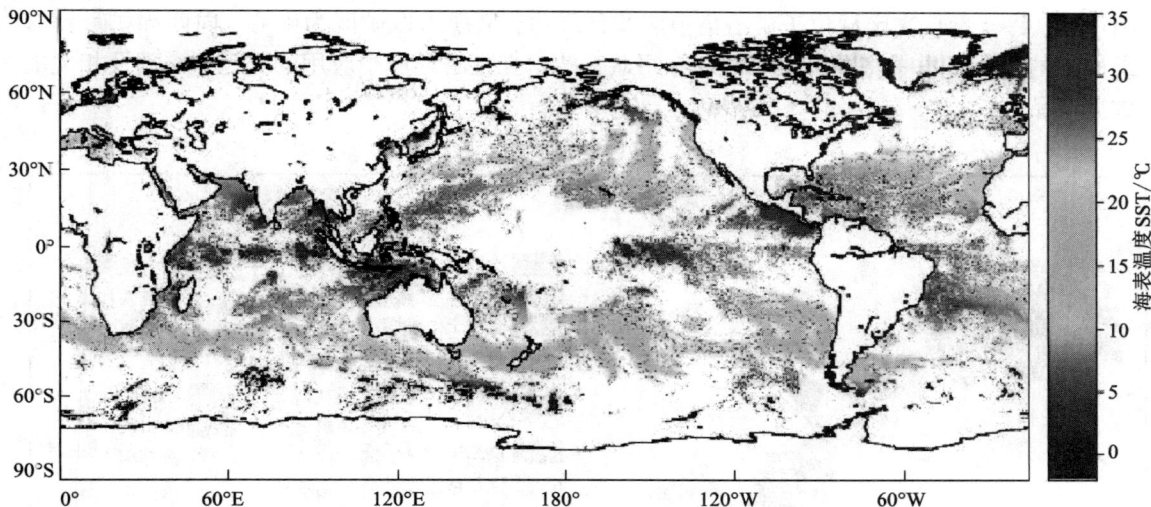

图 2-51 2015 年 12 月 31 日全球海表温度分布
(扫描目录页二维码查看彩图)

情况等，并将以上结果以遥感专题图形式呈现出来。土壤遥感分类是最基础的应用，可根据植被指数、地形数据、湿度数据、土壤亮度特征和纹理特征等信息，采用最小距离法、最大似然法等分类方法，结合已有参考数据(如土壤普查数据)对土壤类型进行判别。图 2-52 所示为以第二次全国土壤普查数据为基础，根据植被指数等遥感数据产品，对甘肃省土壤类型进行遥感分类的结果，最终获得 34 个土壤亚类。土壤成分主要包括矿物质、有机质(包括有生命的有机体——土壤生物)、水分和空气等物质。随着遥感技术的发展，应用遥感技术进行土壤水分、有机质含量的反演等已十分常见。图 2-53 所示为 1979—2013 年全球土壤水分均值分布。从全球来看，旱地主要分布在北美东南部、北非、欧洲西南部、中亚和澳大利亚；而潮湿区主要位于北美北部、北欧和东南亚。土壤有机质在广义上是指以各种形态存在于土壤中的所有含碳的有机物质，是植物营养的主要来源之一，也是土壤固碳能力的表征。图 2-54 是以广东省云浮市的罗定市作为研究区域，基于 GF-1 卫星数据，结合不同波段形成的遥感变量及坡度、地形位置指数等地形水文变量作为预测因子，使用人工神经网络模型分析得到的不同土壤深度的有机质含量。其中，有机质含量在 0~20 cm 的土层最高，并随着深度的增加而减少。图 2-55 所示为北京市耕地表层土壤碳密度空间分布，由图可得北京市西北部土壤碳密度较大，山地区与耕地土壤密度整体高于平原区，平原区城市近郊表层土壤碳密度相对较高。此外，随着人们对土壤的利用，土壤退化和重金属污染等已成为影响区域农业经济发展的重要因素，甚至对生态环境造成严重的威胁。图 2-56 所示为 2011 年和 2021 年阿拉尔垦区土壤盐渍化空间分布，该区以非盐渍土和轻度盐渍土为主，塔里木河河床、草地、林带等地以中度盐渍土、重度盐渍土为主，荒漠化土地和沙漠附近以盐土为主，且近 10 年该区盐渍化得到较好改善。土壤重金属污染不仅影响植被生长，更会通过富集效应被人体吸收，危害人类健康。当前，遥感技术由于具有宏观、快速和高效的特点，已成为重金属监测的重要工具。图 2-57 所示为以云南省个旧市矿区为典型区，基于 ASTER 影像，使用直线内插法嵌入偏最小二乘模型中，反演得到的个旧市重点矿区土壤锌含量空间分布。由图可知，锌含量较高区域位于矿冶集中区及其周边，呈现出以矿区为中心，向四周扩散锌含量递减的趋势。本书将在第 4 章详细介绍遥感技术在土壤环境中应用的类型、原理及相关的数据产品。

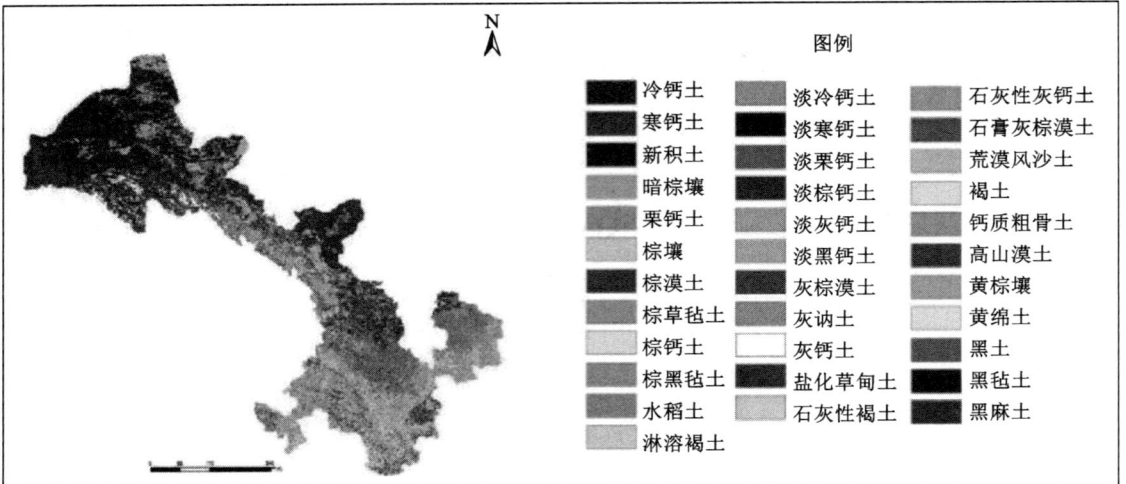

图 2-52　甘肃省土壤遥感分类结果
（扫描目录页二维码查看彩图）

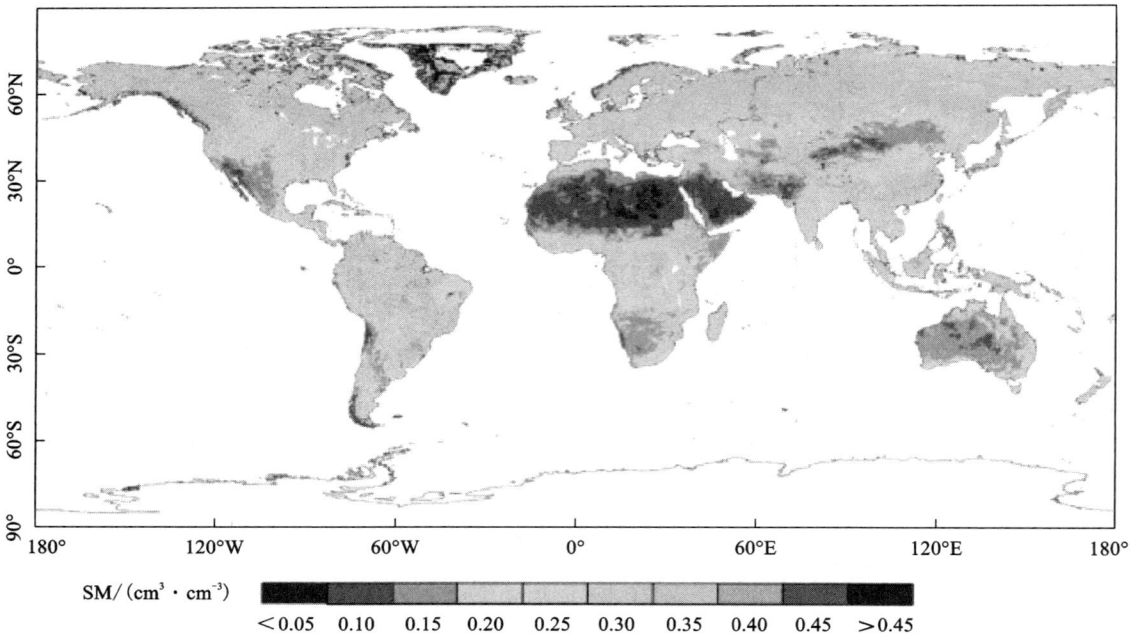

图 2-53　1979—2013 年全球土壤水分均值（SM）分布
（扫描目录页二维码查看彩图）

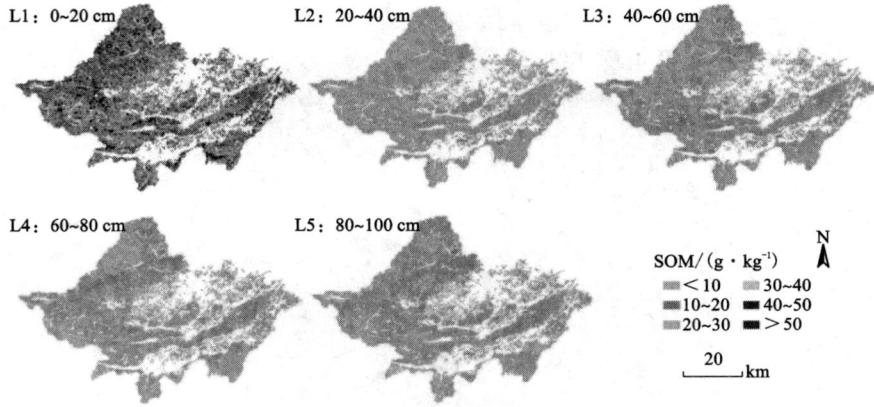

图 2-54　罗定市不同土壤深度的有机质含量(SOM)空间分布

(扫描目录页二维码查看彩图)

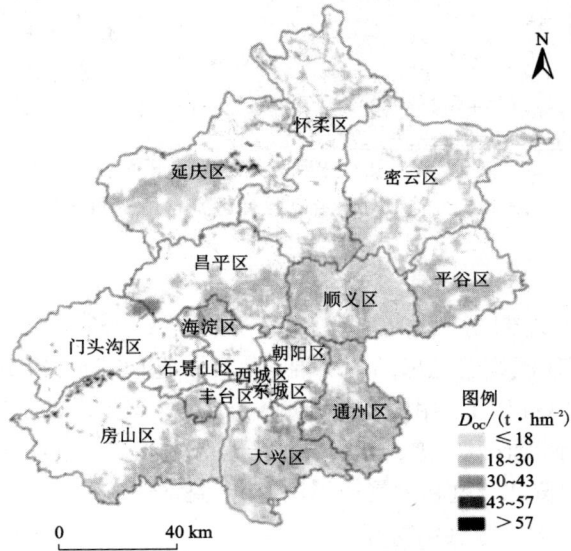

图 2-55　北京市耕地表层土壤碳密度(D_{OC})空间分布

(扫描目录页二维码查看彩图)

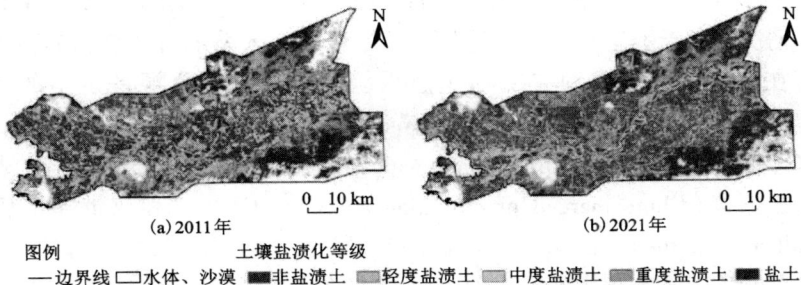

图 2-56　阿拉尔垦区土壤盐渍化空间分布

(扫描目录页二维码查看彩图)

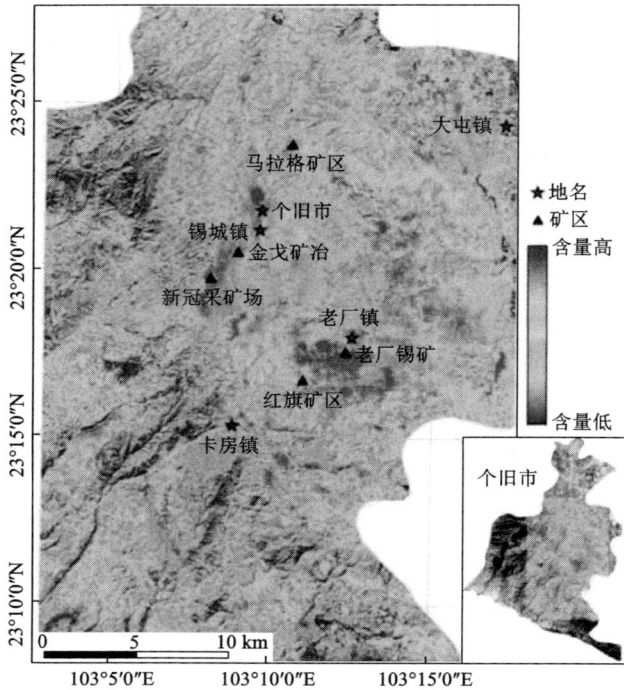

图 2-57　个旧市重点矿区土壤锌含量空间分布
（扫描目录页二维码查看彩图）

（3）大气环境遥感专题制图

大气是因重力作用而围绕着地球的一层混合气体，是地球最外部的气体圈层，包围着海洋及陆地，厚度在 1000 km 以上。由于当代卫星、计算机等技术的推动，大气环境遥感的原理、技术、方法与应用不断取得突破，得到了日新月异的发展。大气环境遥感的内容主要包括气象要素遥感（如云、降水、风和大气边界层等）、温室气体遥感（CO_2 和 CH_4 等）、大气污染遥感（AOD、$PM_{2.5}$、臭氧、氮氧化物等）。云是地球辐射收支、水循环和生物化学循环的主要调节者，随着气象卫星技术的发展，卫星遥感已经成为获取云观测资料的最高效手段之一。在进行云遥感监测时，通常需关注云量、云顶高度、云光学厚度、云水含量等宏观和微观特征，目前已有相关的云观测卫星数据产品。图 2-58 所示是 2018 年 3 月 1 日不同卫星监测的全球云系情况，由于卫星过境时间差异等，尽管同一云系的分布状态较为一致，但是云的细节结构存在差异。降水资料是陆地生态系统建模及气候资源评定中的重要参数，图 2-59 所示为气候预测中心校正产品（climate prediction center morphing technique，CMORPH）、全球气候降水计划数据集（global precipitation measurement，GPM）、中国自动站与 CMORPH 降水产品融合数据集（China merged precipitation analysis，CMPA）和热带降水任务卫星数据（tropical rainfall measurement mission，TRMM）四种降水数据产品在长三角地区的分布情况。使用遥感技术也能够对近地表大气污染物实现动态监测，基于 Sentinel-5P NRTI NO_2 数据产品得到 2018—2021 年中国对流层 NO_2 多年平均浓度分布，我国对流层 NO_2 平均柱浓度呈现"东高西低"的分布特征。2.3.3 小节已举例说明遥感制图在气溶胶和 $PM_{2.5}$ 研究中的应用，温室气体的大量排放是导致当前全球气候变暖的重要因素，监测温室气体的含量也是实现"碳达峰""碳中和"目标的关键。基于 GOSAT 卫星 CO_2 产品 L3 数据集得到 2010—2018 年中国 CO_2 柱浓度年变化分布。总体而言，2010—2018 年中国区域的 CO_2 柱浓度主要是从东部沿海向西北内陆逐渐降低。本书将在第 5 章对大气环境遥感的原理与应用进行系统的介绍。

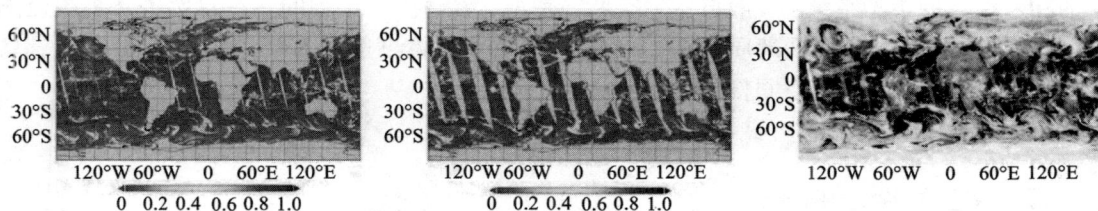

(a) FY-3 CLW 日产品监测全球云系分布　(b) SSM/I CLW 日产品监测全球云系分布　(c) FY-3D MERSI 监测全球云系分布

图 2-58　2018 年 3 月 1 日不同卫星监测的全球云系分布

（扫描目录页二维码查看彩图）

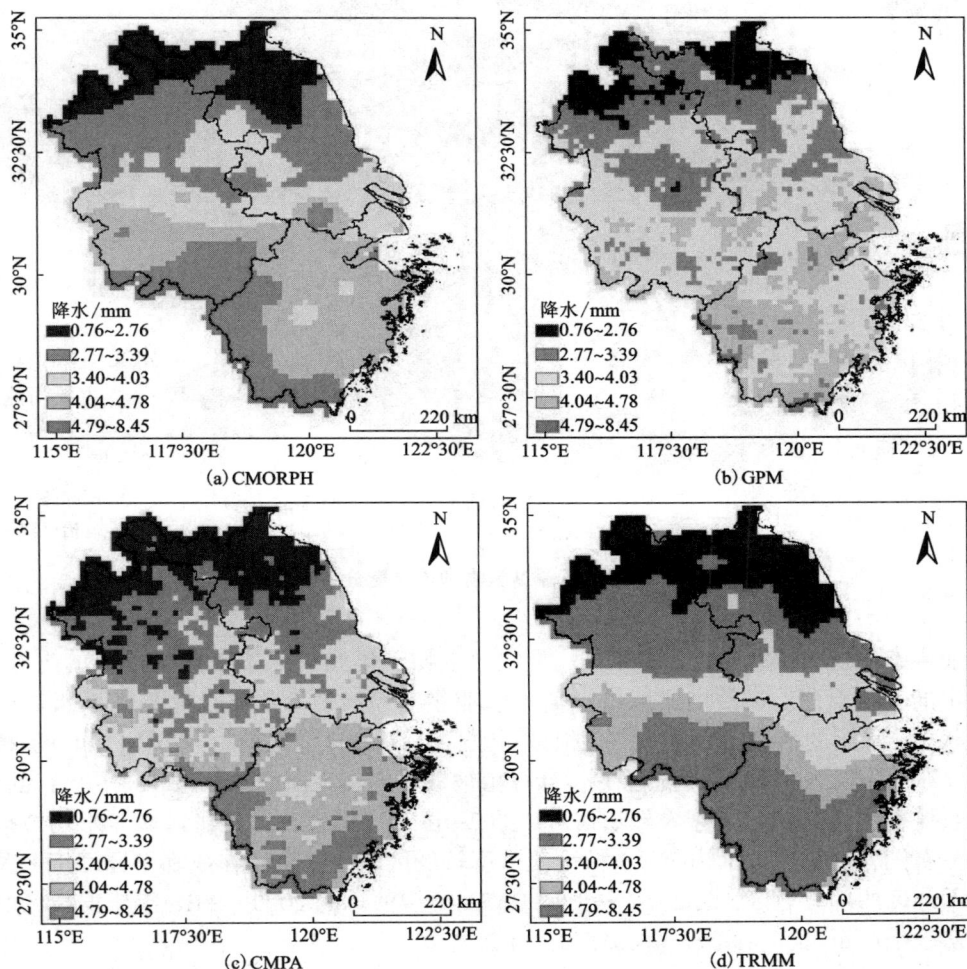

图 2-59　长三角地区卫星产品反演日均降水分布图

（扫描目录页二维码查看彩图）

（4）生态环境遥感专题制图

生态环境主要是指除环境污染之外的人类生存的环境，主要包括自然生态系统、农业生态系统和城市生态系统。

自然生态系统，也称基础生态系统，是指一定时间和空间范围内，依靠自然调节能力维持的相对稳定的生态系统，一般自然生态系统是没有经过人工干预的。在自然生态系统监测中，可以使用遥感技术开展地质调查、湿地、冰雪物种丰富度监测等研究。图2-60是新疆鸟类物种丰富度分布图，其空间格局具有明显的差异性。

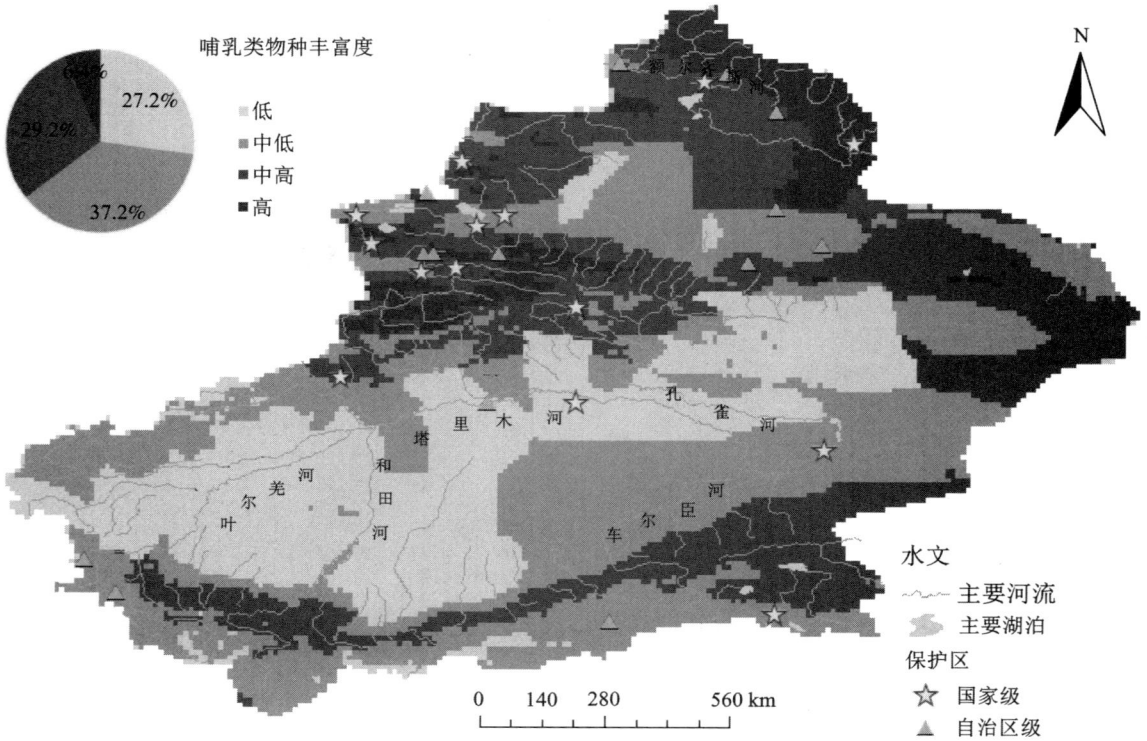

图2-60　新疆鸟类物种丰富度分布区

农业生态系统，即半人工生态系统，是农业生物种群和农业生态环境构成的生态整体，经过一定的人工干预。在使用遥感技术监测农业生态系统时，常通过计算植被指数表征地表植被状况，常用的植被指数有归一化植被指数（NDVI）、比值植被指数（RVI）和差值植被指数（DVI）等；另外，还可以利用遥感影像计算植被覆盖度和叶面积指数（LAI），结合光合有效辐射吸收比率（FAPAR），实现农作物估产。图2-61为四川省5大经济区多年平均植被覆盖度等级分布图，空间差异比较明显，植被覆盖度较低区域主要分布在成都平原经济区及川西北生态示范区的部分地区；图2-62是使用CASA模型估算的2000—2018年雄安新区的植被年均净初级生产量（net primary production，NPP）结果。

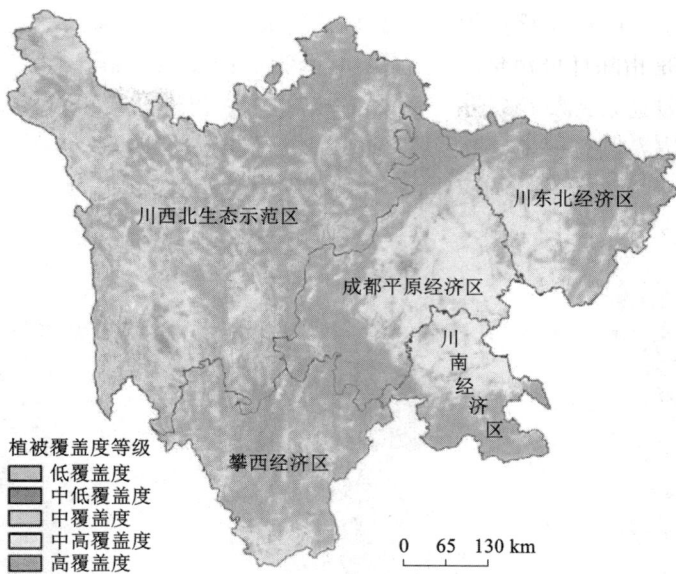

图 2-61 四川省 5 大经济区多年平均植被覆盖度等级分布图

（扫描目录页二维码查看彩图）

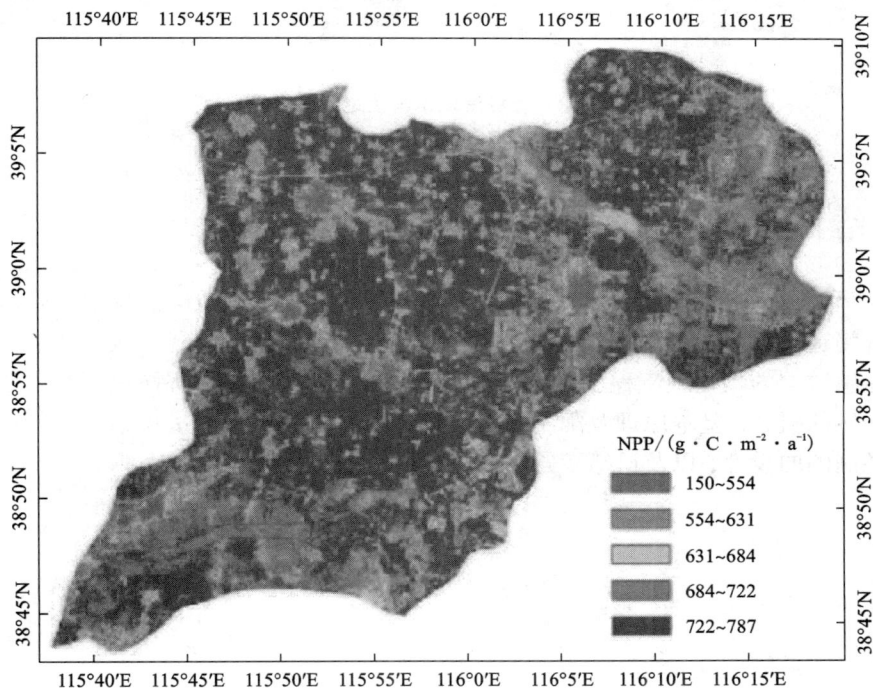

图 2-62 2000—2018 年雄安新区植被年均 NPP 结果

（扫描目录页二维码查看彩图）

城市生态系统，也称人工生态系统，是城市空间范围内居民与自然环境系统和人工建造的社会环境系统相互作用而形成的有机整体。随着城市化进程的推进，城市生态系统内部结构发生了巨大变化，可以将遥感技术用于提取不透水面、道路交通网、城市水体，以及监测城市扩张、城市热岛等方面的研究。图2-63所示为长株潭城市群土地利用类型，可根据土地利用类型的变化动态监测城市扩张。由图2-63可知，长株潭城市群的扩张模式主要为多中心扩张，沿城区边界填充扩张，并且沿交通线路扩张现象较明显。本书将在第6章详细介绍遥感技术在生态环境监测领域的应用。

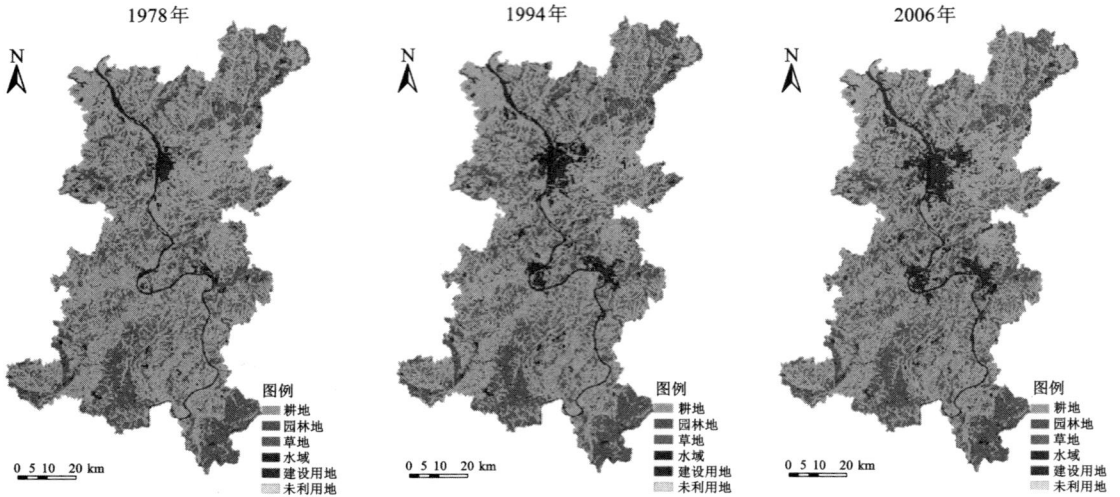

图 2-63　长株潭城市群土地利用类型

（扫描目录页二维码查看彩图）

2.5　小结

本章从环境遥感的理论基础出发，介绍了电磁波、电磁波谱及电磁辐射的传输过程，简要介绍了环境遥感核心参数及典型环境要素的光谱特征；梳理总结了主要的遥感数据源，描述了环境遥感数据的预处理流程、遥感解译标志的制作，以及图像解译过程和方法；系统介绍了定量遥感的概念、基本原理及常用的信息模型，举例说明了定量遥感反演的应用；阐述了遥感专题制图的设计，以及遥感专题制图的典型应用。

第3章 水环境遥感

随着经济社会的高速发展，人们对水资源的需求也日渐增多。工农业生产和生活废水日渐增加的排放量，带来了严重的水资源短缺与水污染问题。传统的水环境监测方式存在一定局限性，而不断发展的遥感技术能满足水环境监测大范围、快速、动态反馈、低成本等需求。本章将基于水环境问题，介绍水环境遥感监测的基本原理，进而从水资源遥感与水污染遥感两方面，系统讲述环境监测的主要方法，为系统理解水环境遥感监测奠定基础。

3.1 水环境概述

3.1.1 水环境定义

水是自然资源的重要组成部分，也是所有生物结构组成和生命活动的主要物质基础，是连接所有生态系统的纽带。水体是河流、湖泊、沼泽、水库、地下水、海洋的总称。水体的分类主要有以下几个体系，按区域来划分，水体指某一具体的被水覆盖的地段，如太湖、洞庭湖等；按类型来划分，则分为陆地水体和海洋水体；天然水资源包括河川径流、地下水、积雪和冰川、湖泊水、沼泽水、海水，按水质又可划分为淡水和咸水。水资源开发利用的内容很广，如农业灌溉、工业用水、生活用水、水能、航运、港口运输、淡水养殖、城市建设、旅游等；此外，还包括防洪、防涝等内容。水环境是由地球表层水圈所构成的环境，它包括一定时间内水的数量、空间分布、运动状态、化学组成、生物种群和水体的物理性质。水环境是一个开放系统，它与土壤-岩石圈、大气圈、生物圈乃至宇宙空间之间存在着物质和能量的交换关系。水环境按其范围大小，可分为区域水环境（如流域水环境、城市水环境等）、全球水环境，就特定区域而言，水环境可分为地表水环境和地下水环境。

3.1.2 水圈结构与组成

水圈（hydrosphere）是指由地球表面上、下，液态、气体和固态的水形成的一个几乎连续的、但不规则的圈层，其质量只占地球总质量的万分之四。

（1）水圈组成

地球上的水以气态、固态、液态三种形式存在于大气圈、生物圈及水圈中，地球上的总水量约为 1.4×10^9 km³，其中海水占 97.2%，陆地水中的地表水约占 2.2%，地下水约占 0.6%，大气水仅占 0.001%，如图 3-1 所示。

海洋是地球表面最大的积水盆地，是水圈的主体。海水是海中或来自海中的水，是一种非常复杂的多组分水溶液，也是名副其实的液体矿产，平均每立方千米的海水中有 3570 万 t 矿物质；海水还是陆地上淡水的来源和气候的调节器，世界海洋每年蒸发的淡水有 450 万 km³，其中

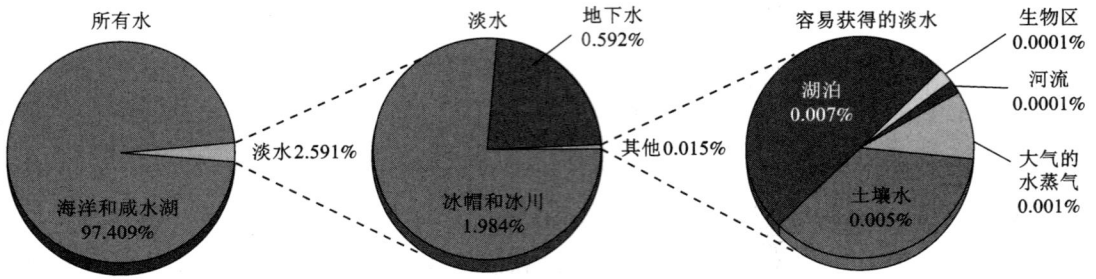

图 3-1　水圈的组成

90%通过降雨返回海洋，10%变为雨雪落在大地上，然后顺河流又返回海洋。

陆地水包括地面流水、地下水、湖泊、沼泽与冰川。地面流水是指沿着陆地表面流动的水体，其水源主要有大气降水、冰雪融水等，根据其水源补给特点可分为常年性流水（如河流）和暂时性流水（如片流、洪流）；地下水是埋藏在地表以下岩石和松散堆积物空隙中的水体，水源主要来自地面流水和大气降水，通过岩石或松散堆积物的空隙下渗而保存在地表以下，常见的泉、水井就是地下水在地表的露头；湖泊指陆地上较大的集水洼地，全世界湖泊的总面积约为 $2.7 \times 10^6 \ km^2$，占陆地面积的 1.8%，湖水的化学成分主要与湖水的来源及自然地理条件有关，一般在潮湿气候区，湖水的成分多含有机质，在干旱气候区湖泊的成分则以含 $NaCl$、Na_2SO_4 为特征；沼泽是指陆地上潮湿积水、喜湿性植物大量生长并有泥炭堆积的地方，主要分布在湿润气候区，不论热带、温带和寒带都可产生；冰川是指由积雪形成并能运动的冰体，是陆地上以固体形式存在的水，主要分布于地球两极及高山地区，覆盖陆地面积的 10%，集中了全球 85% 的淡水。

大气水是指存在于大气圈中的水，它以气态的形式存在，绝大多数分布于大气圈的对流层中，通常用湿度来表示大气中的水含量，大气的湿度可分为相对湿度和绝对湿度。相对湿度是指空气实际水汽压与当时同温度下饱和水汽压的百分比；而绝对湿度是指一定量空气中的水汽质量与该定量空气的体积之比（g/m^3）。

（2）水圈结构

水圈为其他圈层提供基础，也是外动力地质作用的主要介质，是塑造地球表面的最重要的角色。水圈中的水上界可达大气对流层顶部，下界至深层地下水的下限，包括大气中的水汽、地表水、土壤水、地下水和生物体内的水。水圈中大部分水以液态形式储存于海洋、河流、湖泊、水库、沼泽及土壤；部分水以固态形式存在于极地的广大冰原、冰川、积雪和冻土中；水汽主要存在于大气中，常通过热量交换与液态、固态水部分相互转化。同时，水也是地表最重要的物质和参与地理环境物质能量转化的重要因素，使地球表面形成不同的自然带、地带和自然景观类型，促进地理环境的发展与演化。

3.1.3　水体理化性质

在环境科学领域，水体包括水中的悬浮物质、溶解物质、底质和水生生物等完整的生态系统或完整的综合自然体。水体的理化性质是指水体中的水及其所含物质与环境相互作用共同表现出的物理、化学性质。

（1）水的物理性质

水的物理性质主要受到水分子及其无机盐离子的影响，其中水分子结构特殊，属于极性分子，易以氢键的形式发生分子缔合。水体的物理性质主要包括水温、水色、臭味、浑浊度、电导率等。

水温即水体的温度，包括海水、陆上淡水、表面水和不同深度的水的温度。水温高低因水体存在形式（江河、库塘或水田）、深度，以及季节、纬度、海拔高度和太阳辐射等的不同而变化。水温对水的许多物理性质和化学性质均有影响，例如密度、黏度、蒸气压、pH、盐度等。且水温还会影响物质在水中的溶解度，对水中细菌的生长繁殖和自然净化作用造成相应影响。

水色是由于水中溶解物质、悬浮颗粒及浮游生物的存在形成的，其中浮游生物的种类和数量是反映水色的主要因素。由于浮游生物中的诸多浮游植物体内含有不同的色素细胞，当其种类和数量发生变化时，池水就呈现不同的颜色与浓度，随着时间的推移和天气的变化，以及水生浮游植物的存活与交替，水生浮游植物的种类和数量亦发生变化，水色也因之发生变化。

天然水的臭味主要来自水生动植物或微生物的繁殖与衰亡、有机物的腐败分解、溶解的气体（如硫化氢），以及溶解矿物盐或混入的泥土等。黑臭水体是一种生物化学现象，当水体遭受严重有机污染时，有机物的好氧分解使水体中的耗氧速率大于复氧速率，造成水体缺氧，致使有机物降解不完全、降解速度减缓，厌氧生物降解过程中生成硫化氢、胺、氨、硫醇等发臭物质，同时形成 FeS、MnS 等黑色物质，使水体黑臭。水体黑臭是严重的水污染现象，使水体完全丧失使用功能，并影响景观及人类生活和健康。我国住房和城乡建设部颁发的《城市黑臭水体整治工作指南》定义黑臭水体为呈现令人不悦的颜色和（或）散发令人不适气味的水体，依据透明度、溶解氧、氧化还原电位和氨氮 4 个水质指标将它分为非黑臭、轻度黑臭和重度黑臭 3 个等级。水体发臭主要是由厌氧微生物分解有机物产生硫化氢、氨、硫醇等发臭物质引起的。

浑浊度，简称浊度，表征水中悬浮物质等阻碍光线透过的程度。一般来说，水中的不溶解物质越多，浑浊度越高，浑浊度是由于水中存在颗粒物质如黏土、污泥、胶体颗粒、浮游生物及其他微生物而形成的，用以表示水的清澈或浑浊程度，是衡量水质良好程度的重要指标之一。浑浊度和色度都是水的光学性质，但它们是有区别的，色度是水中的溶解物质引起的，而浑浊度是由不溶物质引起的。

电导率是水体的物理性状指标之一，是衡量水的导电能力的指标。由于水的电导率高低主要取决于水中溶解盐的含量，因此可通过电导率间接表征水中溶解盐的含量。水的电导率在数值上等于在水溶液中插入两个面积均为 $1~cm^2$ 的电极片，且两个电极片相隔 $1~cm$ 所测得的电导值。其中天然水电导率低，污染水的电导率较高。

（2）水体的化学性质

天然水体是一个复杂的缓冲溶液系统，对外来酸碱类物质有一定的抵御能力，使天然水 pH 保持相对稳定，对保护水生生物的生长繁殖极为有利。自然水体中的主要离子是 Cl^-、SO_4^-、HCO_3^-、Na^+、K^+、Ca^{2+}、Mg^{2+}，占水中溶解固体的 95% 以上；海水以 Na^+、Cl^- 占优势；河水以 Ca^{2+}、HCO_3^- 占优势。河水中，绝大多数微量元素集中在悬浮物中，锰、钛、铅含量比海水高几十倍；海水中各种盐离子以溶解态形式存在（图 3-2），溶解态的盐离子含量要比悬浮态的高数百倍到数千倍，甚至铬、铅也主要呈溶解态，溴含量比河水中高数千倍，硼含量比河水中高数百倍，锶、碘、氟、锂含量高几十倍。当河水进入海洋时，元素溶解性发生本质变化，浓度和比例也都会发生变化。

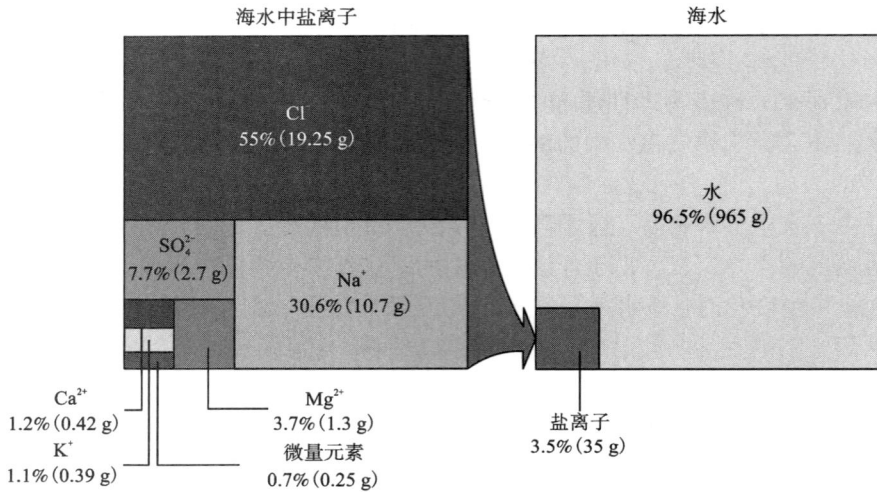

图 3-2　海水各种盐离子浓度

3.1.4　水环境与水体污染

地球的淡水资源仅占总水量的 2.6%，而在这极少的淡水资源中，又有 70% 以上被冻结在南极和北极的冰盖中，加上难以利用的高山冰川和永冻积雪，有 87% 的淡水资源难以利用。人类真正能够利用的淡水资源是江河湖泊和地下水的一部分。目前，全球 80 多个国家约 15 亿人口面临淡水不足的问题，其中 26 个国家的 3 亿人口完全生活在缺水状态。预计到 2025 年，全世界将有 30 亿人口缺水，涉及的国家和地区有 40 多个。21 世纪水资源正在变成一种宝贵的稀缺资源，水资源问题已不仅仅是资源问题，更成为关系国家经济、社会可持续发展和长治久安的重大战略问题。

人类面临的另一类严峻水危机是水体污染（图 3-3）。水体污染是指污染物进入河流、湖泊、海洋或地下水等水体，其含量超过水体的自净能力，使水质和底质的物理、化学性质或生物群落组成发生变化，从而降低了水体的使用价值和使用功能的现象。人类生产生活等活动导致大量污染物被排入江河湖海，对水体环境造成严重的污染。全世界目前每年排放污水约为 4260 亿 t，造成 55000 亿 m^3 的水体污染，占全球径流量的 14% 以上。另据联合国调查统计，全球河流稳定流量的 40% 左右已被污染。海洋污染同样严重，全世界每年约有 200 亿 t 的废弃物、1300 万 t 塑料流入海洋，造成每年 10 万只海洋生物死亡及其他破坏。同时海洋面临着海水温度升高、海平面上升、海洋酸化等问题。

我国幅员辽阔，江河湖泊众多，淡水资源总量为 28000 亿 m^3，占全球水资源的 6%，但是由于我国同时也是人口大国，淡水资源人均较少，仅 2300 m^3/人，是世界平均水平的 1/4。并且我国的淡水资源分布不均，整体呈现南多北少、东多西少的特点。全国 669 座城市中有

400 座供水不足，110 座严重缺水，大部分在我国北方及西北半干旱、干旱地区，其中华北地区水资源紧缺已成为制约国民经济发展的重要障碍。据统计，我国目前缺水总量约为 400 亿 m^3，每年受旱面积为 200 万~260 万 km^2，影响粮食产量 150 亿~200 亿 kg，影响工业产值 2000 多亿元，全国还有 7000 万人饮水困难。同时我国的水污染现状也不能忽视，全国每年排放污水高达 360 亿 t，除 70% 的工业废水和不到 10% 的生活污水经处理排放外，其余污水未经处理直接排入江河湖海，致使水质严重恶化，污水中化学需氧量、重金属、砷、氰化物、挥发酚等都呈上升趋势，全国 9.5 万 km 河川，有 1.9 万 km 受到污染，0.5 万 km 受到严重污染，清江变浊、浊水变臭、鱼虾绝迹，令人触目惊心。

图 3-3　水体污染

3.2　水环境遥感原理

开展水环境精准监测是进行相关管理与规划的首要前提。遥感能提供大尺度、动态的观测，且不受地理位置、天气和人为条件限制，在水资源环境宏观观测中展示出独特优势，主要包括对地表各种水体进行空间识别、定位，以及定量计算水体面积、体积或模拟水体动态变化。随着遥感理论与技术研究的发展，水体本身的光谱特性得到了深入研究，对水体的遥感也转换到水体属性特征参数的定量测定，如水深的控制、悬浮泥沙浓度的测定和叶绿素含量的测定，以及污染状况的监测等。

3.2.1　水环境遥感基本过程

图 3-4 展示了水体环境遥感的基本过程。在"太阳—水体—卫星"组成的观测系统中，卫星传感器最终接收到的辐射信息主要包括四部分，分别为：

（1）大气散射光

太阳光进入大气层后被分成三部分：一部分穿过大气层直达地面，称为直射光；另一部分被大气层吸收转化成其他形式的能量；还有一部分被大气中的气体分子和各种粒子扩散而形成天空光，又称为散射光。研究表明大气散射光主要是大气层中的直径远小于波长的各种气体分子和直径接近或远大于波长的粗粒子（如气溶胶、水滴和大气中的悬浮粒子）对光的散射引起的。

（2）水面反射光

太阳光照射到水面，少部分被水面反射回空中，大部分入射到水中。水面光反射包括水

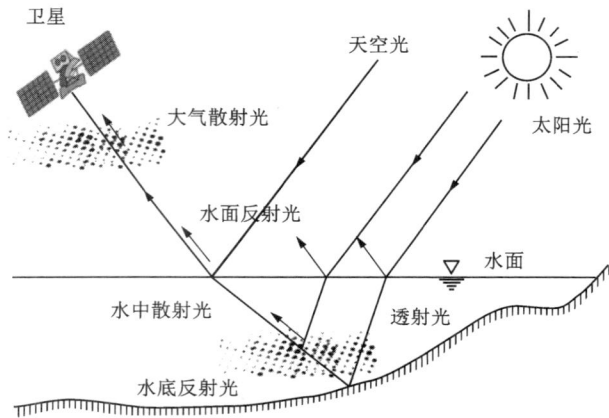

图 3-4　水体环境遥感过程示意图

面对太阳直射光辐射的反射和水面对漫射光辐射的反射。在可见光范围内，水体的反射率总体上比较低，一般为 4%~5%，并随着波长的增大逐渐降低，波长超过 0.75 μm 时，水体几乎全吸收。这种水面反射辐射带有少量水体本身信息，其强度与水面性质有关（表面粗糙度、水面浮游生物、水面冰层和泡沫带等）。

（3）水中散射光

经过折射、透射进入水中的光，大部分被水分子吸收和散射，或被水中悬浮物质、浮游生物等散射、反射、衍射，形成水中散射光，水体的散射表现为"体散射"，它的强度与水的浑浊度相关，即与悬浮粒子的浓度与大小有关（随粒径相对于光辐射波长的大小，可以产生瑞利和米氏等不同的散射），水体浑浊度愈大，水下散射光愈强，两者呈正相关。

（4）水底反射光

衰减后的水中散射光部分到达水体底部（固体物质）形成水底反射光，水底反射光强度与水下地形相关，与水深呈负相关，且随着水体浑浊度的增大而减小。水中散射光的向上部分及水底反射光共同组成水中光，或称离水反射辐射。

由于不同水体的水面性质、水体中悬浮物的性质和含量、水深和水底特征等不同，因而传感器上接收到的反射光谱特征存在差异，这为遥感探测水体提供了基础。遥感传感器从水体中得到的光谱信号是多种信号的复合体，它包括水中光（L_w）、水面散射光 L_s 和天空散射光（L_p）。

$$L = L_w + L_s + L_p \tag{3-1}$$

式中，L 为波长、高度、入射角、观测角的函数。其中 L_w 和 L_s 包含水的信息，可以通过高空遥感手段探测水中光和水面反射光，以获取水色、水温、水面形态等信息，并由此推测浮游生物、浑浊水、污水等的质量和数量，以及水面风、浪等有关信息。

3.2.2　水体光谱特征

对不同地物的电磁波特性，即光谱辐射反射特性的研究是遥感数据反演地表信息的基础。无论是理论计算还是实际测量，都可以从以下三方面衡量地物的辐射特征：总辐射水平的高低、可见光和红外的辐射平衡关系即光谱整体趋势、辐射随波段变化的方向和强度。地物的这些特征对遥感数据会有敏感的反应，因此它们是利用光谱特征分辨地物的主要依据。作为环境独立因子的水体，与其他环境因子相比，具有较为明显的辐射特征，由于探测手段不同，其可分为可见光-近红外波段光谱特征、热红外波段光谱特征、微波波段光谱特征和水体污染光谱特征。典型地物的光谱特征曲线如图 3-5 所示。

（1）可见光-近红外波段光谱特征

对于水体来说，可见光波段中的蓝绿波段反射率比红波段高，且近红外、短波红外部分仅有很少的反射能量，与植被的光谱特征差异极其明显。其主要表现为：天然纯净水体对 0.4~2.5 μm 电磁波的吸收明显高于绝大多数其他地物，水体的反射主要在蓝绿波段，其他波段吸收率很高。在可见光范围内，水体的反射率总体上比较低，不超过 10%，一般为 4%~5%，并随着波长的增大逐渐降低[11]。在红外波段，水体吸收的能量高于可见光波段，纯净水体吸收了近红外及中红外波段几乎全部的入射能量，反射能量很少；对于不同的水体，

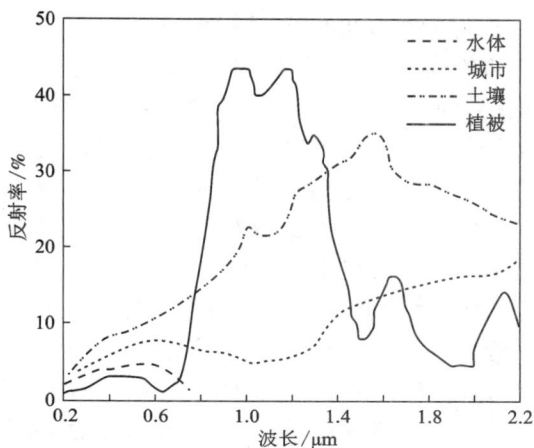

图 3-5　典型地物的光谱特征曲线

在可见光波段，其反射率有较为明显的差别，如反射率随泥沙含量的增加而增大。

（2）热红外波段光谱特征

水体的热容量大，在热红外波段有明显特征。白天，水体将太阳辐射能大量地吸收储存，温度增加比陆地慢，在遥感影像上表现为热红外波段辐射低，呈暗色调。夜间，水温比周围地物温度高，反射辐射强，在热红外影像上为高辐射区，呈浅色调。根据热红外传感器的温度指标，可在热红外影像上反演出水体的温度。如图 3-6 所示为水体的热红外波谱特性，图 3-6（a）为上午 6 点（温度为-9 ℃）的图像，图中水体明显比陆地暖（水上有结冰）。图 3-6（b）为上午 8 点的图像，此时水体仍比陆地暖，且由于发电厂排污，在陆岸的左上角呈现一亮条纹。图 3-6（c）为下午 2 点（温度为-2 ℃）的

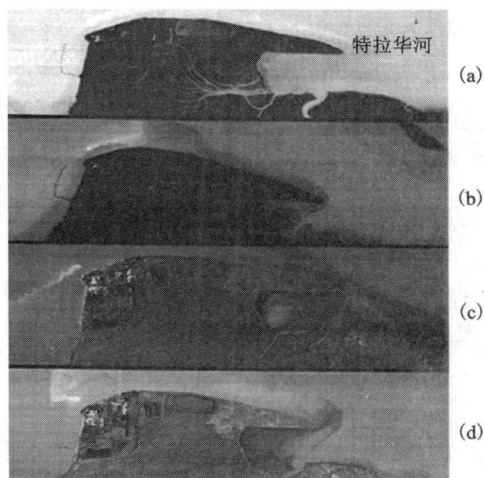

图 3-6　水体的热红外波谱特性

图像，此时水陆温差最小，发电厂热效应明显，且正赶上退潮。图 3-6（d）为第二天上午 11 点（温度为-4 ℃）的图像，发电厂热效应仍明显，但热水流向受潮水影响而变化。由此可见，水体这种区别于其他地物的热红外辐射特性，以及其红外辐射温度的日变化特征，是热

红外图像判读的基础。

（3）微波波段光谱特征

水体的微波辐射主要取决于两个因素：海面及海洋一定深度的复介电常数（ε）和海面粗糙度。复介电常数反映海水的电学性质，由表层物质（主要是盐度）及温度决定。海面粗糙度则是海面至一定深度的几何形状结构。例如，平静的海面可以视为平坦表面，以镜面反射为主，后向散射极小；而风浪海面则是一个粗糙面，散射回波明显增强。在水体遥感方面，雷达遥感与光学遥感存在一些不同：一是雷达信号受云雨影响小；二是雷达后向散射信号仅反映水体的表面散射，光学遥感则反映水体的体散射和表面散射。如图 3-7 所示为水体的微波散射特性，一般而言，平静的河流、湖泊和水库可近似为光滑表

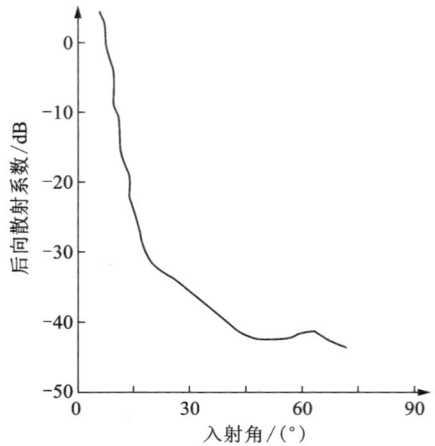

图 3-7　水体的微波散射特性

面，接近理想的微波镜面反射体，这些表面对侧视雷达波速形成了镜面反射，因此在雷达影像上表现为后向散射很弱，图像多呈现暗色调或黑色。同时，随着入射角度的变化，水体的回波信号有所不同，在接近垂直入射的情况下，雷达后向散射最强，随着入射角度的减小，水体的回波信号逐渐减弱。

（4）水体污染光谱特征

在江河湖海各种水体中，污染物种类繁多。为了便于用遥感方法研究各种水体污染，习惯上将其分为富营养化、悬浮泥沙、石油污染、废水污染、热污染和固体漂浮物等几种类型，水体污染遥感影像特征见表 3-1。

表 3-1　水体污染遥感影像特征

污染类型	生态环境变化	遥感影像特征
富营养化	浮游生物含量高	在彩色红外图像上呈现红褐色或紫红色，在 MSS7 图像上呈浅色调
悬浮泥沙	水体浑浊	在 MSS5 图像上呈浅色调，在彩色红外图像上呈淡蓝、灰白色调，浑浊水流与清水交界处形成羽状水舌
石油污染	油膜覆盖水面	在紫外、可见光、近红外、微波图像上呈浅色调，在热红外图像上呈深色调，为不规则斑块状
废水污染	水色、水质发生变化	单一性质的工业废水随所含物质的不同色调有差异，城市污水及各种混合废水在彩色红外图像上呈黑色
热污染	水温升高	在白天的热红外图像上呈白色或白色羽毛状，也称羽状水流
固体漂浮物		各种图像上均有漂浮物的形态

3.2.3 典型遥感图像上的水体光谱特征

以上水体理论光谱特征使水体在卫星遥感图像上区别于其他地物类型的图形与色调，成为水体遥感的重要依据。

（1）MSS 传感器：如图 3-8 所示，MSS4（0.5~0.6 μm）为蓝绿波段，对水体有一定的穿透能力，能看到水下地形，由于散射较强，在黑白图像上颜色较浅，对水污染特别是金属、化学污染具有很好的效果；MSS5（0.6~0.7 μm）为黄红波段，对水体浑浊程度，如海洋中的泥沙、大河中的悬移质状况有鲜明反映；MSS6（0.7~0.8 μm）、MSS7（0.8~1.0 μm）波段具有强烈的吸收能力，水体在图像上呈深黑色，水陆边界明显，易于识别。

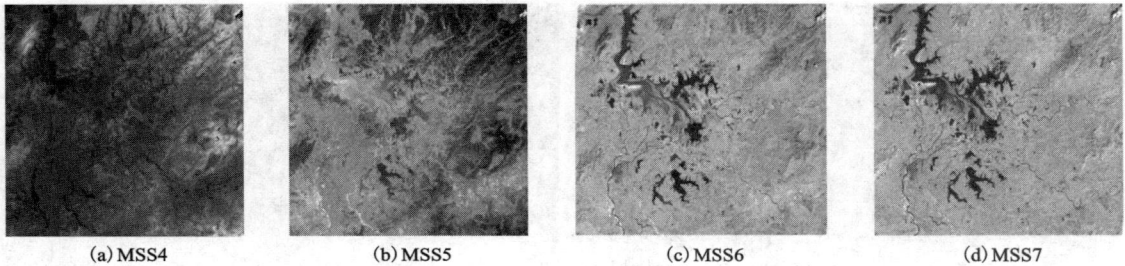

| (a) MSS4 | (b) MSS5 | (c) MSS6 | (d) MSS7 |

图 3-8　MSS 传感器遥感影像

（2）TM 传感器：如图 3-9 所示，TM1 为 0.45~0.52 μm 的蓝波段，该波段位于水体衰减系数最小的部位，对水体的穿透力最大，用于判别水深，研究浅海水下地形、水体浑浊度等，进行水系及浅海水域制图，探测水下地形时更有效；TM4 为 0.76~0.90 μm 的近红外波段，该波段位于植物的高反射区，反映了大量的植物信息，多用于植物的识别、分类，同时其位于水体的强吸收区，可用于勾绘水体边界，识别与水有关的地质构造、地貌等。

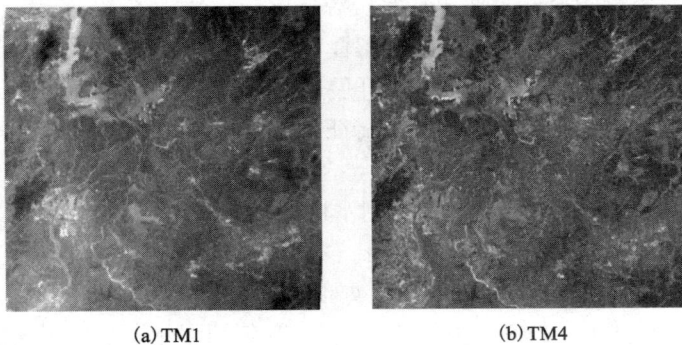

| (a) TM1 | (b) TM4 |

图 3-9　TM 传感器遥感影像

（3）SPOT（HRV）：与陆地卫星比有更高的空间分辨率，较高的几何精度，各个波段记录反映了植被的不同特征。B4（SWIR）为短波红外波段，反映植物和土壤的含水量，利于进行植被水分状况和长势分析；B3（NIR）为近红外波段，对植被类别、密度、生长力、病虫害等的变化敏感；B2（RED）为红光波段，对植被的覆盖度、植被的生长状况敏感；B1（VIS）为可见光波段，对植物的叶绿素和叶绿素浓度敏感，有利于水体识别，既可以穿透水体探测，又可较精确地反映水体的边界和形状。图3-10为SPOT传感器B3、B4、B2波段组合影像。

（4）NOAA（AVHRR）：CH_2波段（0.725~1.15 μm）对水体反应敏感；CH_3波段（3.55~3.93 μm）是太阳反射光和地物红外热辐射的交叉区，白天既接收来自地物的反射辐射，又接收来自地物的热辐射，对地表温度敏感。由于水体白天温度不高，反射率低，故呈现浅色调，NOAA卫星空间分辨率和光谱分辨率低，一般不用于水资源监测，但由于其时间分辨率高，一幅图像对应的地面范围较大，因此为大范围的洪水实时监测提供了可能。图3-11为NOAA（AVHRR）传感器影像。

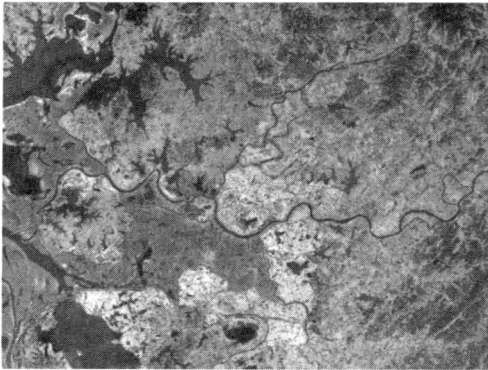

图3-10　SPOT传感器B3、B4、B2波段组合影像

图3-11　NOAA（AVHRR）传感器影像

3.2.4　水环境遥感的主要方法

水环境遥感从其监测内容看主要包括水资源遥感与水环境遥感，前者主要目的在于开展区域大范围水储量监测，可以利用遥感图像解译、结合水深探测等方法进行监测与估算。后者主要侧重对水环境质量、水体污染等要素开展监测，如叶绿素、透明度、悬浮物（有机及无机）、总磷、总氮、氨氮等，需要在水体光谱特征识别的基础上，构建适当的遥感模型，开展不同要素含量的定量反演，主要方法包括经验方法、半经验方法、物理模型法等。

（1）经验方法是指将遥感数据与现场实测水质参数数据进行统计分析，构建遥感数据与研究区域监测数据的定量关系的方法，多用于Ⅰ类水体（大洋开阔水体）的水质监测。常见的经验模型有单波段模型、波段比值模型等。如McCullough等基于Landsat7 ETM+影像数据和Landsat5影像数据的TM1、TM3建立了1990—2010年缅因州湖泊透明度反演模型，分析了透明度的时空变化。经验方法存在算法成熟、数据获取简单等优势，应用十分广泛。但是，其也存在一些局限性，如通用性较差，模型的精度取决于现场实测的水质参数数据，实测数据质量低，导致反演结果偏差大，直接影响水质监测的结果，且缺乏一定的物理依据。

（2）半经验方法与经验方法的不同之处在于半经验方法先加入现场实地测定的水体光谱特征，再通过分析水面光谱曲线，确定最佳反演波段或波段组合，之后与统计分析相结合，构建水质参数反演模型，多应用于Ⅱ类水体(近岸水体和内陆水体)水质监测。常见的半经验方法有三波段法、四波段法等。与经验方法相比，半经验方法由于加入了水体光谱实测与分析，达到了增强或突出目标光谱信息的目的，具有一定的物理依据，模型精度及普适性均有所提升，但数据获取与处理的过程相对复杂。

(3)物理模型方法以辐射理论为基础，模拟光在大气和水中的传播过程，构建反演模型，达到反演水体中各种物质含量的目的。物理方法具有较强的物理机理，普适性较好。但是，该方法依赖于水体的表观光学特性和固有光学特性。表观光学特性是水体受到外界环境影响，随着光照等因素的改变，水体的一些属性也发生改变，而固有光学特性则不受外界的影响。在具体工作过程中，采用物理模型方法很难获得所有相关数据，而且现实中的水体组成成分复杂，同一研究区域在不同时间表现的特性会发生改变，在实际应用中受到较大限制，导致反演结果不理想。

3.3　水资源遥感

江河湖水资源监测是掌握水资源概况、评价水资源承载力的重要依据。传统方法主要基于水文监测站开展水量估算，难以顾及不同区域水下地形差异，同时大范围水体面临监测不准的问题，导致估算存在极大误差与不确定性。遥感以其宏观连续监测的特点，为区域大范围水资源监测提供了先进的技术手段。

3.3.1　水资源估算原理

图 3-12 所示为湖泊蓄水量监测的基本原理。具体而言，开展蓄水量监测需要获取两个关键参数，即水体面积及不同位置水深。遥感技术在以上两个参数的监测中均有较广泛的应用。

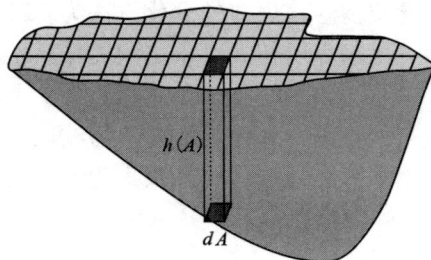

图 3-12　湖泊蓄水量监测原理

3.3.2　水面积遥感

利用遥感技术对水面积进行界定，依赖于水体的波谱特性。总体而言，水体在可见光-近红外波段吸收较强，反射较弱，尤其在近红外波段，水体反射几乎为零，清澈的水体呈黑色，水陆边界清晰，有利于水边线的确定；远红外图像上，水体呈蓝绿色，和周围地物有明显的界线；雷达图像上，水在微波 1 mm~30 cm 的发射率较低，约为 0.4%，平坦的水面后向散射很弱，因此侧视雷达影像上，水体呈黑色，故用雷达影像来确定洪水淹没的范围也是有效的手段。图 3-13 为不同波段的水体遥感影像。

基于以上水体的典型光谱特征，水面遥感提取方法主要分为分类器法和波段比值法两种。分类器法主要基于某种算法规则进行图像类别划分，使用最为广泛的有支持向量机(support vector machine，SVM)、决策树和面向对象分类方法。SVM 分类是一种建立在统计学习理论基础上的机器学习方法，它通过解算最优化问题，在高维特征空间中寻找最优分类超平面，从而解决复杂数据的分类问题，在高光谱影像分类中得到广泛应用。决策树分类是一种基于空间数据挖掘和知识发现的分类方法，由决策树学习和决策树分类两个过程构成，其

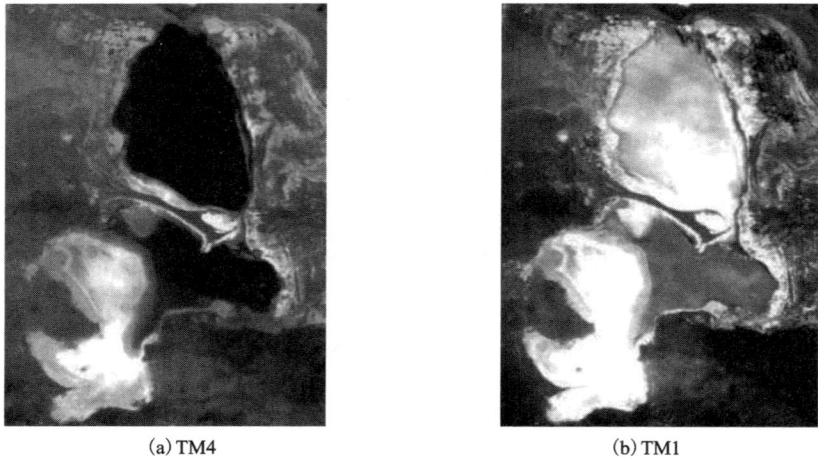

(a) TM4　　　　　　　　　　(b) TM1

图 3-13　不同波段的水体遥感影像

算法的关键是分类属性的选择，最著名的算法是 ID3 系列，包括 ID3、C4.5、C5.0 3 个版本。决策树算法的粒度属性和学习属性，以及算法的大数据快速归纳划分属性，非常适合于遥感图像分类需求。面向对象方法对纹理特征的把握主要是分割对象的内部同质性及相邻对象间的良好异质性。该思想的量化方法为：利用对象内部的标准差来表示对象内部的同质性，用空间相关性来表示相邻对象之间的异质性，使得内部同质性和对象之间的异质性达到最好的综合效果。

另一种常见的水体提取方法为波段比值法，其中的归一化差异水体指数(NDWI)阈值法，主要基于水体在绿波段较高反射率与近红外波段较低反射率之间的差异，实现水体范围提取，其计算公式为：

$$NDWI = \frac{G - NIR}{G + NIR} \tag{3-2}$$

式中，G 和 NIR 分别代表绿波段和近红外波段反射率。NDWI 为正值时表示地面有水、雨雪覆盖；NDWI 为负值时，表示地表被植被覆盖。在 NDWI 阈值法中，有一个关键的影响因子——阈值，阈值的选取是一个关键而难解决的问题。基于 NDWI 的水体提取关键在于确定合适的阈值，将水体与其他地物区分开来。阈值随影像变化差异较大，因而需要根据具体的研究区域对每个时期的影像分别确定合适的阈值。首先基于直方图中水体与非水体的波谷位置中点确定水体提取的最初阈值。在此基础上，通过不断调整阈值的大小使提取出的水体与湖岸及原始影像上的水体分布达到最佳匹配，从而确定最优阈值。

图像分类和波段比值法各具特色，两者结合有助于更加准确地提取水域面积(图 3-14)，如 NDWI-ISODATA 法、NIR-ISODATA 法等。NDWI-ISODATA 法的原理在于，NDWI 指数可以突出影像中的水体信息，并能最大程度抑制植被信息。对 NDWI 图像采用 ISODATA 法进行分类可以避免人为确定阈值的过程。该分类结果可与 NDWI 阈值法进行对比，分析阈值不同所导致分类结果存在差异的具体原因。NIR-ISODATA 法是由于水体在近红外波段具有较低的光谱反射率，能够很好地区分水体和非水体，将其纳入 ISODATA 分类时可提供额外的辅

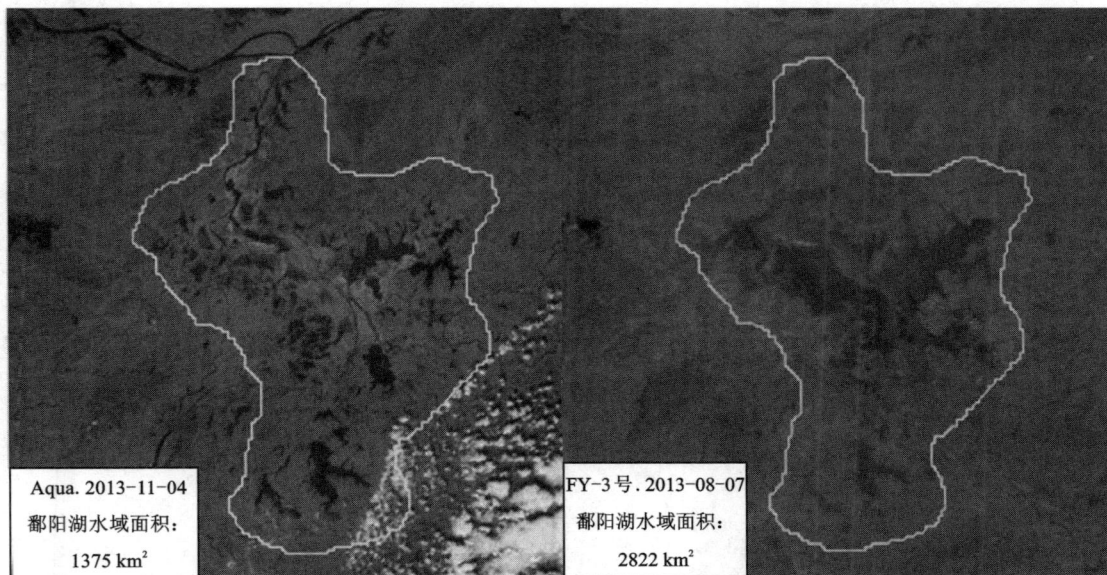

图 3-14 鄱阳湖水域面积提取（吉红霞，2015，湖泊科学）

勖信息，提高水体提取精度。如图 3-15 所示，图 3-15(a)~图 3-15(d)是高分辨率影像提取结果图、NIR-ISODATA 法提取结果图、NDWI-ISODATA 法提取结果图、NDWI 阈值法提取结果图，提取水体精度按高低排列依次为 NDWI-ISODATA 法、NIR-ISODATA 法和 NDWI 阈值法。

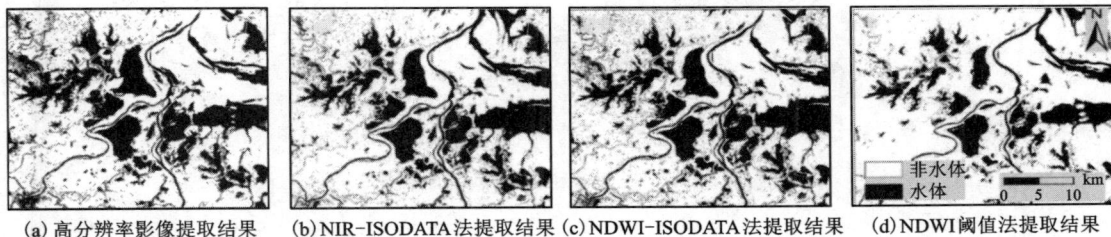

(a)高分辨率影像提取结果　(b)NIR-ISODATA法提取结果　(c)NDWI-ISODATA法提取结果　(d)NDWI阈值法提取结果

图 3-15 水体提取结果

3.3.3 水深遥感

为了估算湖泊蓄水量，除了需要估算出水体面积，还有一个重要的参数——水深。传统水深探测主要依赖于水文站点，站点数量有限，难以开展大范围水深精准探测。遥感水深探测的基本原理在于水体对不同波长辐射的透光性能，即水衰减长度，其定义为向下辐照度等于表面辐照度的 $1/e$(或 37%)的长度。水体本身的光谱特性是与水深相关的。光对水的穿透能力除了受波长影响外，还受到水体浑浊度的影响。随着水中悬浮物质含量(浑浊度)的增加，反射率明显增强，透射率明显下降，衰减系数增大，光对水的穿深能力减弱，最大透射波长(即最大穿透深度的波长)向长波方向移动。

下面介绍利用 Landsat TM 数据开展西藏地区扎布耶盐湖水深探测的实例。扎布耶盐湖位于我国西藏地区的仲巴县境内，总面积达 242 km²，湖泊面积 235 km²，湖面海拔高度为 4400 m。扎布耶盐湖是中国目前已知硼砂含量最多的碳酸盐湖，除拥有大量硼砂和食盐外，还蕴藏着相当数量的芒硝、天然碱、锂、钾等多种矿物。采用 Landsat TM 数据，分析不同波段与水深实际数据的相关性，最终建立其与 TM3 波段的经验性反演方程如下：

$$\begin{cases} TM3 \\ y = ax + b \end{cases} \tag{3-3}$$

式中，x 为 TM3(红波段)图像像元亮度值；y 为盐湖水深；a、b 为该模型的系数，可由一组实测样本来确定。该模型适用的条件是洁净、高浓度复杂成分卤水及尽量均匀的湖底物质，扎布耶盐湖影像与水深图如图 3-16 所示。

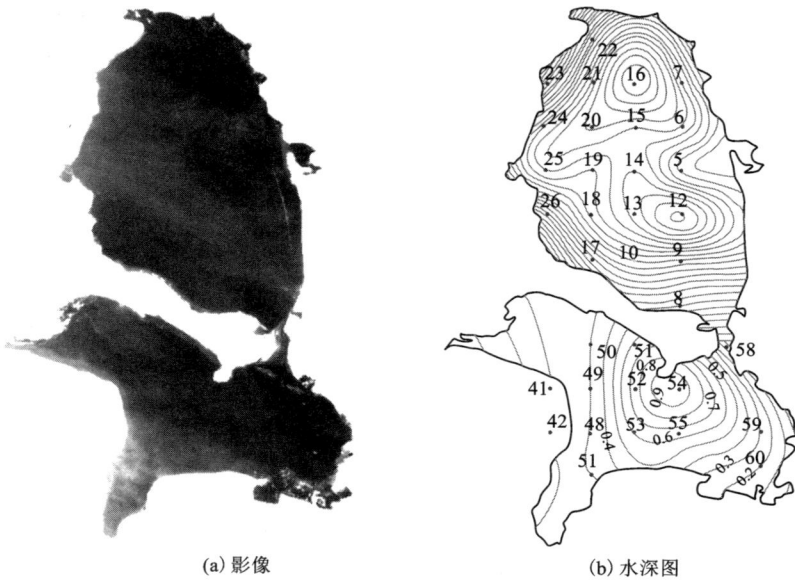

(a) 影像　　　　　　　　　(b) 水深图

图 3-16　扎布耶盐湖影像与水深图

基于以上水深反演方法，并对其进行检验之后，就可以对南、北湖的水深进行监测，如图 3-17、图 3-18 所示，即南、北湖基于光学遥感的水深反演结果。采用实测数据进行验证，证明水深探测结果较理想。需要注意的一点是，即使在同一湖体的南、北区域，其模拟方程也有较大差异，这表明经验性方法在遥感水深探测中具有较强区域依赖性。

除了利用光学遥感进行相关的水深监测外，还有很多其他方法，如雷达测高卫星，其基本原理如图 3-19 所示。卫星在绕行过程中，其距离参考椭球面的高度可以利用 GPS 导航卫星及地基卫星跟踪系统进行解算，即实时计算出测高卫星的运行轨迹(包括经纬度、高度、时间)。利用卫星向水面发射一束脉冲信号，利用脉冲信号往返时间差及光速就可以得到从卫星到星下点水面之间的瞬时高度。基于这两个高度，可得到参考椭球面至水面的高度，即水面动力高(H_d)。基于大地椭球面与参考椭球面之间的高度差，可以得到大地水准面高(H_g)。利用水面动力高和大地水准面高，就可以获得水面高(H_o)。

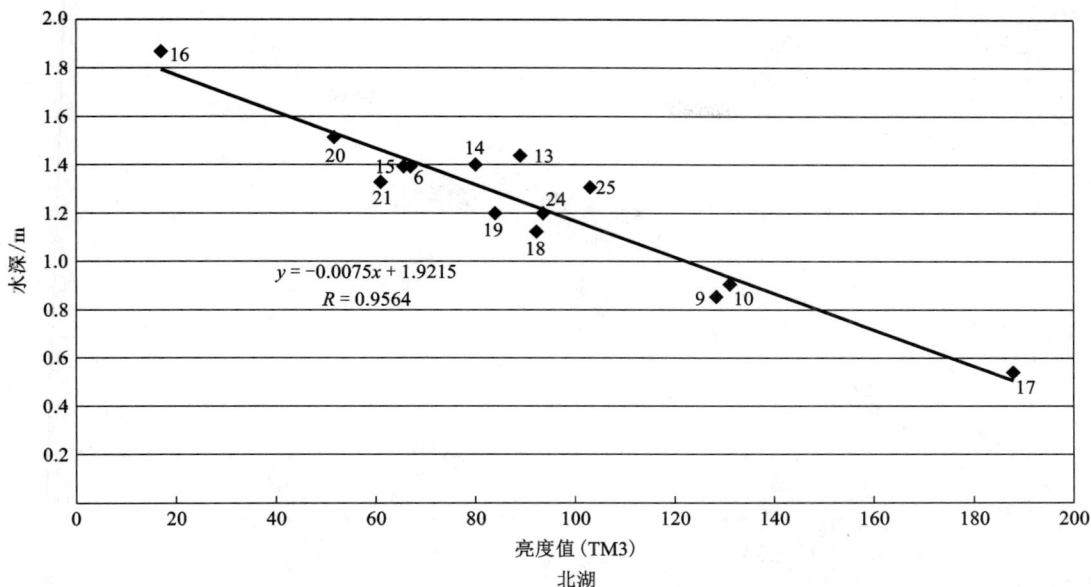

图 3-17　TM3 亮度与水深相关图（北湖）

$$y = -0.0075x + 1.9215$$
$$R = 0.9564$$

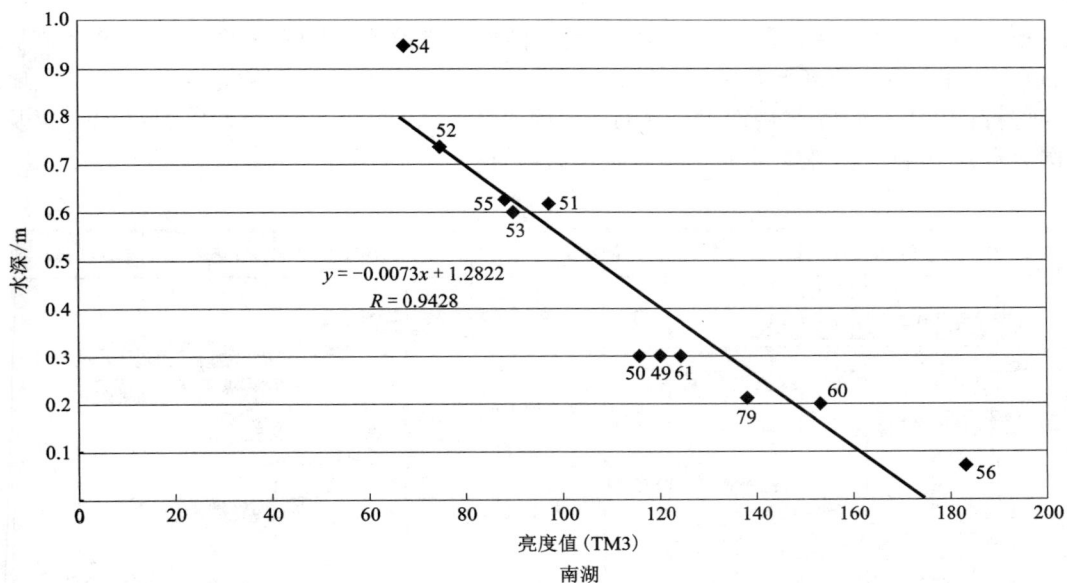

图 3-18　TM3 亮度与水深相关图（南湖）

$$y = -0.0073x + 1.2822$$
$$R = 0.9428$$

　　基于雷达卫星的量测模式，相邻两个脉冲信号之间没有数据，因此很多高度测量数据属于点位数据，这种测量高度的模式称为"footprint"。由于地表起伏的复杂性，在测量高度时，海洋水深测量精度高于陆地数据。在世界各国研究人员的共同努力下，过去数十年时间里已陆续发射了一系列测高卫星（图 3-20），为水深探测提供了丰富多样的数据来源。以 GRACE 卫星为例，GRACE 卫星是美国国家航空航天局（NASA）跟德国航空中心的合作项目，是观测

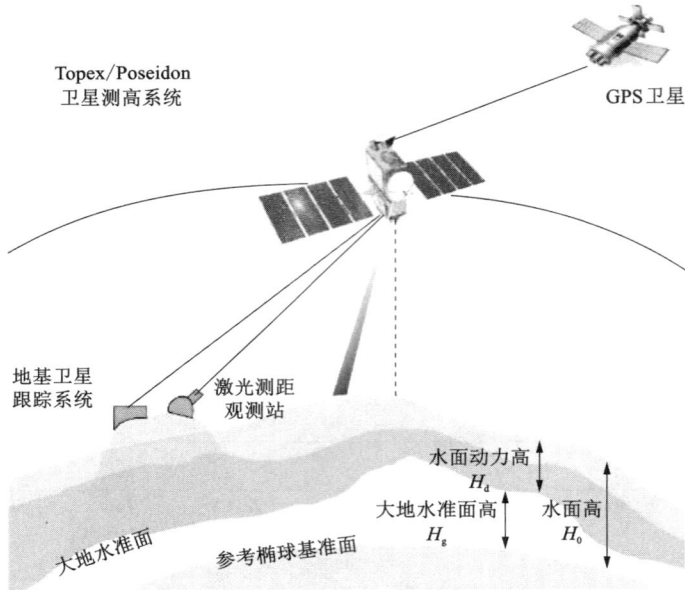

图 3-19　雷达测高卫星基本原理图

地球重力场变化的卫星。通过重力场的变化，科学家能推测出地下水的变化。GRACE 卫星于 2002 年升空后开始将重力数据传回地球。而在此前十多年，美国测量地下水只是在地球表面进行，包括 1383 个采用实时声探的地质调查观测井，5908 个日常读数的观测点，以及对全国数十万个井、沟、洞穴进行水位测量作为补充。

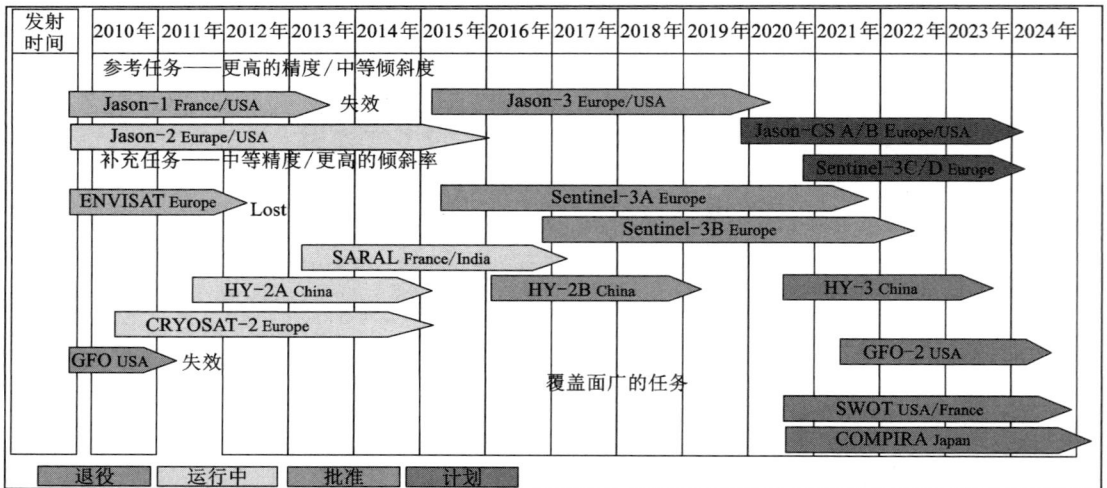

图 3-20　2010—2024 年国际测高卫星发展规划

　　为改变传统测量卫星的"footprint"测量模式，获取区域连续的水深数据，研究人员进一步研发了成像式水深测量卫星，以即将发射的 SWOT 卫星为典型代表。SWOT 卫星是美国和法国联合研制的新一代海洋地形测绘卫星，在 2020 年发射，替代了"贾森"（Jason）系列海洋高度计测量卫星，包括目前已超期运行的 Jason-2 卫星和 2016 年初发射的 Jason-3 卫星。SWOT 卫星设计寿命为 3 年，可覆盖全球 90% 的区域。与 Jason 系列卫星相比，SWOT 卫星的性能得到大幅提升，不仅可以精确测量海面高度，而且可测量湖面和河流等地表水高度，同时数据传输速率提高了 433 倍。

基于前文的种种方法，可以反演出水面的高度及面积，进而可以解算出湖盆的承载量，同时可以展开一系列研究，如一个地区水资源承载力的核算、水灾灾情的评估，以及水资源的调度，以湖南省为例，可以通过核算湖南省内洞庭湖的水资源储存量，进一步分析其是否满足农业、工业、生活等的发展需要。

3.3.4 典型水资源遥感数据产品

通常，水环境监测利用的主要是卫星遥感和航空遥感平台，利用的数据主要包括美国 Landsat-MSS、TM 数据，法国 SPOT-HRV 数据，以及各种航空遥感数据。下面列举一些典型的水资源遥感数据产品。

CCAR/SSH 海面高度产品：CCAR/SSH 海面高度产品是由美国科罗拉多天文动力学研究中心融合多种卫星测高资料反演生成的近实时海面高度数据产品。目前 CCAR 研究中心可以提供每天实时的 SSH 产品及具有 60d 延长期的历史海面高度产品。

HY-2 海面高度产品：HY-2 海面高度产品海洋二号卫星（HY-2）是中国第一颗海洋动力环境卫星，该卫星集主、被动微波遥感器于一体，具有高精度测轨、定轨能力与全天候、全天时等全球探测能力，可以获得包括海面高度在内的多种海洋动力环境参数。

MODIS 数据产品：MODIS 自 2000 年 4 月开始正式发布数据，由于 NASA 对 MODIS 数据实行全球免费接收的政策，因此 MODIS 数据的获取十分廉价和方便。MOD18 是海洋 2、3 级标准数据产品，其主要内容是标准的水面辐射，覆盖全球洋面，空间分辨率 1 km，提供日、旬、月度不同尺度数据，并包括海洋叶绿素的相关信息。MOD19 是海洋 2、3 级标准数据产品，内容为色素浓度，全球洋面，空间分辨率 1 km，提供日、旬、月度数据。MOD20 是海洋 2、3 级标准数据产品，内容为叶绿素荧光性，覆盖全球洋面，空间分辨率 1 km，叶绿素浓度大于 2.0 mg/m³，提供日、旬、月度数据。MOD21 是海洋 2 级标准数据产品，内容为叶绿素-色素浓度，空间分辨率 1 km，提供日、旬、月度数据。MOD22 是海洋 2、3 级标准数据产品，内容为光合可利用辐射（PAR），覆盖全球洋面，空间分辨率 1 km，提供日、旬、月度数据。MOD23 是海洋 3 级标准数据产品，内容为悬浮物浓度。MOD24 是海洋 3 级标准数据产品，内容为有机质浓度。

北半球湖冰厚度数据集：清华大学水利系遥感水文水资源团队提出了一种基于卫星测高雷达波形分析湖冰厚度的遥感反演方法，获得了北半球 16 个大型湖泊和水库过去近 30 年的冰厚，时间分辨率 10 天。在此基础上，开发了主要依靠遥感数据驱动的湖冰模型，模拟了北半球大于 50 km² 的 1313 个湖泊和水库（湖库总面积约 840000 km²）的日尺度冰厚。

东南亚国家及澜湄流域水资源模拟数据集（1980—2019）：该数据集是由国家青藏高原科学数据中心发布，使用 WRF 模式输出的气象数据作为驱动数据，并通过 WAYS 模型模拟的结果。数据集包含东南亚陆地区域 1980—2019 年的蒸散发、地表径流、地下径流、总径流、地下水、下渗、土壤湿度数据，时间分辨率为每日，空间分辨率为 3 km。

表3-2列举了其他一些典型的水资源遥感数据产品，并附上了下载网址。

表3-2 典型水资源遥感数据产品

海陆类型	监测内容	空间分辨率	时间分辨率	网址
海洋	水面辐射	1 km	日、旬、月	https：//ladsweb.modaps.eosdis.nasa.gov/
	海面温度	1 km	日、周	https：//ladsweb.modaps.eosdis.nasa.gov/
	海冰覆盖	1 km	日、旬	https：//ladsweb.modaps.eosdis.nasa.gov/
陆地	水温反演	250 m	日	http：//www.geodata.cn/
	地表径流、地下径流、总径流	3 km	日	http：//data.tpdc.ac.cn/zh-hans/data/9a8cbf24-7d2b-4a2f-b1a1-6bb38e1cdac4/? q=%E6%B0%B4
	冰川径流	0.1度	月	http：//data.tpdc.ac.cn/zh-hans/data/943cbca7-41d2-47f7-9bf5-3cfcfa9c75a4/? q=%E6%B0%B4

3.4 水污染遥感

水污染，即由有害化学物质造成水的使用价值降低或丧失，主要包括富营养化、悬浮泥沙、石油污染、废水污染、热污染和固体漂浮物等类型。传统地面监测方法一般基于地面采样地点数据，获取实验室分析结果，进而利用空间插值等方法获取区域污染状况，其无法考虑地理要素的空间异质性对水体环境的影响，导致水环境状况空间特征解析通常存在较大的误差与不确定性。基于不同物质含量水体的光谱差异，开展污染物浓度估算与反演，为区域大范围水环境监测与评价提供了有力方法。

3.4.1 水色遥感

水色遥感主要是监测水色三要素：浮游植物色素、非色素颗粒物、CDOM。三要素的含量不同会影响水体的反射率与发射率，重点表现在其固有光学特性和表观光学特性上。水色遥感的基本机理简述如下：水体中各个重要光学成分浓度发生变化时，必将引起水体光学性质的变化，主要表现为水体的吸收和散射特性的变化，进而导致水体离水反射率的变化。通过卫星传感器接收信号的变化，针对一种或多种光学成分，从中剥离出反应水体光学成分含量的有用信息，利用"生物-光学"模型，可以反演获得水体中的一种或者多种重要光学成分含量，即水体中的悬浮物、叶绿素和黄色物质含量。

根据基本理论框架，水色遥感监测方法可分为定性遥感方法、定量遥感方法。定性遥感方法是通过分析遥感图像的色调（或颜色）特征或异常对水环境化学现象进行分析评价，需要了解水环境化学现象与遥感图像的色调（或颜色）之间的关系，建立图像解译标志。定量遥感方法是建立在定性方法基础之上，获取污染物浓度数据，通常需要获得与遥感成像同步（或准同步）的实测数据，以标定定量数学模型。从水色卫星资料获取海洋水色要素的信息需要两大关键技术。一是大气校正，即从传感器接收到的信号中消除大气的影响，获得包含海水组分信息的海面离水辐亮度。卫星传感器接收到的信号为大气顶层的总辐亮度，其中来自水体的离水辐射约占 10%，大气程辐射约占 90%，水体信息中的小信号信息几乎淹没在大气中，仅从大气顶层总信号中很难准确得到水体的物质组分含量变化情况，因此大气影响的剔除在水色遥感反演中显得尤为重要。二是生物光学算法，即根据不同海水的光学特性与离水辐亮度估算有关的海洋水色要素。利用卫星数据进行水色要素反演一般可分为经验算法、半分析算法和分析算法三种。经验算法是伴随着多光谱遥感数据在水质监测中的应用而发展起来的一种方法，它是将已知的水质参数光谱特征与统计模型相结合，选择最佳波段或波段组合作为相关变量，进而反演水质参数。经验算法是采用适当的数学方法对遥感数据进行处理来得到水质参数的估测值，其中常用的数学方法有线性回归、多元线性回归、对数转换线性回归、聚类分析、多项式回归、主成分分析、神经网络模型和遗传算法等。

不同的水色遥感器具有不同的辐射接收波段，但这些波段总是集中在可见光到近红外波段，且离水辐射在水体接收的总辐射中所占比例不足 10%。水色遥感器接收到的光谱信号主要来自大气散射、水面漫反射和水面的水体辐射。对光谱信号进行大气修正之后就可以得到水体辐射信号，通过生物反演算法可以得到水体三要素——叶绿素、无机悬浮物和有机黄色物质的分布信息。其基本物理模式可表示为：

$$L(\lambda) = t(\lambda)\left[L_W(\lambda) + L_S(\lambda)\right] + L_0(\lambda) \tag{3-4}$$

式中，$L(\lambda)$ 为遥感器测得的总辐亮度，$L_W(\lambda)$ 为离水辐亮度，$L_S(\lambda)$ 为水面对大气下行辐射（天空光）即太阳直射辐射的反射，$L_0(\lambda)$ 为大气路径辐射，$t(\lambda)$ 为大气漫射透过率。L_W 是由水分子及水中悬浮物质对入射辐射的后向散射，以及水底反射（通常水深时照不到水底，此项为 0）产生的。$L_S(\lambda)$ 中太阳直射部分能量较大，易导致遥感器信号饱和，丧失对水色的观测能力，需要控制遥感器视向以避开干扰。水面反射可以看作镜面反射，利用菲涅尔公式可以计算其强度，难度在于水面起伏产生的破碎镜面问题。$L_0(\lambda)$ 可以通过大气校正消除。

3.4.2 水体泥沙含量遥感

水体按其光学性质的差异分为Ⅰ类水体、Ⅱ类水体。Ⅰ类水体组成简单，光学性质由浮游植物及其附属物决定。Ⅱ类水体组成复杂，其光学性质主要受叶绿素、有色可溶性有机物、总悬浮颗粒物等水色因子的影响，情况复杂且不稳定。水体中悬浮泥沙的含量是最重要的水质参数之一。含沙量的大小直接影响水体透明度、浑浊度、水色等光学性质，也影响水生生态条件和河口海岸冲淤变化过程，因此水体含沙量的研究对河口海岸带水质、地貌、生态环境的研究及海岸工程、港口建设等都有重要的意义。自然因素和人类活动造成的水土流失、河流侵蚀等是水中悬浮固体物质的主要来源，其进入水体后引起水体光谱特性的变化。水体反射率与水体浑浊度之间存在着密切的相关关系。随着水中悬浮固体浓度的增加，即水的浑浊度的增加，水体在整个可见光谱段的反射亮度增加，水体由暗变得越来越亮，同时反射峰值波长向长波方向移动。由图 3-21 可知，研究区水体光谱曲线具有含沙水体光谱曲线的特征：水体遥感反射率随悬浮泥沙浓度的增加而增加；光谱反射率呈现双峰的特点，第一反射峰在 550~600 nm，第二反射峰在 780~830 nm，且第一反射峰的值高于第二反射峰；随着水体悬浮泥沙浓度的增加，第二反射峰的增加速度快于第一反射峰的增加速度。对可见光遥感而言，其在 0.58~0.62 μm 波段对不同浓度泥沙出现辐射峰值，即该波段对水中泥沙反应最敏感，是遥感监测水体浑浊度的最佳波段。除用可见光红波段数据外，还多用近红外波段数据与红波段，利用两波段的明显差异，选用不同组合可以更好地反映海水中悬浮固体分布的相对等级。在实际工作中选择与悬浮固体浓度相关性好的波段，对实地调查悬浮固体结果进行分析，建立特定波段辐射值与悬浮固体浓度的对应关系模型，然后对该波段辐射值进行反演，即可得到悬浮固体浓度。

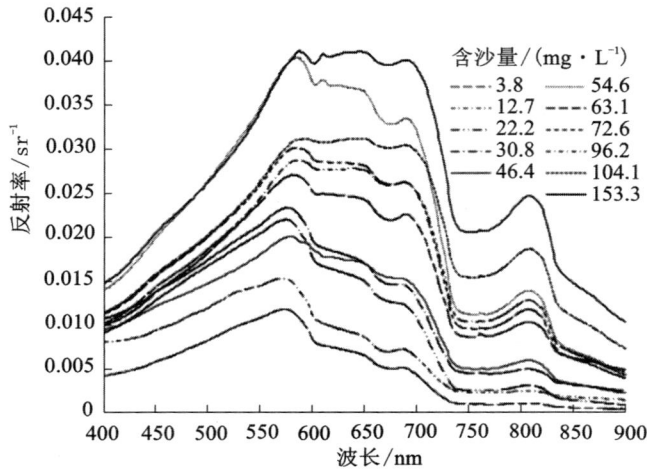

图3-21 不同悬浮物浓度水体反射率(曹妃甸近岸海域垂向悬沙含量遥感反演)

水体悬移质泥沙含量遥感反演的关键在于构建悬移质泥沙含量与离水辐亮度之间的关系。在应用遥感技术反演悬移质泥沙含量的研究过程中，国内外专家提出了一些定量反演模型。这些模型主要分为4类：物理模型、半分析模型、经验统计模型、理论传输模型。

（1）物理模型

物理模型首先基于光在水下的水体辐射传输方程模拟光在水体中的吸收、反射、散射等过程，从而得到水体离水辐亮度，然后应用生物-光学模型构建悬移质泥沙含量与离水辐亮度之间的关系，最终反演得出水体的悬移质泥沙含量。该模型的优点是基于卫星传感器接收到的离水辐亮度即可反演悬移质泥沙含量，且不需要卫星影像获取时刻同步野外实测数据的检验；缺点是该模型反演精度较低，且不适用于光学特征复杂的水体。

（2）半分析模型

半分析模型首先利用光在水下的辐射传输方程构建水辐亮度与悬移质泥沙固有光学参量之间的经验关系，然后通过悬移质泥沙含量与固有光学参量之间的关系导出悬移质泥沙含量与离水辐亮度之间的关系。半分析模型物理含义清晰，在已知水质参数固有光学特性的基础上，可对任意区域的水体进行遥感反演，且反演精度较高；但半分析模型实际为简化版的分析模型，在悬移质泥沙遥感反演过程中忽略了光在水体中的多次散射及水底反射，这对最终反演结果的精度会造成不可忽略的影响。模型的一般形式为：

$$R_{rs} = f \frac{b_b \cdot L_\omega(\lambda)}{a \cdot L_\omega(\lambda) + b_b \cdot L_\omega(\lambda)} \tag{3-5}$$

式中，R_{rs} 为遥感反射率；f 为随太阳高度角变化的常数；$L_\omega(\lambda)$ 为离水反射率；b_b 为总后向散射；a 为水体总光谱吸收率。

陈燕等利用半分析模型对渤海湾近岸海域进行悬浮泥沙浓度遥感反演，根据野外站点观测，结合研究区水体光谱特性，构建了基于多波段准分析算法（QAA）的渤海湾近岸海域悬浮泥沙浓度遥感反演半分析模型，并利用 Landsat TM 遥感数据，对研究区悬浮泥沙浓度进行了反演，制作了悬浮泥沙浓度空间分布图（图3-22）。悬浮泥沙遥感半分析模型中引入了水体固有光学量，以此为中间量，最终建立表观光学量与悬浮泥沙浓度的半分析模型。建立半分析模型的一般思路为：①分析固有光学量与悬浮泥沙浓度的相关性，选取敏感波段或波段组合，并选取合适模型，建立固有光学量与悬浮泥沙浓度的经验统计模型；②基于辐射传输理论，建立表观光

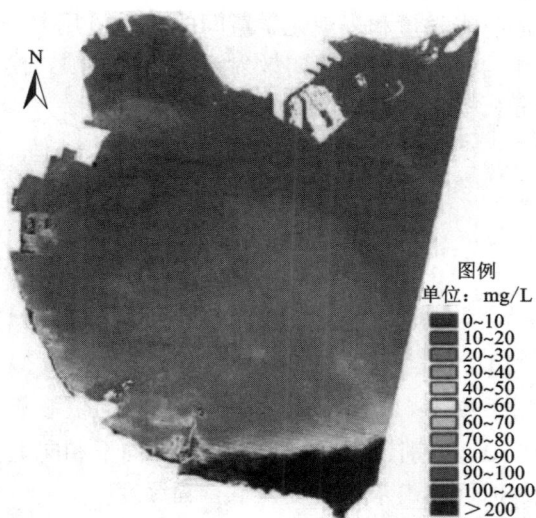

图3-22 渤海湾近岸海域悬浮泥沙浓度空间分布图
（扫描目录页二维码查看彩图）

学量与固有光学量的理论模型；③根据上述两个模型建立表观光学量与悬浮泥沙浓度的半分析模型。

（3）经验统计模型

经验统计模型是基于同步测量的水体悬移质泥沙含量数据及遥感光谱数据，构建悬移质泥沙含量和水体表观光学性质之间的定量关系。经验统计模型建模算法简单，模型表达式具有多样性（线性、指数、对数、幂），针对区域悬移质泥沙含量遥感反演精度较高，但需要同步实测数据，缺乏物理机制且普适性较差的特点，适用于光学特征复杂的水体，不能直接应用于其他水域。模型的一般形式为：

$$S = A \left[\frac{R(\lambda_1)}{R(\lambda_2)} \right] B \tag{3-6}$$

式中，S 为悬移质泥沙含量；$R(\lambda)$ 为离水反射率；A、B 为统计回归系数。

经验统计模型的建立：

由 QAA 算法计算得到颗粒物后向散射光谱 $b_{bp}(\lambda)$、总吸收光谱 $a(\lambda)$ 后，可计算水体固有光学量[$IOP(\lambda)$]：

$$IOP(\lambda) = b_b(\lambda) / [a(\lambda) + b_b(\lambda)] \tag{3-7}$$

$$b_b(\lambda) = b_{bp}(\lambda) + b_b(\lambda) \tag{3-8}$$

式中：$b_b(\lambda)$ 为水体后向散射系数。

选取遥感数据对应的中心波长的固有光学量与悬浮泥沙浓度进行相关性分析。根据分析结果，选取 $IOP(B4)$ 为敏感因子，以此建立多种统计模型，根据各模型 R^2 选择二次多项式模型为固有光学量与悬浮泥沙浓度的经验统计模型。

$$SSC = 5.701 + 15.182 \times IOP(B4) + 2465.544 \times IOP(B4)^2 \tag{3-9}$$

（4）理论传输模型

固有光学量和表观光学量间的关系可用 Gordon 在蒙特卡罗模拟中建立的水体次表面辐照度比与吸收系数和后向散射系数间的多项式模型表示，联立各式得到悬浮泥沙浓度遥感反演半分析模型：

$$R(\lambda, 0^-) = f(\mu_0) \frac{b_b(\lambda)}{a(\lambda) + b_b(\lambda)} = \frac{E_U(\lambda, 0^-)}{E_D(\lambda, 0^-)} \tag{3-10}$$

$$R_{rs}(\lambda) = \frac{L_W(\lambda, 0^+)}{E_D(\lambda, 0^+)} \tag{3-11}$$

$$SSC = 5.701 + 146.462 \times R_{rs}(B4) + 229457.695 \times R_{rs}(B4)^2 \tag{3-12}$$

式中：$R(\lambda, 0^-)$ 为水面之下的遥感反射率；$R_{rs}(\lambda)$ 为水面之上的遥感反射率；$b_b(\lambda)$ 为水体后向散射系数；$a(\lambda)$ 为水体吸收系数；$f(\mu_0)$ 依赖于太阳天顶角、云层覆盖状况等；$E_U(\lambda, 0^-)$ 和 $E_D(\lambda, 0^-)$ 分别为刚好位于水面下的向下和向上辐照度；$L_W(\lambda, 0^+)$、$E_D(\lambda, 0^+)$ 分别为入射光在海面的离水辐亮度和下行辐照度。

3.4.3 水体富营养化遥感

水体富营养化是指氮、磷等植物营养物质含量过多所引起的水质污染现象，这种现象在江河湖泊中称为水华，在海中则叫赤潮。水体富营养化的危害巨大，首先它会影响水体的水质，造成水的透明度降低，使得阳光难以穿透水层，从而影响水中植物的光合作用；其次，因为水体富营养化，水体表面生长着以蓝藻、绿藻为优势种的大量水藻，形成一层"绿色浮渣"，致使底层堆积的有机物质在厌氧条件分解产生有害气体和一些浮游生物产生生物毒素，继而伤害鱼类。水体富营养化遥感监测是通过分析水体反射、吸收和散射太阳辐射能形成的光谱特征与富营养化水质参数浓度之间的关系，建立富营养化水质参数的定量遥感反演模型，并分析各水质参数之间的相关性，建立适当的富营养化评价模型。叶绿素反演是水体富营养化遥感监测的关键指标。由图 3-23 可知，水体在蓝绿波段有较强反射，在可见光、近红外波段吸收能力很强。随着叶绿素含量的不同，在 0.43~0.70 μm 波段会有选择地出现较为明显的差异。在波长 0.44 μm 处有个吸收带。0.4~0.48 μm 波段（蓝光）反射辐射随叶绿素浓度增大而降低，在波长 0.55 μm 处出现反射辐射峰，并随着叶绿素含量的增加，反射辐射上升。

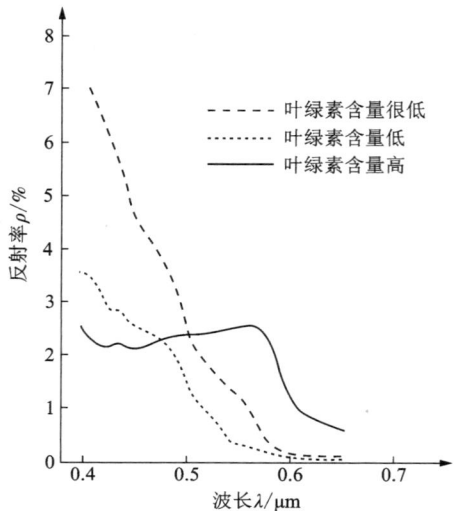

图 3-23　不同叶绿素含量的水体波谱曲线

利用遥感数据反演叶绿素 a 的浓度主要有三种方法，即经验方法、半经验方法和分析方法。经验方法中的典型算法有单波段法、波段比值法、光谱微分法等。半经验方法的主要代表有反射峰位置法、三波段法等。分析方法中最具代表性的是以水体辐射传输机理为基础的生物光学模型反演算法。一般利用生物光学模型反演算法反演叶绿素 a 浓度需要三个步骤：第一步是确定水面以下辐照度比 $R(0^-)$ 与遥感反射率 R_{rs} 间的关系；第二步是确定水面以下辐照度比 $R(0^-)$ 与固有光学量间的关系；第三步是求解叶绿素 a 的浓度。

（1）单波段法

单波段法是选择一个最合适的波长，将该波长处的遥感反射率与叶绿素 a 的浓度建立定量关系。若用一元线性函数拟合，算法形式如下：

$$C_{Chla} = A + B \cdot R_b \tag{3-13}$$

式中：C_{Chla} 为叶绿素 a 的浓度；R_b 为所选波长对应的水体反射率；b 为所选波段；A、B 为待定经验常数。

（2）波段比值法

选择两个特征波段的水体反射率或者两个最大相关性波段的水体反射率，计算比值，并将其作为比值法的特征参数进行叶绿素 a 的反演建模。如果模型为一元线性函数，算法形式如下：

$$C_{Chla} = A + B \cdot \frac{R_b}{R_a} \tag{3-14}$$

式中：R_a、R_b 为所选的两个波段所对应的水体反射率；a、b 为选择的两个波段。

（3）光谱微分法

分析光谱反射率与叶绿素 a 浓度之间的关系，选取两者相关性最为显著的波长所对应的反射率及其相邻波长的反射率，算出微分值，利用该微分值与叶绿素 a 的浓度建立函数模型。微分值用下式计算：

$$R(\lambda_i)^n = \frac{\left[R(\lambda_{i+1})^{n-1} - R(\lambda_{i-1})^{n-1}\right]}{(\lambda_{i+1} - \lambda_{i-1})} \tag{3-15}$$

式中：$R(\lambda_i)^n$ 为相关性最为显著的波长所对应反射率；λ_{i+1}、λ_{i-1} 为 λ_i 的两相邻波长；$R(\lambda_{i+1})$、$R(\lambda_{i-1})$ 为 λ_i 两相邻波长分别对应的反射率；n 为求导次数。

（4）反射峰位置法

由于叶绿素 a 在波长 705 nm 附近反射峰的位置与叶绿素 a 浓度密切相关，Gitelson 认为二者之间的关系可用如下函数形式描述：

$$\lambda = A + (B \pm \sigma) \cdot C_{Chla} \tag{3-16}$$

式中：λ 为叶绿素 a 反射峰的位置；σ 为偏差。当叶绿素 a 浓度很低时，叶绿素 a 浓度与反射峰的位置存在指数关系，拟合关系式如下：

$$\lg(C_{Chla}) = A + B \cdot \lambda \tag{3-17}$$

（5）三波段法

Giteson 等首先提出了用于估算陆地植物叶绿素含量的三波段遥感反演模型，其形式为：

$$C_{Chla} \propto \left[R^{-1}(\lambda_1) - R^{-1}(\lambda_2)\right] \cdot R(\lambda_3) \tag{3-18}$$

Dall'Olmo 等选择 660~690 nm、700~750 nm、$\geqslant$730 nm 分别作为 λ_1、λ_2 和 λ_3 的取值范围，建立了适用于反演水体中叶绿素 a 浓度的三波段模型，其数学表达形式为：

$$C_{Chla} = A\left[R^{-1}(\lambda_1) - R^{-1}(\lambda_2)\right] \cdot R(\lambda_3) + B \tag{3-19}$$

薛云等利用环境一号卫星数据，系统地分析洞庭湖富营养状态的年际时空变化特征。通过星地同步地面实验，建立起洞庭湖水体的叶绿素 a 浓度遥感反演模型、富营养状态评价模型。利用 2009 年到 2013 年 8 月的多期环境一号卫星 CCD 数据，对洞庭湖富营养状态进行动态监测和分析，基于环境一号卫星 CCD 数据对洞庭湖夏季富营养状态进行评价（图 3-24）。为寻找环境一号卫星 CCD 反演水体 Chla 浓度的最佳波段组合，对各采样点与 CCD 各波段对应的实测光谱进行比值变换、指数变换和对数变换等多种非线性变化和组合，分析了 30 余种不同波段组合与 Chla 浓度之间的相关关系。结果表明，研究区域 Chla 浓度和 $HJ_3/(HJ_2+HJ_4)$ 的 R^2 最高为 0.8492。将波段组合作为自变量与水体 Chla 浓度值进行回归分析，建立反演水体 Chla 浓度的遥感信息模型，并以营养状态指数作为富营养状态评价模型。进而依据富营养化评价标准，将 TLI(Chla) 划分成 5 级：贫营养（0~30）、中营养（30~50）、轻度富营养（50~60）、中度富营养（60~70）和重度富营养（≥70）。

$$C_{Chla} = -164.38M + 135.51 \qquad (3-20)$$

$$TLI(C_{Chla}) = 10[2.5 + 1.086\ln(C_{Chla})] \qquad (3-21)$$

式中，$M = HJ_3/(HJ_2+HJ_4)$；C_{Chla} 单位为 $mg \cdot m^{-3}$；$TLI(C_{Chla})$ 为以 C_{Chla} 为参数的营养状态指数。

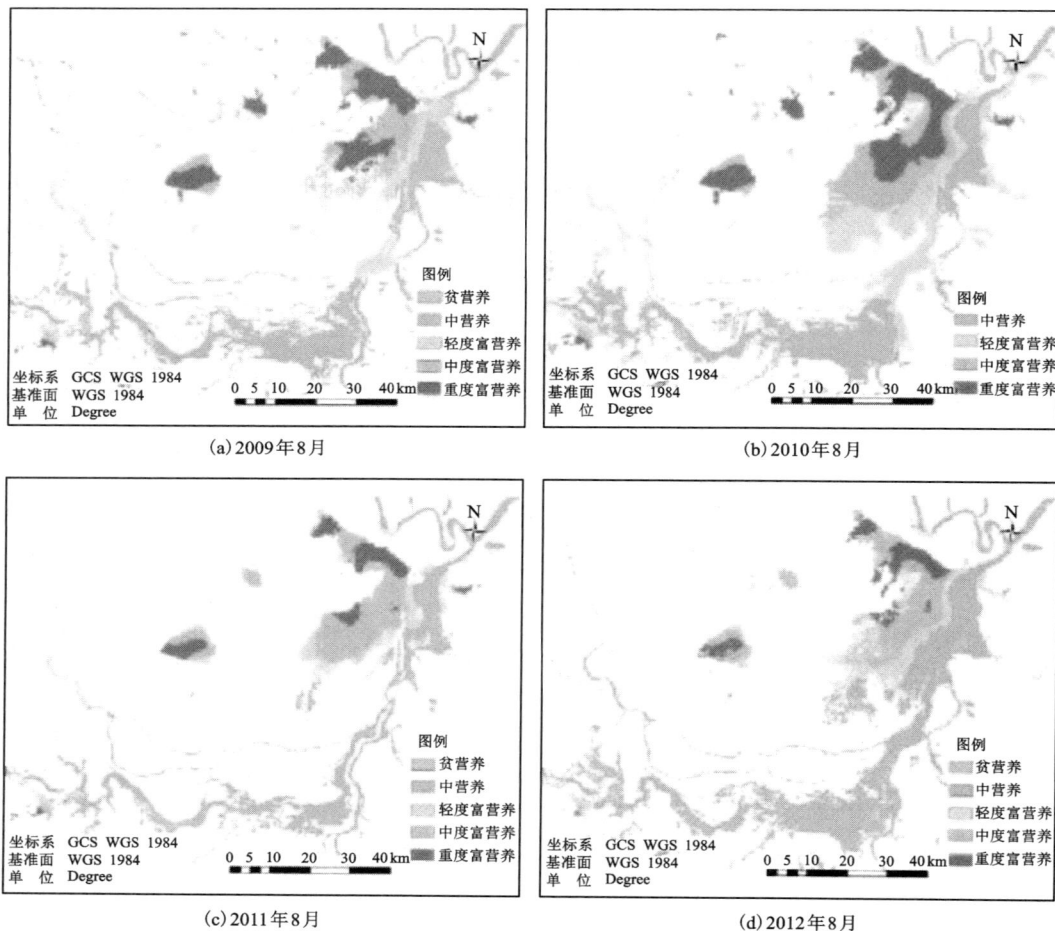

(a) 2009 年 8 月

(b) 2010 年 8 月

(c) 2011 年 8 月

(d) 2012 年 8 月

图 3-24 2009—2013 年洞庭湖富营养状态评价图

（扫描目录页二维码查看彩图）

结果表明，洞庭湖区以中营养为主。2009—2013 年富营养化水体占全湖面积的比例分别为 48.57%、63.84%、51.10%、35.27%、52.10%。2010 年富营养化水体占全湖面积的比例最大，其次是 2013 年。洞庭湖富营养化水体主要集中在大小西湖、东洞庭湖西部及内湖地区。2009—2013 年大通湖和南湖这两个典型内湖重度富营养化水体占全湖面积的比例都在逐年下降，水质有好转的趋势。

3.4.4　城市黑臭水体遥感

城市水体是指位于城市范围内与城市功能密切相关的水体，包括流经城市的河段、河流沟渠、湖泊和其他景观水体，是城市生态系统的重要组成部分。城市水体黑臭问题主要是由水体中藻类和细菌的新陈代谢及人类向水体中过度排放污染物引起的。依据透明度、溶解氧、氧化还原电位和氨氮 4 个水质指标将其分为非黑臭、轻度黑臭和重度黑臭 3 个等级。国内外学者研究发现有机物污染、氮磷污染、底泥再悬浮和重金属污染可导致水体黑臭。固态或吸附于悬浮物的不溶性物质如硫化亚铁和硫化锰等黑色沉积物，以及溶于水的带色有机物如腐殖质类有机物使水体发黑；水体发臭则是由厌氧微生物分解有机物产生硫化氢、氨、硫醇等发臭物质引起的。近年来，随着我国城市经济的快速发展，城市规模日益膨胀，城市环境基础设施日渐不足，城市污水排放量不断增加，大量污染物入河，水体中化学需氧量（COD）、氮（N）、磷（P）等污染物浓度超标，河流水体污染严重，水体出现季节性或终年黑臭。2015 年国务院发布的《水污染防治行动计划》（简称"水十条"）对黑臭水体问题提出明确要求，到 2020 年，我国地级及以上城市建成区黑臭水体均控制在 10% 以内；到 2030 年，城市建成区黑臭水体总体得到消除。城市黑臭水体的生态系统结构严重失衡，给群众带来了极差的感官体验，成为目前较为突出的水环境问题，也严重影响着我国城市的良好发展。黑臭水体和正常水体中有着不同种类和浓度的悬浮物，造成它们之间的遥感反射率光谱存在差异。如图 3-25 所示，城市黑臭水体在可见光谱波长 500 nm 至 700 nm 范围内的曲线走势较为平缓，没有明显的反射峰。而正常水体有明显的波动。黑臭水体光谱所表现出的这种特征可以作为其遥感识别的重要依据。

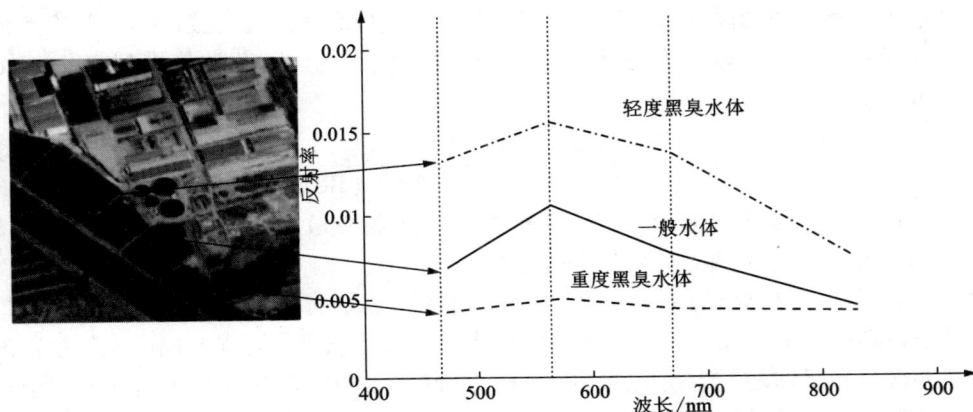

图 3-25　一般水体与黑臭水体光谱的区别

城市黑臭水体识别算法包括单波段阈值法、波段差值法、波段比值法等。

（1）单波段阈值法

城市黑臭水体遥感反射率整体低于其他水体，在光谱波长 550 nm 附近与其他水体的差异相对较大。因此，利用这一波段遥感反射率提取城市黑臭水体，算法如下：

$$0 \leq R_{rs}(\text{Green}) \leq N \tag{3-22}$$

式中，$R_{rs}(\text{Green})$ 为影像绿波段大气校正后的遥感反射率；N 为常数。

（2）波段差值法

由于城市黑臭水体遥感反射率在光谱波长 480~550 nm 上升缓慢，在光谱波长 550 nm 附近出现的波峰较宽且值最低，可以利用蓝绿波段的遥感反射率差值来判断是否是城市黑臭水体，算法如下：

$$0 \leq R_{rs}(\text{Green}) - R_{rs}(\text{Blue}) \leq N \tag{3-23}$$

式中，$R_{rs}(\text{Blue})$ 和 $R_{rs}(\text{Green})$ 分别为影像蓝、绿波段大气校正后遥感反射率；N 为常数。

（3）波段比值法

城市黑臭水体在波长 550~700 nm 光谱曲线变化最为平缓，斜率最低。对应此光谱范围内的绿、红波段，中心波长分别为 546 nm 和 656 nm，很好地体现出城市黑臭水体这一光谱特征。城市正常水体在此波段范围内光谱斜率同样较低，但是其具有较高的遥感反射率。因此选择这两个波段组合的遥感反射率之差与和的比值来识别城市黑臭水体，算法如下：

$$N_1 \leq \frac{R_{rs}(\text{Green}) - R_{rs}(\text{Red})}{R_{rs}(\text{Green}) + R_{rs}(\text{Red})} \leq N_2 \tag{3-24}$$

式中，$R_{rs}(\text{Green})$、$R_{rs}(\text{Red})$ 分别为影像绿、红波段大气校正后的遥感反射率；N_1、N_2 为常数。

姚月等以沈阳市城市建成区内主要河流为研究对象，根据 2015—2016 年开展地面调查的结果，获取了浑河和蒲河 46 个一般水体的样点和辉山明渠、满堂河、细河，以及微山湖路附近、丁香湖北部 50 个黑臭水体的样点数据，包括水面光谱和主要水质参数。分析了黑臭水体与一般水体的光谱特征，发现城市黑臭水体反射率光谱在绿、红波段变化比一般水体平缓。此外，该案例的黑臭水体样本不仅包括反射率较低的黑臭水体，还包括反射率较高的浑浊的黑臭水体。利用两种黑臭水体的共同光谱特征，选择绿波段与红波段的反射率差值作为分子，采用可见光 3 个波段作为分母，提出了一种改进后的归一化比值模型 BOI（black and odorous water Index）模型。

$$\text{BOI} = \frac{R_{rs}(\text{Green}) - R_{rs}(\text{Red})}{R_{rs}(\text{Blue}) + R_{rs}(\text{Green}) + R_{rs}(\text{Red})} \leq T \tag{3-25}$$

式中，$R_{rs}(\text{Blue})$ 为蓝光波段的遥感反射率；$R_{rs}(\text{Green})$ 为绿光波段的遥感反射率；$R_{rs}(\text{Red})$ 为红光波段的遥感反射率；T 为阈值。

前文构建了基于遥感反射率 R_{rs} 的黑臭水体识别算法，将其应用于卫星遥感图像时，要求对图像进行精确的大气校正。业务化的黑臭水体卫星遥感监测要求精确的大气校正过程和基于卫星图像自身反演的气溶胶信息，但是 GF-2 缺少常用于反演气溶胶信息的两个近红外或短波红外波段。因此尝试利用简化的大气校正得到的瑞利散射校正反射率 R_{rc} 来代替 R_{rs}，从而构建黑臭水体遥感识别算法。为了构建基于 R_{rc} 的黑臭水体遥感识别算法，首先要获取黑臭水体和普通水体的 R_{rc} 数据，为此我们基于大气辐射传输模型模拟的方法，以及黑臭水

体和普通水体的 R_{rs} 计算 R_{rc}，计算公式如下：

$$R_{rc} = \rho_a + t_0 \times t \times \pi \times R_{rs} \tag{3-26}$$

式中，ρ_a 代表气溶胶散射和气溶胶与瑞利之间的交叉散射；t_0 是从太阳到目标的总的漫射透过率；t 是从目标到遥感器的总的漫射透过率。

进一步利用 R_{rs} 和对应的 R_{rc} 计算各自的 $BOI(R_{rs})$ 和 $BOI(R_{rc})$，$BOI(R_{rs})$ 和 $BOI(R_{rc})$ 的相关关系如图 3-26 所示。结果表明一方面 $BOI(R_{rs})$ 与 $BOI(R_{rc})$ 具有较好的相关性，$R^2 = 0.69$，可以用 R_{rc} 替代 R_{rs} 以识别黑臭水体；另一方面，通过二者关系可以确定基于 R_{rc} 的 BOI 的阈值。通过对比可以看出，随着气溶胶光学厚度的逐渐增大，黑臭水体和一般水体的 BOI 的差距逐渐缩小。当 AOT=0.7 时，对应的大气能见度大约是 5.7 km，此时图像已经比较模糊；当 AOT≤0.5 时，对应的大气能见度优于 8.4 km，此时图像会更清晰。因此，基于瑞利散射校正反射率的 BOI 主要适用于比较清晰的遥感图像。实际上，对于气溶胶光学厚度比较大、比较模糊的图像，地物的光谱差异会被大气干扰，用别的方法提取黑臭水体的效果也不会很好。所以只有当气溶胶光学厚度控制在一定范围内 [AOT(550)≤0.5] 时，该黑臭水体识别方法才会有很好的适用性。经过反复对比，基于 R_{rc} 的 BOI 阈值设为 0.05，可以区分大部分黑臭水体和一般水体，但是会有黑臭水体漏提取的可能。将以上方法应用于 GF-2 PMS1 影像，提取出黑臭水体（图 3-27）。

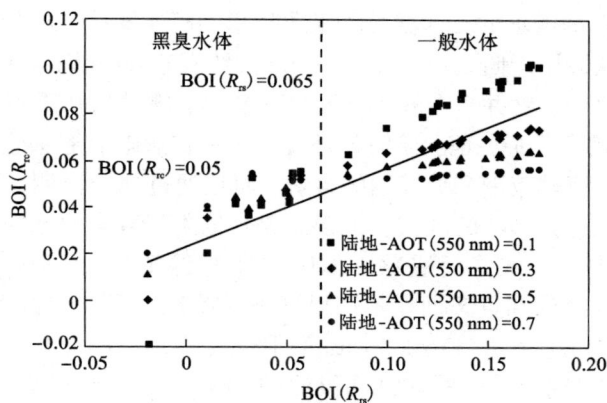

图 3-26　$BOI(R_{rs})$ 与 $BOI(R_{rc})$ 的相关关系

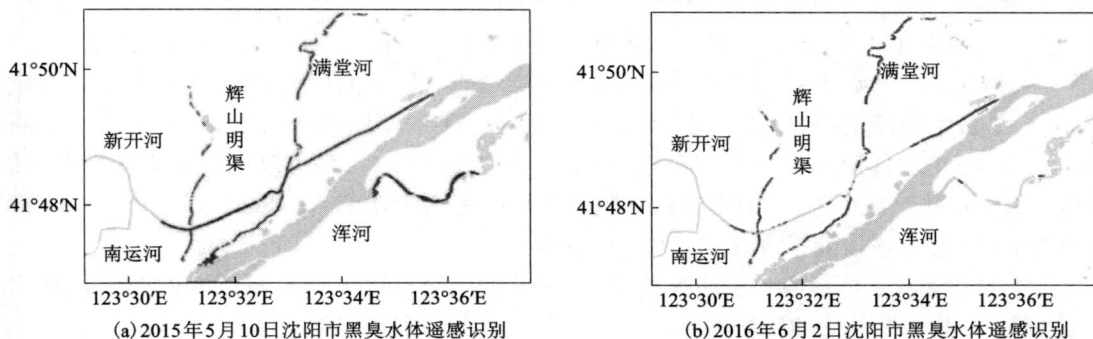

(a) 2015 年 5 月 10 日沈阳市黑臭水体遥感识别　　(b) 2016 年 6 月 2 日沈阳市黑臭水体遥感识别

图 3-27　沈阳市遥感识别黑臭水体多时序分析

根据对沈阳市黑臭水体的遥感识别及监测研究，得到以下结论：城市黑臭水体常表现为灰绿色和黑灰色，其遥感反射率 R_{rs} 光谱在绿、红波段的变化比一般水体变化更为平缓，根据这种光谱差异，提出了一种基于光谱指数 BOI 的黑臭水体识别模型，用于从一般水体中识别黑臭水体；基于遥感反射率 R_{rs} 计算的 BOI 小于阈值 0.065 时，可判为黑臭水体，由于 GF2 的精确大气校正较难实现，因此用瑞利散射校正反射率 R_{rc} 代替 R_{rs}，BOI 小于阈值 0.05 时，可判别为黑臭水体；同时模拟证明，当气溶胶光学厚度逐渐增大时，黑臭水体与一般水体的光谱差异将逐渐减小，因此这种方法主要适用于比较清晰的图像，以及气溶胶光学厚度比较小[如 AOT(550)≤0.5]的情况；基于 R_{rc} 的 BOI 模型可以很好地应用于 GF2 影像上和多时序的影像中，且具有较高的识别精度，对 2015—2016 年 3 景 GF2 影像提取的黑臭水体结果显示，2016 年 9 月满堂河和新开河黑臭现象基本消失，辉山明渠黑臭现象依然严峻；利用沈阳市光谱数据，将提出的 BOI 模型与红绿波段比值模型进行对比，发现 BOI 模型具有更高的黑臭水体识别精度。上述黑臭水体遥感识别算法主要是基于沈阳黑臭水体的光谱特征，并且仅在沈阳市进行了验证，将来还需在其他城市进一步验证，并且该研究区采集的黑臭水体较为浑浊，水体透明度极低，反射率基本未受水底泥质的影响，将来的研究中需要充分考虑多种因素对水体反射率的影响。

3.4.5　海洋石油溢油遥感

随着全球对油气资源需求的迅速增长和工业技术的高速发展，人类对海洋油气资源的勘探从浅海走向深海，从近岸走向大洋。目前，全球大约有 6000 座营运中的海洋油气平台，包括固定式钻井平台、浮动式钻井平台和水下开采设备等，规模从几千吨到几十万吨不等。这种油气勘探和开采方式不可避免地会给海洋环境带来一定影响。遥感监测油污染不仅能够发现污染源、确定污染的区域范围和估算油的含量，而且通过连续监测，能够得到溢油的扩散方向和速度，预测污染将会影响的区域。由于油膜是依附于背景海水而存在的，油膜与背景海水间的反射率差异越大，成像后遥感影像间的反差越显著，因而可识别出溢油。图 3-28 为煤油、轻柴油、润滑油和重柴油在不同厚度下的测试结果。分析表明，在可见光波段，四种油膜最大反射率均出现在 0.50~0.58 μm 波段内，煤油和润滑油波段相对宽一些，重柴油最窄。反射率最大的是润滑油(3.4%)和煤油(3.0%)，其次是轻柴油(2.6%)，最小为重柴油(1.6%)。分析还发现油膜反射率的大小与油膜厚度有关。试验对 0.1 mm、0.3 mm、0.5 mm、1.0 mm、1.5 mm 和 2.0 mm 等不同厚度的油膜作了测试，结果表明，煤油和润滑油的反射率首先随油膜厚度的增加而增加，达到极大值后又随油膜厚度的增加而降低。煤油油膜的最大反射率在 0.3 mm 厚度处，而润滑油在 1.5 mm 厚度处；对于轻柴油、重柴油和原油，油膜越薄，反射率越大。将这 5 种油的反射率峰值与海水的反射率峰值进行比较，对于 0.2~1.5 mm 油膜厚度的煤油，反射率峰值大于海水，油膜厚度小于 0.2 mm 和大于 1.5 mm 的煤油膜，反射率峰值小于海水；对于轻柴油、重柴油和原油，各种厚度的油膜反射率峰值均小于海水；对于润滑油，各种厚度的油膜反射率峰值均大于海水。由此说明，在良好的光照条件下，可见光波段能探测背景海水中的油膜。

石油溢油导致水面形成一层油膜覆盖，紫外光波段对厚度小于 5 mm 的各种水面油膜敏感，此时，油膜对紫外光的反射率比海水高 1.2~1.8 倍，有较好的亮度反差；用蓝波段区分油膜、航迹和泥浆羽流，可达到最佳探测效果。利用油膜和海水的比辐射率的差异性来监测

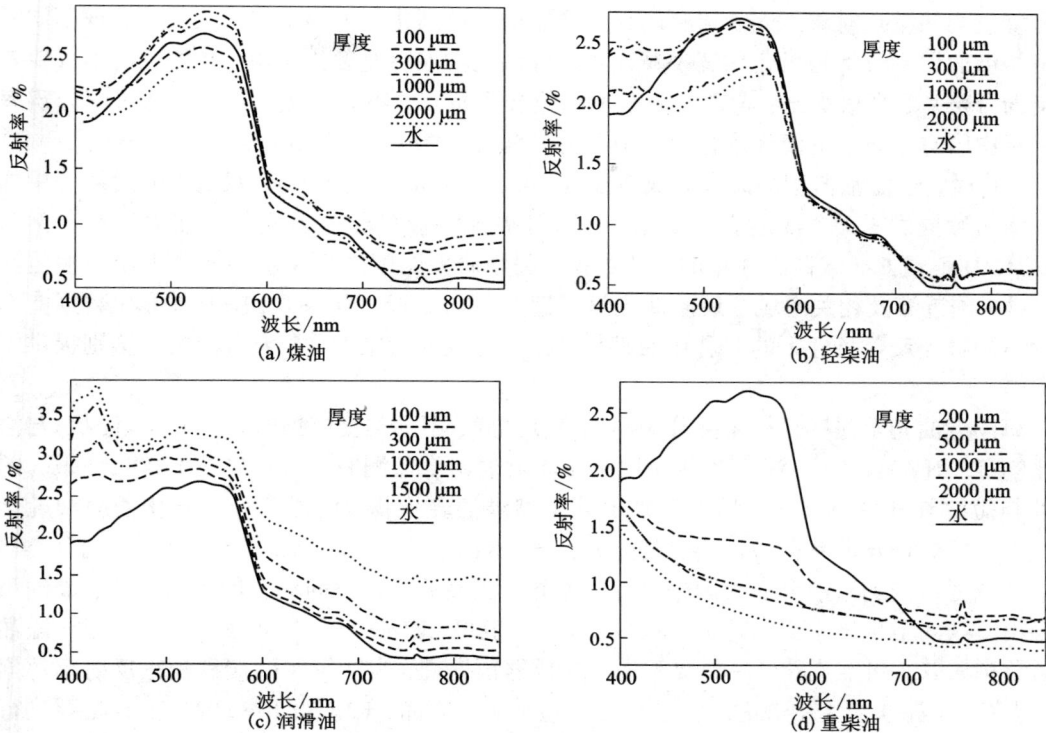

图 3-28 不同油种与海水的光谱曲线

石油污染，可以分为热红外遥感和微波遥感两类方法。

（1）可见光遥感方法

通常用可见光的蓝色光谱段（0.4~0.5 μm）检测薄的油膜，用绿色光谱段（0.5~0.62 μm）检测厚的油膜。这种利用海面对太阳光反射强度的不同来发现油污染的方法，对气候的依赖性较大。

（2）热红外遥感方法

红外辐射区是探测海面油污最有效的光谱区之一，利用红外遥感技术监测海面油膜的原理是，被油膜覆盖的海水与净海水在相同温度下，由于发射率不同，辐射温度也不同，通过测量辐射温度的差异，可确定油污染的存在。厚度大于 0.3 mm 的油膜，热红外比辐射率为 0.95~0.98，海水的比辐射率为 0.993。厚度小于 1 mm 的油膜，其比辐射率随厚度的增加而增加，因此从海面油膜的灰度等级，可以确定油膜的厚度等级，推算出总溢油量。

（3）微波遥感方法

在海洋石油污染监测技术中，微波遥感占重要地位。表观微波亮度温度在油膜区大于周围未被污染的海水，其值取决于油膜的厚度。此外，油膜的存在对海面起平滑作用，使海面粗糙度降低，这样受油膜覆盖的海面，对雷达脉冲波的后向散射系数明显比周围无油膜区小得多，因此在侧视雷达和合成孔径雷达图像上，油膜呈暗色调。油膜的微波比辐射率比海水高，因此，用微波辐射计可以监测到油膜的范围与厚度。

　　刘建强等根据中国海洋水色业务卫星监测结果揭示了我国近海溢油污染状况。溢油是海洋环境监测的重点对象。光学遥感能为海洋溢油的精细化监测提供技术支持，实现不同溢油污染类型的识别分类与量化估算。开展海洋溢油光学遥感业务化应用，光学载荷不仅要具备高空间分辨率、高信噪比、大辐射动态范围等技术特点，还要满足大幅宽、高时间分辨率等要求。中国自主研发的海洋水色业务卫星——海洋一号 C/D（Haiyang-1C/D，HY-1C/D）卫星，搭载适宜于溢油监测的海岸带成像仪（coastal zone imager，CZI），双星组网后能为中国近海环境监测提供 3 天两次的观测数据，具备开展溢油业务化监测应用的能力。本案例基于 HY-1C/D 卫星 CZI 载荷近 3 年的观测数据，利用研发的国产海洋水色业务卫星溢油监测算法，对中国近海及相关海域开展溢油光学遥感监测与分析。HY-1C/D 卫星 CZI 数据能有效识别不同耀光反射条件下的非乳化油膜与乳化油等溢油污染类型，为溢油类型鉴别提供了新的参考。

　　海洋溢油光学遥感目标主要分为不同厚度油膜、不同类型（油包水状与水包油状）与溢油乳化物等。HY-1C/D 卫星 CZI 载荷用于海洋溢油污染监测时，由于缺乏 1.0~2.5 μm 的近红外与短波红外关键波段，难以识别不同类型溢油乳化物，但能区分非乳化油膜和乳化油膜，加上高空间分辨率和高时相观测能力，已经能实质性地提升海洋溢油污染识别分类与定量估算能力。受到溢油海面太阳耀光反射差异及其高异质性空间混合的综合影响，溢油虽然体现出复杂的卫星光学遥感特征，但 HY-1C/D 卫星 CZI 载荷依然可以有效实现海洋溢油识别与分类。其关键点在于：一是要重视 CZI 数据预处理，生产统一的瑞利校正反射率数据产品（国家卫星海洋应用中心的海洋水色卫星遥感应用产品，L2A 级 Rrc 产品）；二是要进行溢油海面耀光反射差异评估，其中有效的指针为"溢油海面太阳光镜面反射方向与传感器探测方向之间的夹角（θ）"；三是利用不同耀光反射区域的溢油海面光谱特征与形态特征，优化成熟算法，实现溢油的图像检测、识别与分类。

　　基于 HY-1C/D 卫星 CZI 数据的溢油识别提取与分类结果，对中国近海及海上丝路溢油监测结果进行详细的空间分布分析。2018 年 12 月 29 日以来，HY-1C/D 卫星 CZI 数据监测溢油事件 57 次，因为卫星数据主要覆盖中国近海，发现的绝大部分溢油事件位于我国近海。这些溢油事件主要位于黄海、渤海与南海海域，以山东、江苏、福建、广东、广西、海南等地近海海域为主，尤其在山东外海较为密集。在溢油污染类型监测结果上，非乳化溢油为 26 次，含乳化油溢油为 31 次，乳化油的发现说明这些溢油污染不是单一含油污水排放造成的（压舱水、含油生活污水主要形成较薄的水面油膜），而是包括了危害更大、更为复杂的重油污染。此外，在溢油污染的面积上，含乳化油溢油的图像面积相对更大，这反映了乳化溢油会污染更多海域。中国周边主要海域内的 47 次溢油事件，其中被双星观测到的有 13 次，单星观测到的为 34 次，双星观测不仅能实现溢油动态监测，还提高了溢油监测应用精度。国产自主 HY-1C/D 卫星用于海洋溢油监测业务化应用，具有大范围、高动态、高分辨率的技术优势，不仅有助于溢油污染面积的估算，更可基于光谱特征差异，实现不同溢油污染类型的遥感判定，为准确估算与应用处理提供丰富信息，海洋溢油遥感监测精度也得到较大提升。

3.5　小结

本章主要介绍了水环境遥感方面的内容，主要分为四个部分，分别是水环境概述、水环境遥感原理、水资源遥感及水污染遥感。其中，前两节概述和原理部分是对水环境的总体介绍以及水环境遥感的总体梳理，详细阐述了水环境定义、水圈结构与组成、水体理化性质、水环境与水体污染、水体光谱特征、水环境遥感基本原理与典型算法等；后两节则分别讲述了水资源遥感与水污染遥感，从水面积、水深、水体泥沙、水体富营养化、城市黑臭水体等方面介绍水环境遥感的具体应用。

第4章 土壤环境遥感

本章将在介绍土壤环境问题的基础上,讲解土壤环境遥感监测的基本原理,进而从土地资源、土壤污染两个方面,系统讲述土壤环境监测的主要方法,为系统理解土壤环境遥感监测奠定基础。

4.1 土壤环境概述

4.1.1 土壤环境定义

土壤在中西方文明中均占据极崇高地位。中国古人在《说文解字》中将"土"定义为"地之吐生物者也。二象地之下、地之中,'丨',物出形也。凡土之属皆从土"(图4-1),并认为世间万物都是由金木水火土五个要素及其相互作用形成的。"土"在西方传说中同样具有重要地位,在古希腊神话中,地母盖娅是大地之神,也是众神之母,她是宙斯的祖母,她生下了天空乌拉诺斯(Uranos)、海洋蓬托斯(Pontus)和山脉乌瑞亚(Ourea),并与乌拉诺斯结合生了十二个提坦巨神、三个独眼巨人和三个百臂巨神,是一切神的开始,其他所有天神都是她的子孙后代,亦可见西方国家认为"土"有着非常崇高的地位。

土壤的科学定义是"由固体、液体和气体三相物质组成的疏松多孔体"。图4-2展示了土壤的形成过程,靠近大气的岩石圈由于地-气作用,受到水蚀、风化和植被根系的作用等,慢慢随着时间推移转变为由固体、液体和气体三相物质组成的疏松多孔体。土壤环境实际是指连续覆被于地球陆地地表的土壤圈层。土壤环境要素组成农田、草地和林地等;它是人类的生存环境——四大圈层(大气圈、水圈、土壤-岩石圈和生物圈)的一个重要圈层,连接并影响着其他圈层。

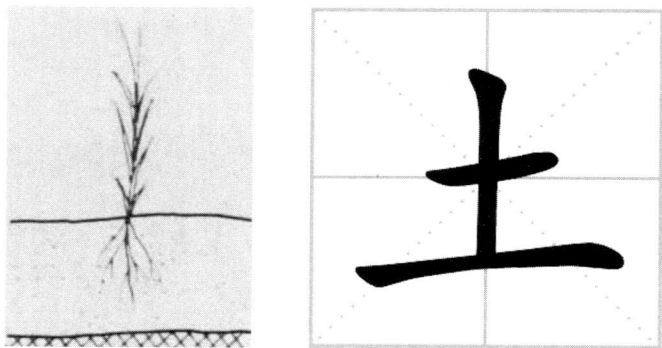

图4-1 "土"字象形

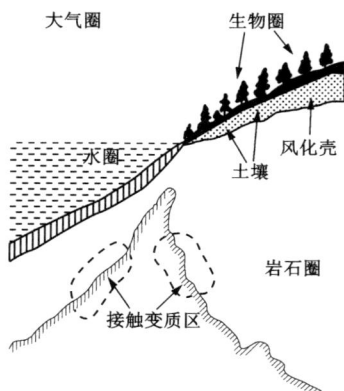

图4-2 土壤形成过程

4.1.2 土壤圈结构与组成

土壤圈(pedosphere)最早由瑞典学者马特松(S. Matson, 1938 年)提出，它是覆盖于地球陆地表面和浅水域底部的土壤所构成的一种连续体或覆盖层，犹如地球的地膜，土壤圈与其他圈层之间可以进行物质能量交换。土壤圈是岩石圈顶部经过漫长的物理风化、化学风化和生物风化作用形成的产物，从其结构上，土壤由固相(矿物质、有机质)、液相(土壤水分、溶液、胶体)、气相(土壤空气)和土壤生物体四部分组成，土壤中固、液、气相结构如图 4-3 所示。一般适于植物生长的典型壤质土壤中，土壤孔隙占 50%，内含水分和空气；土壤固体占50%，其中矿物质占 45%，有机质占 5%；土壤生物体均生活在土壤孔隙之中(图 4-4)。

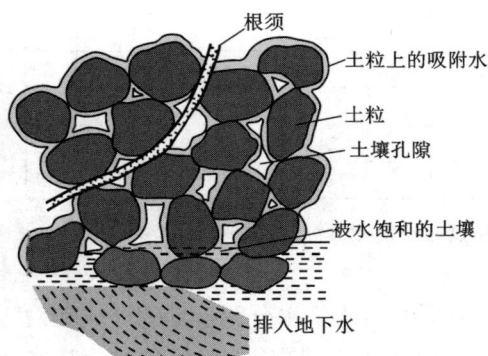

图 4-3 土壤中固、液、气相结构图

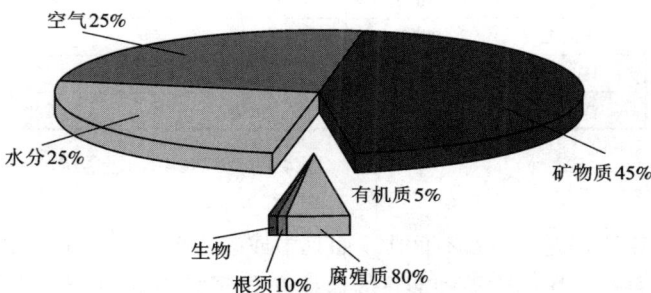

图 4-4 土壤组成成分

(1)土壤固相组成

土壤的固相成分主要包含矿物质和有机质，其中矿物质是地球表面的岩石矿物经过长期的风化作用形成的，包含原生矿物和次生矿物两种。其中原生矿物是直接来源于母岩，只受不同程度的物理风化，未经化学风化作用影响的碎屑物质，其原来的化学成分和结晶构造没有改变；原生矿物在风化和成土过程中形成的新矿物称为次生矿物，其化学组成和矿物的结晶构造与原生矿物相比都发生了改变。同时，矿物质以氧(49%)、硅(33%)元素为主，包含20 余种，各元素分布极不均匀，且植物生长必需的营养元素(K、Mg、P 等)含量很低；有机质以旱成土(20.8%)、新成土(14.3%)和冻土(13.1%)为主，具体含量见图 4-5。土壤中的有机质可分为非特异性土壤有机质和土壤腐殖质两大类，其中非特异性土壤有机质来源于植物、施肥、土壤动物和微生物残体；而土壤腐殖质是土壤特异有机质，也是土壤有机质的主要组分，占有机质总量的 50%~65%，它是一种结构复杂、抗分解性强的棕色或暗棕色无定形胶体物，是土壤微生物利用植物残体及其分解产物重新合成的高分子化合物。

(2)土壤液相组成

土壤的液相成分主要是土壤水分，土壤水分是土壤最重要的组成部分之一，它在土壤形成过程中起着极其重要的作用，这是因为形成土壤剖面的土层内各种物质的运移主要是以溶液形式进行的，同时，土壤水在很大程度上参与了土壤内许多物质转化过程，如矿物质风化、有机化合物的合成和分解等。土壤水分不是纯水，而是一种溶有无机、有机和胶状颗粒悬浮物等多种物质的极稀薄的溶液。植物在吸水过程中，也摄取了各种矿物质养分。如图 4-6 所示，不管是

有机质含量	面积/10^3 km²	0~100 cm土层中的有机碳和无机碳			
		有机碳/10^{15} g	无机碳/10^{15} g	总量/10^{15} g	占全球比例/%
新成土	21137	90	263	353	14.3
始成土	12863	190	43	233	9.4
有机土	1526	179	0	179	7.2
暗色土	912	20	0	20	0.8
冻土	11260	316	7	323	13.1
变性土	3160	42	21	63	2.5
旱成土	15699	59	456	515	20.8
软土	9005	121	116	237	9.6
灰化土	3353	64	0	64	2.6
淋溶土	12620	158	43	201	8.1
老成土	11052	137	0	137	5.5
氧化土	9810	126	0	126	5.1
其他	18398	24	0	24	1.0
总计	130795	1526	949	2475	100.0

图4-5 0~100 cm土层中的有机碳和无机碳

粗砂还是细砂都有间隙，而其中或多或少都含有土壤水分。同时，土壤水分对土壤的形成和发育及土壤中物质和能量的运移都有重要影响，其既是植被生存和生长的物质基础，也是作物水分最主要的来源，不仅影响不同植被的产量，还影响陆表植被的分布。

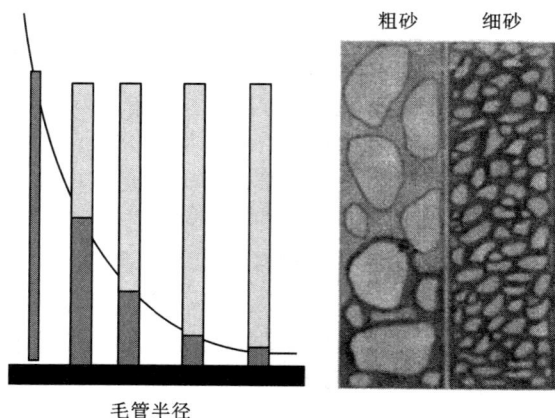

毛管半径

图4-6 土壤水分在粗砂、细砂中的分布

（3）土壤气相组成

土壤空气主要来自大气，其次是土壤中的动物、植物与微生物活动产生的气体，还有部分气体来源于土壤中的化学过程。土壤空气含量受土壤孔隙度和含水量影响，在孔隙度一定的情况下，土壤空气含量随含水量增加而减少。一般旱地土壤空气含量在10%以上。虽然土壤中的空气成分与大气中的成分相同，但成分含量却不太一致，例如土壤中 CO_2 含量远高于

大气；土壤中 O_2 含量稍低于大气；土壤中具有较多的还原性气体(厌氧分解 CH_4、H_2)等，一定比例的固、液、气三相是植物健康生长的前提，如图4-7所示。

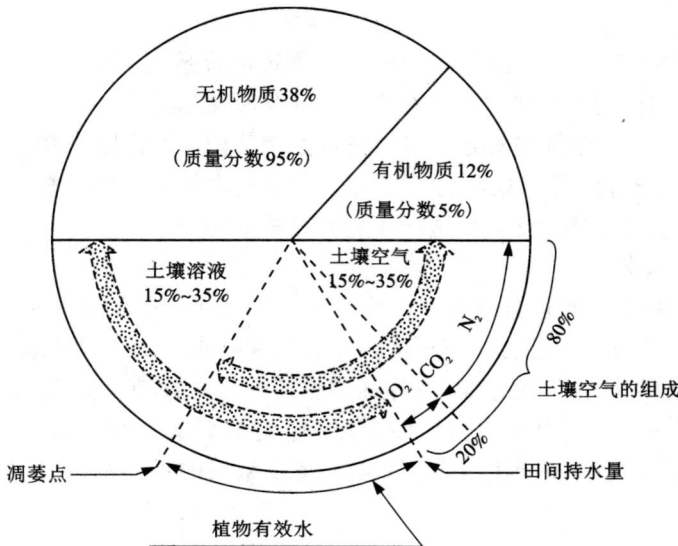

图4-7 土壤的三相比例

4.1.3 土壤物化性质

(1)物理性质

土壤的物理性质包括土壤含水量、土壤容量、土壤饱和导水率和土壤吸湿水等。

1)土壤含水量

土壤含水量一般是指土壤绝对含水量，即 100 g 烘干土中含有若干克水分，也称土壤含水率。测定土壤含水量可掌握作物对水的需要情况，对农业生产有很重要的指导意义，其主要方法有称重法、张力计法、电阻法、中子法、γ 射线法、驻波比法、时域反射法、高频振荡法(FDR)及光学法等。土壤含水量是由土壤三相体(固相骨架、水或水溶液、空气)中水分所占的相对比例表示的，通常有重量含水率(θ_g)和体积含水率(θ_v)两种表示方法。

2)土壤容量

土壤容量是指在作物不致受害或过量积累污染物的前提下，土壤所能容纳污染物的最大负荷量。一般的污染物质在土壤中的含量未超过一定值之前，不会在作物体内产生明显的积累或危害作物，只有超过一定值之后，才有可能产生超标的产物，或使作物减产。土壤容量包括绝对容量和年容量两种。

绝对容量是指土壤所能容纳污染物的最大负荷量。它是由土壤环境标准定值(CK)和土壤环境背景值(B)决定的，以重量单位表示的数学表达式是：

$$Q = (CK - B) \times 2250 \qquad (4-1)$$

式中，2250 为毫克/千克换算成克/公顷的换算系数。在一定的区域、土壤特性和环境条件下，B 值是一定的，土壤标准值(CK)越大，土壤环境容量越大，因此制定准确的区域性土壤环境标准极为重要。

年容量(Q_A)是土壤在污染物的累积浓度不超过土壤环境标准规定的最大容许值情况下，每年所能容纳污染物的最大负荷量，与绝对容量的关系为：

$$Q_A = K \times Q \tag{4-2}$$

式中，K 为某污染物在某土壤中的年净化率。土壤环境容量主要应用于土壤环境质量控制，并作为工农业规划的依据。污染物的排放必须与土壤环境容量相适应。非积累性污染物在土壤中停留时间很短，可以依据绝对容量参数进行控制。积累性污染物在土壤中产生长期毒性效应，可根据年容量控制，使污染物的排放与土壤净化率保持平衡。总之，污染物排放必须控制在土壤绝对容量或年容量之内，这样才能有效减少污染危害。

3）土壤饱和导水率

土壤饱和导水率是土壤完全饱和时，单位水势梯度下、单位时间内通过单位面积的水量，它是土壤质地、容重、孔隙分布特征的函数。饱和导水率受土壤质地、容重、孔隙分布及有机质含量等空间变量的影响，空间变异强烈，其中孔隙分布对土壤饱和导水率的影响最大。土壤饱和导水率是土壤重要的物理性质之一，它是计算土壤剖面中水的通量和设计灌溉、排水系统工程的一个重要土壤参数，也是水文模型中的重要参数，它的准确与否严重影响模型的精度。

4）土壤吸湿水

吸湿水亦称吸着水、紧束缚水。在分子引力作用下，土壤颗粒吸附空气中的水分子在其表面，成为吸湿水，它是紧贴于土粒表面的极薄水膜，由15~20层水分子聚合而成。吸湿水与土壤之间吸引力很大，是土壤接近植物永久凋萎点时土层中土壤水的主要组分。吸湿水被紧紧束缚在土粒表面，接近固态水的性质。吸湿水对溶质没有溶解能力，导电性极弱甚至不导电，冰点低，不能呈液态流动，也不能被植物根系吸收，故亦称强结合水。土壤吸湿水也可指新鲜土壤在通风条件下晾干1周并稳定后土壤仍含有的那部分水分。由于土壤分析均以土壤烘干质量为计算基准，而吸湿水能够在105℃的高温下驱除，因此在测定土壤理化性质时，一般要测定吸湿水。

（2）化学性质

土壤化学性质包括土壤 pH、土壤全氮、土壤碱解氮、土壤全磷、土壤速效磷和土壤全钾等。

1）土壤 pH

土壤 pH 是土壤酸度和碱度的总称，通常用以衡量土壤酸碱反应的强弱，主要由氢离子和氢氧根离子在土壤溶液中的浓度决定，以 pH 表示。pH 为 6.5~7.5 的为中性土壤，6.5 以下的为酸性土壤，7.5 以上的为碱性土壤。土壤酸碱度一般分7级。具体如表 4-1 所示。

表 4-1 土壤酸碱度分布

pH	土壤酸碱度
<4.5	极强酸性
4.5~5.5	强酸性
5.5~6.5	酸性

续表4-1

pH	土壤酸碱度
6.5~7.5	中性
7.5~8.5	碱性
8.5~9.5	强碱性
>9.5	极强碱性

2）土壤全氮

土壤全氮是指土壤中各种形态氮素含量之和，包括有机态氮和无机态氮，但不包括土壤空气中的分子态氮。土壤全氮含量随土壤深度的增加而急剧降低。土壤全氮含量处于动态变化之中，它的消长取决于氮积累和消耗的多寡，特别是取决于土壤有机质的生物积累和水解作用。对于自然土壤来说，达到稳定水平时，其全氮含量的平衡值是气候、地形或地貌、植被和生物、母质及成土年龄或时间的函数。

3）土壤碱解氮

土壤碱解氮或称水解性氮，包括无机态氮（铵态氮、硝态氮）及易水解的有机态氮（氨基酸、酰铵和易水解蛋白质）。在作物生长期间能被作物吸收的氮素称为有效性氮，包括无机矿物态氮及部分有机质中易分解的比较简单的氨基酸。酰胺和部分蛋白质形式的氮一般是用水解法进行测定，所以也称为水解性氮。用酸进行水解测定称为酸解氮，用碱进行水解测定称为碱解氮，北方土壤由于硝态氮的存在，碱解扩散时要加还原剂，因此称为还原碱解氮。

4）土壤全磷

土壤全磷即磷的总贮量，包括有机磷和无机磷两大类。土壤中的磷大部分以迟效性状态存在，因此土壤全磷含量并不能作为土壤磷素供应的指标，全磷含量高时并不意味着磷素供应充足，而全磷含量低于某一水平时，可能意味着磷素供应不足。

5）土壤速效磷

土壤速效磷是指土壤中较容易被植物吸收利用的磷。除土壤溶液中的磷酸根离子外，土壤中一些易溶的无机磷化合物、吸附态的磷均属速效磷部分，这是由于它们溶解度较大，或者解吸快，交换快，当溶液中磷酸根离子浓度下降时，它们可成为速效磷的供给源。土壤速效磷是土壤有效磷储库中对作物最为有效的部分，也是评价土壤供磷水平的重要指标。土壤中磷的有效性根据作物吸收利用的难易及快慢程度而定。

6）土壤全钾

土壤全钾是指土壤中含有的全部钾，是水溶性钾、交换性钾、非交换性钾和结构态钾的总和。土壤全钾含量为0.3%~3.6%，一般为1%~2%。全钾仅反映了土壤钾素的总储量，其中90%~98%在相当长时间内是无效的，因此全钾值不能用以指导施肥。土壤全钾含量主要受土壤矿物种类的影响，而土壤矿物种类又受成土母质的影响。另外生物气候条件、土地利用方式等因素也会对土壤矿物的风化产生影响，并最终影响土壤全钾含量。中国土壤全钾含量以广西的砖红壤最低，为0.36%，最高则为吉林的风沙土，可达2.61%。一般地，华南地区各类土壤除紫色土等外，全钾含量较低，而东北和西北地区的全钾含量较高。

4.1.4 土壤分类

土壤分类是指根据土壤自身的发生、发展规律，系统地认识土壤，通过比较土壤之间的相似性和差异性，对客观存在的形形色色土壤进行区分和归类，系统地编排其分类位置的过程。土壤的分类方法主要有以下几种情况。

（1）苏联的土壤发生学分类

苏联的土壤发生学分类强调土壤与成土因素与地理景观之间的关系，以成土因素及其对土壤产生的影响为土壤分类的理论基础（苏联、越南、缅甸和东欧一些国家）。苏联在世界自然地图集中，把全球土壤被分为亚热带荒漠土、沼泽土、砖红壤、不饱和棕色森林土等12种类型。

我国早期根据发生学分类准则对全国土壤类型进行分类，我国的土壤类型主要分为砖红壤、赤红壤、红黄壤、黄棕壤、棕壤、暗棕壤、寒棕壤、褐土、黑钙土等15种。

（2）以美国为代表的土壤诊断学分类

该方法的分类依据是具体的指标，是可以直接感知和定量测量的土壤属性，划分的标志是诊断层和诊断特性。该方法根据土壤质地的土壤诊断学分类准则，将土壤根据沙粒、粉粒和黏粒的百分比含量进行分类，并由此得到中国的土壤质地-粉砂土分布图。

（3）土壤形态发生分类

该方法是土壤形态学与发生学相结合的分类，以库比恩纳和摩根号森分类为代表。土壤是环境的产物，应根据其与自然环境相关的性状进行分类。不同类型土壤的差异因形态发生发展的阶段而异，如不同土体构型等。土壤水分渗透方向与程度、母质等都可作为分类依据。

4.1.5 土壤环境问题

在全球气候变化与人类活动的共同影响下，当前世界面临一系列严峻的土壤环境问题，如土壤退化、土壤干旱与土壤污染等。

（1）土壤退化

土壤退化是指在各种自然尤其是人为因素影响下，所发生的不同强度侵蚀而导致土壤质量及农林牧业生产力下降，乃至土壤环境全面恶化的现象。土壤退化可分为物理退化、化学退化、生物退化三种。其中土壤物理退化主要包括土层变薄、土壤沙化或砾石化、土壤板结紧实及土壤有效水量下降等。土壤化学退化包括土壤有效养分含量降低、养分不平衡、可溶性盐分含量过高、土壤酸化碱化等。土壤生物退化主要指土壤微生物多样性减少、群落结构改变、有害生物增加、生物过程紊乱等。

土壤退化以土壤荒漠化和土壤盐渍化为典型代表，当前全球35%的土地处于沙漠化威胁之下，每年约有2000万 hm^2 耕地沙化，有500万~700万 hm^2 变为沙漠，粮食减产12%~21%，年损失260亿美元。中国荒漠化土地占全国国土面积的27.3%，近20年来沙漠化土地以每年2400 km^2 的速度扩张。全球原生盐渍化面积约为9.55亿 hm^2，次生盐渍化面积约0.77亿 hm^2，其中58%集中在灌溉区。中国因盐渍化而废弃的土地每年达1500万~2500万亩（1亩≈666.7 m^2）。

（2）土壤干旱

土壤干旱是指土壤水分不能满足植物根系吸收和正常蒸腾所需而造成的干旱，是在长期无雨或少雨的情况下，土壤含水量少，植物根系难以从土壤中吸收到足够的水分以补偿蒸腾消耗的现象。此时植物生长受抑制，当土壤中速效水分丧失殆尽时，植物因水分不足而枯死。土壤水分的亏缺与大气干旱、土壤性质、地下水位等密切相关。久晴不雨、长期天气干旱是土壤干旱的主要原因。

全球土壤水分在空间上分布极不均匀，其空间分布整体上呈现高纬度和低纬度地区高于中纬度地区的规律，土壤水分含量较高的地区主要分布在北美洲北部少部分地区，以及南美洲北部、亚洲北部和东南部及非洲中部地区，其中土壤水分的高值区主要集中在北美洲北部及亚洲北部地区。土壤水分含量较低的地区主要分布在南、北纬30°附近，如北美洲南部、南美洲西部、非洲南部、亚洲中部及大洋洲的中西部地区，其中低值土壤水分面积较大的区域主要集中在非洲南部和大洋洲中西部地区。

中国不同深度层次的土壤水分都表现出自西北向东北与东南地区递增的分布格局。随着剖面深度增大，土壤干燥区的面积不断减小。土壤水分的高值中心主要分布在东南地区、东北平原和藏东南地区，低值中心分布在三大内陆盆地、内蒙古中西部、陕西北部和藏西北地区。

（3）土壤污染

土壤污染是指人类活动产生的污染物进入土壤并积累到一定程度，引起土壤质量恶化的现象。随着现代工农业生产的发展，化肥、农药大量使用，工业生产废水排入农田，城市污水及废物不断排入土体，这些环境污染的数量和速度超过了土壤的承受容量和净化速度，从而破坏了土壤的自然动态平衡，使土壤质量下降，造成土壤的污染。土壤污染就其危害而言，比大气污染、水体污染更为持久，影响更为深远。2014年，全国土壤超标率为16.1%，全国耕地10%遭受重金属污染，受污染的粮食多达$1200×10^4$ t，直接经济损失超过200亿元。重金属污染是我国当前面临的严峻的环境与民生问题，"血铅""镉米""砷毒"已成为湘江流域重金属污染后果的代名词。

4.2 土壤环境遥感原理

4.2.1 土壤光谱特征

土壤光谱特征如图4-8所示，在自然状态下，土壤表面的反射曲线比较平滑，没有明显的反射峰和吸收谷，反射率一般低于50%，在1.6~2.6 μm和3.7~4.7 μm波长区间有比较明显的反射峰。影响土壤光谱反射率曲线变化的因素有很多，包括土壤矿物质、土壤含水量、土壤质地（颗粒度）、土壤有机质等。在干燥条件下，土壤的光谱特征主要与成土矿物和土壤有机质有关。土壤含水量增加时，反射率就会下降，在水的各个吸收带（1.4 μm、1.9 μm、2.7 μm波长附近），反射率的下降尤为明显。土壤矿物质主要包括石英、云母、长石、氧化物等，通过分析相应的矿物质含量就可以区别土壤的特征。土壤中颗粒的大小与比例，代表了颗粒本身大小与持水能力。

（1）土壤矿物质对光谱反射的影响

土壤是由物理化学性质各不相同的物质组成的混合物，包括原生矿物、次生矿物、水分和有机质等。土壤中的石砾、砂粒几乎全是由原生矿物组成的，以石英为主；粉粒大部分由石英和原生硅酸盐矿物组成，主要原生矿物光谱曲线如图 4-9 所示。

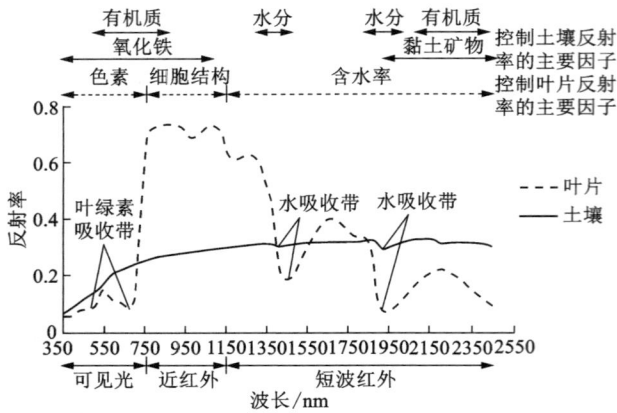

图 4-8 土壤光谱特征

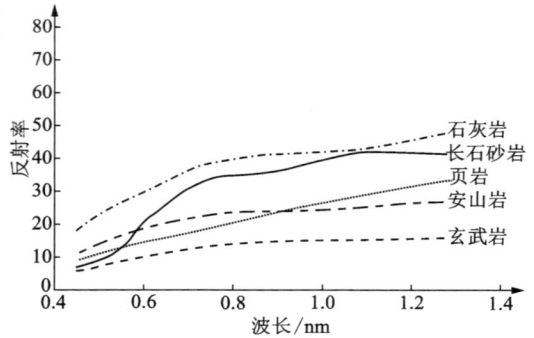

图 4-9 土壤的主要原生矿物光谱曲线

（2）土壤含水量对光谱反射的影响

含水量是土壤的重要指标，土壤含水量的不同在光谱曲线上有所体现。含水量的实验表明，水分对于电磁波具有较强的吸收作用，土壤反射率随含水量增加而显著降低；在较短波段（0.6 μm）处，土壤反射率在含水量为 0~20% 时下降较明显，之后变化不大。波长增加时，土壤含水量在更大范围影响反射率。在短波红外波段（2.2 μm），当土壤水分接近饱和状态时，其反射率依然呈现显著下降趋势，如图 4-10 所示。

（3）土壤质地对光谱反射的影响

土壤质地不仅影响土壤持水能力，而且影响土壤的反射率。一般来说，在近红外光谱范围，如果土壤的物理化学性质没有发生变化，则土壤或矿物的反射率随土壤颗粒尺寸的减小而增大，如图 4-11 所示，其原因是颗粒的增加，导致了阴影的增加。

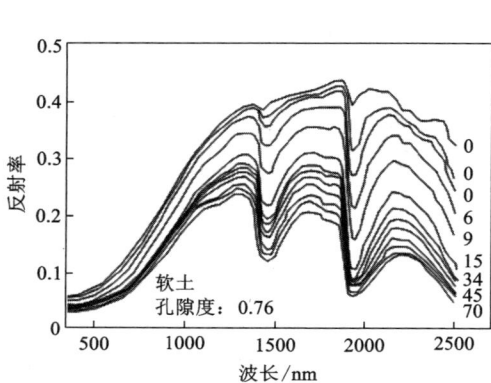

图 4-10 不同含水量的土壤光谱曲线

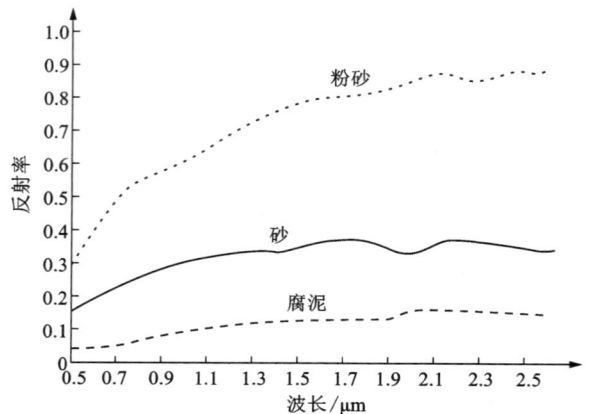

图 4-11 不同颗粒度的土壤光谱曲线

（4）土壤有机质对光谱反射的影响

腐殖质是土壤中主要的有机质，通过对其含量的分析，可以区分平沙地、龟裂地及耕地。水稻土和潮土有机质的成分及含量在光谱曲线上都有体现，有机质的影响主要是在可见光和近红外波段，如图4-12所示。

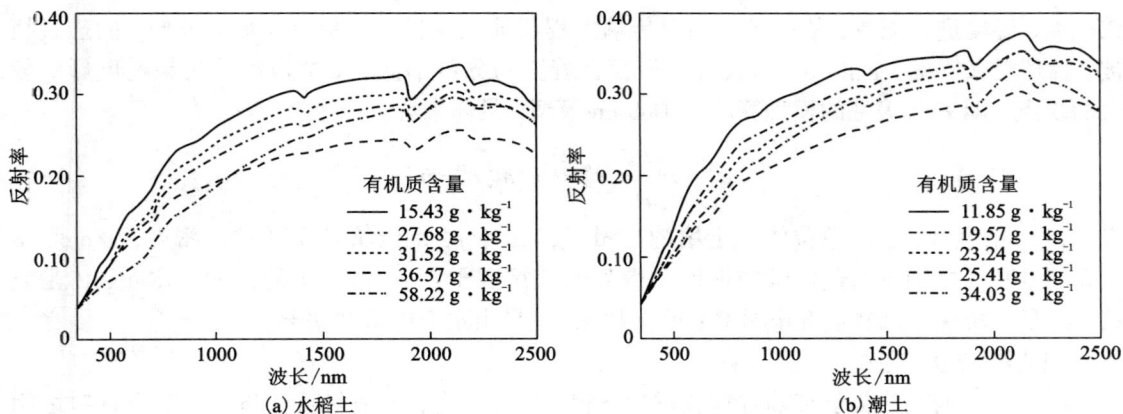

图4-12 不同土壤有机质含量的土壤光谱曲线

4.2.2 土壤环境遥感基本原理

土壤环境遥感是依据土壤的波谱特征，解译遥感影像、识别和划分土壤类型、监测土壤属性、制作土壤图、分析土壤的分布规律，为改良土壤、合理利用土壤服务。其主要原理是根据电磁波辐射理论，使用各种探测器，在远距离收集待测土壤反射或发射出的电磁波谱信号，并对其进行加工处理，使其变成能直接识别的图像或供电子计算机分析的磁带数据，从而掌握土壤分布、特性、利用现状，绘制土壤图，对某些土壤性状，如水分、湿度、养分供应状况，以及土壤盐渍化、沼泽化、风沙化、土壤污染、水土流失等动态变化实现大面积、快速自动监测，及时为土壤资源的合理开发利用与管理提供科学依据。根据安置传感器的运载工具可分为航天遥感、航空遥感和地面遥感。根据传感器的工作波段，又可分为可见光-近红外遥感、被动微波遥感、主动微波遥感等。

（1）可见光-近红外遥感

该方法利用土壤光谱反射特性、表面发射率及表面温度分析土壤的分布规律，空间分辨率高，覆盖范围广，可供选择的卫星传感器多，并可提供高光谱数据；但存在穿透能力弱、受云遮挡较明显、噪声较多的缺点。代表的模型算法有植被指数法，具体来说：

$$NDVI = (NIR-R)/(NIR+R) \tag{4-3}$$

式中，NIR表示近红外；R表示红外。

（2）热红外遥感

该方法利用传感器收集、记录地物的热红外信息，并利用其来识别地物和反演地表参数（温度、湿度、热惯量等），拥有着空间分辨率较高、覆盖面广、物理意义明确的优势，但存在着穿透能力有限、受云遮挡较明显、受植被和气象条件干扰较大的缺点。代表的模型算法有作物缺水指数法，具体来说：

$$\text{CWSI} = 1 - E_d / E_p \tag{4-4}$$

式中，E_d 指实际蒸散即日蒸散；E_p 为潜在蒸散。

（3）被动微波遥感

该方法基于土壤微波辐射与土壤强相关的特性，利用微波辐射计对土壤本身的微波发射或亮度、温度进行测量，依据微波辐射传输方程反演土壤性状，受大气影响较弱、能透过植被、物理意义明确，且能全天候测量，但存在着空间分辨率低、受植被和地表粗糙度影响较大的缺点。具有代表性的模型算法有 Dobson 模型，具体来说：

$$\varepsilon^\alpha = 1 + \frac{\rho_b}{\rho_s}(\varepsilon_s^\alpha - 1) + m_v^\beta \varepsilon_{fw}^\alpha - m_v \tag{4-5}$$

式中，ρ_b 指容量，表示单位体积土壤的重量，g/cm^3；ρ_s 是土壤基质颗粒的密度，g/cm^3；α 是介于 0 和 1 之间的通过实验数据拟合得到的权重因子；m_v 是土壤的体积含水量；β 是复数；ε_s 是土壤中固态物质介电常数；电常数 ε_{fw} 是自由水介电常数实部。

（4）主动微波遥感

该方法依据微波辐射传输方程和雷达方程，建立雷达后向散射系数与土壤节点常数之间的关系，反演土壤性状，空间分辨率高、受大气影响小、能透过植被、穿透一定深度的地表、物理意义明确，且能进行全天候的对地测量，但存在受植被和地表粗糙度影响较大的缺点。代表性的模型算法为 Oh 模型，具体来说：

$$p = \frac{\sigma_{hh}^o(\theta)}{\sigma_{vv}^o(\theta)} = \left[1 - \left(\frac{2\theta}{\pi}\right)^{1-3\Gamma_o} \cdot e^{-kS}\right]^2 \tag{4-6}$$

$$q = \frac{\sigma_{hv}^o(\theta)}{\sigma_{vv}^o(\theta)} = 0.23\sqrt{\Gamma_o} \cdot \left[1 - e^{-kS}\right] \tag{4-7}$$

式中，P 为同极化（HH、VV）比；q 为交叉极化（HV）比；$\Gamma_o = \left|\frac{1-\sqrt{\varepsilon}}{1+\sqrt{\varepsilon}}\right|^2$ 为法向入射的菲涅尔反射系数，k 为自由空间波数，$k = \frac{2\pi}{\lambda}$，λ 为雷达工作波长，S 为均方根高度，用来描述地表粗糙度，$\sigma_{vv}^o(\theta)$、$\sigma_{hv}^o(\theta)$ 和 $\sigma_{hh}^o(\theta)$ 分别为 VV、HV 和 HH 极化方式下的裸土雷达后向散射系数。

4.2.3 土壤环境遥感典型算法

土壤环境遥感典型算法按模型类别来分主要包括物理模型、经验模型和统计模型，其中物理模型包含几何光学模型、小扰动模型和 MIMICS 模型等；经验模型包含多元回归分析；统计模型包含多元统计分析、主成分分析、多层感知器神经网络、K 均值聚类、支持向量机、决策树和最大似然分类法等。

（1）物理模型

1）几何光学模型

几何光学模型用于对森林地区冠层反射率的求算，所谓冠层反射率（R），是指植被上界出射辐射与入射辐射的比值。其表达式为

$$R = K_C R_C + K_T R_T + K_G R_G + K_Z R_Z \tag{4-8}$$

式中，K_C、K_T、K_G 和 K_Z 分别为几何光学模型中的四个分量，即光照树冠、阴影树冠、光照背景和阴影背景在像元中所占面积比例；R_C、R_T、R_G 和 R_Z 分别为上述四个分量的反照率（假设均为朗博反射）。

2）小扰动模型

小扰动模型是分析和研究某些流体力学问题的一种近似理论模型。小扰动的含义是流场中置入一物体，或其他原因使原有速度场有所改变，但改变后的值与未改变时的值相比很小。如果未扰动流场是均匀的，大小为 u_∞，受到扰动以后，x，y，z 方向的速度分量分别为 $u_\infty + u$，$u_\infty + v$ 和 $u_\infty + w$，在小扰动情形下有：

$$\left| \frac{u}{u_\infty} \right| \ll 1, \quad \left| \frac{v}{u_\infty} \right| \ll 1, \quad \left| \frac{w}{u_\infty} \right| \ll 1 \tag{4-9}$$

3）MIMICS 模型

MIMICS 模型是基于微波辐射传输方程一阶解的植被散射模型，在 MIMICS 模型中，根据微波散射特性将覆盖地表的植被层分为三部分：植被冠层（包括不同大小、朝向、形状的叶片和枝条）、植被茎秆部分（被描述为一介电圆柱体）和植被下垫面粗糙地表（用土壤介电特性和随机地表粗糙度表示）。相应的微波后向散射分为三部分：来自植被冠层的直接后向散射、冠层、茎秆、地表各部分之间相互耦合的后向散射以及来自下垫面粗糙地表的直接后向散射，。具体来说：

$$\sigma_{pq}^0 = \sigma_{pq1}^0 + \sigma_{pq2}^0 + \sigma_{pq3}^0 + \sigma_{pq4}^0 + \sigma_{pq5}^0 \tag{4-10}$$

式中，p、q 分别代表发射极化方式和接收极化方式，分为 H（水平）极化、V（垂直）极化两种；σ_{pq}^0 为总的后向散射系数；σ_{pq1}^0 为植被直接后向散射的部分；σ_{pq2}^0 为植被-下垫面地表和下垫面地表-植被相互耦合产生的后向散射；σ_{pq3}^0 为下垫面地表-植被-下垫面地表相互耦合产生的后向散射；σ_{pq4}^0 为下垫面地表的直接后向散射；σ_{pq5}^0 为地表与树干之间的二面角散射。

（2）经验模型

多元回归分析是指在相关变量中将一个变量视为因变量，其他一个或多个变量视为自变量，建立多个变量之间线性或非线性数学模型的数量关系式，并利用样本数据进行分析的统计分析方法，模型的数学表达式如下：

$$y = b_0 + b_1 x_1 + b_2 x_2 + \cdots + b_n x_n + \varepsilon \tag{4-11}$$

式中，x 为自变量，y 为因变量。此外，还需要对回归方程进行显著性检验，一般引用统计量 F 作为模型的约束条件，统计量 F 的表达式为：

$$F = \frac{S_{回}/P}{S_{剩}/(n-p-1)} \tag{4-12}$$

式中，$S_{回}$ 为回归平方和；$S_{剩}$ 为残差平方和；统计量 F 应服从 $F(p, n-p-1)$ 分布。若满足 $|F| \geq F_{1-\alpha, p, n-p-1}$，则说明"土—水"迁移量与其影响因素存在显著性关系。

（3）统计模型

1）多元统计分析

多元统计分析是从经典统计学中发展起来的一个分支，是一种综合分析方法，它能够在多个对象和多个指标互相关联的情况下分析其中的统计规律。公式如下：

$$y = A + B_1 V_1 + B_2 V_2 + \cdots + B_i V_i \tag{4-13}$$

式中，V_i 是原始光谱反射率或其派生形式；y 是土壤物化参数的回归值；A 是常数项；$B_i(i=1, 2, 3, \cdots, n)$ 是 V_i 对 y 的偏回归系数。

2）主成分分析

主成分分析是一种统计方法。通过正交变换将一组可能存在相关性的变量转换为一组线性不相关的变量，转换后的这组变量称为主成分。其公式如下：

$$Y = TX \qquad (4-14)$$

式中，$\boldsymbol{Y}$ 是新生成的主成分矩阵；$\boldsymbol{X}$ 为原始变量矩阵（可以是室内光谱，也可以是遥感影像）；$\boldsymbol{T}$ 是由 $\boldsymbol{X}$ 的协方差矩阵的特征向量组成的正交矩阵。

3）多层感知器神经网络

多层感知器神经网络是最常用的前反馈神经网络模型，它运行速度快、易于操作。它由一个输入层、一个隐藏层和一个输出层组成，如图 4-13 所示。

4）K 均值聚类

K 均值聚类是最简单，也是最流行的聚类方法。K 均值聚类采用类间距评价分类对象的相似性，即认为两个对象的类间距越近，其相似度越高。该方法的目的是尽可能找到远离彼此的聚类中心，并将每个数据聚集到最近的聚类中心。其公式表示为：

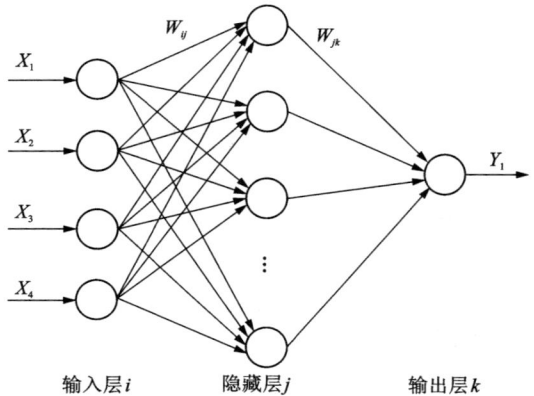

图 4-13　多层感知器神经网络

$$J = \sum_{i=1}^{k} \left(\sum_{k} \| X_k - C_i \|^2 \right) \qquad (4-15)$$

式中，J 是土壤分类个数；X_k 是第 i 类的第 k 个土壤样本；C_i 是聚类中心。

5）支持向量机

支持向量机在解决小样本、非线性及高维数据中具有诸多独特的优势。支持向量机中核函数的选择至关重要，得到最优核函数的方法是不断地试用核函数。核函数主要有多项式核函数、Sigmoid 核函数、径向基核函数（RBF）、傅里叶核函数等。

6）决策树

决策树分类是通过一系列规则参数对数据分层逐次进行比较归纳的分类方法。它由一个根节点、多个分支节点和多个终端节点组成，如图 4-14 所示。样本分类指标由根节点进入决策树，在每个分支节点对样本分类指标与指标阈值进行比较，从而选择不同的路径，逐步得出其所属类别。

7）最大似然分类法

最大似然分类法是分类工作中使用最为普遍的监督分类方法。该方法的应用首先需要选取感兴趣区，通过对感兴趣区的识别，计算出分类对象的均值和方差等参数，从而得到一个分类函数，然后将待分类的样本代入对应的分类函数，将函数返回值最大的类别作为对象所属类别，进而达到分类的目的。它是基于贝叶斯定理：假设 B_1，$B_2\cdots$ 互斥且构成一个完全事件，A 伴随它们出现，已知它们发生的先验概率为 $P(B_i)$，$i=1, 2, \cdots$ 及 A 的条件概率为

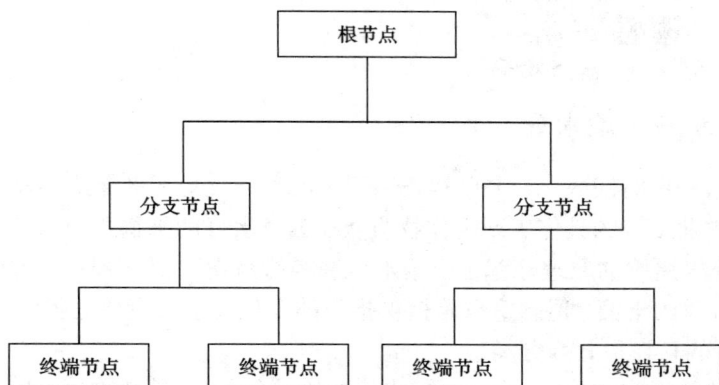

图 4-14　决策树

$P(A|B_i)$，则可以得到事件 A 的后验概率 $P(B_i|A)$，从而进行图像分类。

4.3　土壤遥感分类

遥感图像能直接、客观地反映地表的环境信息，是研究土壤环境要素分类的重要基础。土壤遥感分类是通过对遥感影像的解译、识别，划分得出土壤类型，并制作出土壤类型图。在土壤调查中，有效地使用遥感资料对土壤进行检测，将大大减轻土壤调查的工作量。同时，计算机自动识别技术的迅猛发展，促进了土壤遥感分类技术的发展，同时也为精细化土壤遥感分类提供了技术支撑。目前常用的土壤遥感分类方法包括人工神经网络和支持向量机等。

（1）人工神经网络

人工神经网络具有很强的自学习能力和较高的容错性，已被广泛应用于图像识别中。人工神经网络有两种结构，一种是单层结构，另一种是多层结构，每一层都有相互连接的神经元，网络通过神经元开始反复学习和训练，从而选择出连接各个神经元的最佳权重，进而实现信息处理，以及模拟输入与输出之间的关系。该模型不需要设置众多输入量，因此，该模型在处理随机性数据、非线性数据中具有极大的优势，同时，该模型对规模大且复杂的系统尤为适用。

（2）支持向量机

支持向量机通过非线性映射完成对样本数据的升维及线性化，将原来样本空间中非线性可分的问题转化为在特征空间中线性可分的问题。为解决线性模型的维数计算难题，通常会通过反复测试进行精度比对，选定高斯径向基函数（RBF）来确定核的宽度和参数，用系统网格搜索方法搜索 RBF 的 C 和 γ，正则化参数 γ 用来确定拟合误差最小化与估计函数的平滑度之间的折中，改善 SVM 模型的泛化性能。

4.4　土壤干旱遥感

4.4.1　土壤干旱与土壤水分

　　土壤干旱是指一定时期内、一定自然条件下区域水分收支不平衡或供需不平衡所形成的水分短缺现象。农业干旱的具体表现为作物吸收、蒸发水分的平衡遭到破坏，正常生理活动遭到损害，土壤干旱遥感的原理是基于土壤水分和植被状况。对于裸地，遥感重点是土壤含水量；对于植被覆盖的土壤，遥感重点是植被指数的变化及植被冠层蒸腾状况的变化。

　　（1）土壤水分的存在形式与分类

　　土壤水分是植物吸收水分的主要来源（水培植物除外），另外植物也可以直接吸收少量落在叶片上的水分。土壤水分的主要来源是降水和灌溉水，参与岩石圈-生物圈-大气圈-水圈的水分大循环。土壤水分由于在土壤中受到重力、毛管引力、水分子引力、土粒表面分子引力等各种力的作用，形成不同类型的水分并反映出不同的性质。

　　1）固态水

　　固态水是土壤水冻结时形成的冰晶，也叫干水，它内含98%以上的水分，是一种集微生物和化学技术为一体的生态环保产品。与普通水相比，固态水具有固态物质的物理特征。在常温下不流动、不蒸发，在0℃不结冰，在100℃也不融化。它的外观看起来更像有弹性的胶状体。因此能在常温情况下，使用常规手段运输、使用和保存。固态水的奇异之处就在于它暴露在空气中不蒸发，散布到土壤中不渗透，只有在植物根系周围有微生物的土壤中才发生生物降解，之后还原成自由水释放出来。

　　2）气态水

　　气态水存在于土壤空气中，是水达到了汽化温度而呈现的一种特殊形态，这就相当于在海底存在一个大的气泡，但这个大的气泡不往上升的原因是它被盖了一层热液硫化物，相当于一个倒扣的碗把这个气泡罩住了。

　　3）束缚水

　　束缚水受分子引力吸附在干燥土粒表面（吸湿水、膜状水），被细胞内胶体颗粒或大分子吸附或存在于大分子结构空间，不能自由移动，具有较低的蒸气压，在0℃以下结冰，不起溶剂作用，并似乎对生理过程是无效的水。它最经常使用的定义是在某低温（通常是在-20~-25℃）下，保持不结冰的水。即使长时间在100℃的烘箱中，也不易去掉。结合得如此牢固的水分，在某些种子、孢子和少数高等植物的耐旱性中起着重要作用。

　　4）自由水

　　自由水是可自由移动的水分（毛管水、重力水），具有一般水的性质，0℃时结冰，容易蒸发，能作为溶剂，是粮食进行一切生化反应（包括物质的分解、运转和合成）的介质，粮食中出现自由水后，各种生化反应即可开始进行。一般谷物水分达到14%~15%时，才开始出现自由水。由于自由水与谷物结合得很不牢固，因此，它在谷物内的含量也很不稳定，受环境温、湿度影响而增减。

　　5）重力水

　　当土壤水分超过田间持水量时，多余的水分不能被毛管所吸持，会受重力的作用沿土壤的大孔隙向下渗透，这部分受重力支配的水称为重力水。重力水是存在于地下水位以下的透水土层中的地下水，它是在重力或压力差作用下运动的自由水，对土粒有浮力作用，重力水对土中的应力状态和开挖基槽、基坑，以及修筑地下构筑物时所应采取的排水、防水措施有重要的影响。

（2）土壤水分常数

土壤水分常数是依据土壤水所受的力及其与作物生长的关系，在规定条件下测得的土壤含水量。它们是土壤水分的特征值和土壤水性质的转折点，严格来说，这些特征值应是一个含水量的范围，如图4-15所示。

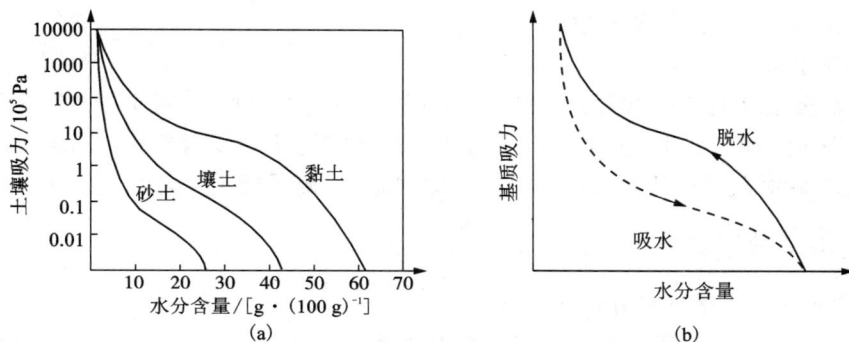

图4-15　土壤水分常数

1）最大吸湿量

最大吸湿量是指干燥土壤的最大吸湿水量，取决于土壤的质地、黏粒矿物类型、泥炭、腐殖质和吸湿性盐类的含量，以及代换性阳离子的组成。质地黏、蒙脱石类黏粒矿物、泥炭、腐殖质、吸湿性盐类和代换性钠离子含量高的土壤，最大吸湿量大。测定方法为：在室温25℃和一个大气压下将风干土样置于盛有浓度为10%的H_2SO_4或K_2SO_4饱和溶液的密闭干燥器中，使之吸附水汽，达到平衡后测得的土壤含水量即为最大吸湿量。

2）最大分子持水量

最大分子持水量是指膜状水的最大数量。将湿润的土壤置于18000~20000倍重力的离心力作用下，残留在土壤中的含水量即为最大分子持水量，它是土壤借分子吸附力所能保持的最大土壤含水量，包括吸附水汽和液态水所形成的全部吸湿水和膜状水。

3）凋萎系数

凋萎系数是受土壤分子引力作用而无法被植物根系吸收的水分，即土壤吸水力与植物根系吸水力达到平衡时的最大土壤湿度百分率，也即在植物开始萎蔫的条件下，把其置于黑暗湿润的空气中过夜后，仍然出现萎蔫现象时相应的土壤含水量。此时，相应的土壤水吸力为10~20个大气压，平均为15个大气压。它包括全部吸湿水和部分膜状水，是有效水的下限。不同植物的萎蔫点差别很小。萎蔫系数难以实际测定，通常将测定的吸湿系数折算为萎蔫点的近似值，即萎蔫系数等于吸湿系数除以0.68。

4）田间持水量

田间持水量是指毛管悬着水达到最大时的土壤含水量，即在排水良好、没有表土蒸发情况下，自由排水停止后土壤能稳定保持的最高含水量。此时的土壤水吸力为 0.1~0.3 个大气压。其测定方法是使灌溉或降雨后的土壤在一定深度范围内达到饱和，在表土蒸发的条件下，经 2~3 天自由排水，所测得的稳定的土壤含水量即为田间持水量。

5）毛管断裂含水量

毛管断裂含水量是指在土壤水分降低过程中，毛管水停止向其消失点供水时的土壤含水量。此时粗毛管中悬着水的连续状态出现断裂，土壤毛管流通量急剧降低，但细毛管中仍充满水。当土壤含水量低于毛管断裂含水量后，土壤中的水分只能以水汽和薄膜水的形式向蒸发面运移。在该含水量下，植物开始因缺水而影响生长，故亦称临界含水量或植物生长阻滞含水量，它是土壤有效水范围内易效水和难效水的分界，也是防治土壤水分蒸发、土表积盐，以及确定临界地下水位的重要参数。

6）饱和含水量

饱和含水量是指土壤孔隙全部被水分充满时的土壤含水量，此时土壤水吸力等于零，其容积含水量理论上应等于土的孔隙率。测定时，把土样置于密闭容器中，加水至与土样表面齐平，用真空泵抽气，使容器内减压至 −1 个大气压，平衡后测定其含水量。

4.4.2 土壤水分遥感

（1）土壤水分与电磁波相互作用特性

土壤水分与电磁波之间存在多种相互作用特性，包括土壤水分可见光-反射红外波谱特性、土壤水分热红外波谱特性、土壤水分微波辐射特性和土壤水分微波散射特性等。

1）土壤水分可见光-反射红外波谱特性

不同土壤水分可见光-反射红外波谱曲线如图 4-16 所示，由图可知水分对于电磁波具有较强的吸收作用，土壤反射系数随含水量增加而显著降低；同时在较短波段（0.6 μm），土壤反射系数在含水量为 0~20% 时下降较明显，之后变化较弱。波长增加时，土壤含水量在更大范围影响反射系数。在短波红外波段（2.2 μm），当土壤水分接近饱和状态时，其反射系数依然呈现显著下降趋势。

2）土壤水分热红外波谱特性

由图 4-17 可知，土壤热红外发射率在 8~9.5 μm 范围内随含水量增加而增加；在 9.5~11 μm 土壤热红外发射率大致呈单调递增趋势；在 11~14 μm 随土壤含水量增加，土壤热红外发射率有不同程度的减小，而且在 12.7 μm 附近存在一个吸收谷。当土壤水分趋近饱和状态时，红外发射率的变化幅度变得非常小。

3）土壤水分微波辐射特性

比较典型的是微波波段的瑞利-金斯公式，通过公式的反推可以算出对应像元的亮度温度（T_B），具体为

$$T_B = \frac{KI}{\lambda^2} \tag{4-16}$$

式中，K 为系数；I 为辐亮度；λ 为波长。

亮度温度的公式也可以写成：

$$\begin{cases} T_B = eT \\ e = 1 - r \end{cases} \tag{4-17}$$

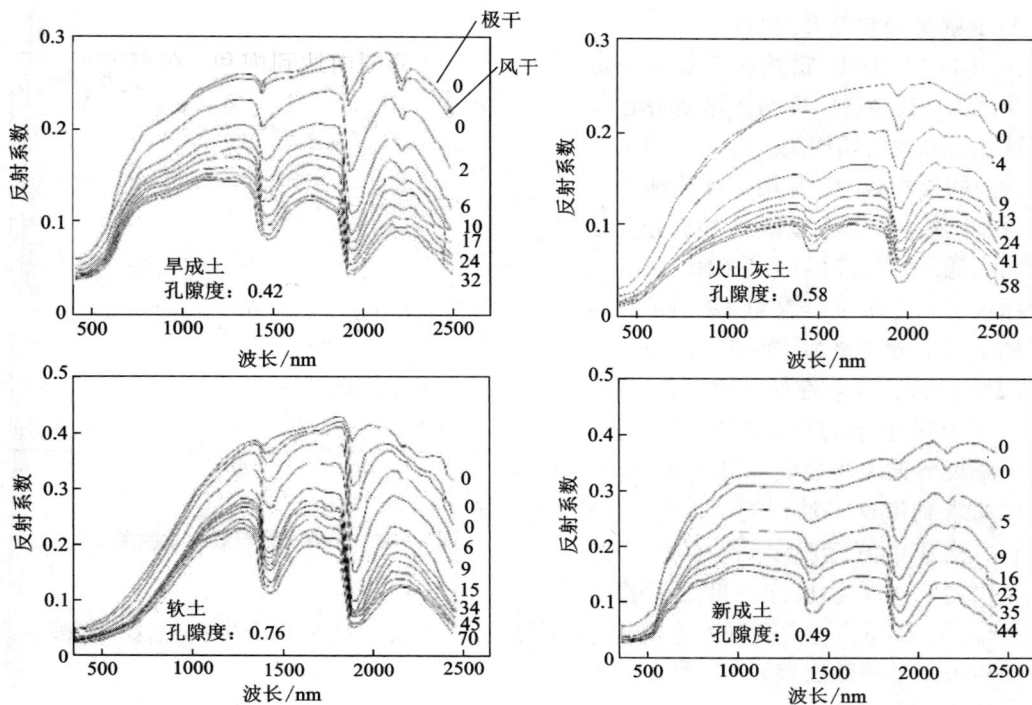

图 4-16 土壤水分可见光-反射红外波谱曲线

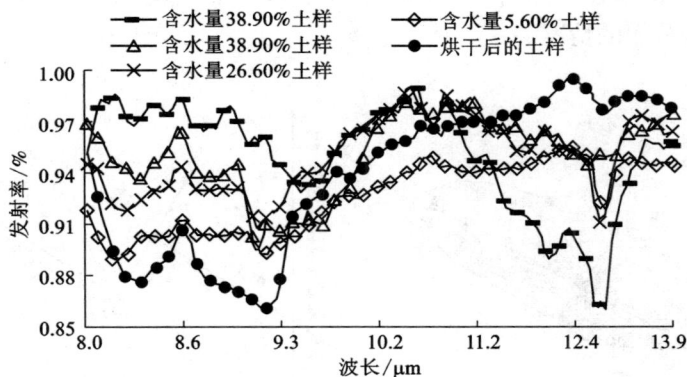

图 4-17 不同含水量的土壤热红外发射率光谱曲线

式中，T 为土壤温度；e 和 r 分别为地表微波发射率和反射率。

反射率主要受介电常数的影响，因此联合方程(4-16)和方程(4-17)可得出像元的亮度温度方程，即：

$$T_{\mathrm{Bp}} = e_{\mathrm{p}} T_{\mathrm{e}} \exp(-\tau) + T_{\mathrm{c}}(1-W_{\mathrm{p}})[1-\exp(-\tau)][1+r_{\mathrm{p}}\exp(-\tau)] \qquad (4-18)$$

式中，T_{Bp} 为亮度温度；e_{p} 为地表微波发射率；T_{e} 为土壤温度；τ 为光学厚度；T_{c} 为植被层亮温；W_{p} 为散射反照率；r_{p} 为反射率。由式(4-18)可以看出亮度温度、介电常数与土壤水分存在较强的相关性，受植被覆被吸收、发射和散射等因素的影响而存在较大差异。

4）土壤水分微波散射特性

由图 4-18 可知，雷达遥感具有一定的穿透能力，其穿透深度与土壤水分含量及雷达发射频率密切相关。低频雷达一般具有较强的探测能力，常用于反演地表土壤水分。此外，探测深度随土壤水分含量增加而降低，在 L 波段（1.3 GHz），雷达探测深度可从土壤水分含量 1% 时的 1 m 下降到土壤水分含量为 40% 时的 5 cm。

（2）可见光-反射红外土壤水分遥感

由于干燥土壤的反射率较高，同类湿润土壤反射率相对较低。可见光-近红外遥感通常利用这一波段对土壤水分的敏感性，构建单波段或多波段的遥感指数，并建立其与土壤水分含量之间的统

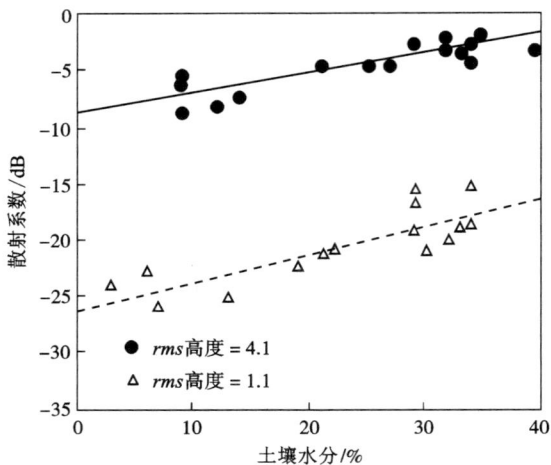

图 4-18　土壤水分与散射系数关系

计关系模型，从而获得大范围的土壤水分分布情况。主要包括垂直干旱指数法、植被状态指数法和植被距平指数法等。

1）垂直干旱指数法

垂直干旱指数法的主要原理是土壤在红波段和近红外波段的反射率呈现一种关系，如图 4-19 所示，经过原点建立 AD 的平行线 L，该空间中任一点到 L 的垂直距离反映了植被覆盖情况与土壤水分分布的情况。

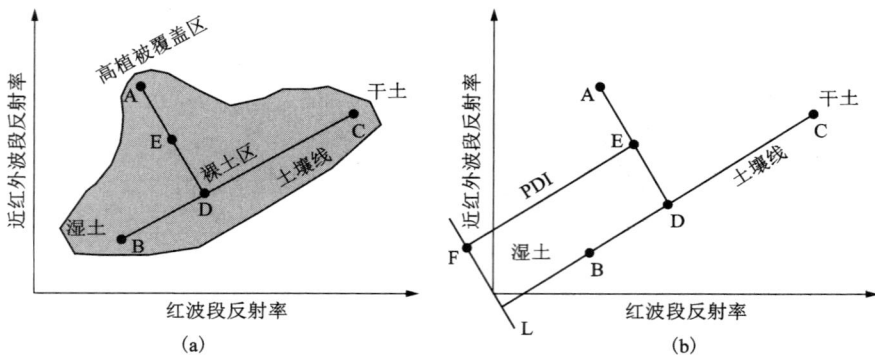

图 4-19　土壤红波段反射率与近红外反射率关系

2）植被状态指数法

土壤水分直接关系作物生长情况，VCI 常用来反映作物生长期的干旱状态，其计算取决于植被覆盖情况，因而一般只用于植物生长季节，而在植被枯萎的冬季，应用效果显著降低。

$$VCI = 100(NDVI - NDVI_{min})/(NDVI_{max} - NDVI_{min}) \tag{4-19}$$

式中 VCI 为植被状态指数，NDVI 为植被指数。

3）植被距平指数法

植被距平指数法能反映作物干旱情况，距平植被指数的负值与降水距平负值一致，可反映当年作物生长季土壤水分缺乏及土壤供水状况的动态变化情况，一定程度上可以减少太阳高度角、大气状态和非星下点观测带来的误差，如式(4-20)所示。数据的时间范围越长，植被指数平均值的代表性就越好，但平水期、枯水期和丰水期等不同时期的代表性具有一定差异，在时间上有一定滞后，还应注意自然灾害与云的影响。

$$ANDVI = NDVI - \overline{NDVI} \tag{4-20}$$

式中，ANDVI 为植被距平指数，NDVI 为植被指数。

（3）热红外土壤水分遥感

热红外遥感监测土壤水分主要依赖于土壤表面发射率和地面温度。在一定范围内，地面温度的空间分布能间接地反映土壤水分的分布情况，即下垫面温度越高，土壤含水量越少。利用地面温度及其变化特征，建立地面温度与土壤水分之间的关系，是热红外遥感的主要原理。遥感方法包括单独使用温度反演土壤水分的方法（例如热惯量法），以及将温度信息与其他波段信息进行组合的联合反演方法（例如地面温度-植被指数法）。

1）热惯量法

热惯量理论方程是由太阳的总辐射与地表反射率及地球自转角组成的复杂方程，一般情况下很难求得。若不考虑纬度、太阳偏角、日照时数、日地距离，而只考虑反照率和温差，则可以近似写成地表吸收率（1-反射率）与温差的比值。具体如下：

$$P = (1-A)/\Delta T \tag{4-21}$$

式中，P 为热惯量，A 为全波段反照率，ΔT 为温度差。

2）地面温度-植被指数法

地面温度-植被指数法是将植被指数（NDVI）和地表温度（T_s）相结合的方法，具有过程简单、容易实现的特点。

（4）被动微波土壤水分遥感

在自然常温条件下，微波波段的土壤比辐射率一般为 0.6~0.95，分别对应于湿土（体积含水量约 30%）和干土（体积含水量约 8%）之间的变化。利用这一特性，可以发展微波波段的土壤水分反演方法。利用被动微波遥感监测土壤水分的方式，主要依赖于微波辐射计对土壤本身的微波辐射或亮度温度进行测量，主要包括统计回归算法、单通道算法、AMSR-E 算法和 SMOS 算法等。

1）统计回归算法

对于裸土，微波地表发射率只与地表粗糙度和土壤水分含量相关，当地表粗糙度随时间的变化可忽略时，微波地表发射率与土壤水分含量近似呈线性关系，可表示为：

$$\varepsilon_p = a_0 - a_1 \cdot m_v \tag{4-22}$$

式中，a_0 和 a_1 均为模型参数，随地表粗糙度变化存在较大差异，地表越光滑，a_1 越大。此外，不同阶段的参数也有较大变化，当土壤水分含量小于 10%时，地表发射率随土壤水分的增加缓慢减小，而当土壤水分含量超过 10%时，地表发射率呈急剧下降的趋势。此外，该统计关系还受微波波段频率、土壤质地等因素的影响，因此在实际应用中，通常需要根据地面观测数据，建立回归方程获取对应的模型系数。

2）单通道算法

单通道算法（single channel algorithm，SCA）利用土壤水分最敏感的单一频率/极化通道数据进行反演，并通过其他辅助数据最终校正反演结果。假设单次散射反照率为0，并假设微波传感器接收到的亮度温度等于地表亮度温度，则有：

$$T_B = T_s \{ 1 - (1 - \varepsilon_p^{s,\text{rough}}) [e^{(-\tau_c/\cos\theta)}]^2 \} \tag{4-23}$$

式中，T_B 为亮度温度，T_s 为地表亮度温度，$\varepsilon_p^{s,\text{rough}}$ 为粗糙地表的发射率，τ_c 为大气光学厚度，θ 为传感器观测角。

3）AMSR-E 算法

AMSR-E 算法由 Njoku 和 Li 提出，根据微波亮度温度 T_B 与土壤水分之间的关系，采用迭代方法同时计算土壤水分、植被含水量和地表温度三个参数。随后，Njoku 和 Chan 将地形与植被因子合并为一个综合变量，进一步发展了归一化极化差异指数算法（normalized polarization differene algorithm，NPDA），将微波亮度温度公式改写为：

$$T_B = T_s \{ 1 - [(1-Q)r + Qr] \exp(-\alpha g) \} \tag{4-24}$$

式中，T_B 为亮度温度，T_s 为地表真实温度，Q 为植被覆盖度，r 为地表反射率，α 为衰减系数，g 是植被层厚度或光学路径长度。

4）SMOS 算法

SMOS 土壤水分反演采用最优化的迭代算法，具体是指通过迭代运算，选择最佳的土壤水分及植被参数，使模拟与实测亮度温度（T_B）之间相差最小。算法流程如图 4-20 所示。

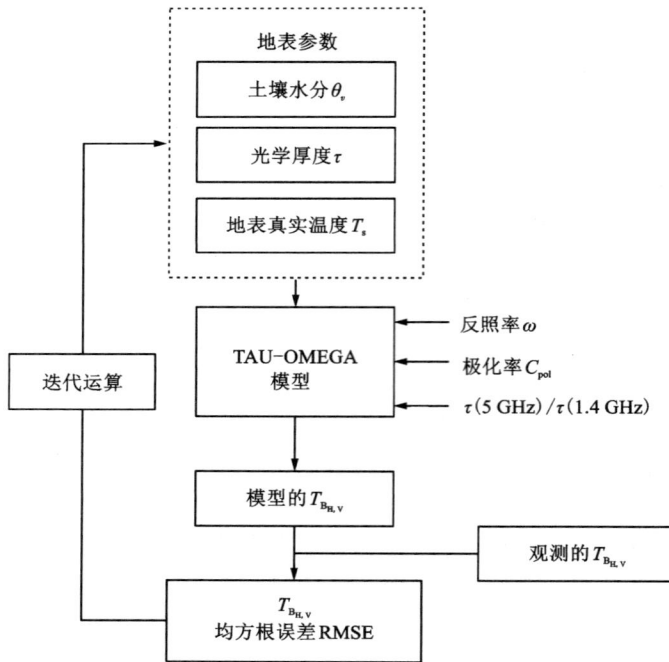

图 4-20　SMOS 算法流程图

SMOS 算法充分考虑了不同地表类型对像元亮度温度的影响，通过迭代运算获取最佳的地表参数组合，土壤水分精度相对较高，其 RMSE 为 0.04，植被较少的非洲与澳大利亚等地区，RMSE 可小于 0.02。然而，受地形、植被等因素的影响，在欧洲和美洲等地区土壤水分精度相对较低，是未来算法改进的重要方向。

（5）主动微波土壤水分遥感

主动微波与被动微波辐射相比，地表自身的主动微波辐射信号很弱，因此雷达影像主要取决于后向散射。对于同一波段、同一极化方式、同一观测角度的 SAR 成像系统，在相同的土壤类型及地表特征条件下，不同含水量的土壤会导致不同的雷达后向散射，即后向散射系数可以表示为土壤水分和地表粗糙度等因素的函数。遥感方法主要包括物理模型、经验模型、半经验模型和多传感器联合反演等。

1）物理模型

物理模型一般是基于随机粗糙地表的后向散射理论，它不受地点约束，适用于不同的传感器参数，同时考虑到了不同地表参数对后向散射的影响，因此具有较高的可信度。几何光学模型、物理光学模型、小扰动模型、积分方程模型和 MIMICS 模型等，都属于物理模型。物理模型的表达形式非常复杂，一般难以给出土壤水分的解析解，故难以直接用于土壤水分的遥感反演。由于土壤水分等地表参数与雷达后向散射系数之间的关系极为复杂，运用物理模型可以模拟各种不同土壤水分条件下的雷达后向散射系数，进而建立反演土壤水分的经验、半经验模型。

2）经验模型

经验模型是通过实际观测值，建立后向散射系数与一定深度的土壤含水量之间的线性回归关系，通常可表示为：

$$\sigma^0 = am_v + b \tag{4-25}$$

式中，σ^0 为后向散射系数，m_v 为土壤含水量，a、b 为模型参数。虽然经验模型建立起来比较简单易操作，但也存在着两大问题，一是雷达后向散射系数以幂律关系随着观测数据的生物量增加而增加，当地表植被的生物量达到一定的阈值后，散射系数将不再随着植被生物量的增加而增加，即对植被失去敏感性，阈值的大小因不同的植被类型和微波频率而异，当植被覆盖率较高时，直接建立散射系数与植被生物量的关系将变得不可靠，土壤水分的提取也更为困难；二是由于经验模型是根据大量重复的遥感信息和相应地面实况的统计结果建立的统计模型，在时间和空间上受到很大的限制，在很大程度上模型的反演结果依赖于所获取数据的质量，模型的可移植性差。

3）半经验模型

半经验模型介于物理模型和经验模型之间，具有一定的物理基础，在用于反演时其求解过程相对简单，甚至可以得到解析解。常见的有：

①Dubois 模型

Dubois 模型以两种极化方式（VV、HH）下的后向散射系数为基础，利用全极化后向散射系数与介电常数，分析后向散射系数与地表粗糙度和土壤介电常数之间的关系。该模型有一定的适用范围，在稀疏植被覆盖区域适用性较好。具体表示为：

$$\sigma^o_{vv} = 10^{2.35} \left(\frac{\cos^3 \theta}{\sin^3 \theta} \right) 10^{0.46 \cdot \varepsilon \cdot \tan \theta} (K_s \cdot \sin \theta)^{1.1} \lambda^{0.7} \tag{4-26}$$

式中，σ_{vv}^o 为 VV 极化方式下的雷达后向散射系数，θ 为雷达入射角，ε 为土壤介电常数，K_s 为土壤表面粗糙度参数，λ 为雷达波长。

②Shi 模型

Shi 模型考虑表面粗糙度的影响，建立了波段不同极化组合后向散射系数与介电常数和地表粗糙度功率谱之间的关系，具体表示为：

$$10\lg\left(\frac{|\alpha_{vv}|^2+|\alpha_{hh}|^2}{\sigma_{vv}^o+\sigma_{hh}^o}\right)=a_{vh}(\theta)+b_{vh}(\theta)\times10\lg_{10}\left(\frac{|\alpha_{vv}||\alpha_{hh}|}{\sqrt{\sigma_{vv}^o\sigma_{hh}^o}}\right) \tag{4-27}$$

式中，α_{vv}、α_{hh} 分别为 VV 和 HH 极化方式下的复散射系数；σ_{vv}^o、σ_{hh}^o 分别为 VV 和 HH 极化方式下的后向散射系数；$a_{vh}(\theta)$、$b_{vh}(\theta)$ 均为与雷达入射角 θ 相关的系数，θ 为雷达入射角。

4）多传感器联合反演

不同传感器反演方法各具优劣，光学遥感拥有空间分辨率高、覆盖范围广的优点，但存在穿透能力弱、受云遮挡明显的缺点；被动微波遥感拥有一定的穿透能力、受大气影响较小，但存在空间分辨率低、受植被和地表粗糙度影响较大的缺点；主动微波遥感拥有一定的穿透能力、空间分辨率高、受大气影响小，但存在土壤水分绝幅宽有限、受植被和地表粗糙度影响较大的缺点。可见，不同传感器反演土壤水分均存在一定的缺点，而多传感器联合反演集成了不同传感器类型的优点，可以尽可能准确地反演土壤水分，逐渐成为当前的重点反演方式，多传感器联合反演主要有四种联合方式，具体如下：

①主动、被动微波联合

微波遥感在估算土壤水分方面拥有非常明显的优势。主动和被动微波遥感存在优势互补的特点，特别是土壤表面有农作物覆盖的条件下，二者的联合应用将有利于充分发挥各自的优势，简化土壤水分监测的过程和提高土壤水分估算的质量。常见的联合方法有两种，第一种是利用主动微波数据获取地表粗糙度或植被参数，然后将获取的参数代入被动模型中进行土壤水分反演；第二种是利用数学方法对主、被动数据进行结合来反演土壤水分含量。

②主动微波与光学遥感联合

该方法利用半经验植被模型消除了植被的影响，从总的后向散射系数中分离植被散射和吸收的贡献，得到裸土的后向散射系数，并建立其与土壤含水量之间的关系。常见的联合方法有两种，一种是利用主动微波数据提出后向散射模型，并利用光学遥感数据消减植被的影响，最终反演土壤水分含量；另一种是在光学遥感影像的基础上，利用归一化差分水分指数（NDWI）确定研究区的植被含水量，应用主动微波遥感数据，从总的后向散射系数中分离植被散射和吸收的贡献，得到裸土的后向散射系数，并建立其与土壤含水量之间的关系，从而估算研究区植被覆盖地表土壤中的水分。

③被动微波与光学遥感联合

被动微波反演土壤水分含量空间分辨率为数十千米，为发挥光学遥感高空间分辨率的数据优势，联合两种传感器反演方式，可获得具有更高空间分辨率的土壤水分数据。常见的联合方法有两种，一种是采用回归分析方法模拟被动微波遥感数据与光学遥感数据之间的非线性关系，从而提高土壤水分反演精度；另一种是先通过被动微波遥感数据反演土壤水分，进而利用光学遥感数据反演 NDVI、地表反照率及地表温度数据，然后建立土壤水分数据与光学遥感数据的三角关系，最后利用光学遥感数据反演高空间分辨率的土壤水分数据。

④光学与主、被动微波遥感三者联合

同时结合光学遥感数据、被动微波数据和主动微波数据能充分发挥三者的优势。常见的联合方法是针对L波段微波辐射计空间分辨率低的问题，结合被动微波遥感亮度温度数据、主动微波遥感后向散射系数数据及光学遥感影像数据，反演具有高空间分辨率的土壤水分数据。

（6）土壤水分遥感结果验证

土壤水分遥感结果的验证策略主要有直接验证、间接验证和交叉验证三种。

1）直接验证

直接验证是利用地面观测数据直接评价遥感反演结果的方法，其主要流程如图4-21所示，目的是验证影像上对应的地面观测数据的准确性，验证方法可分为点位检验、样带检验、区域检验。直接验证的方法虽精度较高，但费时费力，需要大量的地面观测数据支撑。

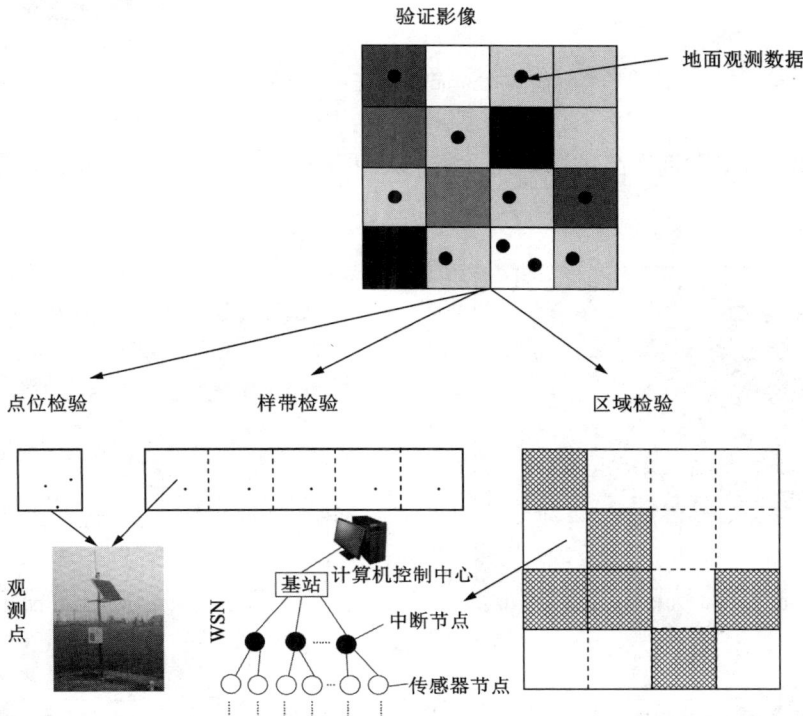

图4-21　直接验证主要流程

2）间接验证

间接验证是将待验证的数据与精度较高的高分辨率土壤水分遥感数据进行比较，从而进行精度验证，主要流程如图4-22所示，将高分辨率土壤水分遥感数据作为基准数据，验证方法分为中间数据比较法和直接插值法，最终得到待验证数据的精度评价结果。

3）交叉验证

交叉验证是采用多种不同来源、具有相似时空分辨率的土壤水分遥感数据产品，将待验证土壤水分遥感数据产品与之对比分析，得到产品精度，如图4-23所示，将待验证数据产品

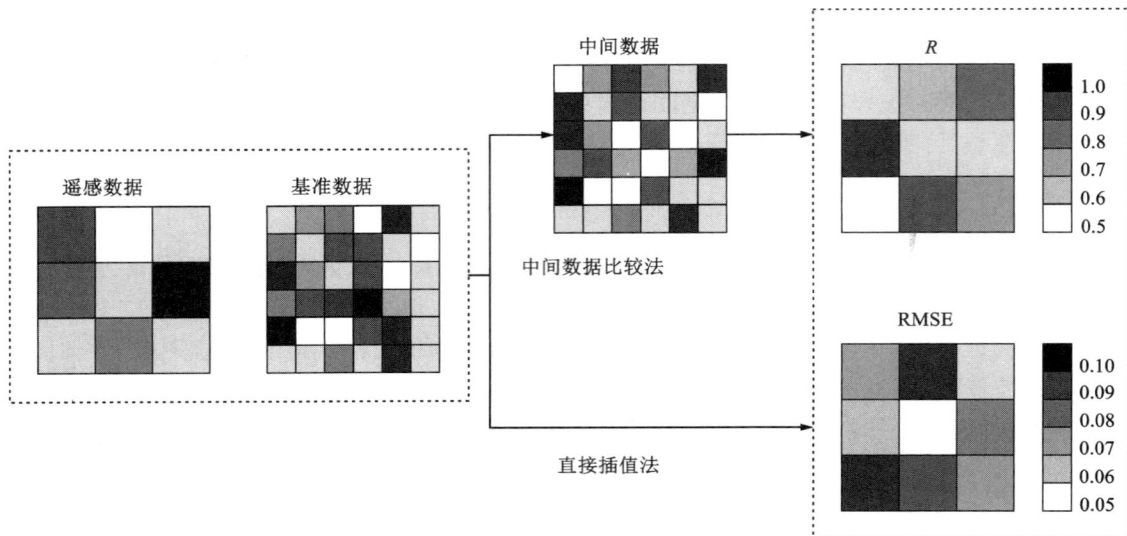

图 4-22 间接验证主要流程

与每种土壤水分遥感数据产品进行对比分析，从而得出待验证土壤水分遥感数据的精度评价结果。

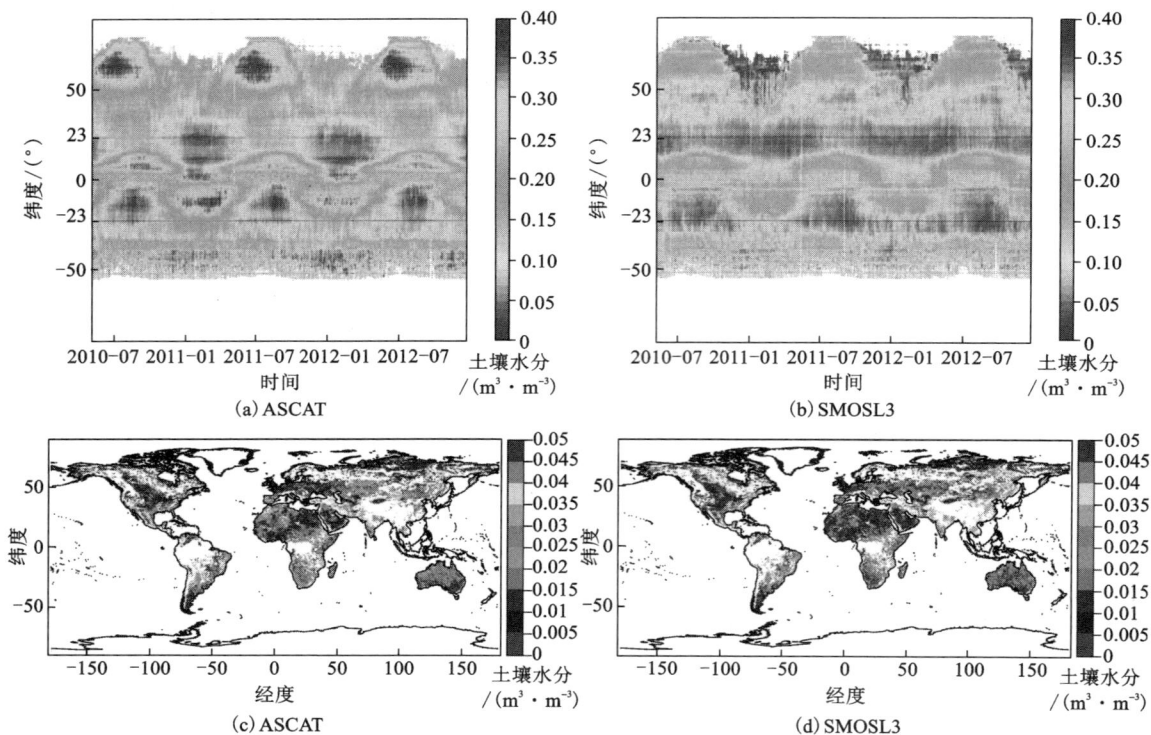

图 4-23 交叉验证

（扫描目录页二维码查看彩图）

4.4.3 典型土壤水分遥感数据产品

在世界各国研究人员的共同努力下,目前已经研发出系列土壤水分遥感数据产品,为全球与区域等不同尺度下的水文过程、农业监测及土壤环境研究提供了丰富的数据来源。各种数据产品的基本介绍如下。

(1)ESA CCI 土壤含水量数据

ESA(European Space Agency)CCI(Climate Change Initiative)遥感土壤水分数据,是基于主动和被动微波传感器生产的包含主动数据集、被动数据集和融合数据集的长时间序列(1979—2019 年)、多卫星融合的土壤湿度卫星数据产品。空间分辨率为 $0.25°$,时间分辨率为 1 天,精度大于 $0.05\ \mathrm{m^3/m^3}$。下载地址:https://www.esa-soilmoisture-cci.org/。

(2)SMOS 土壤水分数据

SMOS(The Soil Moisture and Ocean Salinity)卫星是欧洲空间局发射的一颗以探测地球土壤水含量及海表盐度为目标的卫星,卫星所搭载的唯一载荷为微波成像综合孔径辐射计(Microwave Imaging Radiometerusing Aperture Synthesis,MIRAS)。空间分辨率为 25 km,时间分辨率为 1~3 天,精度大于 $0.04\ \mathrm{m^3/m^3}$。下载地址:http://www.catds.fr/Products/Products-access。

(3)AMSR2 土壤水分数据

GCOM-W1 平台上的 AMSR2 传感器于 2012 年 5 月发射,是日本宇宙航空研究开发机构(JAXA)与 NASA 合作开发的 1 种无源微波遥感仪器。虽然技术创新很少,但由于校准的改进,准确性更好,空间分辨率为 $0.25°$,时间分辨率为 1 天,精度大于 $0.223\ \mathrm{m^3/m^3}$。下载地址:G-PortalTophttps://gportal.jaxa.jp/gpr/search?tab=1。

(4)SMAP 土壤水分数据

SMAP 卫星于 2015 年 1 月成功发射,主要任务是获取高精度的土壤水分数据信息。该卫星具有近极地太阳同步轨道,可在 3 km、9 km 和 36 km 处提供不同分辨率的土壤水分数据,空间分辨率为 36 km,时间分辨率为 1 天,精度大于 $0.036\ \mathrm{m^3/m^3}$。下载地址:https://search.earthdata.nasa.gov/search。

4.5 土壤污染遥感

4.5.1 土壤污染定义与类型

(1)土壤污染定义

土壤污染是指人类活动所产生的污染物质通过各种途径进入土壤,其数量超过土壤的容纳和同化能力而使土壤的性质、组成性状等发生变化,导致土壤自然功能失调、土壤质量恶化的现象。土壤污染物质的来源极为广泛,主要有工业废水、城市生活污水和固体废物、农药与化肥、牲畜排泄物、生物残体,以及大气沉降物等。

(2)土壤污染类型

按照土壤污染源和污染物进入土壤的途径,土壤污染可分为以下 5 种类型:

1)大气污染型

大气污染型是大气污染物通过干、湿沉降过程污染土壤。如大气气溶胶的重金属、放射性元素、酸性物质等对土壤的污染作用。其特点是污染土壤以大气污染源为中心，呈扇形、椭圆形或条带状分布。长轴沿主风向伸长，其污染面积和扩散距离取决于污染物的性质、排放量和排放形式。大气型土壤污染物主要集中于土壤表层。

2）水质污染型

水质污染型主要是工业废水、城市生活污水和受污染的地表水经由灌溉而造成的土壤污染。此类污染约占土壤污染面积的80%，其特点是污染物集中于土壤表层，但随着时间的延长，某些可溶性污染物可由表层渐次向心土层、底土层扩展，甚至通过渗透到达地下潜水层。污染土壤一般沿河流、灌溉干、支渠呈树枝状或片状分布。

3）固体废物污染型

固体废物包括工矿业废弃物（矿渣、煤矸石、粉煤灰等）、城市生活垃圾、污泥等。固体废物的堆积、掩埋、处理不仅直接占用大量耕地，而且通过大气迁移、扩散、沉降或降水淋溶、地表径流等污染周围地区的土壤。该类型属点源型土壤污染，污染物的种类和性质都较复杂，且随着工业化和城市化的发展，有日渐扩大之势。

4）农业污染型

农业污染型是指由于农业生产需要，在化肥、农药、垃圾堆肥和污泥长期施用过程中造成的土壤污染。主要污染物为化学农药、重金属，以及N、P富营养化污染物等。农业污染属于面污染，污染物集中于耕作表层。

5）综合污染型

土壤污染往往是多污染源和污染途径同时造成的，即某地区的土壤污染可能受大气、水体、农药、化肥和污泥施用的综合影响所致，其中以某一种或某两种污染源污染影响为主。

4.5.2 土壤N、P元素污染遥感

（1）原理

土壤N、P元素污染遥感的原理是基于不同N、P含量下土壤的反射率不同，如图4-24所示，利用其敏感波段建立反演模型，最终实现土壤N、P元素的反演。

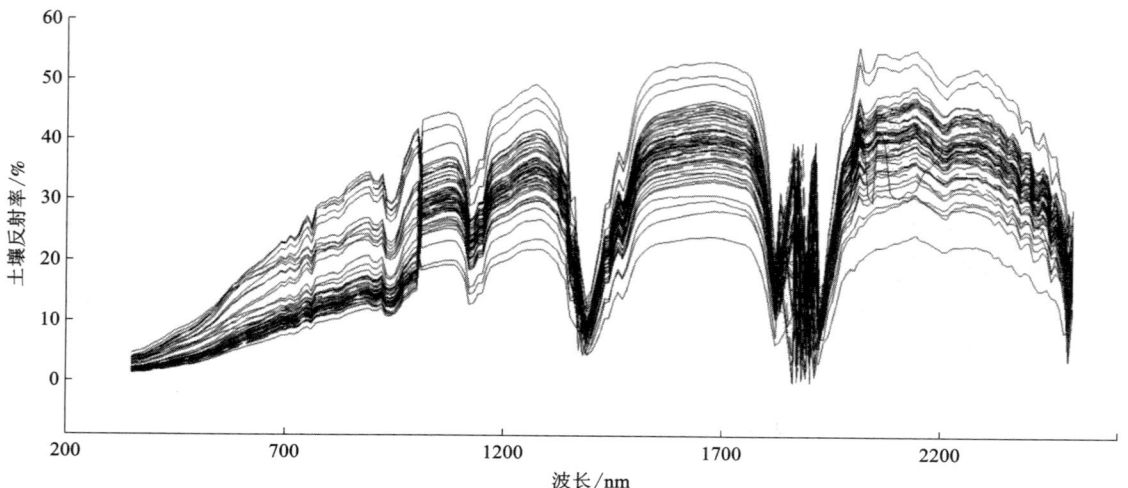

图4-24 不同N、P含量下土壤的光谱曲线

（2）方法

典型的 N、P 遥感反演方法以经验模型为主，包括偏最小二乘回归和 BP 神经网络。具体来说：

1）偏最小二乘回归

偏最小二乘回归（partial least squares regression，PLSR）是由欧洲计量学家 Herman Wold 等人首次提出的一种新型统计分析方法，主要用于多因变量对多自变量的回归建模，特别适于处理各变量内部高度线性相关的数据。基本思想为假设样本数量为 n，因变量为 y，构成自变量数据集 $X = [x_1, x_2, \cdots, x_m]_{n \times k}$ 和 $y = [y]_{n \times 1}$。从 X 中提取的 m 个成分 $f_1, f_2, \cdots, f_m$ 是 $x_1, x_2, \cdots, x_m$ 的线性组合，力求使 f_1 最大限度地包含 X 中的信息，并且与因变量 y 具有最强的相关关系。如此，f_1 不但可以解释 X 的大部分信息，也能很好地解释因变量 y。当确定第一个主成分 f_1 后，对 f_1 做关于 y 的回归分析，若回归方程达到预期精度，则停止运算；否则，利用 X 被 f_1 解释后的剩余信息，以及 y 被 f_1 解释后的剩余信息继续进行回归分析，直到回归方程达到预期精度为止。

PLSR 集合了主成分分析、典型相关分析和多元线性回归分析 3 种分析方法的优点，不仅能提取出反映数据变异的最大信息，还可以得到一个"响应"矩阵，避免数据非正态分布、因子结构不确定性和模型不能识别等潜在问题。同时，具有简化高光谱数据结构的特点，改善了高光谱数据信息冗杂的问题，此外，还能解决多元逐步回归无法解决的光谱波段多重相关性问题。

2）BP 神经网络

BP 神经网络是一种按误差反向传播（简称误差反传）训练的多层前馈网络，其算法称为 BP 算法，BP 神经网络由大量神经元构成，即输入层、输出层和隐藏层，其结构的关键并非神经元，而是神经元之间的连接线，每条连接线通过训练被赋予不同的权值。它的基本思想是梯度下降法，即利用梯度搜索技术，使网络的实际输出值和期望输出值的误差均方差最小。

基本 BP 算法包括信号的前向传播和误差的反向传播两个过程，即计算误差输出时按从输入到输出的方向进行，而调整权值和阈值则按从输出到输入的方向进行。正向传播时，输入信号通过隐含层作用于输出节点，经过非线性变换，产生输出信号，若实际输出与期望输出不相符，则转入误差的反向传播过程。误差反向传播是将输出误差通过隐含层向输入层逐层反传，并将误差分摊给各层所有单元，以从各层获得的误差信号作为调整各单元权值的依据。通过调整输入节点与隐含层节点的连接强度，以及隐含层节点与输出节点的连接强度和阈值，使误差沿梯度方向下降，经过反复学习训练，确定与最小误差相对应的网络参数（权值和阈值），训练即告停止。此时经过训练的神经网络能对类似样本的输入信息，自行处理并输出误差最小的经过非线性转换的信息。

BP 神经网络无论在网络理论还是在性能方面均已比较成熟。其突出优点是具有很强的非线性映射能力和柔性的网络结构。网络的中间层数、各层的神经元个数可根据具体情况任意设定，并且随着结构的差异其性能也有所不同。

（3）典型案例分析

目前，用遥感技术反演土壤 N、P 元素是最合适的方法，下面以 Hyperion 遥感数据为例反演土壤 N、P 元素。

1) 研究区概况

以一景 Hyperion 高光谱遥感影像覆盖区域为研究区(图 4-25),遥感影像地理位置在福建省三明市中部,囊括三明市沙县至永安部分地区,遥感影像幅宽 7.7 km,长 42 km,经纬度范围为 25°38′44.05″N—26°39′24.43″N, 117°20′22.09″E—117°38′58.85″E。

2) 卫星遥感数据预处理

卫星在太空拍摄获取地球资源影像数据的过程中,受到了随机噪声、大气与地物反射、发射电磁波的干扰及地形起伏产生投影差等因素影响,对遥感数据进行几何校正、辐射校正、拼接、裁剪出研究区是图像用于研究工作的重要预处理环节。

图 4-25　Hyperion 遥感影像

3) 土壤 N、P 元素样点数据预处理

土壤 N、P 元素样点数据预处理包括基础资料收集与土壤调查样点数据处理两部分。

4) 土壤 N、P 元素反演模型的建立

通过筛选土壤调查样点在遥感影像中的地物覆盖类型,对筛选结果为裸露土壤与植被覆盖分类的结果分别构建土壤 N、P 元素反演模型。提取调查样点所在像元的光谱信息,并对光谱进行处理,采用一元线性回归分析和逐步回归分析方法建立基于全波段和显著波段的土壤 N、P 元素含量的估算模型。具体如下:

①样本采集

采用支持向量机方法对遥感影像进行分类处理,然后在剔除影像上受云层、阴影、水体、居民区及较复杂地物影响的基础上与土壤调查样点进行叠加提取,选出提取结果为裸露土壤像元和植被像元的土壤调查样点。

②光谱变换

对 Hyperion 高光谱原始反射率进行一阶导数变换的指数计算,从中寻找对土壤属性含量敏感的光谱指标。

③敏感波段提取

为了比较不同土壤属性的光谱响应能力,将土壤 N、P 元素的含量与 Hyperion 影像 350~2500 nm 光谱范围的反射率数据及光谱变换形式逐波段地进行相关分析。将相关分析中相关性高、相关水平达极显著的波段或指数确定为土壤 N、P 元素的敏感波段,并建立土壤 N、P 元素的反演模型。

④模型建立与检验

将所选取的敏感波段作为自变量,与土壤 N、P 元素含量分别进行一元线性回归方程和多元逐步回归方程的拟合,利用建模样点数据建立回归方程后,采用验证样点对模型的精度进行检验。模型的拟合优度指标采用决定系数 R^2 和均方根误差 RMSE。

5) 模型反演

对土壤像元中土壤调查样点的有效磷含量与 Hyperion 高光谱的原始反射率、反射率的一阶导数逐一进行皮尔森相关分析,最后采用一元线性回归分析和逐步回归分析相结合的方法估算土壤 N、P 元素的含量。

　　如图 4-26 所示，利用反射率的一阶导数进行有效磷含量的反演，其验证指标分别为 $R^2 = 0.783$，RMSE $= 9.04$。说明利用 Hyperion 高光谱遥感影像的反射率一阶导数构建的逐步回归模型，可以用于预测裸露土壤的有效磷含量，但土壤有效磷含量水平高时误差较大，运用时应当注意这方面的不足。

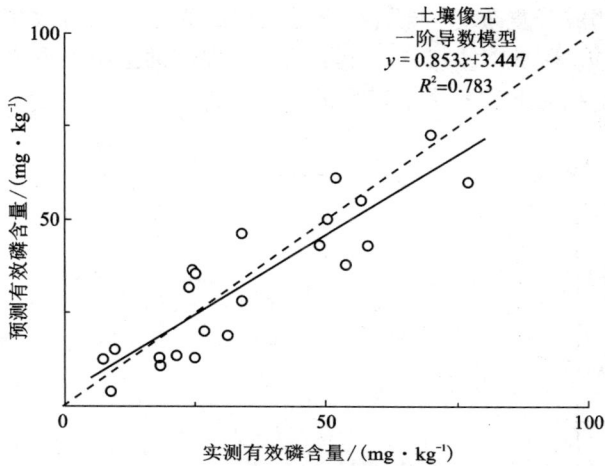

图 4-26 有效磷含量反演模型精度检验

　　如图 4-27 所示，利用反射率的一阶导数进行碱解氮含量的反演，其验证指标分别为：$R^2 = 0.538$，RMSE $= 30.65$；模型的精度较低，说明利用 Hyperion 高光谱遥感影像预测裸露土壤的碱解氮含量与实际碱解氮含量存在较大的误差；而在植被覆盖条件下，不能采用 Hyperion 高光谱预测土壤的碱解氮含量。在运用中应当考虑这一缺陷，有选择地应用该模型。

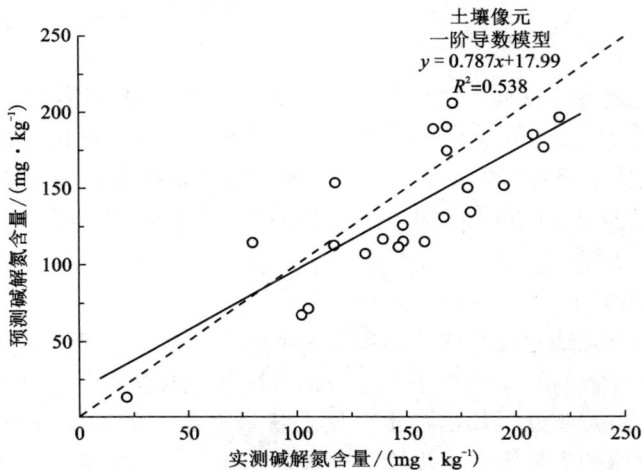

图 4-27 碱解氮含量反演模型精度检验

4.5.3　土壤重金属遥感

（1）原理

土壤重金属遥感反演是根据样品的化学组分含量和样品的实测光谱（图4-28）建立模型来反演和预测未知区域的化学组分含量。具体来说，主要是观察土壤光谱曲线中有无突出的峰值或谷值，但土壤的成分复杂，不同的物质对土壤的光谱响应程度也不同，有些物质在土壤光谱中无法明显响应，因此对土壤进行定量反演时要借助土壤中重金属和土壤的反射光谱之间的相关性，筛选出相应的波段进来建立模型。

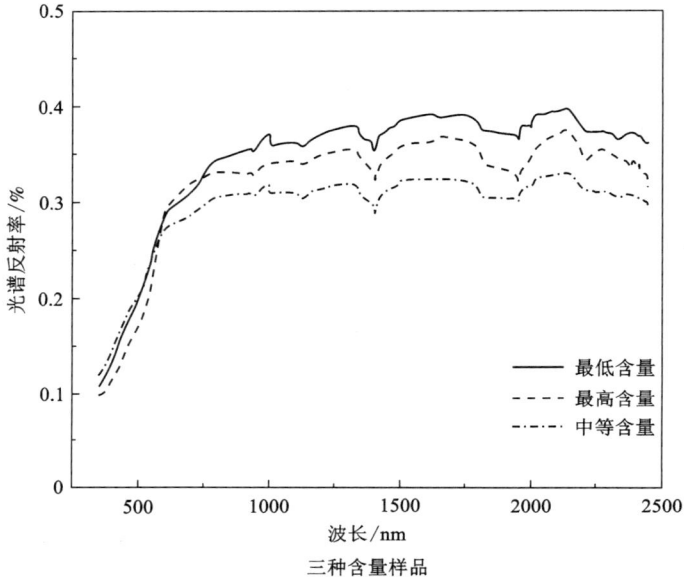

图4-28　不同重金属含量下的土壤高光谱曲线

（2）方法

典型的土壤重金属遥感反演方法以经验模型为主，较为常见的建模方法有单变量回归、多元线性回归、主成分回归、偏最小二乘回归等。近年来，随着科技大数据的发展，新的建模方法也层出不穷，主要有神经网络、支持向量机、随机森林等。多元线性逐步回归和随机森林能够有效解决自变量之间的多重相关性，从而建立回归模型，是土壤重金属含量遥感反演中应用最广的经验模型。

1）多元线性逐步回归

多元线性逐步回归是通过逐步筛选出参与模型建立的最佳光谱变量从而进行多元线性回归的方法，适合多因素影响的变量建模，可根据各因素间相关程度的高低，优化回归效果。具体来说，首先通过相关性分析找出与重金属含量显著相关的光谱波段作为建模的光谱变量，然后根据 F 统计量的显著水平逐步筛选进入多元线性回归的变量，将决定系数 R^2 最大、均方根误差 RMSE 最小的回归模型确定为重金属元素反演的最佳模型。其回归方程为：

$$y = \beta_0 + \beta_1 x_1 + \beta_2 x_2 + \cdots + \beta_k x_k + \varepsilon \tag{4-28}$$

式中，y 为因变量，x 为自变量，$\beta_i(i=0,1,2,\cdots,k)$ 为回归系数，ε 为随机误差，k 为自变量的数量。

2）随机森林

随机森林（random forest，RF）是由 Breiman 等人提出的一种基于决策树的集成学习算法，通过 Bootstrap 取样法从 n 个训练样本中有放回地随机选取 n 个样本得到 m 个子集，并对每个子集单独训练一棵决策树，将 m 棵决策树预测结果的平均值作为随机森林回归模型的输出，具体算法原理如图 4-29 所示。

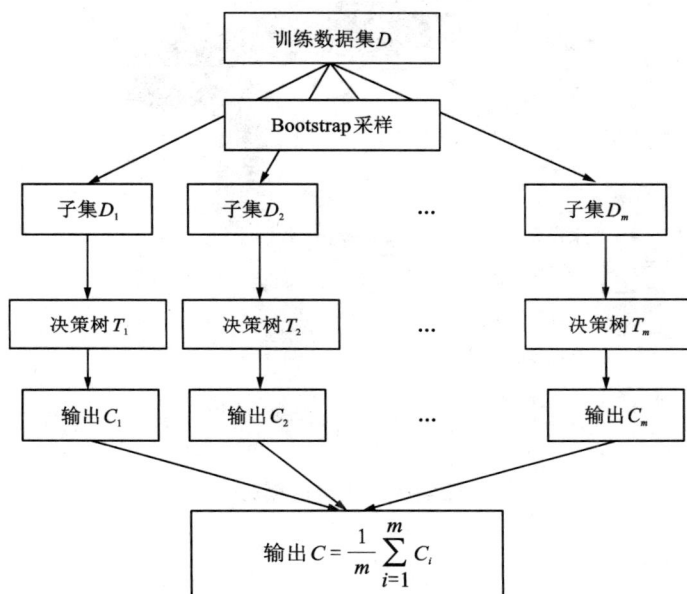

图 4-29 随机森林回归模型算法原理

随机森林回归模型以每种重金属元素选取的建模因子作为输入变量，以其真实的含量值作为输出。在建立模型的过程中需要确定两个关键参数：决策树数量和决策树特征数量，试验中通过网格搜索和交叉验证确定上述参数的取值。将平均绝对百分误差（MAPE）和相对分析误差（RPD）作为判断依据，模型输出的 MAPE 均值最小，RPD 均值最大时，为最佳参数。

（3）典型案例分析

以石家庄市滹沱河中游的平山县和井陉县为例，采用多元线性逐步回归模型反演土壤重金属砷。

1）研究区概况

研究区位于石家庄市滹沱河中游的平山县和井陉县境内，主体（一级保护区）包括滹沱河干流、黄壁庄水库和岗南水库及其支流，主体外设有二级和三级保护区（图 4-30）。总体地势由西北向东南逐渐降低，地势差距较大。由于样本采集区域开发较早，人地矛盾突出，矿产的开采造成了土壤重金属污染问题，对研究区现有生态安全造成一定的负面影响。

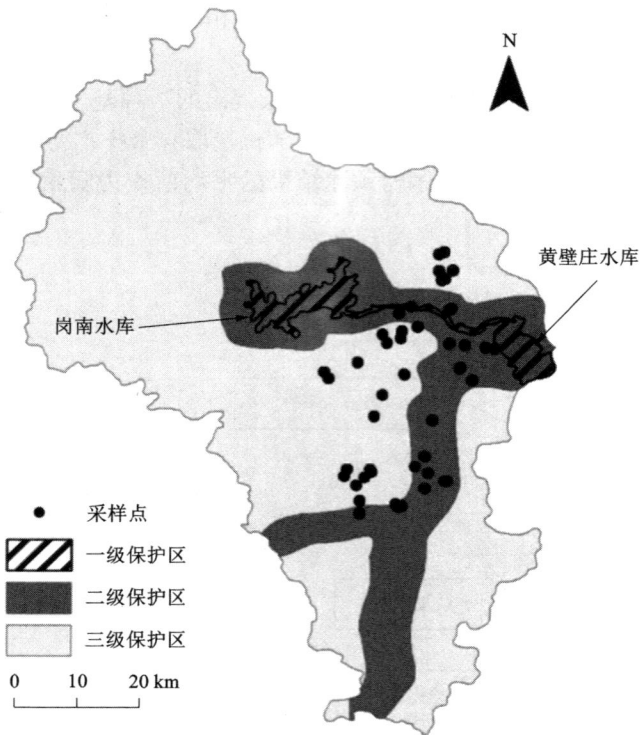

图 4-30 研究区概况

2）样本采集

基于研究区地形和土壤空间分布不均匀的特性，依据研究区内主要采矿点和冶炼企业的分布，按照地表径流路径设置三条样带，采集土壤样本 48 个，采集深度为 0~20 cm，同时使用 GPS 定位，采样点位置如图 4-30 所示。采集的所有土壤样本带回室内，经风干、研磨、过100 目筛，变成粉状土，然后将每份样本一分为二，分别进行土壤基本理化性质和高光谱数据的测定。

3）光谱测定

采用 FieldSpec Pro 便携式光谱仪测定土壤光谱反射率，波段范围为 350~2500 nm，采样间隔为 1.4 nm（350~1000 nm 波段）和 2 nm（1000~2500 nm 波段），重采样间隔为 1 nm。

4）光谱数据预处理

为消除仪器信噪比、样本风干和杂散光等因素的影响，采用 Savitzky-Golay7 点平滑，去除噪声较大的异常波段，保留 1640 个波段用于后续建模研究。

5）模型建立与检验

随机将 48 个样本分为两部分，其中 32 个用来建立模型，16 个用来验证模型。采用相关系数 r、均方根误差（root mean square error，RMSE）和统计值 F 来衡量建模效果。F 和 r 越大，RMSE 越小，建模样本和验证样本的散点分布越靠近 1:1 趋势线，建模效果越好，由此确定最佳回归模型。

如图 4-31(a)所示,建模样本 r 超过 0.8,基本分布在 1∶1 趋势线两侧,说明该模型对建模数据具有良好的解释能力。而验证样本数据分布相较于建模样本距离 1∶1 趋势线存在较大偏离,说明模型预测效果不如建模效果,模型稳定度需要进一步探究。

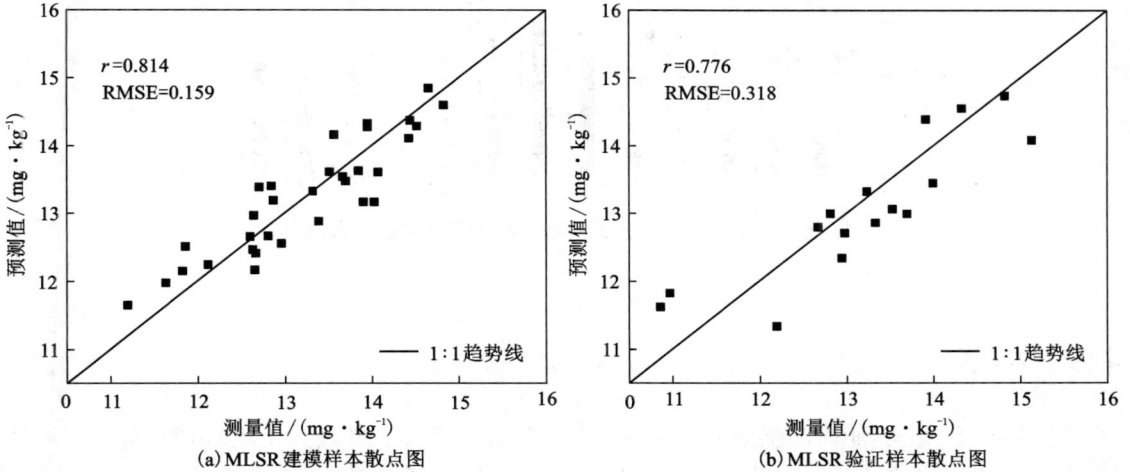

(a)MLSR建模样本散点图   (b)MLSR验证样本散点图

图 4-31   MLSR 模型建模样本和验证样本散点图

4.5.4   典型土壤污染遥感数据产品

(1)全球土壤侵蚀数据集(global soil erosion)

由欧洲土壤数据中心(ESDAC)发布的全球土壤侵蚀数据集提供了 2012 年和 2001 年的土壤侵蚀相关数据。该数据使用修正的通用土壤流失方程(RUSLE)计算土壤侵蚀量。空间分辨率为 25 km,时间分辨率为 1 年,下载地址:https://esdac.jrc.ec.europa.eu/content/global-soil-erosion。

(2)1995—2011 年 CERN 土壤环境元素含量数据集

本数据集的土壤环境状况数据来自 1995—2011 年 CERN 生态站(简称"台站")典型长期监测样地(简称"样地")表层土壤的铁、锰、铜、锌、硼、钼、镉、铬、铅、镍、汞、砷、硒含量监测数据。CERN 土壤监测以样地为单位开展,为了保证数据的空间代表性,各项指标在每次监测中都设置 3~6 个重复采样,每个重复采样又是来自 10~20 个采样点的混合土壤样品。为了使用方便,将重复采样数据经校验审核后取平均值。为了保证数据的完整性,提取相应样地所在台站信息、样地背景信息、农田样地管理信息。为了体现数据的准确度和精密度,提取各监测项目的分析方法记录和标准样品质控数据。提取的数据来自 CERN 土壤长期监测数据的 96 个字段,并新增 7 个字段,按类别共生成 6 张表,分别命名为中国土壤环境元素含量、台站信息、样地信息、农田样地管理记录、分析方法记录、标准样品质控记录。数据集平均准确率为 97.7%,精度为 3.36%~13.15%。下载网址:http://www.sciencedb.cn/dataSet/handle/296。数据集示意图如图 4-32 所示。

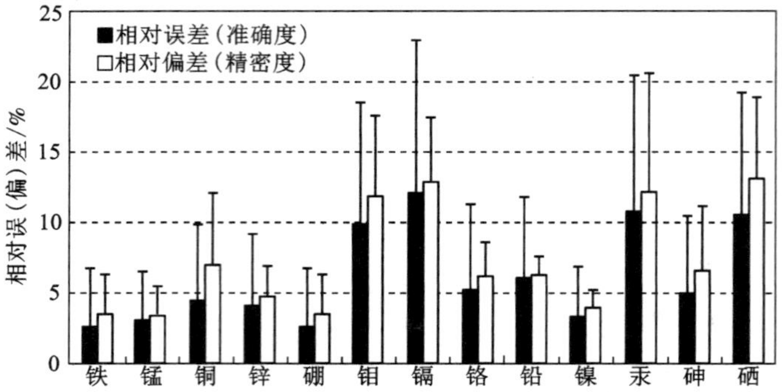

图 4-32 CERN 土壤环境元素含量数据集示意图

4.6 小结

本章介绍了土壤环境遥感方面的内容，主要分为五部分，分别为土壤环境概述、土壤环境遥感原理、土壤遥感分类、土壤干旱遥感和土壤污染遥感。其中，前两节系统讲述了土壤环境的基本情况以及遥感技术在土壤环境中的原理与运用，包括土壤环境定义、土壤环境与土壤污染、土壤环境遥感基本原理和土壤环境遥感典型算法等；后三节主要介绍了遥感技术在土壤类型分类、土壤水分含量和土壤污染反演中的原理及应用，包括土壤类型遥感分类、土壤水分遥感、土壤 N、P 元素污染遥感和土壤重金属遥感等。

第 5 章　大气环境遥感

本章在介绍大气环境问题的基础上，阐述大气环境遥感监测的基本原理，进而从大气要素、大气污染两个方面，论述大气环境监测的主要方法，为系统理解大气环境遥感监测相关问题奠定基础。

5.1　大气环境概述

5.1.1　大气环境定义

大气环境是指地球表层空气的物理、化学和生物学特性。其中，物理特性指的是由太阳辐射这一原动力引起的特性，主要包括空气的温度、湿度、风速、气压和降水等。化学特性是指空气的化学组成，比如，大气对流层中氮、氧、氩 3 种气体体积占 99.96%，二氧化碳体积约占 0.03%，还有一些微量杂质及含量变化较大的水汽。人类生活或工农业生产排出的氨、二氧化硫、一氧化碳、氮化物与氟化物等有害气体可改变原有空气的组成，并导致空气污染，造成全球气候变化，破坏生态平衡。

5.1.2　大气圈结构与组成

大气圈又称大气层，是一层因重力作用而围绕着地球的混合气体，是地球最外部的气体圈层，包围着海洋及陆地，厚度在 1000 km 以上。

(1)大气组成

地球大气组成包括三个部分，分别是干洁空气、水汽和杂质(气溶胶粒子)。干洁空气的主要成分是 N_2、O_2、Ar，占干洁空气体积的 99.97%；次要成分为 CO_2、O_3、CO、CH_4、H_2S、SO_x 等。大气中的水汽主要来自水面的蒸发、植物的蒸腾，主要集中分布在地表 3 km 高度以内。气溶胶等杂质主要包括大气中悬浮着的各种固体杂质和液体微粒，集中分布于大气层底部。

干洁空气的组成较稳定(表 5-1)，氮气占干洁空气的体积比例最大，约为 78.03%；其次是氧气，约占干洁空气体积的 20.94%；而其他气体成分仅占 1.03%(包括 0.93% 的惰性气体和 0.10% 的其他气体)。水汽和杂质属于可变成分，其含量受地区、气象、季节，以及人类生产生活活动影响而变化。

表 5-1　干洁空气的组成

组分	体积分数/%
氮气	78.03
氧气	20.94
惰性气体	0.93
其他气体	0.10

（2）大气层结构

大气圈自大气层顶至地球表面，垂直延伸上千公里，具有典型的分层结构。随着距离地面高度的不同，大气层的物理及化学性质存在很大变化。根据气温垂直变化特点及大气运动方式，可以将大气圈自下而上分为对流层、平流层、中间层、热成层和散逸层（图 5-1）。

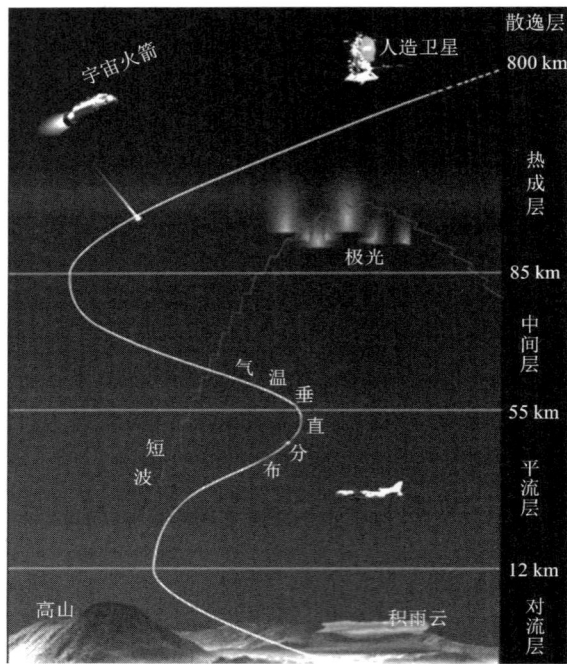

图 5-1　地球大气层结构

对流层是大气圈中最靠近地面的圈层，平均厚度约 12 km，对人类生活的影响最大，与人类关系最密切。对流层集中了占大气总质量 75% 的空气和几乎全部的水蒸气，是天气变化最复杂的一层。该层的显著特点是气温随着高度的增加而降低，主要是空气吸收地面反射的能量所致。此外近地表空气受地面热辐射影响后温度升高，与高空冷空气形成强烈的垂直对流。

平流层位于对流层之上，其上界伸展至地表以上约 55 km 处。在平流层的上层，即距地表 30~35 km 以上，温度随高度升高而升高。距地表 30~35 km 以下，温度随高度的增加变化不大,气温趋于稳定,因而又称同温层。平流层空气气流以水平运动为主,垂直方向上运动较弱,因此气流平稳,几乎没有上下对流。在高 15~35 km 处有厚约 20 km 的臭氧层,其分布有季节性变化。臭氧层能吸收太阳的短波紫外线和宇宙射线,使地球上的生物免受这些射线的危害。

从平流层顶至地表以上 85 km 的高度范围称为中间层。该层主要含有一些由光化学作用产生的氧化物(主要成分有臭氧、氧、二氧化碳和氮)。由于该层没有臭氧吸收太阳紫外线,气温随高度的增加而迅速降低,因此,该层存在明显的空气垂直对流运动。

热成层位于地表以上 85~800 km 高度。该层的气体在宇宙射线作用下处于电离状态。电离后的氧离子能强烈吸收太阳的短波辐射,使空气迅速升温,因而该层的气温随高度的增加而增加。该层能反射无线电波,对于无线电通信有重要意义。

离地球地表 800 km 以上的区域统称为散逸层,也称为外层大气。该层大气稀薄、气温高、分子运动速度快,地球对气体分子的吸引力小,因此气体及微粒可飞出地球引力场进入太空。

5.1.3　大气物化性质

(1)大气的物理特性

大气的物理特性主要包括空气的温度、湿度、风速、气压和降水,这些特性均由太阳辐射这一原动力引起。了解大气上述物理特性是理解全球与区域气候变化的重要基础。

大气温度是表示大气冷热程度的物理量,简称气温,它是空气分子运动的平均动能。习惯上以摄氏温标(℃)表示,也有用华氏温标(F)表示,理论研究工作中常用绝对温标(K)表示。气温的高低和升降变化,实质上是大气中内能的多少和增多、减少的表现。就某一确定地点而言,空气中内能增减的变化有三种途径:一是与外界热量交换;二是运动气块的绝热变化;三是冷暖空气的水平移动。由于影响气温升降变化的因子具有时间和空间的变化,因而气温也随时间和空间变化。气温的时间变化主要表现为周期性的季节变化和昼夜变化,且高、中、低纬度变化的形式有所不同。气温空间变化包括水平和垂直方向的变化。在水平方向上,气温受纬度、海拔高度和海陆分布三个因素的影响,呈现显著的空间差异性特征。在垂直方向上,由于大气升温主要来自大气对地表长波辐射的吸收,因而气温通常随高度升高而降低。然而,大气中的热量交换非常复杂,有时在大气的某些层次可能出现气温随高度升高没有变化(称等温),甚至出现气温随高度而递增的现象(称逆温)。等温和逆温在大气中存留的时间虽然短暂,但对大气中对流运动的发展和云雾生消关系甚大。

大气湿度是指空气中的水汽含量或潮湿程度,即当时大气中水汽含量距离大气饱和的程度,一般用相对湿度百分比来表示。在一定气温下,大气中相对湿度越小,水汽蒸发越快;反之,大气中相对湿度越大,水汽蒸发越慢。在人们实际生活中,冬、春季会感到空气干燥,夏季出现天气闷热的现象,这些都是大气中湿度的变化在起作用。

空气的水平运动称为风。风是地球上的一种空气流动现象,一般是由太阳热辐射引起的。太阳光照射在地球表面上,使地表温度升高,地表的空气受热膨胀变轻而往上升。热空气上升后,低温冷空气横向流入,上升的空气因逐渐冷却变重而降落,由于地表温度较高又会加热空气使之上升,从而形成风。风速是指空气相对于地球某一固定地点的运动速率,常用单位 m/s(1 m/s = 3.6 km/h)进行量化表征。风速是风力等级划分的依据。一般而言,风速越大,风力等级越高。

气压是指作用在单位面积上的大气压力，在数值上等于单位面积上向上延伸到大气上界的垂直空气柱所受到的重力[单位为帕斯卡(Pa)]。气压大小与海拔高度、大气温度、大气密度等有关，一般随高度升高按指数规律递减。此外，气压具有显著的时间变化。在年尺度上，冬季比夏季气压高。而在日尺度上，气压最高值和最低值通常出现在9—10时和15—16时，还有一个次高值和一个次低值，分别出现在21—22时和3—4时。气压日变化幅度较小，一般为0.1~0.4 kPa，并随纬度增高而减小。

降水是指空气中的水汽冷凝并降落到地表的现象，包括大气中水汽直接在地面或地物表面及低空的凝结物(如霜、露、雾和雾凇)，以及由空中降落到地面上的水汽凝结物(如降雨、雪、霰雹和雨凇等)。其中，降雨是大多数区域水分的主要来源，根据其形成机制，又可分为锋面雨、对流雨、地形雨、气旋雨。水汽在上升过程中，因周围气压逐渐降低，体积膨胀、温度降低而逐渐变为细小的水滴或冰晶飘浮在空中，最终形成云。云滴在凝结核等因素作用下不断增大到能克服空气的阻力和上升气流的顶托，且在降落时没有蒸发掉便可形成降雨。

(2)大气的化学特性

大气的化学特性主要指空气的化学组成，大气对流层中氮气、氧气、氢气3种气体体积占99.96%，二氧化碳体积约占0.03%，还有一些微量杂质及含量变化较大的水汽。

氮气(N_2)是氮的单质形式，是地球大气中所占比例最高的气体。氮气是一种典型的惰性气体(不可燃亦不可助燃)，化学性质稳定，不像其他气体太活跃容易破坏生物结构，氮气在大气中起到阻挡太空粒子及陨石冲击的作用，因而对于地球生命具有重要的保护作用。氮气分子质量与氧气接近，因而不会使氧气被排到太高的空中或太过聚集于地球表面。同时，其温室效应不明显，不会引起地球升温。因此给生物提供了一个适合生长和进化的稳定环境。

氧气(O_2)是氧元素最常见的单质形态，是包括人类在内的绝大多数地球生命赖以生存的重要基础。大气层中氧气的出现源于两种作用，一种是非生物参与的水的光解，另一种是生物参与的光合作用。生物的光合作用对大气层的影响巨大，造成了大气层由还原氛围向氧化氛围的转变，加速了大气层氧气的积累，深刻地改变了地球物种的代谢与演化方式。

二氧化碳(CO_2)是一种碳氧化合物，是空气中常见的化合物，常压下具有无色、无味、不助燃和不可燃等特性。二氧化碳是大气组成的一部分(约占大气总体积的0.03%)，虽然其比重较小，但由于其强烈的温室效应，对地球气候变化及生态系统具有十分重要的影响。大气中的CO_2主要由以下几种方式产生(图5-2)：①有机物(包括动植物)分解、发酵、腐烂、变质的过程中产生；②石油、石蜡、煤炭、天然气等生产与燃烧过程中产生；③粪便、腐殖酸在发酵、熟化过程中产生；④所有动物的呼吸过程中产生。自工业革命以来，人类活动排放了大量的二氧化碳等温室气体，使得大气中温室气体的浓度急剧升高，温室效应日益增强，导致全球变暖呈现不断加剧的趋势，对人类生存与发展带来严峻挑战。

大气水汽约占全球水量的0.001%，是构成全球水循环的基本组成部分。大气中的水汽来源于下垫面，包括水面、潮湿物体表面、植物叶面的蒸发。水汽含量在大气中变化很大，是引起天气变化的主要因素，云、雾、雨、雪、霜、露等都是水汽的各种形态。水汽能强烈地吸收地表发出的长波辐射，也能放出长波辐射，水汽的蒸发和凝结又能吸收和放出潜热，进而直接影响地面和空气的温度，以及大气运动和变化。

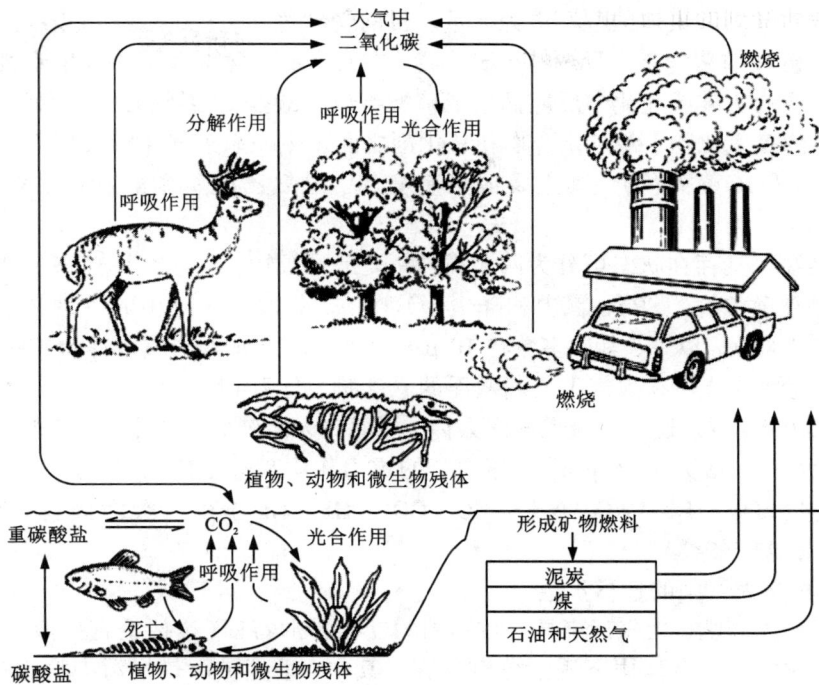

图 5-2　自然界中碳循环示意图

5.1.4　大气污染

大气污染是指人类活动或自然过程引起某些物质介入大气中，呈现出足够的浓度且达到了足够的时间，并因此危害人体的舒适、健康和福利或危害环境的现象。

（1）大气污染源的分类

大气污染类型较多，根据来源可将污染源分为天然源和人为源。其中，天然源是指自然界自行向大气环境排放污染物的污染源，如火山、森林大火等；人为源是指人类的生产活动和生活活动所形成的污染源，如化石燃料燃烧、汽车尾气和工业排放等。

按污染源存在形式可将其分为固定污染源和移动污染源。其中，固定污染源是指大气污染物固定的排放源，如工厂、企事业、饮食服务业单位的锅、窑炉以及居民用于生活等的排气筒；移动污染源是位置随时间变化的空气污染源，主要是指排放空气污染物的交通工具，如排放碳氧化物、氮氧化物及黑烟等的汽车、飞机、船舶和机车等。

按污染物排放方式可将污染源分为点源（高架源）、面源、线源。其中，点源（高架源）是指污染物集中于一点或相对较小的范围向外排放的地方，如工厂的烟囱、大型锅炉、窑炉和反应器等；面源是指相当大的面积范围内有许多污染物排放源，如生产中的无组织排放和民用炉灶等；线源是指沿公路或街道行驶的机动车尾气排放的污染物，在一定的距离内呈连续或不连续分布。

按污染物形成方式可将其分为一次污染物和二次污染物。其中一次污染物是指直接从污染源排放的污染物质；二次污染物则是指进入大气的一次污染物之间或一次污染物与正常大气组分发生反应，以及一次污染物在太阳辐射下发生光化学反应而产生的新的污染物，通常比一次污染物对环境和人体的危害更为严重。目前受到普遍重视的二次污染物是硫酸烟雾和光化学烟雾。硫酸烟雾含有大量 SO_2 等硫化物，在有水雾、含重金属的飘尘或氮氧化物存在时，会发生一系列化学或光化学反应而生成硫酸雾或硫酸盐气溶胶；光化学烟雾是在阳光照射下，大气中的氮氧化物、碳氢化合物和氧化剂之间发生一系列光化学反应而生成的蓝色烟雾（有时带些紫色或黄褐色），其主要成分有臭氧、过氧乙酰基硝酸酯（PAN）、酮类和醛类等。

大气污染物按其存在状态可分为两大类：一类是颗粒物，另一类是气态污染物。颗粒物可细分为总悬浮微粒物（TSP）、飘尘和降尘：①TSP 指分散在大气中的各种粒子的总称，粒径绝大多数在 $100~\mu m$ 以下，其中多数在 $10~\mu m$ 以下，是目前大气质量评价中一个通用的重要污染指标；②飘尘指可在大气中长期飘浮的悬浮物，分为 PM_{10}（粒径<$10~\mu m$）和 $PM_{2.5}$（粒径<$2.5~\mu m$），PM_{10} 可以通过呼吸道进入人体，从而对人体健康产生危害，$PM_{2.5}$ 的危害则更严重；③降尘直径一般大于 $30~\mu m$，由于自身的重力作用其会很快沉降下来。气态污染物包括一次污染物（SO_2、H_2S、NO、NH_3、CO、CO_2、HF、HCl）和二次污染物（SO_3、H_2SO_4、NO_2、MNO_3、醛类、酸类）。

（2）污染物在大气中的迁移扩散

受大气运动的影响，大气污染具有较强烈的迁移扩散特征（包括垂直扩散和水平扩散），在大气对流或湍流等混合作用下逐渐分散稀释。其中，垂直扩散是指污染物受热向上扩散；水平扩散则是全球或区域间的污染物输送。大气污染的垂直扩散是通过对流实现的，对流是指大气中的一团空气在热力或动力作用下垂直上升，带动大气污染物产生相应的垂直运动特征。风和湍流是决定污染物在大气中扩散稀释的最直接、最本质的因素。湍流有极强的扩散能力，风速越大，湍流越强，污染物的扩散速度就越快，污染物的浓度也就越低。

此外，地形等地理因素对大气污染扩散也具有较显著影响。如小地形使空气产生湍流，而大地形改变气流方向，从而进一步影响大气污染扩散方式与强度。地理特征引起局地气流变化，从而影响大气污染迁移扩散的典型例子如山谷风、海陆风、城热岛效应等。其中，山谷风是山风和谷风的总称，是以 24 h 为周期的局地环流，由山坡和谷地受热不均引起。山谷风常常使污染物在谷内往返积累达到高浓度。如图 5-3 所示，在白天，太阳先照射到山坡上，使山坡比谷地同高度的大气温度高，形成由谷地吹向山坡的风，称为谷风，而在高空形成由山坡吹向山谷的反谷风，它们同山坡上升气流和谷地下降气流一起形成了山谷风局地环流。在夜间，山坡和山顶比谷地冷却得快，使山坡和山顶的冷空气顺山坡下滑到谷底，形成山风，在高空则形成自山谷向山顶吹的反山风，它们同山坡下降气流和谷地上升气流一起形成了山谷风局地环流。

海陆风是海风和陆风的总称，发生在海陆交界地带，是海陆热力性质差异引起的，以 24 h 为周期（图 5-4）。海陆风使位于海岸线附近的污染物不易散开，当海陆风转换时，原来被陆风带走的污染物还可能被海风带回原地形成重复污染。

城市人口稠密、工业集中、能耗集中、交通繁忙，特别是砖石水泥结构在白天吸收大量的太阳辐射，而夜晚降温较慢，使近地大气温度较周围乡村高得多，形成城市热岛效应。城市热岛效应多出现在无风的夜晚和晴朗平稳的天气下，白天城市污染向农村扩散，晚上则反向流动，造成严重污染。

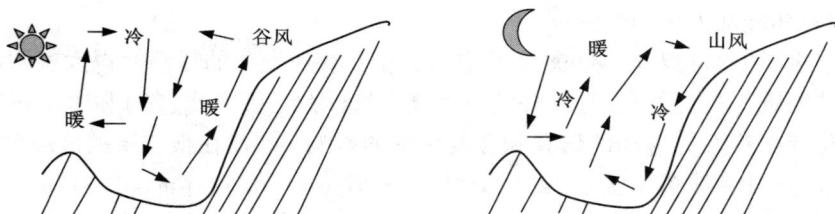

图 5-3　山谷风示意图

图 5-4　海陆风示意图

（3）大气污染监测与防控

大气污染的严峻危害引起了各国政府及学者的高度重视。2018 年 10 月，世界卫生组织在日内瓦举行了首届全球空气污染与健康大会。大会主题是改善空气质量，应对气候变化，拯救人类生命。我国对于大气污染问题也十分重视，先后实施了多项与大气污染相关的行动计划。2007—2015 年，我国实施了国家健康行动计划，该计划建立健全了环境与健康法律法规标准体系，形成了环境与健康监测网络，加强了环境与健康风险预警和突发事件应急处置工作，建立了国家环境与健康信息共享与服务系统。2012 年，重点区域大气污染防治"十二五"规划将"三区十群"作为重点大气污染防治区域。2013 年，大气污染防治行动计划"气十条"公布。2016 年 8 月 19—20 日，全国卫生与健康大会指出建立健全环境与健康监测、调查、风险评估制度。2016 年 10 月 25 日中共中央、国务院印发了《"健康中国 2030"规划纲要》，提到开展环境污染对人群健康影响的评价，探索建立高风险区域重点项目健康风险评估制度。

大气污染监测是开展大气污染治理的前提。传统的监测是定点观测，空间代表性有限。截至 2021 年底，中国已建成空气质量监测站点 1734 个，每 1000 km² 站点数 0.17 个。虽然监测精度较高，但有限的站点依然难以监测具有空间异质性的大气污染状况。基于此，融合卫星观测与地理要素的空气质量遥感制图成为当前大气污染监测的重要方法。

5.2　大气环境遥感原理

5.2.1　大气光谱特征

大气由多种成分组成，包括干洁空气、水汽和杂质（气溶胶粒子）。不同大气成分的光谱特征存在较大差异，掌握不同大气成分的光谱特征对于使用遥感手段准确识别大气成分具有重要意义。下面以大气水汽、气溶胶和云为例说明不同大气成分的光谱特征。

(1)大气水汽

大气水汽主要分布在对流层,复杂的空间分布及快速变化的特性使得大气水汽含量的高精度监测极其困难。在可见光-近红外波段大气水汽(绿)、液态水(红)和冰晶(蓝)衰减系数随波长的变化受水汽水分振动的倍频和合频作用的影响,即使在很狭窄的波段范围,大气水汽也有明显的波峰、波谷,吸收峰主要位于 $0.57\ \mu m$、$0.72\ \mu m$、$0.91\ \mu m$、$0.94\ \mu m$、$0.98\ \mu m$、$1.14\ \mu m$ 等波段。液态水和冰晶的吸收峰位置与大气水汽吸收峰类似,但对电磁波的衰减作用整体上大于大气水汽。热红外、微波水汽辐射与吸收特性主要表现为地球大气的平均发射率为0.83,水汽贡献约占0.63;水汽吸收主要为振动吸收和偏转吸收,无论是红外还是微波吸收谱,都有为数众多的波峰、波谷交替频繁出现的特性。

(2)气溶胶

气溶胶是大气与悬浮在其中的固体和液体微粒共同组成的多相体系,它的粒子直径多为 $0.001\sim10\ \mu m$。气溶胶对气候的影响一方面表现为大气中的气溶胶粒子吸收和散射太阳和地面的长波辐射,从而影响地-气辐射收支;另一方面气溶胶浓度变化会影响云的光学特性和云量,而云的变化又会影响气候。

大气气溶胶粒子的散射特性主要表现为 Rayleigh 散射和 Mie 散射。IAMAP(国际气象及大气物理学会)提出的模型主要对大气气溶胶的散射效率因子及散射相函数特征进行了研究。表5-2是应用 Mie 散射理论,采用简洁方案计算的主要气溶胶粒子对紫外光($\lambda=0.3\ \mu m$)、可见光($\lambda=0.55\ \mu m$)和红外光($\lambda=5.0\ \mu m$ 及 $\lambda=11.0\ \mu m$)的复折射率。

表 5-2　气溶胶粒子的复折射率

$\lambda/\mu m$	沙尘性粒子	可溶性粒子	煤烟	海洋性粒子	火山灰	75%硫酸液滴	水滴
0.3	$(0.008\sim1.53)i$	$(0.009\sim1.53)i$	$(0.47\sim1.74)i$	$(1.395\sim5.8)\times10^{-2}i$	$(0.01\sim1.50)i$	约$1.469\times10^{-8}i$	$(1.349\sim1.6)\times10^{-8}i$
0.55	$(0.008\sim1.53)i$	$(0.006\sim1.53)i$	$(0.44\sim1.75)i$	$(1.381\sim4.3)\times10^{-9}i$	$(0.008\sim1.50)i$	约$1.430\times10^{-8}i$	$(1.333\sim1.96)\times10^{-9}i$
5.0	$(0.016\sim1.25)i$	$(0.012\sim1.45)i$	$(0.60\sim1.97)i$	$(0.00957\sim1.366)i$	$(0.009\sim1.51)i$	$(0.121\sim1.360)i$	$(0.0124i\sim1.325)i$
11.0	$(0.105\sim1.62)i$	$(0.05\sim1.72)i$	$(0.735\sim2.23)i$	$(0.0731\sim1.246)i$	$(0.27\sim2.15)i$	$(0.485\sim1.67)i$	$(0.0968\sim1.153)i$

卫星遥感图像上得到的可见光波段的光谱反射率往往被大气中的气溶胶层所模糊,因为气溶胶对可见光反射率的影响比对短波红外光反射率的影响大得多。在相同天顶角下,大气对可见光的反射率随着大气气溶胶光学厚度的增加而增大。在相同大气气溶胶厚度下,大气的反射率又因入射光波长的不同而不同。

表 5-3　MODIS 气溶胶常用通道的反射特征

$\lambda/\mu m$	最大反射比
0.47	0.96
0.55	0.86
0.659	1.38
0.865	0.92
1.24	0.47
1.64	0.94
2.13	0.75

（3）云

光学遥感影像中往往包含大量云覆盖像素，尤其是热带雨林区域，很难获取完全无云的遥感影像。因此，云的精确识别对于光学遥感应用具有重要研究价值。目前，光学遥感影像云检测的主要原理是基于云的纹理、光谱辐射或反射特征，建立相应云检测规则。云在各个波段对太阳光的散射较为均匀，因此云在可见光、近红外波段具有较高反射率。在可见光范围内云的反射率接近 1，在近红外、中红外波段范围内云的反射率随着波长的增加而缓慢下降。在 0.936 μm 波段附近，受水汽影响云的反射特征为吸收谷。

5.2.2　大气环境遥感基本原理

（1）大气电磁波辐射传输过程

大气环境遥感的物理基础是地球-大气层的大气辐射传输（图 5-5）。太阳辐射进入地球之前必须通过大气层，大气对太阳辐射具有散射、吸收和透射等作用，使得太阳辐射到达地面的能量不断衰减。其中，约有 30% 被云层和其他大气成分反射回宇宙空间，约有 17% 被大气吸收，约有 22% 被大气散射，到达地面的能量仅占入射总能量的 31%，比例很小。

大气散射按照波长和散射元尺寸的关系可以分为瑞利散射、米氏散射、无选择性散射三种类型（图 5-6）。大气粒子直径远小于电磁波波长时将产生瑞利散射，散射强度与波长的四次方成反比，波长越短，散射越强，且前向散射与后向散射强度相同。大气粒子直径与电磁波波长接近时产生米氏散射，散射强度与波长的二次方成反比，且前向散射大于后向散射。由于大气层 0~5 km 处大气悬浮颗粒最多，故米氏散射在此层表现最为明显。大气粒子直径远大于电磁波波长时将产生无选择性散射（如云、雾、水滴等粒子等），即对可见光和近红外波段进行同等的散射。

大气的某些成分在不同波段存在一些吸收特征（图 5-7）。CH_4 在 3.0 μm 和 7.0 μm 存在较强的吸收带；N_2O 则在 4.8 μm 和 7.3 μm 附近对电磁辐射吸收较强；O_3 在紫外（0.22~0.32 μm）和远红外 0.96 μm 各有两个强吸收带，在 0.6 μm 还有一个较弱的吸收带；O_2 从 0.260 μm 向短波方向发展出 Herzberg 连续吸收带；CO_2 在中-远红外区段均有较强的吸收带，其中最强的吸收带出现在 13~17.5 μm 的远红外段，在 0.57 μm、0.72 μm、0.73 μm、0.91 μm、0.94 μm、0.98 μm、1.14 μm、1.38 μm 和 1.39 μm 具有水汽吸收特征。太阳辐射

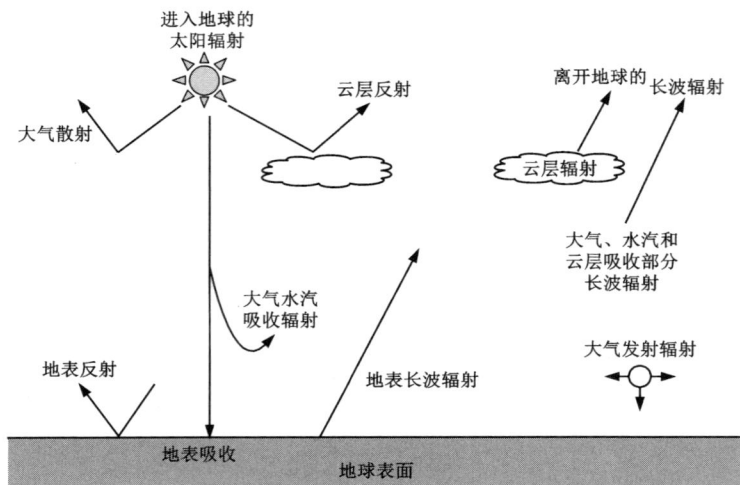

图 5-5　地球-大气层的大气辐射传输

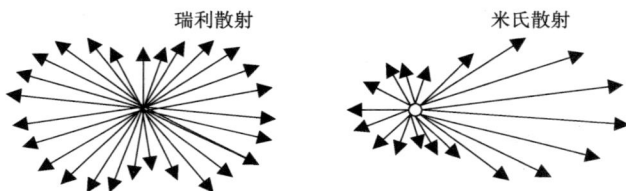

图 5-6　瑞利散射和米氏散射

光通过大气层时没有被反射、吸收和散射的能力叫作大气透射(图 5-8)。大气窗口是指通过大气而较少被反射、吸收或散射的透射率较高的波段,主要包括 $0.3\sim1.3~\mu m$、$1.5\sim1.8~\mu m$、$2.0\sim2.6~\mu m$、$3.0\sim4.2~\mu m$、$4.3\sim5.0~\mu m$、$8\sim14~\mu m$ 及 $0.8\sim2.5~mm$ 等波段。

(2)大气遥感关键参数

上述分析表明,开展大气环境遥感,需要掌握大气透过率、吸收率等关键核心参数,并在此基础上建立相应的反演模型。

1)单色透过率和单色吸收率

单色透过率是指通过一段大气路径的透过率(或透射率),不同大气物质组成与浓度对于电磁波透过特征作用方式与强度差异较大,因而成为大气成分反演的重要依据。具体而言,电磁波单色透过率公式为:

$$\tau_{\lambda} = \frac{E_{\lambda,l}}{E_{\lambda,0}} = e^{-\delta_{\lambda}} = \exp(-k'_{0,\lambda}\widetilde{u}) \tag{5-1}$$

式中, τ_{λ} 为电磁波单色透过率; δ_{λ} 为衰减系数; $k'_{0,\lambda}$ 为与大气成分和波长有关的系数; $\widetilde{u}$ 为大气中某种成分的积分浓度; $E_{\lambda,0}$、$E_{\lambda,l}$ 分别为前、后辐射通量密度。习惯上将整层大气在垂直方向的透过率称为透明系数,单色辐射透明系数为:

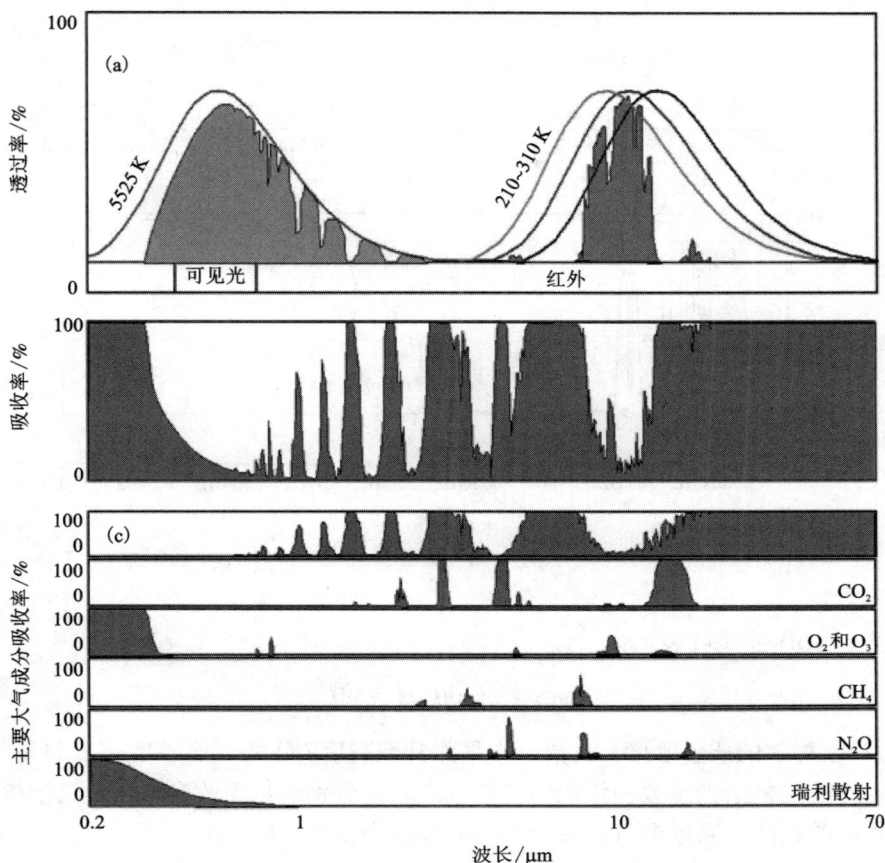

图 5-7　不同大气成分的吸收特征

$$P_\lambda = e^{-\delta_\lambda(0)} \tag{5-2}$$

若大气路径内仅有吸收作用，则吸收率 A_λ 为：

$$A_\lambda = 1-\tau_\lambda = 1-e^{-\delta_\lambda} = 1-\exp(-k'_{0,\lambda}\widetilde{u}) \tag{5-3}$$

可见，一个气层的吸收率并不与吸收物质的多少成正比，而是成指数关系。只有当吸收物质很少，即 $\widetilde{u}$ 很小时，才能导出：

$$A_\lambda = 1-\exp(-k'_{0,\lambda}\widetilde{u}) = 1-(1-k'_{0,\lambda}\widetilde{u}) = k'_{0,\lambda}\widetilde{u} \tag{5-4}$$

这种条件下，吸收率与物质光学质量成正比。吸收率和透过率是辐射传输中重要的物理量。因为气体的吸收带由几百到几万条吸收线组成，在实际工作中很难测准单一波长的吸收系数，由分光测量得到的辐射量实质上是一个波数间隔内的平均值。

2) 气溶胶光学厚度（AOD）

气溶胶光学厚度（aerosol optical depth，AOD）是大气污染遥感反演中的一个重要变量，是指电磁波沿辐射传输路径单位截面上所有吸收和散射物质产生的总削弱，为无量纲量。不同气溶胶类型与浓度对电磁波消光系统的影响差异明显，因而 AOD 可用于开展大气污染物浓

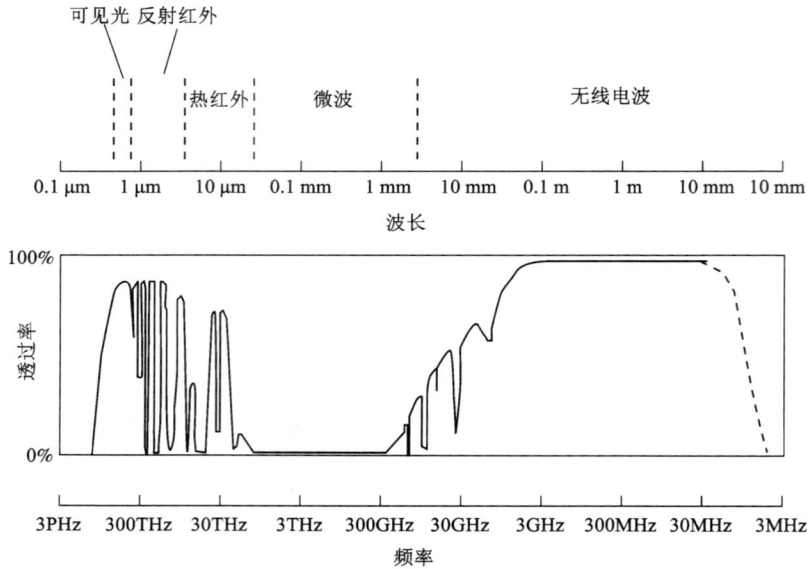

图 5-8 大气透射

度遥感估算。AOD 公式可表示为：

$$\delta = \int_0^l k'_{ex}\rho\,\mathrm{d}l = \int_0^l k_{ex}\,\mathrm{d}l \tag{5-5}$$

式中，ρ 为吸收物质的质量密度，$\mathrm{d}l$ 指由水平面升至高度 l 处的气层厚度，k'_{ex} 和 k_{ex} 分别为吸收和散射物质的质量消光系数和体积消光系数。若需分别讨论吸收和散射，只需将消光系数转换成吸收系数或散射系数即可。对于某一波长的光，其光学厚度可表示为：

$$\delta_\lambda = \int_0^l k'_{ex,\,\lambda}\rho\,\mathrm{d}l = \int_0^l k_{ex,\,\lambda}\,\mathrm{d}l \tag{5-6}$$

（3）大气遥感探测手段

大气遥感探测是利用电磁波和感应接收器探测远处各种大气现象、性质和运动状态的技术方法，按探测波束性质可分为大气光学遥感、大气微波遥感、大气声学遥感，按是否主动发射探测波束则可分为被动式大气遥感（包括可见光、红外、被动微波）和主动式大气遥感（微波气象雷达、激光雷达）。

在可见光波段，大气对太阳光，尤其是可见光波段基本是透明的，到达卫星的反射光主要来自地表和由水滴构成的云层对阳光的反射。地表的反射率与地表性质有关。云层的反射是由大量半径在几微米到几百微米的水滴造成的，散射强度与波长没有明显的关系，由于水滴都以同样强度反射太阳光中的各色光，因而云层为白色。

在热红外波段，根据斯特凡-玻尔兹曼定律，辐射的强度主要取决于辐射体的温度，因此云图上的明暗色调实质上反映的是地面或云顶的温度高低。

被动微波大气遥感的最大特点是具有一定的穿透云层、降雨水滴甚至一定深度地表的能力，这种全天时全天候特点可以用来探测大气中云内、云下、地表及海洋的物理特征。在热力平衡条件下，物体发射的微波辐射可用瑞利金斯公式表示：

$$B_\lambda(T_b) = 827.8T/(100\lambda)^4 \tag{5-7}$$

式中，B_λ 为单位波长间隔内的辐射功率密度；λ 为辐射波长；T 为温度；T_b 为黑体温度。微波辐射能量相当微弱，如 10 cm 的微波辐射强度比 10 μm 的红外辐射强度小 8 个数量级。但一般微波辐射接收器的灵敏度远远大于红外接收器，正好弥补了信号微弱的不足。

主动微波大气遥感的原理是湍流区的大气折射率不均匀，引起光前向散射波的随机变化，包括被统称为"光传播湍流效应的强度"（闪烁）、"位相（抖动）起伏"和"光束扩展"（散焦）等特征的变化。20 世纪 60 年代新相干光源激光技术及湍流传播统计理论的发展，推动了主动式光遥感理论和技术的发展。激光是一种具有很好相干性、单色性和方向性的光源，在大气遥感中具有独特作用。

5.2.3　大气环境遥感典型算法

大气环境遥感的监测内容包括大气参数（如云、降水、大气水汽）以及大气污染物（如气溶胶光学厚度）等，主要监测方法包括物理模型和经验统计模型。

（1）物理模型

大气辐射传输方程是描述电磁波在大气散射、吸收、发射等过程中传输的基本方程。利用大气辐射传输模型，可以反演大气参数的影响。在地表为朗伯体、大气水平均一的假设条件下：

$$\rho_{TOA}(\mu_s, \mu_v, \phi) = \rho_0(\mu_s, \mu_v, \phi) + \frac{T(\mu_s) T(\mu_v) \rho_s(\mu_s, \mu_v, \phi)}{[1 - \rho_s(\mu_s, \mu_v, \phi) S]} \tag{5-8}$$

式中，ρ_{TOA} 为大气层顶观测到的反射率；$\mu_s = \cos\theta_s$，$\mu_v = \cos\theta_v$ 分别为太阳天顶角与观测天顶角；ρ_0 是大气路径辐射项等效反射率；$T(\mu_s)$ 和 $T(\mu_v)$ 分别为太阳辐射方向和观测方向的大气透过率；ϕ 为相对方位角；S 为大气下界的半球反射率；ρ_s 为地表反射率。其中，ρ_0、T、S 是气溶胶模式的函数，可以通过辐射传输模型进行模拟，只要剔除地表反射率 ρ_s 就可以对方程进行求解。

暗目标算法（DT）：如图 5-9 所示，假设在浓密植被区域，红光波段（0.66 μm）和蓝光波段（0.47 μm）的地表反射率与短波红外的表观反射率呈现良好的线性关系，且短波红外的观测值几乎不受气溶胶的影响，因而可以剔除地表反射率。暗目标地表反射率的线性关系表示如下：

$$\rho_s(0.66) = \rho_{TOA}(2.14) \times a_{0.66/2.14} + b_{0.66/2.14} \tag{5-9}$$

$$\rho_s(0.47) = \rho_s(0.66) \times a_{0.47/0.66} + b_{0.47/0.66} \tag{5-10}$$

式中，a、b 根据散射角和植被浓密程度确定。

深蓝算法（DB）：利用深蓝波段（412 nm）大气反射较强，而地表反射较弱，大部分地表反射率都在 0 和 0.1 之间，可以将清晰天的地表反射率替换为待反演天的地表反射率，从而实现 AOD 的反演。蓝波段地表反射率在不同值域区间的分布情况［图 5-10（a）］显示，80% 的地表反射率小于 0.1，低于 10% 的地表反射率大于 0.2。随着地表反射率的增大，卫星观测到的表观反射率对气溶胶光学厚度越来越不敏感。在 4 种地表反射率下（0、0.05、0.1 和 0.2），卫星观测到的表观反射率随气溶胶光学厚度的变化如图 5-10（b）所示，在地表反射率小于 0.1 时，表观反射率与 AOD 有着较好的线性关系。深蓝算法与常用的暗像元算法类似，不同的是，与暗像元算法相比，深蓝算法反演气溶胶光学厚度适用于更广泛的地表类型，其所能反演的像元的地表反射率远高于暗像元算法限定的最高地表反射率。

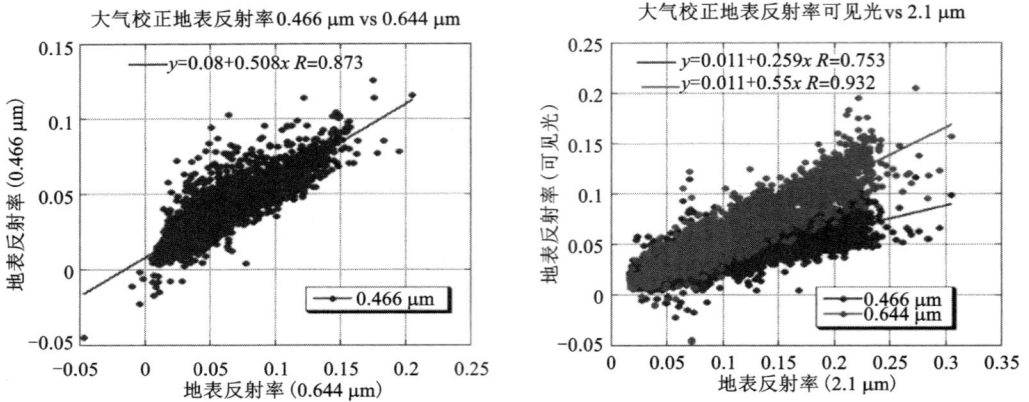

图 5-9　暗目标算法地表反射率示意图

（扫描目录页二维码查看彩图）

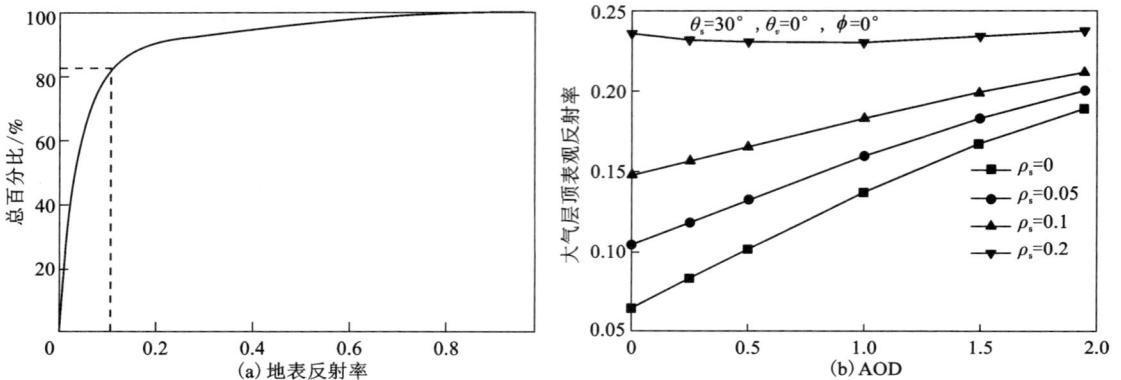

图 5-10　深蓝算法地表反射率示意图

（2）经验统计模型

经验统计模型是环境参数和其他影响因子间的经验方程，包括土地利用回归（LUR）模型、地理加权回归（GWR）模型和时空加权回归模型（GTWR）等。

土地利用回归模型主要是基于空气质量监测站点观测浓度及其周边地理要素变量，借助最小二乘法建立任意空间位置点空气污染浓度的多变量回归模型。该模型自 Bring 等（1997）首次应用以来，先后在英国、美国、荷兰、加拿大和中国等十多个国家和地区的 NO_2、NO、PM_{10}、$PM_{2.5}$ 等污染物的分布模拟中广泛应用。其公式通常表示为：

$$y = \alpha + \beta_1 x_1 + \beta_2 x_2 + \cdots + \beta_n x_n + \varepsilon \tag{5-11}$$

式中，y 为污染物浓度，$\mu g/m^3$；α 为截距；$\beta_1 \sim \beta_n$ 为变量系数；$x_1 \sim x_n$ 为土地利用变量；ε 为随机误差。通过将未知点的土地利用变量代入式（5-11），便可预测未知点的污染物浓度。

地理加权回归模型通过对不同区域的影响进行估计，将局部特征作为权重，用空间权重矩阵来表征不同区域的空间异质性，增强变量间空间位置关系的自适应性，使其进行空间拟合的结果更加符合客观情况。其公式基本形式为：

$$y_i = \beta_0(u_i, v_i) + \sum_{k=1}^{n} \beta_k(u_i, v_i) x_{ik} + \varepsilon_i \quad (i = 1, 2, \cdots, n) \tag{5-12}$$

式中，y_i 为第 i 个样本点的污染物浓度；(u_i, v_i) 为第 i 个样本点的空间坐标；$\beta_0(u_i, v_i)$ 为第 i 个样本点的常数估计值；$\beta_k(u_i, v_i)$ 为第 i 个样本点第 k 个自变量系数；x_{ik} 为第 k 个自变量在样本点 i 的值；ε_i 为残差。

时空加权回归模型是 GWR 模型的推广和扩展，其假定回归系数是地理位置和观测时刻的任意函数，同时探测事物时间和空间的非平稳特征。其公式通常表示为：

$$y_i = \beta_0(u_i, v_i, t_i) + \sum_{k=1}^{n} \beta_k(u_i, v_i, t_i) x_{ik} + \varepsilon_i \quad (i = 1, 2, \cdots, n) \tag{5-13}$$

式中，y_i 为第 i 个样本点的污染物浓度；(u_i, v_i, t_i) 为第 i 个样本点的时空坐标；$\beta_0(u_i, v_i, t_i)$ 为第 i 个样本点的常数估计值；$\beta_k(u_i, v_i, t_i)$ 为第 i 个样本点第 k 个自变量系数；x_{ik} 为第 k 个自变量在样本点 i 的值；ε_i 为残差。

5.3　大气物理参数遥感反演

5.3.1　云遥感

（1）云遥感概述

云由大气中的水蒸气遇冷液化或凝华而形成的水滴和冰晶组成，随着时间和空间位置的变化及下垫面的不同呈现出不同的分布及特征。云作为太阳入射辐射和地球表面出射辐射的必经屏障，在大气能量交换、地球辐射收支、降水循环系统与地-气系统中起着不可忽视的调节作用。云通过反射太阳辐射使得地面白天不会太热，通过阻挡长波辐射使得夜间不会太冷，从而使地球适合人类生存。在大气水循环方面，江河湖海的水汽蒸发后通过云和降水为陆地提供重要的淡水资源。然而，云特征的观测一直存在较大误差，也是天气预测和气候预估中最大的不确定性因子。

云遥感平台有地基平台、机载平台和星载平台。地基平台自 20 世纪末以来，已经逐渐在多个站点构建并自动运行，包括国际上著名的美国能源部大气辐射观测计划（atmospheric radiation measure-ment program，ARM），但地基平台监测数量有限，难以开展全球大范围云量的精准监测。机载平台观测在各类观测中的准确度较高，但观测成本高和观测环境不能过于恶劣等造成观测时间、观测次数和观测样本有限。机载平台观测数据通常用于云发展过程和特征的个例研究和参数化构建，很难用于获取长时间或大范围的云宏、微观特征。星载平台的卫星遥感观测具有较高的时间分辨率和空间分辨率，且能够实现大范围观测，因此在云特征观测上具有很强的独特优势，被广泛用于云特征的反演、统计研究和模式模拟评估研究。

（2）云遥感监测参数

云特征可分为宏观特征和微观特征。宏观特征包括云量、云出现频率、云顶高度、云底高度、云顶温度、云底温度、云几何厚度和云光学厚度等；云微观特征包括云相态、云水含量、云粒子谱分布、云滴数浓度、冰晶形状、冰水含量和云滴有效半径等。云的宏观参数和微观参数的准确获取共同决定了云反照率效应和温室效应净效果的估算精度。此外，云的宏、微观参数在时空尺度上的变化对天气系统也有深刻的影响。进一步提高卫星云特性观测精度，对改善气候模式模拟、改善极端天气预报、分析云气溶胶相互作用和监测环境质量等具有长远意义。

（3）云遥感方法

1）云检测

现有的云检测算法非常多，光学遥感影像云检测的主要原理是基于云的纹理、光谱辐射或反射特征，建立相应云检测规则。云在光学和红外波段的反射/辐射特性是云检测的基础，下面以相关学者构建的增强型多时相云检测为例介绍具体检测方法。

陈曦东等基于 Landsat-8 地表反射率数据提取厚云、薄云、高亮度地表、雪、水体及植被等的光谱曲线进行分析（图 5-11）。研究发现，水体和植被在 $0.48 \sim 0.65\ \mu m$ 可见光波段的反射率较低，与云的可分性较好；厚云的反射特性与薄云、高亮度地表及雪区别较大，对于厚云的检测相对容易；薄云和雪在 $0.48 \sim 0.86\ \mu m$ 波段范围内具有相似的反射特性，但在 $1.61 \sim 2.20\ \mu m$ 短波红外波段二者反射特性差别较大；高亮度地表和薄云的光谱在整个光学反射波段的变化趋势比较接近，但高亮度地表的反射率通常在 $1.61\ \mu m$ 短波红外波段达到峰值，而薄云的反射率在短波红外波段范围内表现出下降趋势，借助这一变化特性可以对两者进行区分。

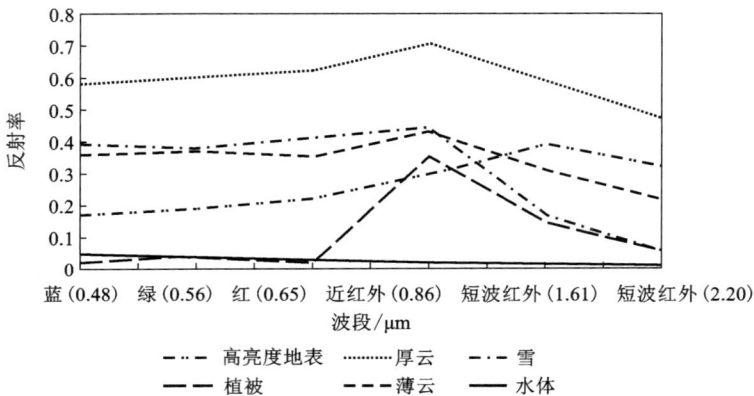

图 5-11　云、高亮度地表、雪、水体及植被光谱曲线

根据上述光谱特征分析，研究针对云、雪的判读，构建云的光谱特征与增强型云检测指数（ECI），公式如下：

$$\mathrm{ECI} = 10(\rho_{nir}/\rho_{swir1})(\rho_{nir}/\rho_{swir2})\left[(\rho_{swir1}-\rho_{swir2})/(\rho_{swir1}+\rho_{swir2})\right] \qquad (5-14)$$

式中，ρ_{nir}、ρ_{swir1} 和 ρ_{swir2} 分别为有云影像近红外和 2 个短波红外波段的反射率。云在短波红外波段的光谱反射率更高，且下降幅度更小，通过归一化指数 $(\rho_{swir1}-\rho_{swir2})/(\rho_{swir1}+\rho_{swir2})$ 可以提高对云和雪的区分能力。此外，由于雪的近红外与短波红外波段反射率的比值大于云，因此加入 $(\rho_{nir}/\rho_{swir1})$、$(\rho_{nir}/\rho_{swir2})$ 可进一步提高云和雪两种覆盖类型的区分能力。

基于上述光谱分析及 ECI 指数构建，研究学者进一步提出了增强型多时相云检测算法（EMTCD）。EMTCD 算法分为两个基本步骤：基于单时相的初步云检测和基于多时相的精细云检测。具体算法流程如图 5-12 所示。

2）云相态识别

云相态是指云的热力学状态，通常分为冰云、水云和混合云。利用卫星资料反演云参数必须考虑云和大气的辐射特性。云的辐射特性由其粒子的单次散射特性和几何特征决定，而单次散射特性又由粒子的复折射指数、大小及形状决定。云吸收和发射辐射的能力取决于粒

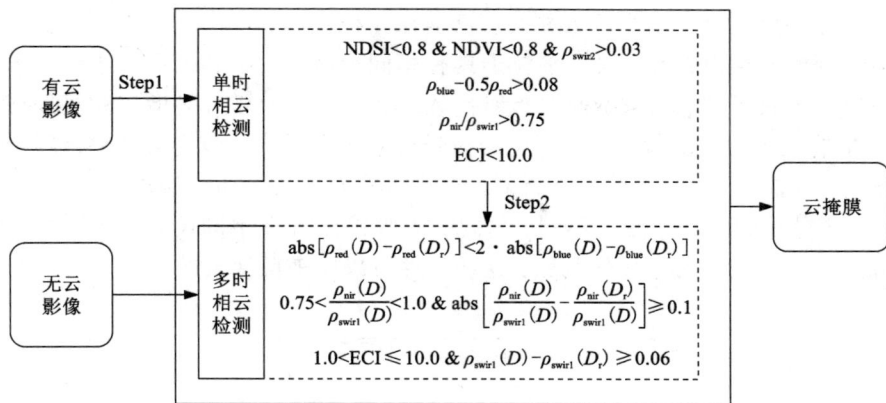

图 5-12　EMTCD 算法流程图

子的复折射指数：

$$m = n_r - i n_i \qquad (5-15)$$

式中，实部代表粒子散射特性，虚部代表粒子的吸收特性，因此根据复折射指数虚部的大小可估计粒子吸收能力的强弱。根据使用的观测波段及传感器特征，有三类较为常用的云相态卫星遥感识别方法，即热红外波段反演算法、可见光和近红外波段反演算法，以及多角度偏振法。

8~12 μm 的大气窗区是热红外波段反演的一个重要区域，因为该区域是地面辐射的峰值，云内冰、水粒子在某些波长的吸收能力有很大的差异。图 5-13 给出了冰、水粒子复折射指数虚部在 8~13 μm 波段的变化。由图 5-13 可知，在 8~10 μm 区间冰、水粒子复折射指数虚部的值最小且相差不大，这意味着该区间内粒子的吸收能力较弱，在此区间之外，冰、水粒子复折射指数虚部迅速增长，并且冰粒子的吸收能力在 10~11 μm 区间比 11~12 μm 区间增长得快，而水粒子的吸收能力在 11~12 μm 区间比 10~11 μm 区间增长得快，冰、水粒子复折射指数虚部在该波段的这些特点可用于反演云相态。

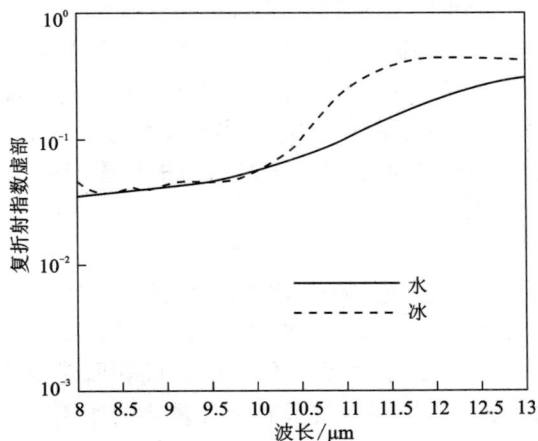

图 5-13　冰、水粒子复折射指数虚部在 8~13 μm 波段随波长的变化

　　基于可见光和近红外反射率的云相态反演算法是根据冰、水粒子在该波段反射太阳辐射的不同特性实现的。假设在云中冰、水粒子具有相同形状、大小和密度，冰云和水云反射太阳辐射的差异只取决于冰、水粒子的复折射指数。冰、水粒子复折射指数的实部在可见光和近红外波段非常相似，而虚部在一些特定的波长处差异非常大，最终会影响云反射太阳辐射的大小。图 5-14 显示了冰、水粒子复折射指数虚部在 0.5~2.5 μm 波段随波长的变化情况，冰、水粒子由于分子间平均作用力不同，它们的吸收峰出现在不同位置，在近红外波段复折射指数虚部有几个具有显著差异的区域，这些特性可以用来反演云的相态。

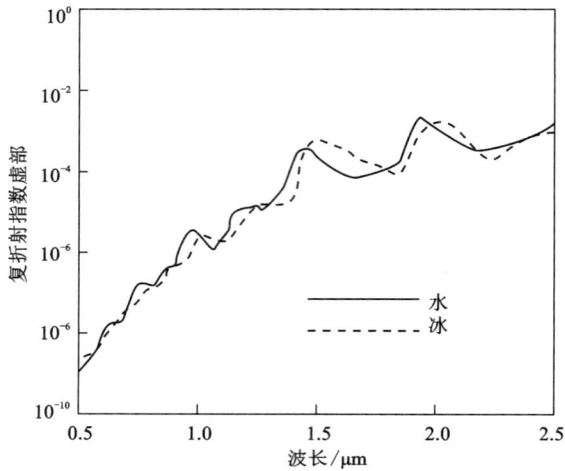

图 5-14　冰、水粒子复折射指数虚部在 0.5~2.5 μm 波段随波长的变化

　　对于偏振观测而言，水云和冰云的多角度偏振反射率随着散射角的变化呈现出不同特征，这是区分冰云和水云的基础。该方法是以 POLDER-3 和 DPC 为代表的多角度偏振传感器所特有的云相态识别方法。当视场有云时，星载多角度偏振辐射计获取大气向上的偏振辐射主要来自云层上部，与获取的总辐射相比，受多次散射效应影响较小，有效地保留了云粒子单次散射信息，同时考虑到大气分子散射的影响，通常采用分子散射较小的近红外 0.865 μm 偏振波段进行云相态识别。云的偏振辐射特性主要依赖于粒子的形状和尺寸，在传感器的可测散射角度内，由液态球形粒子组成的水云在散射角 140° 附近出现偏振辐射的峰值即主虹，在散射角 90° 附近时偏振辐射为 0，在散射角大于 145° 时偏振辐射出现多个副虹，而冰粒子的偏振特性是随着散射角的增加其偏振值为正且逐渐减小（图 5-15），根据冰、水粒子的偏振特性可以识别云相态。

　　3）云顶高度

　　云顶高度，即云在某一地区上空所能达到的最大高度。在此高度之下，空气能自由对流上升。在此高度之上，饱和空气上升时下降的温度达不到空气凝结温度（即空气由饱和状态变成不饱和状态），云就不能形成。云顶高度信息的准确获取对数值天气预报、大气及气候模型研究、人工影响天气、航空及雷暴预警具有十分重要的作用。下面介绍三种常用的云顶高度反演方法：成像几何法、CO_2 薄片法和分裂窗反演法。

　　成像几何法是当几颗不同位置的飞行器对同一目标同时或近同时观察时，视角的差异会

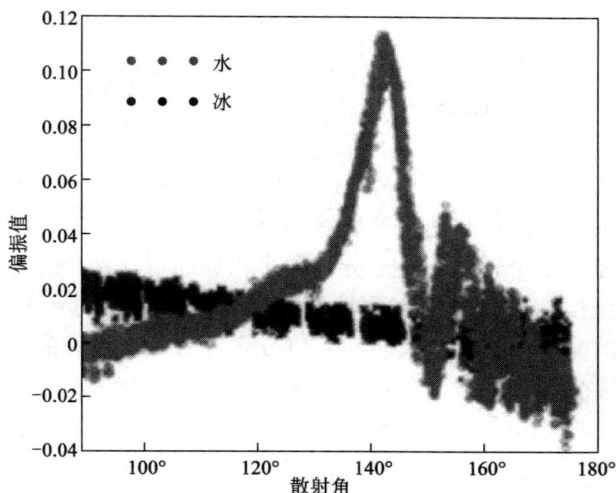

图 5-15　冰、水粒子随散射角变化的典型偏振辐射特征
（扫描目录页二维码查看彩图）

导致同一目标在不同的飞行器观测资料中出现视差偏移现象，利用这个视差值和遥感器的位置就可以反演出云顶的高度，并且反演结果与云的物理特性无关，避免了对云辐射计算的误差。利用 2 颗静止卫星进行云顶高度反演的公式如下：

$$H = 10 \times \frac{P}{P_{10}} \tag{5-16}$$

式中，H 为云顶高度，km；P 为视角偏差，($°$)；P_{10} 为相同位置点 10 km 云顶高度对应的角度偏差($°$)。该方法能得到几何学上的直接测量值，原理简单。其局限在于：需要双星同步观测，操作困难；立体观测的观测时差会造成反演误差。

CO$_2$ 薄片法是利用 CO$_2$ 吸收带的红外波段对不同大气高度有不同的敏感度的特点，通过从几个临近波段测量的向上红外辐射，推断云顶气压和有效云量。在视场中，有云像元在波段上的观测辐射 $R(v)$ 表达为：

$$R(v) = (1-NE)R_{clr}(v) + NER_{bcd}(v, P_c) \tag{5-17}$$

式中，$R_{clr}(v)$ 为晴空辐射；$R_{bcd}(v, P_c)$ 是气压为 P_c 的大气层以上视场中全部充满不透明的或"黑"云时的辐射；N 为视场中云盖的大小；E 为云的比辐射率。不透明云的辐射可表达为：

$$R_{bcd}(v, P_c) = R_{clr}(v) - \int_{P_c}^{P_s} \tau(v, p) \frac{dB[v, T(p)]}{dP} dP \tag{5-18}$$

式中，P_s 是地面气压；P_c 是云的气压；P 为大气压；$\tau(v, p)$ 是从大气层发射的到达大气层顶的透射辐射；$B[v, T(p)]$ 是 $T(p)$ 的 Planck 函数。CO$_2$ 薄片法在像元级上通过两个红外通道的辐射反演半透明云云顶气压的基本方程为：

$$\frac{R(v_1) - R_{clr}(v_1)}{R(v_2) - R_{clr}(v_2)} = \frac{NE_1[R_{bcd}(v_1) - R_{clr}(v_1)]}{NE_2[R_{bcd}(v_2) - R_{clr}(v_2)]} \tag{5-19}$$

由式(5-18)和式(5-19)可知，对于频率分别为 v_1 和 v_2 的两个光谱通道，同一视场的观测辐射和晴空辐射间的比值为：

$$\frac{R(v_1) - R_{clr}(v_1)}{R(v_2) - R_{clr}(v_2)} = \frac{NE_1 \tau(v_1, p) \dfrac{dB[v_1, T(p)]}{dp} dp}{NE_2 \tau(v_2, p) \dfrac{dB[v_2, T(p)]}{dp} dp} \qquad (5-20)$$

如果两个通道的频率相近，可认为两通道比辐射率近似相等，即 $E_1 = E_2$，在已知两个频率通道的观测值以及大气的温度和透射率廓线的基础上，可以求出云顶气压。

分裂窗反演法将原本一个较宽的通道分成两个相邻通道。两个通道分别反演出的亮度温度差值被定义为亮度温度差（BTD）。根据统计特性可知，较高的卷云在可见光通道难以发现，在 11 μm 波段处的亮度温度也较低，但在 11 μm 与 12 μm 波段的 BTD 却较大，可以被识别出来；而较低的积云在 11 μm 波段处的亮度温度较高，但 BTD 较小。因此，用 11 μm 波段处的亮度温度及 11 μm 与 12 μm 波段的 BTD 做二维直方图，便可以对云进行分类（图 5-16）。目前，国内外的 GMS-5、风云二号等卫星都设有红外分裂窗通道，提高了云检测效率。

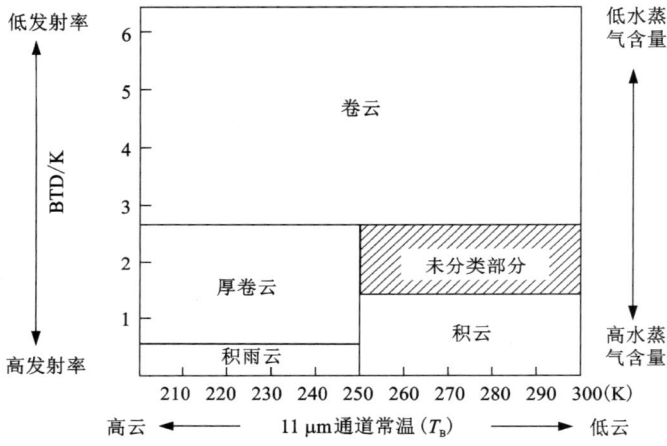

图 5-16　云分类的二维直方图

5.3.2　降水遥感

（1）降水遥感概述

降水是指从云层落到地球表面的所有固态和液态水分，主要以雨、雪的形式存在。降水是地球水循环体系的基本组成部分，作为一个水分通量连接着大气过程与地表过程，具有重要的气象学、气候学和水文学意义。降水释放的潜热占大气热能来源的 3/4，在气候系统中起着极其重要的作用。降水及其时空分布会影响陆地水文和其他过程，例如地表径流的产生和土壤水分的变化等。与其他水文气象参数不同，降水在时间和空间上的变化很大，往往呈现非正态分布，因此也是目前最难测量的大气变量之一。地面雨量计长期以来一直用于观测降水，但雨量计的空间分布往往不均匀，尤其在海洋和高海拔地区。地基天气雷达可以监测中小尺度降水过程，但通常分布在人口密集地区。卫星遥感降水反演技术克服了雨量计和地基雷达的不足，为获取大尺度降水信息提供了另一种途径[11]。

经过数十年的发展，基于可见光/近红外、微波、多传感器联合的降水反演算法逐渐成熟，并有多种全球降水产品推出，主要包括 TRMM 多卫星降水分析（TMPA）产品、气候预测中心融合（CMORPH）产品、全球卫星降水制图（GSMaP）产品、美国海军研究实验室联合（NRLB）产品和基于神经网络方法的降水产品（PERSIANN）等。这些产品监测数据也被广泛用于水文、气象、气候和农业等领域。

（2）降水遥感原理及算法

卫星遥感降水反演主要依赖可见光、红外和主/被动微波传感器以及多传感器组合[12]。遥感降水反演方法分类及特点见表 5-4。

表 5-4　遥感降水反演方法分类及特点

传感器类型	主要反演算法	特点
可见光、红外传感器	基于像素、基于窗格、基于云块的算法	时空分辨率较高，属于间接估算
微波传感器	辐射类算法、散射类算法、多波段反演类算法	能穿透非降水云，可探测到强降水以外各种天气条件下的温、湿信息，扫描宽度窄
多传感器组合	NCEP/CPC 形变算法（CMORPH）、多卫星降水分析算法、GSMaP 降水反演算法	弥补单一传感器算法的不足，提高准确性、覆盖范围和分辨率

1）可见光、红外降水反演

红外降水反演算法可以分为 3 个主要类型，即基于像素的算法、基于窗格的算法和基于云块的算法。红外降水反演的主要理论依据是：某个云区的云顶温度低于一定的阈值，并且区域范围继续扩大，或云区温度有下降趋势，或云顶核心区域与周围云区温度梯度差较大，均预示着强对流有进一步发展的可能，将产生降水。因此，可以利用云顶辐射和反射信息来判断降水发生的可能性，并从云厚度和云顶温度等信息确定降水概率及降水持续时间，进而估算降水量。目前应用最广泛的是地球静止环境业务卫星（GOES）降水指数（GPI），其表达式为：

$$GPI = r_c F_c t \tag{5-21}$$

式中：GPI 是降水指数，mm；t 是持续时间，h；r_c 是转换常数，为 3 mm/h；F_c 是指面积不小于 50 km×50 km 区域的冷云覆盖率，无量纲单位，变化区间是 0～1。云顶亮度温度低于 235 K 的云体定义为冷云。GPI 指数浅显易懂，简单易用。40°N—40°S 区域对流系统是主要的降水系统，而在纬度高于 40°的地域这一算法存在很大的局限性。

2）微波降水反演

与可见光和红外波段相比，微波具有较大的优势。一是在被动遥感观测降水时，由于雨滴对微波辐射传输过程的影响很大，因此星载微波辐射计很容易检测到降水信息。二是微波在云雨大气中穿透力强，微波辐射计在恶劣天气条件下可以全天候工作。三是降水云内部产生的辐射信息可以到达星载微波辐射计，因为其中直接包含降水结构信息，所以使用微波数据反演降水更直接，具有更坚实的物理基础。微波降水反演算法主要分为三大类：辐射类算法、散射类算法、多波段反演类算法。微波辐射传输方程（RTM）可简单地表示为：

$$\frac{dR_a(\theta, \varphi)}{ds} = A + S \tag{5-22}$$

式中，$R_a(\theta, \varphi)$ 是极坐标方向 (θ, φ) 辐射强度；s 是沿着 (θ, φ) 方向的距离；A 表示辐射的吸收量和发射量；S 表示散射引起的辐射损益。

3）多传感器组合反演

近几十年来，研究人员已经开始依赖各种卫星上的传感器来获取估算全球降水量的信息。虽然利用单一类型的传感器也可以进行估算，但研究人员越来越多地尝试使用传感器组合来提高准确性、覆盖范围和分辨率。常见的组合算法有气候预测中心形变算法（CMORPH）、多卫星降水分析算法（TMPA）和 GSMaP 降水反演算法等。CMORPH 算法利用 GEO 卫星每半小时一次的红外数据，对 PMW 反演数据进行插值，从而得到在时间上和空间上都相对精细的降水强度。TMPA 算法采用一个基于定标的排序方案，将多传感器数据以及地面雨量计测量数据结合起来，获得空间和时间分辨率分别为 0.25°×0.25° 和 3 h 的数据产品。GSMaP 算法利用 TRMM 数据的各种不同属性，使用 PR 算法、雨区/无雨区分类方法以及散射算法，来估算得到水凝物廓线。

（3）卫星降水反演产品

随着卫星遥感数据量的增加，出现了一系列具有高时空分辨率的卫星降水反演产品（表 5-5），如 TRMM、GPM、PERSIANN 和 CMORPH 等。卫星降水反演产品一定程度上能弥补降水资料的不足，为研究降水过程和机理提供了十分重要的信息。

表 5-5　降水反演产品特征

产品名称	空间分辨率	覆盖范围	应用范围
TRMM	0.25° × 0.25°	50°S—50°N	降水强度、极端降水、洪涝灾害、水文预测、大尺度气象干旱监测等
GPM	0.1° × 0.1°	60°S—60°N	瞬时降水估计、轻度降水事件、水文模拟和水资源评价等
CMORPH	0.25° × 0.25°	60°S—60°N	对短的降水事件捕捉能力差
PERSIANN	0.25° × 0.25°	60°S—60°N	易高估弱降水，低估强降水
FY-2	0.1° × 0.1°	除极区外约1/3地球面积	大暴雨以上强降水

TRMM 是美国国家航空航天局（NASA）和日本宇航研究开发机构（JAXA）合作开展的热带降雨测量计，目的在于观测和研究热带、亚热带地区的降雨及能量交换过程。其搭载的降雨雷达（PR）为全球第一个星载测雨雷达，可以提供暴雨的三维结构；TRMM 上的微波成像仪（TMI）、微波成像专用传感器（SSMI）、改进的微波扫描辐射计（AMSR）和高级微波探测器（AMSU）等具有高质量的微波估算降水功能。TRMM 采用微波和红外卫星信号相结合的算法，其降水产品生成过程为：校准及融合微波降水估计；使用校准过的微波降水数据生成可见光/红外降水估计；融合微波和可见光/红外降水估计；融入雨量计降水数据。其中，TRMM3B42 卫星降水反演产品是国际上应用最广泛的产品之一，其覆盖范围为 50°S—50°N，具有精确到经纬度 0.25°×0.25° 的空间分辨率以及最高精确到 3h 的时间分辨率，广泛应用于降水强度时空分布、极端降水预测、洪涝灾害预测和水文过程模拟等方面。

GPM 是继 TRMM 之后新一代全球卫星降水产品，为全球气候变化、洪旱监测等研究工作提供了有力的数据支持。GPM 作为 TRMM 的继任者，其核心卫星于 2014 年 2 月 27 日成功发射，GPM 携带了全球首个 Ku/Ka 波段双频测雨雷达（DPR）。GPM 降水产品对瞬时降水估计更加准确，特别是冷季固态降水和微量降水；其在统一框架内对卫星辐射计获取的亮度温度数据进行交互校准，建立了统一基础条件下的各类微波探测仪的降水反演算法。GPM 降水产品算法有 DPR 算法、DPR 与 GMI 融合算法以及雷达增强辐射计算法。GPM 能够提供全球范围基于微波反演的 3h 降水数据产品和基于微波红外多星融合算法 IMERG 的 0.5 h 雨雪数据产品，其空间分辨率为 0.1°×0.1°，时间分辨率为 0.5 h。相比上一代 TRMM，GPM 有着更大的覆盖范围（拓展至 60°S—60°N）、更高的时间和空间分辨率，能够更加精确地捕捉微量降水（<0.5 mm/h）和固态降水，从而有效提高探测精度。

CMORPH 是在多种微波降水数据和红外数据的基础上研制的全球降水数据产品，采用了 TMI、SSMI、AMSU-B 和 AMSR-E 等四种类型的微波传感器。CMORPH 首先利用时空分辨率相对更高的红外降水估算量，进而对微波反演数据进行插值，获取的降水时空分布完全取决于微波反演数据。该算法充分利用了微波降水数据精度高和红外数据时空分辨率高的优势，时间分辨率最高可达 0.5 h，空间分辨率为 0.25°×0.25°，空间覆盖范围为 60°S—60°N。由于卫星降水反演算法是通过观测降水的相关参数（如云顶温度、云后向散射等）与降水之间的对应关系而建立的，因此反演算法本身会有一定的误差，导致降水反演产品存在大量的空报数据和漏报数据。

PERSIANN 是采用神经网络算法，通过对 TMI、SSMI 和 AMSU 数据进行模型率定，以红外数据作为模型输入，构建出的降水数据产品。该产品时间分辨率为 3 h，空间分辨率为 0.25°×0.25°，空间覆盖范围为 60°S—60°N。刘江涛等对 PERSIANN 数据在雅鲁藏布江流域使用的适用性评价表明，该产品数据存在高估弱降水、低估强降水现象，但对降水事件和降水量的反演精度较高，具备捕捉高寒地区地面降水特征的能力。李瑞泽等对 PERSIANN 在环渤海地区的精度评价表明，该产品数据对日降水量的估算精度较低，存在明显低估暴雨事件中的实际降水量等现象。

FY-2 是中国第一代静止气象卫星，包含型号 FY-2A 到 FY-2F 的 6 颗地球同步轨道卫星。FY-2 以卫星搭载的可见光和红外自旋扫描辐射计遥感探测的红外资料为主，选用云顶温度梯度、云体相对于云团中心的偏移量、云团移动速度作为影响因子，回归得到卫星降水估计产品，提供 1 h、3 h、6 h、24 h 的降水估计数据，空间分辨率为 0.1°×0.1°，空间覆盖范围为除极区外约 1/3 地球面积。对 FY-2C、FY-2D、/FY-2E 降水产品的检验表明，降水累计的时间越长，误差越小，1h 降水估计结果的相对偏差大于 50%，而 24 h 累计的降水估计结果相对误差小于 50%。

5.3.3　风遥感

（1）风遥感概述

风是空气流动引起的一种自然现象，而空气流动是由太阳辐射热引起的。风常指空气的水平运动分量，包括方向和大小，即风向和风速。传统的测量风的方法采用地基观测站，测量范围小、测点少，而且易受天气条件的限制。随着遥感技术的发展，人们越来越注重利用机载或星载传感器对风进行遥感探测。风遥感是气象要素遥感中的一个重要组成部分。目前,有多种遥感器具备风遥感能力,包括微波散射计、微波辐射计、微波高度计和合成孔径雷达等。此外,导航卫星反射信号也被认为具有风遥感监测的潜力。这些探测数据已被广泛用于天气预报、大气研究等领域。下面以星载 SAR 海面风遥感为例,介绍遥感技术在该方面的进展。

（2）星载合成孔径雷达海面风遥感

星载合成孔径雷达（synthetic aperture radar, SAR）具有较高的空间分辨率（1 米至数十米）,能够提供大范围、高分辨率的海面风场信息。目前, SAR 已成为海面风场探测的重要技术手段之一。

1）SAR 海面风向遥感探测

很多情况下, SAR 遥感图像上存在与海面风向平行的条纹,这种条纹称为风条纹。由大气边界层涡旋引起的风条纹方向与海面风向基本一致,因此可以由 SAR 遥感图像获取海面风向信息。从 SAR 遥感图像获取风条纹方向的方法主要有两类,一类是基于谱域的谱分析方法,另一类是基于空间域的空间分析方法。对于基于谱域的谱分析方法,由于 SAR 遥感图像上风条纹尺度为数千米量级,远远大于海浪尺度（数百米量级）,因此即使 SAR 遥感图像上有海浪条纹信息,对 SAR 遥感图像谱进行低通滤波后,也只能得到风条纹方向。二维快速傅里叶变换（fast Fourier transform, FFT）是常用的谱分析方法。基于空间域的空间分析方法较为常用的是局地梯度法（local gradient, LG）,该方法通过计算不同空间尺度下的局地梯度得到风条纹的方向。此外,小波分析方法和方差分析方法等也被用来从 SAR 遥感图像中提取风条纹的方向。与谱分析方法相比,空间域分析方法获取的海面风向具有更高的分辨率（高于 10 km×10 km,甚至可达 1 km×1 km）。

2）SAR 海面风速遥感探测

利用 SAR 遥感图像进行海面风场反演,最常用的是经验地球物理模型函数（geophysical model function, GMF）。建立 SAR 观测的标准化雷达后向散射强度与海面风速、风向和雷达入射角、方位角、频率及极化方式等参数相关的经验模型,从而在雷达后向散射强度、海面风向和雷达参数已知的情形下,利用地球物理模型函数 GMF 反演 SAR 海面风速。目前,不同的地球物理模型函数 GMF 已成功应用于 ERS-1/2、ENVISAT、Radarsat-1/2、Sentinel-1 和高分三号（GF-3）等卫星上的 C 波段 SAR 遥感图像和 ALOS、Terra-SAR 等卫星上的 L、X 波段 SAR 遥感图像。

（3）典型风场遥感数据产品

目前,研究人员已经研发了多种风场遥感数据产品,其中多平台交叉校正（cross calibrated multi-platform, CCMP）海面风场数据是较为典型的风场遥感数据产品。

CCMP 海面风场数据（http：//data. remss. com/ccmp/v02.0/）是美国国家航空航天局（National Aeronautics and Space Administration, NASA）在 2009 年推出的一种融合了多种卫星遥感平台的新型数据产品,具有较高的时空分辨率,覆盖范围广且具有很高的连续性。CCMP 海面风场数据集采用一种增强的变分同化分析法（VAM）,融合了 QuikSCAT/SeaWinds、ADECS-II/SeaWinds、AMSR-E、TRMM TMI 和 SSM/I 等诸多海洋被动微波和散射计遥感平台上采集的海面风场数据。该数据提供了从 1987 年 7 月到 2008 年 6 月的海洋风场数据,几乎可以覆盖全球所有海洋,并且具有很高的空间连续性,空间分辨率为 0.25°,时间间隔为 6 h,给出的是距海面 10 m 处风场沿经向和纬向的速度分量。实验证实 CCMP 较其他单个卫星平台测量的风场数据在精度方面有很大的提高，能够满足很多海洋和大气环境应用与研究的需要。CCMP 海面风场数据将为全球海洋和大气研究，以及天气和短期气候预测做出巨大贡献，势必推动气候和海洋学更加深远地应用和发展。

5.4　温室气体遥感

5.4.1　二氧化碳遥感

（1）二氧化碳遥感概述

工业革命以来，化石燃料的燃烧向大气中排放了大量的温室气体，温室气体通过温室效应吸收地表和大气发射的长波辐射，影响地气系统辐射收支平衡，从而导致全球气候变化，对人类社会的生存和生活方式有着显著影响。作为大气中主要的温室气体，CO_2 被认为是控制全球温度的关键因素。CO_2 是一种长寿命温室气体，其浓度增加将引起大气对长波热辐射吸收的增加，从而推动全球变暖。温室效应与碳监测的相关研究，需要对大气中的 CO_2 浓度进行大范围长时间的高精度测量。

目前，全球监测温室气体的地面观测站点不足 300 个，并且地区分布很不均匀，大多分布在发达国家和人口稠密地区。虽然观测站点数量不断增加，但是其有限的三维空间代表性，导致定量理解大气温室气体的源汇分布仍存在较大问题。卫星遥感资料可以得到温室气体全球连续空间分布和变化趋势，具有稳定、长时间序列、广空间区域和空间三维监测的优点，可弥补地基站点的不足，有助于提高研究人员对碳循环和气候变化的认识。随着卫星遥感技术的发展，一系列具备 CO_2 探测能力的卫星相继发射升空，大气制图扫描成像吸收光谱仪（SCIAMACHY）、大气红外探测仪（AIRS）和温室气体观测卫星（GOSAT）等卫星传感器已经获得了多年的全球 CO_2 观测数据，轨道碳观测器（OCO）和碳观测小卫星星座（carbon sat）等新型碳监测卫星也正在研究。

（2）二氧化碳遥感反演算法

大气辐射传输模式是卫星遥感正演的物理基础。在给定大气廓线、光谱数据库、辅助数据情况下，可以全面考虑辐射传输的物理过程，准确快速计算出传感器入瞳处的辐亮度。假设地表为朗伯体，忽略大气散射，处于局地热力平衡状态时的卫星传感器获得的辐射值可以表达为如下辐射传输方程形式：

$$R(v_j, \mu) = \varepsilon(v_j, \mu) B(v_j, T_s) \tau(v_j, p_s, \mu) + \int_{p_s}^{0} B(v_j, T_p) \frac{\partial \tau(v_j, p, \mu)}{\partial p} \mathrm{d}p +$$

$$[1 - \varepsilon(v_j, \mu)] \int_{p_s}^{0} B(v_j, T_p) \frac{\partial \tau^*(v_j, p, \mu, \mu')}{\partial p} \mathrm{d}p \qquad (5-23)$$

式中，$R(v_j, \mu)$ 是中心波长为 v_j 和观测天顶角余弦为 μ 时测量的平均光谱辐亮度；$B(v_j, T_s)$ 是地表温度为 T_s 时的普朗克函数；$\varepsilon(v_j, \mu)$ 为地表比辐射率；$\tau(v_j, p_s, \mu)$ 为从地表到大气层顶的大气透过率；$\partial \tau^*(v_j, p, \theta, \theta') = \partial \tau(v_j, p_s, \theta) \partial \tau(v_j, p_s, -\theta') / \partial \tau(v_j, p, \theta)$ 为从地面到气压为 p 时的高度的大气透过率；$\partial \tau(v_j, p, \theta)$ 为气压 p 到大气顶的透过率；p_s 为地表压力；μ' 为入射天顶角余弦值。由式（5-23）可以看出，传感器接收的出射光谱辐亮度由 3 部分组成：地表发射、大气自身的上行辐射，以及大气下行辐射经地表反射到达传感器的辐射。

在短波红外波段，卫星传感器接收的主要是地表反射的太阳辐射。大气痕量气体遥感反演需要准确的地表参数，例如地表温度、比辐射率、反射率，以及大气温度和湿度廓线等，从而求解透过率和痕量气体浓度之间的函数关系。CO_2 卫星反演算法主要分为经验算法和物理算法两类。

1）经验算法

经验算法利用大量的观测样本进行训练，避免在反演过程中输入温度廓线和地表比辐射率进行正向辐射传输的计算，具有极高的计算效率。目前的经验算法主要包括统计回归方法和神经网络方法。其中，机器学习中的极限学习机（extreme learning machine，ELM）模型可用于气体浓度预测。设样本 (X_i, t_i) 的个数为 N，X_i 为采集的第 i 条 CO_2 的二次谐波信号，t_i 为对应的 CO_2 浓度，则包含 L 个隐含层神经元、激励函数为 $g(x)$ 的 ELM 模型可以表示为：

$$\sum_{i=1}^{L} \beta_i g(W_i \cdot X_j + b_i) = o_j, \quad j = 1, \cdots, N \qquad (5-24)$$

式中，W_i 为输入权值，b_i 是隐含层神经元的阈值，W_i 和 b_i 随机产生，β_i 为输出权重。ELM 模型的目标是使模型 CO_2 的预测浓度 o_j 尽可能接近 CO_2 的设定浓度 t_j，即存在 β_i、W_i 和 b_i，使得：

$$\sum_{i=1}^{L} \beta_i g(W_i \cdot X_j + b_i) = t_j, \quad j = 1, \cdots, N \qquad (5-25)$$

用矩阵表示为：

$$\boldsymbol{H\beta} = \boldsymbol{T} \qquad (5-26)$$

式中，$\boldsymbol{H}$ 是隐含层神经元的输出，$\boldsymbol{\beta}$ 为输出权重，$\boldsymbol{T}$ 为目标输出浓度。

经验算法的核心问题：首先是如何建立一组能够代表不同季节、不同地点的大气廓线样本库；其次是正向辐射传输模式的精度问题；最后是云的影响问题。经验算法的不足是无法像最优化算法一样给出平均核函数和误差估算矩阵。这使得其在进一步应用，例如用于资料同化时，难以计算误差传递矩阵。经验算法的反演结果可以作为物理算法的先验廓线。

2）物理反演算法

大气廓线物理反演算法，从理论上可以统一到最优化理论框架之下。先确定代价函数，然后采用不同的最优化策略使代价函数最小化。最优估算方法的一般求解公式为：

$$X_{n+1} = X_a + (K_n^T S_\varepsilon^{-1} K_n + \gamma S_a^{-1})^{-1} K_n^T S_\varepsilon^{-1} [Y^m - F(X_n) + K_n(X_n - X_a)] \qquad (5-27)$$

式中，X_a 为初始廓线，K 为观测辐亮度对大气参数变化的一阶导数，也就是雅各比矩阵，S_a 为初始廓线误差的协方差矩阵，S_ε 为观测、模型误差的协方差矩阵，Y^m 为观测辐亮度，$F(X_n)$ 为计算辐亮度。目前 GOSAT 和 OCO 的高光谱数据反演 CO_2 都采用了最优估计算法。短波近红外探测通道受到气溶胶和云的散射影响。云的散射影响可以通过云掩码来去除，气溶胶散射效应则需要在反演过程中估算校正。当前，利用最优化估计方法反演 CO_2 时，通常预先定义 4 种已知的气溶胶类型。在一定气溶胶光学厚度范围内，建立 4 种按不同比例组合的气溶胶查找表。反演过程中利用具有处理气溶胶多次散射功能的大气辐射传输模型，对气溶胶与 CO_2 浓度同时进行反演，实现气溶胶散射效应的估算校正。

差分吸收光谱算法 DOAS 也可用来反演痕量气体。这种方法广泛应用于地基对流层和平流层痕量气体总量的反演中。虽然卫星观测的反射太阳光谱比地基观测的入射太阳光谱在大气传输过程中复杂得多，但差分光学吸收光谱方法仍可成功用于星载仪器（GOME 和

SCIAMACHY)观测数据的分析计算。DOAS 算法的核心在于将大气消光作用分为随波长快速变化的部分和随波长缓慢变化的部分,然后对随波长快速变化的部分利用 Beer-Lamber 定律计算气体的浓度。

（3）二氧化碳卫星观测平台

在世界各国的共同努力下,迄今已发射多个针对 CO_2 监测的卫星,不同卫星平台的主要特点如下:

1）SCIAMACHY

SCIAMACHY 是欧洲环境监测卫星 ENVISAT 上搭载的十大传感器之一,共有 8 个通道,可以识别并反演出大气对流层、中间层以及平流层范围内的大气痕量气体。大气对流层 XCO_2 浓度的反演主要依靠第 6 和第 7 通道,但由于后期出现传感器结冰问题,XCO_2 的反演主要利用第 6 通道完成。基于 SCIAMACHY 传感器,XCO_2 数据处理算法采用差分吸收法和最优估算法。

2）GOSAT/GOSAT-2

GOSAT 作为世界第一颗温室气体专用卫星,其观测性能相比早期的 SCIAMACHY 观测 XCO_2 的结果有了巨大的飞跃,在重访周期仅 3d 的前提下,空间分辨率由原来的 30 km×60 km 进一步提升到了 10.5 km×10.5 km。因此受到国际上许多科学家的青睐,并相继开发出 4 种不同的 XCO_2 浓度反演算法。

3）OCO-2

为了监测近地表的碳源/碳汇信息,NASA 于 2014 年 7 月成功发射轨道碳观测者 2 号卫星(OCO-2),填补了由于轨道碳观测者 1 号卫星(OCO)未能成功打开整流罩而发射失败的缺憾。OCO-2 是继 GOSAT 之后世界第二颗大气二氧化碳专用观测卫星。其空间分辨率由 GOSAT 的 10.5 km×10.5 km 进一步提升到了 1.29 km×2.25 km。

4）TanSat

我国首颗碳卫星自 2016 年 12 月成功发射,完成了各项卫星性能的指标测试,达到并超过了设计要求。TanSat 以高光谱温室气体探测仪(ACGS)、云和气溶胶探测仪(CAPI)为主要载荷。TanSat 具有类似 OCO-2 的温室气体探测载荷,采用 CO_2 光栅光谱仪,具有 3 个光谱通道,包括 CO_2 弱吸收带通道、CO_2 强吸收带通道和 O_2-A 吸收带通道。

5）句芒卫星

2022 年 8 月 4 日,陆地生态系统碳监测卫星(句芒号)在太原卫星发射中心成功发射。该卫星是一颗三轴稳定的太阳同步轨道对地观测卫星,轨道高度为 506 km,回归周期为 59 天,降交点地方时为上午 10:30。卫星质量为 2936 kg,设计寿命为 8 年。卫星配置多波束激光雷达、多角度多光谱相机、超光谱探测仪、多角度偏振成像仪共 4 种有效载荷,有激光、多光谱、多角度、超光谱、偏振探测 5 种探测方式,是世界首颗以主、被动联合光学观测方式实现对森林碳汇定量化测量的遥感卫星,其林分平均高测量精度优于 1.5 m。句芒号的发射将改变目前我国主要通过人工抽样监测森林植被的传统碳汇测量工作方式,使我国碳汇测量进入了可全球自动测量的天基遥感时代。

5.4.2 甲烷遥感

作为仅次于二氧化碳的第二大温室气体,甲烷(CH_4)自工业革命以来在大气中的含量迅速增加。CH_4 的浓度变化对大气的化学过程和气候变化都具有重要作用，作为一种重要的温室气体，CH_4 对温室效应的增强作用约占 20%，仅次于 CO_2。虽然 CH_4 在空气中的含量远远低于二氧化碳，但是单位浓度 CH_4 的温室效应是 CO_2 的 25 倍，大气中的 CH_4 持续增长会对地球的辐射平衡产生影响，并直接影响气候变化。然而，相对于其他温室气体遥感，CH_4 遥感监测研究相对较少。1983 年起，世界气象组织（WMO）在全球不同经纬度地区相继建立大气本底监测站网，连续监测近地面 CH_4 浓度变化。但由于观测台站有限，全球许多地方存在观测空白，依靠飞机对高空甲烷分布信息进行监测的时空覆盖率低，因此至今人们对甲烷的全球分布及其变化规律还难以系统掌握。近年来，国际上多研究人员基于甲烷在红外 7.66 μm、3.3 μm 和 2.3 μm 的光谱吸收特性利用卫星遥感技术来获取长时间序列、广空间区域和高空三维的甲烷遥感监测信息。

（1）AIRS 甲烷遥感探测

AIRS（atmospheric infrared sounder）装载于美国航空航天局（NASA）发射的 Aqua 卫星上，用于测量地球大气和地面特征。AIRS 是一台高光谱分辨率光谱仪，在热红外波段（3.7 ~ 15.4 μm）有 2378 个波段，在可见光区（0.4 ~ 1.0 μm）有 4 个波段。可以获得温度、水汽、臭氧、二氧化碳和甲烷等气体浓度分布数据。AIRS 采用天底观测模式，其星下点空间分辨率为 13.5 km，扫描宽度为 1650 km，扫描角度为 ±49.5°，瞬时视场 1.1°，每天扫描全球 2 次。该仪器通过对红外光谱的探测，实现了对流层中高层 CH_4 信息的提取。

（2）甲烷含量探测卫星及数据产品

迄今，国外已经发射了多颗大气遥感监测卫星，用于寻找全球甲烷等气体释放的"热点"地区，研究全球气候变暖和大气污染等方面的问题。甲烷气体的主要排放源有油气开采区、油气自然渗漏区、天然气集气站和垃圾处理站等。除了上述 AIRS 甲烷遥感探测，目前可以探测大气中甲烷含量的卫星有搭载 MOPITT 传感器的 TERRA 卫星、搭载 SCIAMACHY 传感器的 ENVISAT 卫星、日本的温室气体观测卫星（GOSAT）、激光大气甲烷检测卫星（G/F CH_4 Laser）和碳观测小卫星星座（CarbonSat）。表 5-6 列出了上述卫星/传感器的基本参数。

表 5-6　大气甲烷含量检测卫星/传感器基本参数

卫星/传感器	发射时间	甲烷探测谱段/nm	空间分辨率/（km×km）
TERRA/MOPITT	1999 年	2200	22×22
ENVISAT/SCIAMACHY	2002 年	1629 ~ 1671	30×60
GOSAT	2009 年	1600 ~ 1700	10×10
G/F CH4 Laser	2014 年	—	1×100
CarbonSat	2018 年	1560 ~ 1675	2×2

5.4.3　大气水汽遥感

从含量来看，全球大气水汽体积约为 12900 km^3，占全球水量的 0.001%。虽然大气水汽的含量较少，但是它是地圈、生物圈、岩石圈的关键参量之一，不仅影响全球的能量平衡，也对全球或区域的水文过程产生影响。大气水汽是重要的温室气体来源，也是重要的水文生态参数，主要来源于地表蒸散。大气水汽主要分布在对流层内，其复杂的空间分布及快速变化的特性使得大气水汽含量的高精度监测极其困难。因此，对大气水汽含量进行有效监测和科学分析是实现各类灾害性天气事件精准预报的重要前提与关键所在，也是准确预报极端天气事件和提升防灾减灾应急能力的重要保障。

（1）大气水汽的电磁辐射作用

大气水汽遥感的物理依据是其在不同波段的光谱响应特征。在可见光–近红外波段大气水汽（绿）、液态水（红）和冰晶（蓝）衰减系数随波长的变化如图 5-17 所示。可以看出，即使在很狭窄的波段范围，大气水汽也有明显的波峰、波谷。其原因在于水汽水分振动的倍频和合频作用。大气水汽吸收峰主要出现在 $0.57~\mu m$、$0.72~\mu m$、$0.91~\mu m$、$0.94~\mu m$、$0.98~\mu m$ 和 $1.14~\mu m$ 波段；液态水和冰晶的吸收峰位置与大气水汽吸收峰类似，但对电磁波的衰减作用整体上大于大气水汽。

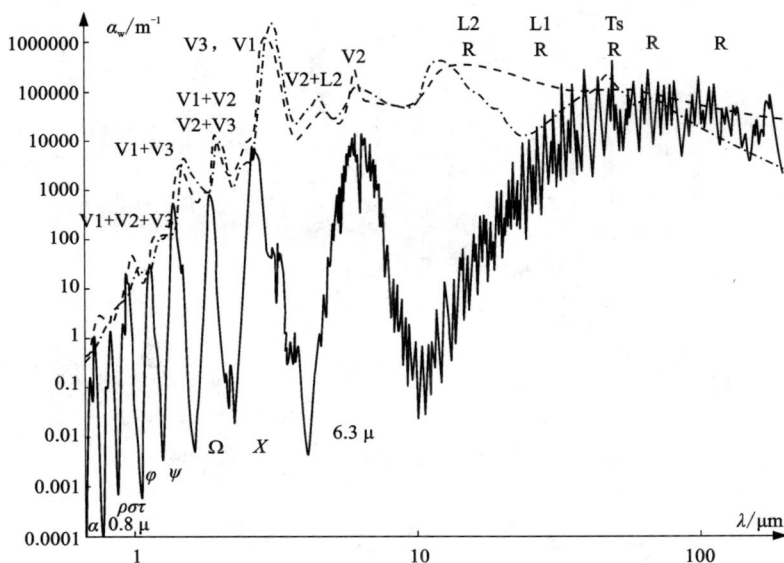

图 5-17 大气水汽（绿）、液态水（红）和冰晶（蓝）衰减系数随波长变化

（扫描目录页二维码查看彩图）

热红外、微波水汽辐射与吸收特性如图 5-18 所示。地球大气的平均发射率为 0.83，水汽贡献约占 0.63。水汽吸收主要为振动吸收和偏转吸收，无论是红外还是微波吸收谱，都有为数众多的波峰、波谷交替频繁出现的特性。

（2）大气水汽遥感方法

基于以上大气水汽的典型特性，大气水汽遥感的主要反演方法可分为可见光–近红外、热红外、被动微波、主动微波、激光雷达和多传感器联合等不同类型，各种方法的优缺点及估算精度如表 5-7 所示。

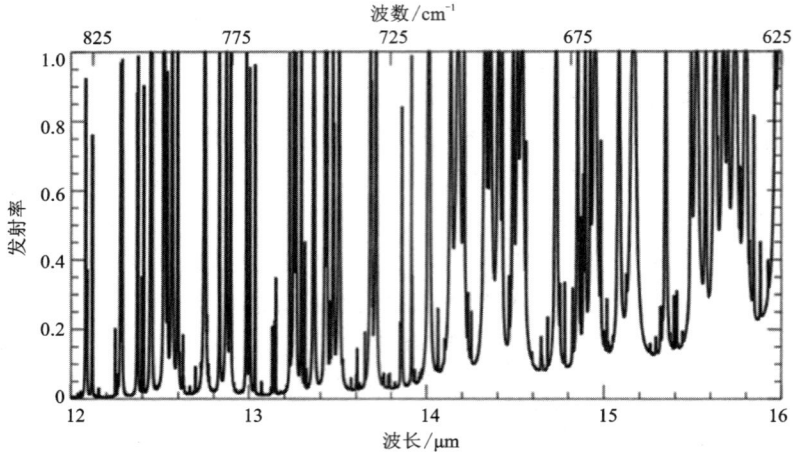

(a) 大气水汽的光谱发射率

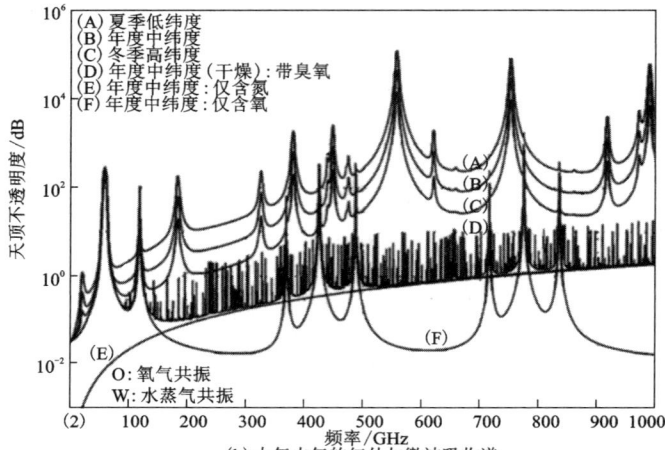

(b) 大气水汽的红外与微波吸收谱

图 5-18　热红外、微波水汽辐射与吸收特性

表 5-7　大气水汽遥感主要方法

基本类型	主要方法	优点	缺点	估算精度
可见光-近红外	差分吸收光谱法、双/三通道算法	算法原理简单空间分辨率高	易受云层影响，仪器有定标误差	5%~10%
热红外	SB93 法、劈窗方法、线性回归法、物理迭代法、神经网络法	反演大气剖面水汽分布	易受云层影响计算量大	总量 3~5 mm剖面 10%~15%
被动微波	线性回归法、物理迭代法、神经网络法、TB 模型	不受云层影响	地表辐射影响	0.2~0.5 mm
主动微波	信号延迟法	全天候	海洋上空应用困难	2 mm
激光雷达	双通道法等	全天候	激光对生物有危害，易受太阳辐射影响	10%~15%
多传感器联合	MRAP、OE、3I	反演精度高	计算量大，误差来源不易确定	3~5 mm

1）可见光-近红外遥感反演

可见光-近红外遥感反演的理论依据是可见光-近红外波段电磁辐射传输方程：

$$\rho_{\text{TOA}} = T_g\left(\rho_a + \frac{\rho T_s T_v}{1-\rho S}\right) \tag{5-28}$$

式中，ρ_{TOA} 表示传感器接收到的大气层顶反射率；ρ_a 表示大气中由 Rayleigh 散射和气溶胶散射造成的大气程辐射；ρ 为地表反射率；S 为大气半球反照率；T_s 为大气下行透过率；T_v 为大气上行透过率；T_g 为大气水汽透过率。大气水汽总的含量与大气水汽透过率 T_g 之间存在如下的近似关系：

$$T_g = \exp(\alpha - \beta\sqrt{\text{PWC}}) \tag{5-29}$$

式中，PWC 表示大气可降水量；α 和 β 表示和传感器波段响应函数有关的系数。可以看出，大气水汽透过率 T_g 是大气水汽反演的关键。

大气水汽透过率可以通过双通道算法和三通道算法反演。双通道算法假定在较短的波长范围内地表反射率保持不变，将水汽吸收波段的大气水汽透过率近似表达为水汽吸收波段与相邻非水汽吸收波段的大气层顶反射率之间的比值，进而通过建立大气水汽透过率与大气水汽含量之间的统计关系，反演大气的水汽含量，其公式为：

$$T_g = \frac{\rho_{\text{ab}}}{\rho_{\text{non-ab}}} \tag{5-30}$$

三通道算法是双通道算法的改进，该算法利用两个非水汽吸收波段的大气层顶反射率加权平均的方法，减少了地表反射率随波长变化的影响。

2）热红外遥感反演

相较于可见光-近红外波段，大气水汽对热红外波段具有更强的吸收能力，构成热红外波段反演的物理基础。热红外波段电磁辐射传输方程如下：

$$I = \tau_S T_S + (1-\tau_S)T_a \tag{5-31}$$

式中，I 表示大气层顶辐亮度；T_S 表示地表亮度温度；T_a 表示大气平均亮度温度；τ_S 表示整层大气的透过率。此外，Dalu（1986）提出了线性回归算法，反演海洋上空的大气水汽含量（W）。该方法利用相邻、具有不同水汽透过率的热红外波段反演大气水汽含量，公式如下：

$$W = A(T_{11} - T_{12}) + B \tag{5-32}$$

式中，W 为大气含水量；T_{11}、T_{12} 代表相邻的、具有不同水汽透过率的热红外波段的观测温度；A、B 为线性回归系数。

3）被动微波遥感反演

被动微波具有不受云层干扰等优势，可以单独反演大气水汽，或者与红外波段数据联合反演大气水汽剖面，为云层覆盖条件下的大气水汽剖面反演提供了重要途径。被动微波波段电磁辐射传输方程如下：

$$T = \tau_S T_S + (1-\tau_S)T_a + T_{\text{ex}} \tag{5-33}$$

式中，T 表示传感器接收的亮度温度；T_S 表示地表亮度温度；T_a 表示大气平均亮度温度；T_{ex} 表示来自宇宙辐射的亮度温度，可近似为 2.7 K；τ_S 表示整层大气的透过率。基于统计方法，Staelin 等（1976）采用线性回归方法，利用 22.235 GHz 的水分子转动吸收波段和 31.4 GHz 大气窗口波段亮度温度数据，反演海洋表面大气水汽含量，公式如下：

$$W = -4.03 + 0.0841T_{22.235} - 0.0515T_{31.4} \qquad (5-34)$$

基于物理模型方法，Wentz（1997）根据微波波段的大气辐射传输方程，利用 SSM/I 传感器的极化特性，建立了解析型 TB 物理模型，包括近地表风速、水汽含量、液态水含量等 3 个主要变量，以及海面温度、大气等效温度、大气等效压强和风向等 4 个次级变量，公式如下：

$$F(W, V, L) = T_{BU} + \tau [ET_s + (1 - E)(\Omega T_{BD} + \tau T_{BC})] \qquad (5-35)$$

式中，W、V 和 L 分别表示水汽含量、地表风速和液态水含量；T_{BU} 和 T_{BD} 分别表示大气上行和大气下行亮度温度；τ 表示大气透过率；E 表示海洋表面发射率；T_{BC} 表示宇宙背景辐亮度温度，约等于 2.7 K。

5.4.4　典型温室气体遥感数据产品

卫星遥感是盘点全球碳排放与大气本底温室气体浓度监测的重要工具。温室气体监测卫星的主要探测目标是 CO_2、CH_4、大气水汽等。

（1）CO_2 遥感产品

CO_2 是大气中主要温室气体之一，对全球气候变化具有重要影响，其浓度变化及时空分布受到广泛关注。下面介绍三种 CO_2 遥感数据产品。

全球对流层中层二氧化碳柱浓度数据集（2003—2015）是符传博等发布在全球变化科学研究数据出版系统（http：//www.geodoi.ac.cn）的空间分辨率为 2°（纬度）×2.5°（经度）、时间分辨率为年/月的二氧化碳柱浓度数据集。该数据集基于美国 Aqua 卫星搭载的大气红外垂直遥感器（AIRS）数据反演的 2003—2015 年全球对流层中层 CO_2 柱浓度资料，并利用地基观测结果对其进行验证。该数据集使用的月平均 CO_2 浓度数据下载自 NASA 官方网站，5 个全球本底观测站 CO_2 浓度资料下载自 WMO WDCGG 网站。

全球大气二氧化碳浓度 2°×2.5°栅格模拟数据集（1992—2020）是侯炜烨等发布在全球变化科学数据出版系统（http：//www.geodoi.ac.cn）的空间分辨率为 2°（纬度）×2.5°（经度），时间分辨率为年/月的二氧化碳浓度栅格模拟数据集。该数据集以 2002—2012 年全球对流层 CO_2 浓度产品（AIR×3C2M 005）为数据源，对改进的 CO_2 浓度正弦估算模型进行逐像元参数率定与模拟，得到 1992—2020 年全球 2°×2.5°分辨率的 CO_2 浓度月均值数据集，并利用站点观测数据对产品精度进行验证与分析。

精确的和高分辨率的二氧化碳（CO_2）排放数据对实现全球碳中和具有重要意义。清华大学首次提出了来自化石燃料和水泥生产的近实时全球网格化每日二氧化碳排放数据集（称为 GRACED），全球空间分辨率为 0.1°×0.1°，时间分辨率为 1 天。根据近实时数据集（碳监测）的每日国家二氧化碳排放量、全球碳网格（GID）的点源排放数据集的空间模式、全球大气研究排放数据库（EDGAR）和卫星二氧化氮（NO_2）反演的时空模式，计算出不同部门的网格化化石排放。该数据是全球首个近实时（1 个月）精细（天尺度、0.1°）碳排放空间数据（自 2019 年 1 月 1 日起），它的创建为全球碳排放动态监测及政策评估提供了重要的数据支撑。

（2）CH_4 遥感产品

作为仅次于二氧化碳的第二大温室气体，甲烷对于地球辐射平衡和气候变化也有较大的影响，不少学者研究了甲烷相关的遥感数据产品。

全球大气二氧化碳与甲烷月平均垂直柱浓度分布空间连续数据集（2010—2021 年）是由

北京航空航天大学周冠华副教授、景贵飞教授等研制生产的、发布在国家地球系统科学数据中心的空间分辨率为 $2.5° \times 2.5°$、时间分辨率为月的数据产品。该数据集基于 GOSAT 卫星数据产品采用经验正交函数(EOF)算法对缺失数据进行重建,得到 2010—2021 年空间连续的数据集,后续数据将不断更新。数据集包括时间、经度、纬度和垂直柱浓度 4 个属性。经过与全球地基碳柱总量观测网(TCCON)的广泛验证,重建后的二氧化碳柱浓度(XCO_2)的相关系数 $R^2 = 0.95$,甲烷柱浓度(XCH_4)的相关系数 $R^2 = 0.86$,质量可靠,可满足碳核查、碳盘点和气候变化等相关应用需求,服务于国家"双碳"目标。

2010—2018 年全球甲烷排放量数据集是 Zhang 等发布的空间分辨率为 $4° \times 5°$ 的甲烷排放量数据集。该数据集利用 2010—2018 年的 GEOS - Chem 模型,利用 Parker 和 Boesch (2020 年)的 GOSAT CO_2-proxy CH_4 反演进行了遥感数据反演。反演优化了非湿地排放的平均值和趋势,以及 14 个次大陆地区的湿地月排放和半球 OH 浓度(甲烷损失率)的年平均值和趋势。在反演后,将甲烷反演结果与全球地基碳柱总量观测网(TCCON)进行了验证。

(3)大气水汽遥感产品

水汽是地球上含量最丰富的温室气体,是全球水分及能量循环的关键纽带。目前较多学者针对目前的水汽产品开展融合研究以弥补数据缺失和不确定性等方面的不足。

利用国产 HY-2A 和国际 SSMIS、WindSat、AMSR-E、ASMR2 微波辐射计大气柱水汽含量单星数据,孙伟富等基于最优插值算法,生成了 2003—2015 年共 13 年的全球海洋大气柱水汽含量遥感融合产品数据,产品的时间分辨率为 1 天,空间分辨率为 $0.25° \times 0.25°$,时间范围为 2003 年 1 月 1 日至 2015 年 12 月 31 日。为了验证国产 HY-2A 微波辐射计水汽含量数据对融合结果的影响,同时生成了 2012—2015 年未使用 HY-2A 数据的全球海洋每日 0.25° 遥感融合产品。所有产品格式为 NetCDF,其中包括水汽含量和经纬度网格数据(网格数为 720×1440),以及数据产品生产单位、生产日期、时间等相关信息。数据产品记录三组数据字段:经度(lon)、纬度(lat)、水汽含量(water_vapor)。其中经度范围为 179.875°W—179.875°E,小数位保留 3 位,数据类型为浮点型,纬度范围为 89.875°S—89.875°N,小数位保留 3 位,数据类型为浮点型。水汽含量数据有效范围为 0~70000,填充值为-999,比例因子为 0.001,数据类型为整数型。

清华大学水利系遥感水文与水资源团队李雪莹博士和龙笛研究员融合 MODIS 遥感观测及 ERA5 再分析数据集,生成雅鲁藏布江流域高精度、高时空分辨率(0.01°,每日)及时空连续的大气水汽数据。该数据以晴空条件下 MODIS 水汽估算值为高分辨率数据(空间分辨率 1 km),时空连续的 ERA5 水汽产品为低分辨率数据(空间分辨率 0.25°),利用时空融合算法进行高、低分辨率数据融合。该算法考虑各个像元的空间权重及时间权重,要求输入数据空间完整以利用相似像元信息。由于流域尺度上 MODIS 产品难以提供空间完整的水汽分布,该研究提出以 0.25° 为融合单元(与低分辨率产品的空间分辨率保持一致)进行数据融合,基于 ERA5 水汽估算对融合得到的水汽结果进行线性校正以移除系统偏差。

(4)温室气体监测卫星

迄今,国际上欧盟、日本、美国、加拿大和中国相继发射了具备温室气体浓度观测能力的卫星。表 5-8 汇总了全球已发射和规划的温室气体监测卫星信息。

表 5-8　全球已发射和规划的温室气体监测卫星信息汇总

卫星或载荷	国家或机构	发射时间/年	精度		空间分辨率
			CO_2 浓度$/10^{-6}$	CH_4 浓度$/10^{-9}$	
SCIAMACHY	欧盟	2002	16	—	32 km×60 km
GOSAT	日本	2009	<4	34	ϕ10.5 km
GOSAT-2	日本	2018	1	5	ϕ9.7 km
GOSAT-GW	日本	2023	N. A	N. A	10 km/1~3 km
OCO-2	美国	2014	1	—	1.29 km×2.25 km
TanSat	中国	2016	1~4	—	1 km×2 km
Sentinel-5P	欧盟	2017	—	5.6	7 km×5.5 km
Sentinel-5	欧盟	2022	—	N. A	7 km×7 km
FY-3D	中国	2017	1~4	—	ϕ10 km
GF-5	中国	2017	1~4	—	ϕ10.5 km
OCO-3	美国	2018	1	—	约 4 km²
Microcarb	法国	2022	0.5~1		2 km×2 km
MethaneSAT	美国	2022	—	2	100 m×400 m
Metop-SGA	欧盟	2023	N. A	N. A	7 km×7 km
FengYun-3G	中国	2022	N. A	N. A	N. A
GEOCARB	美国	2022	1.2	10	3 km×6 km
DQ-01	中国	2022	N. A	N. A	N. A
CO2M	欧盟	2026	0.7	10	4 km²
DQ-02	中国	2023	N. A	—	3 km
MerLin	法国	2024	—	22	ϕ50 km
ASCENDS	美国	2025		1	N. A
Carbon Mapper	美国	2023	N. A	N. A	30 m
GHGSat	加拿大	2016，2020，2021	4	18	25 m

注：N. A 表示无法获得。

5.5　近地表大气污染遥感

5.5.1　气溶胶遥感

（1）气溶胶遥感概述

气溶胶是指大气中悬浮的固体和液体微粒共同组成的多项体系，当以大气为载体时称为大气气溶胶，其尺度范围为 0.001~10 μm。除一般无机元素外，其化学组分还有元素碳

(EC)、有机碳(OC)、有机化合物(尤其是挥发性有机物(VOC)、多环芳烃(PAH)和有毒物)和生物物质(细菌、病菌、霉菌等)。大气中气溶胶的含量虽少,但它是大气中的重要组成部分,对全球辐射平衡、气候变化和人类健康等起着直接或间接的作用。

传统的对大气气溶胶监测的方法以地面实时监测为主,很难满足当前环境监测的实时和动态要求,遥感监测手段正好弥补了这一不足,能够对大气污染进行动态监测和预报,具有广阔的应用前景。目前对气溶胶的遥感反演研究主要集中在气溶胶光学厚度、气溶胶浓度和气溶胶粒度谱等。

(2)气溶胶遥感反演原理及算法

卫星接收到的光谱信息来自地球大气散射及地表反射的综合作用,这是卫星遥感反演的基本原理。假设地球表面为均匀朗伯表面,不考虑气体吸收,卫星观测到的表观反射率 $\rho_\lambda^*(\theta_0, \theta, \varphi)$ 可表示为:

$$\rho_\lambda^*(\theta_0, \theta, \varphi) = \rho_\lambda^\alpha(\theta_0, \theta, \varphi) + F_\lambda(\theta_0) T_\lambda(\theta) \rho_\lambda^s(\theta_0, \theta, \varphi) / [1 - S_\lambda \rho_\lambda^s(\theta_0, \theta, \varphi)]$$

$$(5-36)$$

式中:θ_0、θ、φ 分别是观测天顶角、太阳天顶角和太阳光线的散射辐射方位角;$F_\lambda(\theta_0)$ 为归一化地表反射率的下行辐射通量;$T_\lambda(\theta)$ 为向上的总透过率;S_λ 为大气后向散射比;$\rho_\lambda^\alpha(\theta_0, \theta, \varphi)$ 为程辐射反射率;$\rho_\lambda^s(\theta_0, \theta, \varphi)$ 为下垫面的反射率,即地表反射率。

目前已有的各种气溶胶卫星反演方法都是针对不同地表类型和气溶胶组成的不同,以不同的原理对气溶胶进行反演。根据反演方法原理的不同,对卫星气溶胶反演算法进行归纳,如表5-10所示。

表5-10 卫星气溶胶反演算法

反演算法名称	算法优缺点
暗像元法	只适用于低反射率地区且需要已知地表反射率的先验知识
改进暗像元法	将可见光和中红外的反射率比值进行函数化,同时考虑了植被指数的影响
结构函数法	利用地表反射率不随时间变化的特点并用同一地方不同时间的影像差异来反演气溶胶,但该方法忽略了地气之间的多次散射且受天气影响较大
多角度遥感法	利用卫星信号中包含的角度信息来分离地表和大气的贡献,从而反演出大气气溶胶,可应用于高亮地表地区
双星协同法	无须事先假定气溶胶类型等参数,无须估算地表反照率,可应用于包括城市等高反射率地区在内的各种地表类型
偏振(极化)特性遥感	利用气溶胶的极化信息反演其光学特性,但该算法参数较多,反演结果较慢
深蓝算法	该方法基于在蓝光波段气溶胶光学厚度对传感器接收到的辐亮度有显著贡献,用红蓝波段进行反演。但该算法对地表反射率的精度要求较高,并受气溶胶垂向分布及相函数的影响
云顶 AOD 法	能在有云的情况下进行气溶胶反演
地气耦合算法	基于辐射传输原理,采用多波段卫星遥感数据,建立像元信息组合联合方程组进行像元信息分解,实现地气解耦

（3）气溶胶卫星遥感传感器

目前应用于气溶胶反演的卫星传感器很多，每个传感器都有其自身的优点来为研究气溶胶提供大量的有效信息。目前用于气溶胶遥感反演的传感器有 AVHRR/NOAA、TOMS、EOS-Terra & Aqua/MODIS & MISR、TM、AASTR、POLDER、HJ-1 和 FY 等。表 5-11 列出了几种用于气溶胶反演的卫星传感器及其用途。

表 5-11　几种用于气溶胶反演的卫星传感器及其用途

卫星传感器	空间分辨率/km	主要用途
AVHRR	1.1	气象、气候
TOMS	50	臭氧、气溶胶
MODIS	L2：10×10	气溶胶、气候
HJ-1	0.03	环境监测
FY-3A	1.1（可见光）	气溶胶、云参数
TM	0.03	陆地
ATSR-2	1	气溶胶、臭氧和水汽
AATSR	1	气溶胶、陆地、地表
POLDER	6	气溶胶
VIIRS	0.4	气溶胶和云检测

5.5.2　PM$_{2.5}$ 遥感反演

（1）PM$_{2.5}$ 遥感反演概述

随着全球城市化和工业化的快速发展，空气污染物人为排放量居高不下，其中 PM$_{2.5}$（粒径≤2.5 μm 的细颗粒物）已成为空气污染最严重的污染物之一。虽然 PM$_{2.5}$ 只是地球大气中含量很少的组分，但富含大量有毒、有害物质，易成为病毒和细菌载体，且在大气中的停留时间长、输送距离远，对人体健康、大气环境的质量以及生态环境的危害很大。当前，国际上对 PM$_{2.5}$ 的时空分布监测、预测或反演主要有两种方法。第 1 种方法是采用区域大气质量预测预报模式或模型，最具代表性的是第三代空气质量模型 Models-3/CMAQ，该模型预测精度受机制过程简化和模型参数不确定性的影响很大。第 2 种方法是采用遥感技术反演与 PM$_{2.5}$ 有物理机制联系的气溶胶光学厚度（AOD），然后建立 PM$_{2.5}$ 与 AOD 的统计关系。第 2 种方法又分为地基遥感和卫星遥感两种方法，地基遥感是指利用地面设置遥感设备，如利用太阳光度计测量 AOD，进而获得 PM$_{2.5}$ 的浓度分布情况。地基遥感成本高、非常耗时，尤其在发展中国家，监测点分布稀疏、空间连续性差。而卫星遥感覆盖面积大、成本低、具有空间上的连续性，且 PM$_{2.5}$ 具有远距离传输等特点，通过卫星遥感，可有效研究 PM$_{2.5}$ 的来源和传播趋势，有助于开展 PM$_{2.5}$ 的治理工作。

（2）PM$_{2.5}$ 遥感反演方法

气溶胶粒子通过吸收散射能对光线产生消减作用，利用卫星搭载设备可以对 AOD 进行测定。卫星遥感反演大气气溶胶是基于卫星传感器探测到的大气上界的表观反射率，也是卫星传感器接收到的辐射值，其公式表示如下：

$$\rho_\lambda^*(\theta_0, \theta, \varphi) = \rho_\lambda^\alpha(\theta_0, \theta, \varphi) + F_\lambda(\theta_0)T_\lambda(\theta)\rho_\lambda^s(\theta_0, \theta, \varphi)/[1 - S_\lambda\rho_\lambda^s(\theta_0, \theta, \varphi)]$$

$$(5-37)$$

式中：θ_0、θ、φ分别是观测天顶角、太阳天顶角和太阳光线的散射辐射方位角；$F_\lambda(\theta_0)$为归一化地标反射率的下行辐射通量；$T_\lambda(\theta)$为向上的总透过率；S_λ为大气后向散射比；$\rho_\lambda^\alpha(\theta_0, \theta, \varphi)$为程辐射反射率；$\rho_\lambda^s(\theta_0, \theta, \varphi)$为下垫面的反射率，即地表反射率。由式(5-37)可以看出，当地表反射率很小时，卫星观测反射率主要取决于大气贡献，但地表反射率很大时，地表贡献将成为主要贡献，因此卫星观测到的反射率既是 AOD 的函数，也是下垫面反射率的函数，知道下垫面反射率，并根据不同地区的气溶胶特征，确定大气气溶胶的模型，就可以得到 AOD。由于 AOD 与 $PM_{2.5}$ 具有较高的相关性，利用 AOD 与地面监测指标之间的数学关系，进而建立相应的数学统计模型，就是基于卫星遥感反演 AOD，进而通过统计模型预测 $PM_{2.5}$ 的基本原理和思路。

基于卫星遥感的大气 $PM_{2.5}$ 反演研究通常采用卫星气溶胶光学厚度（AOD）产品和 $PM_{2.5}$ 数据之间的关系来估算，其方法主要分为三类，即包括机器学习在内的经验统计方法、基于化学传输模型方法，以及半经验公式等其他方法。三类方法的优缺点见表 5-12。

表 5-12　不同 $PM_{2.5}$ 遥感反演方法的优缺点

方法	优点	缺点
基于化学传输模型方法	无需 $PM_{2.5}$ 地面监测数据；可以提供预测数据；可以插补 AOD 的缺失值并提供连续数据；能够解释影响 AOD-$PM_{2.5}$ 关系的多种因素	成本相对较高；受污染物排放清单、模型参数化不确定等影响，不确定性较高
经验统计方法	可以在没有了解复杂的化学和物理相互作用的情况下进行估算；可以根据区域等研究特性选择不同的输入变量、不同的适宜模型；机器学习模型可以很好地解释 AOD 和 $PM_{2.5}$ 之间的非线性关系，容纳不断增长的数据规模	依赖于地面监测数据；引入变量越多，数据量越大，变量间非线性关系越复杂；难以反映输入变量之间的物理化学相关性
其他方法	半经验公式构建物理机制，不依赖于地理数据；垂直订正可以根据近地表条件校正大气柱 AOD 来增加其与 $PM_{2.5}$ 的相关性	半经验公式难以完全表达 AOD 和 $PM_{2.5}$ 之间复杂的物理机理，而且数据获取难度大；垂直订正方法未考虑 $PM_{2.5}$ 垂直分层结构

在上述方法中，基于统计模型与机器学习的方法已经成为大气 $PM_{2.5}$ 遥感反演最为重要的技术途径，以下进行详细阐述。

1）线性回归模型（SLR）：前期研究基于 AOD-$PM_{2.5}$ 的线性关系建立线性回归模型（SLR），得到较好的拟合结果。但由于排放和气象条件变化影响，这种关系在不同的地区和时间都会产生变化。其公式如下：

$$PM_{2.5} = \beta_0 + \beta_{AOD} \cdot AOD \tag{5-38}$$

式中，β_0、β_{AOD} 为模型的回归系数。

2）多元线性回归模型（MLR）：通过纳入更多气象变量（包括相对湿度、温度、风速和行星边界层高度等），多元线性回归模型（MLR）可以更好地表示 AOD-PM$_{2.5}$ 的关系。其函数关系如下：

$$PM_{2.5} = \beta_0 + \beta_{AOD} \cdot AOD + \beta_X \cdot X \tag{5-39}$$

式中，β_0、β_{AOD}、β_X 为模型的回归系数；X 为气象变量（包括相对湿度、温度、风速和行星边界层高度等）。

3）土地利用回归模型（LUR）：在 MLR 模型的基础上考虑土地利用的相关变量，这些变量主要反映研究区的环境特征，如工业用地面积、道路长度、交通量和人口密度等。

$$PM_{2.5} = \beta_0 + \beta_{AOD} \cdot AOD + \beta_Y \cdot Y \tag{5-40}$$

式中，β_0、β_{AOD}、β_Y 为模型的回归系数；Y 为气象变量和土地利用相关变量。

4）混合效应模型：线性混合效应（LME）模型使用固定和随机的斜率和截距对预测变量进行校准，以建立 AOD-PM$_{2.5}$ 的关系。其中，随机效应反映了变量随时间或监测站的变化，固定效应是 AOD 对 PM$_{2.5}$ 浓度的平均效应，不受时间和监测站变化的影响。此外，还有时空线性混合效应（STLME）模型。其公式如下：

$$PM_{2.5} = (\beta_0 + \beta_{0,t}) + (\beta_{AOD} + \beta_{AOD,t}) \cdot AOD + \beta_X \cdot X \tag{5-41}$$

式中，β_0、β_{AOD} 为不随时间变化的模型固定效应系数，而 $\beta_{0,t}$ 与 $\beta_{AOD,t}$ 为模型随机效应系数，随时间而改变，反映 AOD-PM$_{2.5}$ 关系的时间变异性。

5）地理加权回归：基于"回归系数是线性回归中观察点空间位置的函数"的假设，根据观察点之间的距离分配空间权重，提出了地理加权回归（GWR）模型。为了更好地同时捕捉空间和时间的异质性，随之提出了地理时间加权回归（GTWR）模型，并证实其比单个 GWR 模型具有更好的性能。地理加权回归（GWR）模型的公式如下：

$$PM_{2.5,s} = \beta_0(\mu_s, v_s) + \beta_{AOD}(\mu_s, v_s) \cdot AOD_s + \beta_X(\mu_s, v_s) \cdot X_s \tag{5-42}$$

式中，(μ_s, v_s) 表示空间位置 s 处的坐标，即模型系数随空间位置而改变。

6）广义可加模型（GAM）：简单线性模型的扩展，表现在引入了非线性函数，从而能够描述 AOD-PM$_{2.5}$ 关系的非线性特征。

$$PM_{2.5} = \beta_0 + S_{AOD}(AOD) + S_X(X) \tag{5-43}$$

式中，$S_{AOD}(\ )$ 与 $S_X(\ )$ 分别表示 AOD 及其他辅助变量的非线性函数。

7）机器学习模型：神经网络被率先应用于大气 PM$_{2.5}$ 遥感反演，其模型性能相比传统统计模型取得了较大的提高。此外，随机森林、支持向量机、梯度提升学习和深度学习等模型也逐渐得到了学者们的青睐。图 5-19 所示为利用卷积神经网络（convolutional neural network，CNN）模型估算大气 PM$_{2.5}$ 浓度。

（3）PM$_{2.5}$ 遥感反演传感器

目前，能用于 PM$_{2.5}$ 遥感反演的传感器主要有以下几种：云-气溶胶光达和红外探险者卫星观测器（CALIPSO）、中分辨率成像光谱仪（MODIS）、多角度成像光谱仪（MISR）、多角度多通道偏振探测器（POLDER）、大气臭氧总量绘图仪（TOMS）和 TOMS 的后继者臭氧监测仪（OMI），PM$_{2.5}$ 遥感反演的主要卫星和传感器参数如表 5-13 所示。

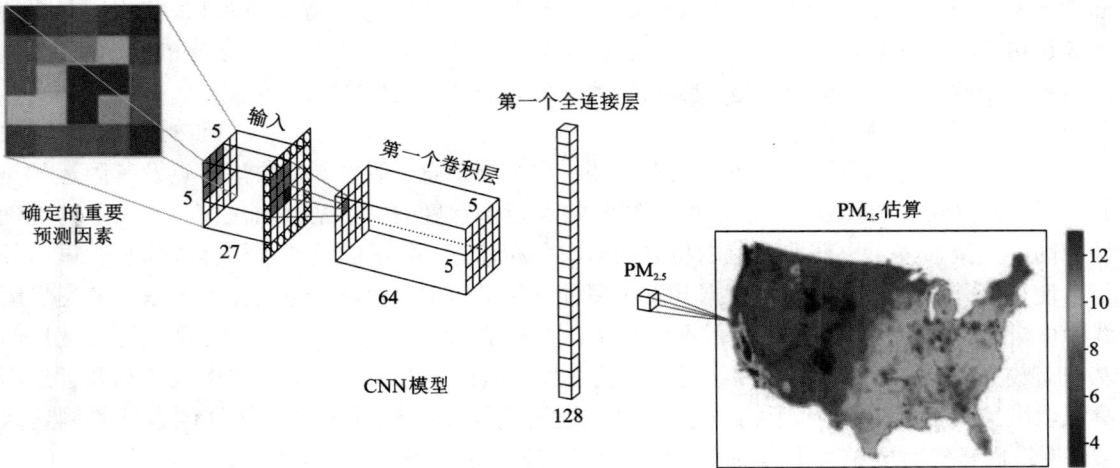

图 5-19 利用 CNN 模型估算大气 PM$_{2.5}$ 浓度示意

(扫描目录页二维码查看彩图)

表 5-13 PM$_{2.5}$ 遥感反演的主要卫星和传感器参数

卫星	传感器	时间	空间分辨率	重返周期
Adeos-2	POLDER-2	2002-12-14 至 2003-10-25	21 km×18 km	1d
Aqua	MODIS	2002 年至今	10 km	1~2d
Caliopso	CALIPSO	2005 年至今	5 km、40 km	1d
Eos Aura	OMI	2004 年 7 月至今	36 km×48 km	1d
Gms-5	VIS-SR	1995 年至今		1d
Goes	GOES	1994 年至今	4 km	30 min
Nimbus-7 Meteor3 Earth Probe	TOMS	1978-11-01 至 1993-05-06 1991-08-22 至 1994-11-24 1996-07-25 至 2005-12-31	1°×1°	1d
Noaa	AVHRR	1970 年至今	1.1 km	1d
Parasol	POLDER	2004 年至今	21 km×18 km	1d
Terra	MISR	1999 年至今	17.6 km	2~9 d
Terra	MODIS	1999 年至今	10 km	1~2 d

5.5.3 O$_3$ 遥感反演

（1）O$_3$ 遥感反演概述

作为地球大气的重要组成部分，臭氧是一种微量气体，可吸收太阳光线中绝大部分紫外线，保护地球上的生物免受紫外线辐射损害，此外臭氧在 9.6 μm 的红外波段具有很强的吸收带，故其还是一种温室气体，在对流层产生温室效应，具有保温作用。近地面的臭氧对人体健康和生态环境影响较大，其浓度较高时，会刺激人的眼、鼻、呼吸道和肺等组织，并对这些组织造成损伤。近年来，臭氧污染引起愈来愈多关注，臭氧已成为中国继 $PM_{2.5}$ 之后多地的首要污染物，臭氧污染防治是"十四五"时期及未来大气污染防治的重点。

（2）O_3 遥感反演方法

目前地面观测站点可提供近地面臭氧的时空分布信息，但主要反映该站点及其附近的臭氧信息，其空间上的代表性、准确性与观测站点疏密程度有关，站点密度高，空间上的准确性就高。卫星遥感可以获取大范围臭氧的时空分布信息，并可以反映整层臭氧信息。国内外学者使用紫外和热红外高光谱数据开发了多种算法进行卫星反演，包括臭氧柱浓度和臭氧廓线，对相关前体物的监测也进行了不少尝试（包括 HCHO、NO_x 等）。目前，臭氧柱浓度反演基本上较为成熟，精度可达 95%，对流层柱浓度反演精度为 85%。但臭氧廓线产品和近地面臭氧浓度反演精度较低，受限于卫星观测重返周期及传感器分辨率大气气候条件等制约因素，近地面臭氧对健康和生态的影响研究还有待进一步探索。

1）臭氧柱总量反演算法

臭氧柱总量获取方法主要包括比值法、紫外后向散射法、差分光学吸收光谱法（DOAS法）和产品合成法。①比值法：最早是利用两个不同波长的紫外线的辐射比值计算，一个波长被臭氧强烈吸收，另一个波长很少吸收，如 312 nm 和 331 nm 波长。②紫外后向散射法：主要利用紫外波段的散射特性估算臭氧柱总量，如 NOAA-16 星 SBUV-2 测量了 252～340 nm 的紫外散射，通过使用最大似然反演算法，从 8 个波段的观测数据估计臭氧垂直廓线，利用较长的 4 个波段获得臭氧柱总量。③DOAS 法：去除气溶胶、地表等影响，从 OMI 等高光谱紫外数据获得臭氧柱总量观测结果。④产品合成法：结合地面观测数据等，基于一种或多种臭氧柱总量产品，采用时空重建或重采样等方法优化合成时空连续的臭氧柱总量产品。

2）臭氧廓线反演算法

臭氧廓线反演的关键是选取合适的辐射传输模型，最优估计算法和特征向量法都较有效，但特征向量的数目能根据对求解的稳定条件约束而变化时，特征向量法更灵活。臭氧廓线反演算法起步相对较晚，但发展迅速，受限于卫星数据、云和方法影响等因素，其反演精度不高（70%～75%），目前应用较多的主要是最优估计方法，该方法对先验廓线尤其在对流层中低层依赖较大，反演信息几乎全部来自先验信息。基于多光谱联合的臭氧廓线反演方法可以有效提高对流层中低层臭氧廓线反演精度。

3）近地面臭氧多源遥感数据融合估算方法

近地面臭氧多源遥感数据融合估算方法是近年来快速发展起来的，其结合地面观测数据，通过对多种卫星遥感臭氧产品大量样本数据的迭代优化估算近地面臭氧浓度，主要利用以机器学习和深度神经网络学习为代表的数据融合技术获取近地面臭氧浓度。所有的数据融合方法，基于卫星数据或模式数据，采用随机森林等机器学习方法都可以有效提高近地面臭氧的反演精度，但是这些方法存在鲁棒性差、反演结果容易过拟合等问题。下一步需要在算法中优化特征选择以避免过拟合，进而建立一种高性能的泛化的近地面臭氧浓度反演模型。

（3）O_3 遥感探测传感器

目前，美国、俄罗斯、英国、荷兰、芬兰、法国、日本、巴西、韩国和中国等均已发射可用于监测 O_3 的卫星。O_3 观测方式也由单一卫星向协同轨道星座（如 A-train）、全球地球同步星座（如 NASA TEMPO、KARI GEO-KOMPSAT-2B 和 ESA Sentinel-4）发展。卫星探测传感器迄今有 50 余种，包括后向散射紫外光谱仪/辐射计/观测仪（TOMS、BUV/SBUV）、多通道滤波器辐射计（GOME）、临边大气传感器（ILAS）、红外干涉光谱仪（IRIS、IASI）、红外临边热传感器（LIMS）、高分辨率红外辐射测深仪（TOVS、HIRS）、掩星探测器（SAGE、HALOE、POAM、ATMOS、GOMOS）、微波临边探测器（MLS）和激光雷达探测仪等。全球臭氧探测仪器主要利用紫外和热红外光谱进行探测，探测方式包括天底探测、临边探测和掩星探测 3 种，天底探测可获取高精度臭氧柱总量和低垂直分辨率的臭氧廓线。掩星和临边探测主要获取中高层大气臭氧浓度，掩星探测可获取高垂直分辨率和高精度臭氧廓线，但受限于采样频率，数据量较少。临边探测可利用紫外、红外和微波波段开展全天候臭氧监测，具有高垂直分辨率和采样频率。

5.5.4 SO$_2$、NO$_x$ 遥感反演

（1）SO$_2$ 遥感反演

1）SO$_2$ 遥感反演概述

SO$_2$ 是一种无色、有刺激性气味的重要大气污染物。大气 SO$_2$ 主要源于自然排放，例如化石燃料的燃烧、土壤中有机质的氧化和火山喷发等，另外还有人类活动向大气中排放的 SO$_2$。SO$_2$ 在大气中极易被氧化成硫酸和硫酸盐，形成硫酸烟雾和酸雨，对生态环境造成较大的危害。

从 20 世纪 70 年代开始世界各地相继建立了大气痕量气体的连续自动监测系统，对 SO$_2$、CO 及 NO$_x$ 等痕量气体进行监测。传统大气 SO$_2$ 监测的方法主要有荧光光度法、化学发光法、甲醛-盐酸副玫瑰苯胺比色法和被动差分光学吸收光谱等。与传统大气 SO$_2$ 监测方法相比，遥感监测大气 SO$_2$ 可快速获取数据、限制条件少、反演方法更合理，能够很好地弥补传统方法监测大气 SO$_2$ 的不足，因此遥感监测技术在全球大气 SO$_2$ 变化的研究中发挥着越来越重要的作用。

2）SO$_2$ 遥感反演方法

目前利用遥感卫星反演大气 SO$_2$ 的方法主要有波段残差法和线性拟合法。①波段残差法（band residual difference，BRD）：O$_3$ 和 SO$_2$ 是吸收 310~330 nm 波段光谱最主要的两种气体，其中 SO$_2$ 对光谱的吸收明显强于 O$_3$ 对光谱的吸收。但是这两种气体在该波段对紫外辐射并没有完全吸收。含有这两种吸收气体特征的太阳紫外线后向散射辐射能被卫星大气探测仪探测到。②线性拟合算法（linear fit，LF）：线性拟合算法使用多个离散波段的紫外线来探究大气 O$_3$ 总量、SO$_2$ 和地面有效反射率。这一系列离散波段包含以 6 个臭氧总量观测仪波长为中心的波段和 4 个集中在 SO$_2$ 吸收横截面的最小值和最大值间且波长为 310.8~314.4 nm 的波段。

3）SO$_2$ 遥感探测传感器

目前用于大气 SO$_2$ 遥感监测的仪器主要有 TOMS、GOME、SCIAMACHY 和 OMI。与其他星载 SO$_2$ 定量监测传感器相比，Aura 卫星上搭载的 OMI 传感器具有更高光谱分辨率和空间分辨率，反演的结果也是最精确的。表 5-14 所示为用于大气 SO$_2$ 监测的 4 种仪器的主要性能参数。

表 5-14 SO$_2$ 遥感监测仪器主要参数

仪器	平均光谱分辨率/nm	平均空间分辨率/(km×km)	覆盖全球所需时间/d
TOMS	1	39×39	1
GOMS	0.2~0.4	40×320	3
SCIAMACHY	0.2~1.5	30×240	3
OMI	0.42~0.63	13×24	1

（2）NO$_x$ 遥感反演

1）NO$_x$ 遥感反演概述

氮氧化物（包括二氧化氮和一氧化氮）是主要由人为源排放到大气中的污染物之一，是形成对流层大气中硝酸盐颗粒、酸雨以及臭氧和光化学污染的关键前体物。对流层中臭氧的增加以及 NO$_2$ 浓度达到一定程度会危害人体健康和农作物的生长。对流层中的 NO$_2$ 主要来自化石燃料燃烧、生物质燃烧、土壤、海洋排放及闪电过程，其中人为源排放占比较大。近年来，氮氧化物排放量的增长引起了国内外学者的广泛关注。

对流层低层 NO$_x$ 浓度的变异性非常大，少量可用的 NO$_x$ 地面监测点很难监测区域尺度的 NO$_x$ 浓度。因此，在很长一段时间内，由于时空尺度的局限性，氮氧化物的全球分布只能通过模型计算来分析，即使用全球化学传输模型（CTMs）。但随着卫星遥感技术的发展，越来越多的学者开始使用遥感技术监测 NO$_x$ 浓度。

2）NO$_x$ 遥感反演传感器

1995 年 4 月发射的第二颗欧洲遥感卫星（ERS-2）上的全球臭氧监测实验仪（GOME），可以在全球范围内实现 NO$_2$ 垂直柱密度的反演。2002 年 3 月欧洲空间局 Envisat 卫星发射大气制图扫描成像吸收光谱仪（SCIAMACHY），可以提供更高分辨率的对流层 NO$_2$ 反演数据。2004 年发射的臭氧监测仪器（OMI）可提供每天对流层 NO$_2$ 的全球全覆盖监测。从这些仪器得到的对流层 NO$_2$ 垂直柱密度图已被用于多项分析与研究中，如污染排放和污染物分布研究等。

5.5.5 典型大气污染遥感数据产品

基于以上大气污染遥感方法，研究人员已经研发了一系列从全球到区域尺度的大气污染遥感数据产品。目前已公开的大气污染遥感数据产品主要有 Van Donkelaar 团队发布的基于 Geos-Chem 化学输运模型的全球 PM$_{2.5}$ 质量浓度数据集和韦晶团队利用机器学习算法生产的中国高分辨率高质量近地表空气污染物数据集（China high air pollutants，CHAP）。

（1）Van Donkelaar 团队全球 PM$_{2.5}$ 质量浓度数据集

Van Donkelaar 团队将 NASA MODIS、MISR 和 SeaWIFS 仪器的 AOD 反演结果与 GEOS-Chem 化学传输模型相结合，估计全球的地面细颗粒物（PM$_{2.5}$）浓度，随后使用地理加权回归（GWR）模型对全球地面观测数据进行校准。该数据集的时间分辨率为年度和月度，空间分辨率为 0.01° 和 0.1°。数据的存储格式是 NetCDF（.nc），投影方式为 WGS84 投影。该数据集的下载网址为 https：//sites.wustl.edu/acag/datasets/surface-pm2-5/。

（2）CHAP 数据集

CHAP 数据集是指中国高分辨率高质量近地表空气污染物数据集。它是基于大数据（如地基观测、卫星遥感、大气再分析和模式模拟等）和人工智能技术，考虑了空气污染的时空异质特性生产得到的。目前，该数据集包含 PM_1、$PM_{2.5}$、PM_{10}、O_3、NO_2、SO_2 和 CO 共 7 种常规颗粒物和气态污染物，以及 BC 等大气组分产品。CHAP 数据集不断更新，依托于 Github 和 Zenodo（https：//doi. org/10. 5281/zenodo. 3753614）平台供用户下载使用。目前，该数据中 PM_x 数据已更新至 V4 版本。该数据集利用大数据和人工智能，解决了卫星遥感产品的空间缺失问题，将数据可利用率提高了 60%，同时更新了输入变量，生产得到 2000 年以来中国逐日全覆盖不同粒径的 $PM_x(x=1, 2.5, 10)$ 产品。

5.6 小结

本章主要介绍了大气环境遥感方面的内容，主要分为五部分，分别为大气环境概述、大气环境遥感原理、气象要素遥感、温室气体遥感及近地表大气污染遥感。其中，前两节概述和原理部分是对大气环境的总体概述以及遥感在该方面应用的总体梳理，详细介绍了大气环境定义、大气圈结构及组成、大气物化性质、大气污染的相关内容、大气光谱特征、大气遥感原理及典型算法等相关知识。后三节分别从大气中的气象要素（包括云、降水、风）、温室气体（包括二氧化碳、甲烷、大气水汽）、近地表大气污染（气溶胶、$PM_{2.5}$、O_3、SO_2、NO_x）等不同方面介绍了遥感在大气环境遥感中的具体运用。

第 6 章　生态环境遥感

本章将在介绍生态环境的基础上，讲解生态环境遥感监测的基本原理，进而从自然生态环境、城市生态环境及农业生态环境三个方面，系统讲述生态遥感环境监测的主要方法，为系统理解生态环境遥感监测奠定基础。

6.1　生态环境概述

6.1.1　生态环境定义

要理解生态环境的定义，需要厘清生态、环境以及生态环境之间的联系与区别。其中，生态指生物在一定的自然环境下生存和发展的状态，表征了生物与其生存环境的关系。而环境是指直接或间接影响人类生活和发展的各种自然因素，是围绕人类的自然现象总体，可分为自然环境、经济环境和社会文化环境。自然环境是指由水土、地域、气候等自然事物所形成的环境。经济环境是企业营销活动的外部社会经济条件，包括消费者的收入水平、消费者支出模式和消费结构、消费者储蓄和信贷、经济发展水平、经济体制、地区和行业发展状况及城市化程度等多种因素。社会文化环境是指在一种社会形态下已形成的信念、价值观念、宗教信仰、道德规范、审美观念以及世代相传的风俗习惯等被社会所公认的各种行为规范。生态与环境紧密联系、相互交织，形成了生态环境这一概念，生态环境是影响人类生存与发展的水资源、土地资源、生物资源以及气候资源数量与质量的总称，是关系到社会和经济持续发展的复合生态系统，与人类密切相关。

在长期发展过程中，人类为其自身生存和发展，在利用和改造自然的过程中对自然环境产生了一系列破坏和污染的现象，称为生态环境问题，如生态破坏与环境污染。人为原因、人为活动给自然生态环境带来直接或间接的非污染性破坏称为生态破坏，例如乱砍滥伐导致的水土流失，过度放牧导致的草原退化，过度捕捞造成鱼类资源枯竭，超采地下水造成地下水位下降、水质变坏、地面塌陷等；人类活动排放出的物质或能量进入环境造成的破坏称为环境污染，如大气污染、水环境污染、噪声污染等。除人为因素外，自然界本身变化给地球表层自然生态环境带来的不良影响称为自然灾害，例如火山喷发、地震、海啸、台风、洪水和干旱等。

6.1.2　生态系统结构与组成

生态系统是指生物群落及其生存环境相互作用而形成的统一整体，包括生物圈、大气圈、水圈和岩石圈。其中，生物圈是指地球表层全部有机体与之相互作用的生存环境整体，是地球生态系统中最重要、最基础的组成部分，也是人类赖以生存的圈层，是大气圈、水圈、岩石圈长期演化并相互作用的产物。生物圈也是整个地球表层生态环境中最活跃、最敏感和最脆弱的部分。生态环境的破坏往往最先表现在生物圈，而生物圈的破坏又往往带来整个生态环境的破坏。因此，生物圈是生态环境的晴雨表。

生态系统中种各种成分繁多，主要由植物、动物、微生物及其相关环境组成，各种成分之间的关系复杂多变。其中，植物作为圈层中的生产者对生态系统各方面都产生了深刻影响，如绿色植物的光合作用为生态系统运行提供了能源动力，为其他生物生存提供了赖以生存的有机物质，植被决定了一个生态系统的形态结构。因此，对植被生态系统进行研究具有重要作用。利用遥感技术进行自然生态环境监测最重要的出发点是对生产者进行监测，即对植被进行监测，只要准确监测植被，就可得知自然生态系统可以通过光合作用产生多少有机质支持该生态系统运转，因此植被是进行自然生态系统监测所关注的核心要素，植被遥感监测的关键参数包括植被覆盖面积、植被生化特性、植被生产力和作物产量等。

植被生态系统研究的是生态系统中植物与环境的相互作用，包括生物与大气圈、水圈和土壤圈的能量交换与物质循环过程。其中能量交换是植被生态系统中一切植物、动物和微生物生命活动的动力。植被生态系统的能量在各组分中稳定流动，在初级生产力、次级生产力、消费者等各营养级呈能流金字塔（energy flow pyramid）分布。植被生态系统的物质循环主要是生物地球化学循环（bio-geochemical cycles），包括水循环、碳循环、氮循环、磷循环和硫循环等。生态系统各要素通过生物地球化学循环相互联系和相互作用。

当今全球尺度的植被覆盖受到人为活动的严重破坏，土地利用/土地覆盖动态变化迅速，打破了地表原有的生态平衡，超过了生态系统恢复的阈值，部分地域已形成不可逆转的退化过程。从人类的生存环境看，由于影响气候变化的陆面过程越来越复杂，因此有必要对植被生态过程进行大范围、动态和长期综合的监测，进而深入研究植被生态过程与其他过程的相互作用机理。

6.1.3 生态系统类型

根据人类活动的作用强弱，可以将生态系统大致分为三类，即自然生态系统、农业生态系统和城市生态系统。自然生态系统受人类活动影响相对较小，它不受人类活动直接作用；农业生态系统属于半人工生态系统，在自然环境基础上经人类活动改造而来；城市生态系统是人类建设的产物，受到人类活动的高度影响。

（1）自然生态系统

自然生态系统是指在一定时间和空间范围内，依靠自然调节能力维持的相对稳定的生态系统，可分为森林生态系统、草原生态系统、荒漠生态系统、湿地生态系统和水域生态系统五类。

森林生态系统被称为地球之"肺"，是以乔木为主体的生物群落（包括植物、动物和微生物）及其非生物环境（光、热、水、气、土壤等）综合组成的生态系统。森林生态系统是陆地上面积最大、最重要的生态系统，可分为热带雨林、亚热带常绿阔叶林、温带落叶阔叶林和北方针叶林四种类型。其主要特点是生物种类丰富，具有最高的生物多样性，是巨大的基因库（仅热带雨林就有 200 万~400 万种生物），生物量大，占陆地生态系统总量的 90% 左右；生物生产能力高，据统计，每公顷森林年产干物质 12.9 t，而农田是 6.5 t，草原是 6.3 t；层次结构较多，有明显的分层现象；系统的稳定性高，食物链较复杂，有很强的自调控能力；对环境影响大，在防风固沙、调节水文、调节气候和物质循环等方面发挥着重大作用。

草原生态系统是以各种草本植物为主体的生物群落及其环境构成的功能综合体，是最重要的陆地生态系统之一。根据自然条件和生态学区系的差异，大致可将我国的草原生态系统分为草甸草原、典型草原和荒漠草原三种类型。草原生态系统的形成与其所处地区气候关系密切，主要受水分和温度的调节。从地理分布看，草原处于湿润的森林区和干旱的荒漠区之间。受水分条件限制，草原生态系统的初级生产量在陆地生态系统中居中等或中等偏下水平。其中，稀树草原高于温带草原，草甸草原高于荒漠草原。

荒漠生态系统是以超旱生的小乔木、灌木和半灌木为主的生物群落与其周围环境组成的综合体。荒漠生态系统的环境相对严酷，具有以下特点：终年少雨或无雨，年降水量一般少于 250 mm，降水为阵性，愈向荒漠中心愈少；气温、地温的日较差和年较差大，多晴天，日照时间长；风沙活动频繁，地表干燥，裸露，沙砾易被吹扬，常形成沙暴，冬季更多。荒漠生态系统是陆地生态系统中一个重要的子系统，也是最为脆弱的生态系统类型之一。荒漠中少水和炎热环境是水气循环和风形成的关键因素。荒漠生态系统具有防风固沙、土壤保育、固碳释氧、水资源调控、生物多样性保育和旅游文化等六大功能。

湿地是陆地与水域之间的交互区域，是自然界最富有生机的生态景观和人类最重要的生存环境之一。全世界湿地面积仅占陆地总面积约 6.4%（不含滨海湿地），但其在生态经济方面发挥着巨大的重要性，被誉为地球之“肾”，是地球上具有多功能的独特生态系统，蕴含着极其丰富的生物多样性，为人类生存创造了巨大的生态效益和极高的生物生产力，具有独特的净化和调节气候和水文的功能。

水域生态系统是指在水域中由生物群落及其环境共同组成的动态系统，可分为淡水和海洋两大生态系统类型。淡水生态系统指一定水域内所有生物（即生物群落）与它们的理化环境相互作用，通过物质循环和能流而构成的具有一定结构和功能的综合体。生态系统的非生物组分包括：气候条件（温度、光照及其他物理因素），参加物质循环的无机物质（碳、氮、磷、二氧化碳、水等），以及联系生物和非生物的有机化合物（蛋白质、碳水化合物、脂类、腐殖质等）。生态系统的生物组分依其生态功能可分为：生产者，主要指浮游植物和水生高等植物；大型消费者，包括浮游动物、底栖动物和游泳动物等；微型消费者，主要是细菌和真菌。淡水生态系统的结构，不仅视静水与流水两大类型而异，而且同一类型的各种栖息地之间往往也有明显的差别。而海洋生态系统与淡水生态系统相比其最基本的特征是，能量通过食物链不断地单向流动，物质在食物链与无机环境之间不断地反复循环。

（2）农业生态系统

农业生态系统被定义为由农业生物体及其环境之间的能量和物质联系所构成的功能整体。农业生态系统是驯化的生态系统，既受到生态规律的约束，也受到经济规律的影响。农业生态系统的主要生物组成有农作物、牲畜、家禽和鱼等农业生物体，以及与这些生物体密切相关的害虫、疾病和杂草。系统内的主要消费者是人类，人类会通过不同程度的调节来降低病虫害等带来的负面影响。

农业生态系统可以归结为环境系统、生物系统与人为调节控制系统三个子系统构成的网络结构。环境系统包括气候、地貌、土壤和各种水资源等。生物系统的优势种群主要是经过人工选育和培植的作物、家畜、家禽和林木等；此外杂草、病虫的存在和繁殖也与人类活动紧密相关。在该系统中，人类既是参与者，也是主宰者，又是享用者。人为调节控制系统是指人类从自身的利益出发，通过农业生态系统的信息反馈，利用其经济力量、技术力量和政策对环境系统和生物系统进行调节、管理、加工和改造。在农业生态系统中，高产品种代替了野生种，取得高产的同时却往往使抗逆性降低。为了更多地获得人类直接需要的生物物种，常使农业生态系统结构趋于简化，降低了系统的稳定性，因此需要更多的人为调节控制措施进行弥补。作物、家畜等亚系统在网络结构中不能离开其他亚系统而单独加速增长，即农业生产力是组成农业生态系统的三个系统彼此协调共同作用的结果。

农业生态系统是一个输入-输出系统，即输入环境资源，输出各种农畜产品，中间通过各种生物群体进行物质能量转化，将光、热、水、气、养分等环境资源的潜在生产力转换为现实产量。若想得到更多的产品输出就必须增加相应的输入，为此，要合理利用资源，同时还应调节生物系统的组成结构以提高环境资源转化为产品的效率。

农业生态系统又是一个生态-经济反馈系统。农业生态系统输出的农畜产品是社会经济系统的输入来源，缺少这种输入的支持，社会经济系统将会崩溃；农业生态系统又从社会经济系统获得劳动力、农机具、化肥、燃料和科学技术等的输入，缺少这种输入的支持，农业生态系统也将崩溃，可见农业生态系统与社会经济系统彼此依赖、相互支持、互为反馈。如果人类为了近期经济利益，企图从农业生态系统获得更多的产品，超过了系统所能承受的持续产出，如森林采伐量大于更新和人工造林的木材增加量，对土地只用不养等，将最终导致农业生态系统的崩溃，进而使社会经济系统失去支持。

（3）城市生态系统

城市生态系统可进一步细分为城市自然生态子系统、经济生态子系统和社会生态子系统。其中，城市自然生态子系统是城市居民赖以生存的基本物质环境，如太阳、空气、水资源、森林以及各种自然景观；城市经济生态子系统包括城市生产、分配、流通与消息的各个环节；城市社会生态子系统涉及城市居民及其物质生活与精神生活诸方面，如文化、艺术、宗教、法律等上层建筑的范畴。三大系统之间通过高度密集的物质流、能量流和信息流相互联系，其中人类的管理和决策起着决定性的调控作用。遥感监测主要关注城市自然生态子系统，并对其进行研究、调查与分析。

城市发展过程对生态系统产生了极其强烈的影响，最直接的变化是将原始的自然地表改造为经人工干预的城市地表，自然地表包含水分，能经降水作用渗透，而城市地表不能渗透水分，因此对流域或区域的水文过程产生显著影响。城市发展过程对生态环境的诸多影响成为城市生态系统研究中的重点与热点问题。

一是产生城市大气问题，如向空中排放大气污染物产生严重的城市污染问题，还有广受关注的城市"五岛"效应。"岛"是指海面上突然冒出来一块陆地，陆地高度高于海面高度的现象。那么城市"五岛"效应是指哪些呢？其一是城市热岛效应，它是人类活动对城市区域气候影响中最典型的特征之一，指城市内部的温度高于郊区温度的现象。产生城市热岛效应的原因有：①城市与郊区的下垫面性质不同，城市建筑物主要由混凝土、砖瓦和沥青浇筑而成。此类材料会阻止热量传入地下，阻碍地下水分上升蒸发，影响湿度，随着地表温度上升，使气温升高。②空气污染。CO_2等污染气体的排放导致"温室效应"，阻碍地表热量向外扩散。③人口密度大。人体发散的热量大。④植被覆盖差。植物蒸腾作用消耗的热量少。⑤市区高层建筑密集。影响空气流动，风速减小，妨碍城区的热扩散。其二是城市干岛效应，与城市热岛效应是相伴存在的，由于城市的主体为连片的钢筋水泥筑就的不透水下垫面，雨水等降落后随地表迅速流失,因此城市蓄水能力不足,导致城市近地表的水相对较干。这样,城市空气中的水分偏少,湿度较低,形成孤立于周围地区的"干岛"。针对该问题国家提出建设海绵城市的方案。其三是城市湿岛效应,其主要是城市热岛效应所致,即城区温度高于同时刻的郊区温度,致使城区水汽凝结较少,城区平均水汽压高于同时刻的郊区平均水汽压。其四是城市混岛效应。城市内部各种污染物如气溶胶等排放至空中,使得城市大气污染往往高于郊区,致使视野受阻,整个大气呈现混沌的状况。其五是城市雨岛效应。大城市高楼林立,空气循环不畅,排放至空中的大气污染物使得凝结核增多,最终形成降水。因此,城市相对郊区来说更易形成大暴雨。城市"五岛"效应是开展城市生态系统监测的重点内容。

二是产生城市水环境问题。城市化的不断发展导致不透水下垫面面积日益扩大以及生产和生活污水排放量日益增多,不仅扰乱了城市区域正常的水循环,对地下水产生了重要影响,而且导致水质污染等一系列环境问题。城市化不断加速,导致绿地迅速减少,地表硬化面积扩大,减少了雨水下渗,增加了地表径流速度,同时降水对地下水的补给量减少,致使地表及植被的水分蒸发和蒸腾作用相应减弱,对城市水循环带来影响,导致城市内涝等问题;城市化的发展导致地下水收支失衡,地下水支出量远大于收入量,结果导致了地下水漏斗,即地下水开采过度导致的城市地面沉降;城市化对水质的影响主要指生产、生活、交通运输以及其他行业排放的污染物造成的水环境污染等问题。

三是产生城市生物环境问题。城市生物环境问题表现为将有生命的生物群落改造为无生命体征的水泥建筑。城市化严重破坏了生物环境,改变了生物环境的组成和结构,使生产者有机体与消费者有机体的比例不协调。许多城市房屋密集、街道交错,高楼大厦代替了森林,水泥路面代替了草地、绿野,形成了"城市荒漠",野生动物群也在城市中消失。城市化过程是一个破坏原有的自然生物环境,重建新的人工生物环境的过程。盲目的城市化过程造成振动、噪声、微波污染、交通堵塞、住房拥挤和生态紊乱等一系列威胁人类健康和生命安全的环境问题。城市规模愈大,愈容易从促进生产和方便生活走向它的反面。

总的来说,目前遥感监测对象主要包括城市群动态变化,如城市扩张速度、范围等;城市大气环境,如城市发展对气候的影响、城市"五岛"效应和城市空气质量等;城市水环境,如城市发展对水循环、水分蒸发及水质等的影响;城市生物环境,如城市植被和土地利用变化等;城市固体废弃物,如利用卫星遥感识别城市固体废弃物堆积等。通过遥感技术对以上信息进行处理、提取与分析,逐步形成城市景观格局动态变化遥感监测、城市土地利用遥感动态监测、城市垃圾遥感监测和城市热岛遥感监测的业务运行能力。

6.1.4 当前面临的典型生态环境问题

在全球气候变化与人类活动的双重作用下,当前全球与区域等不同尺度下的生态系统均面临较严重的环境问题,这些问题对人类可持续发展产生严重的负面效应,成为当前全球与区域化研究的重点。

(1)水土流失

水土流失,指水力、重力和风力等外力的单独或综合作用引起的水土资源和土地生产力的破坏与损失。据统计,目前全球水土流失面积占全球土地面积的比例达30%,每年流失有生产力的表土高达250亿t,而中国是全世界水土流失最严重的国家,水土流失分布范围广且分布面积大。到2020年为止,全国共有水土流失面积269.27万km²,超过国土面积的1/4,

尤以黄土高原地区遭受的危害最为严重。水土流失严重制约区域经济社会可持续发展,也滋生了区域交通不便和人畜饮水困难等社会问题,是急需全球携手对抗的严峻环境问题之一。

(2)沙漠/荒漠化

土地荒漠化,指在干旱、半干旱和具有干旱灾害的亚湿润地区,气候变异和人类不合理的经济活动等因素造成的土地退化。据统计,全世界有21亿人口居住在沙漠或干旱地区,荒漠化正影响着世界上36亿 hm² 的土地,对100多个国家10亿多人口生活产生着直接威胁。根据全国沙漠、戈壁和沙化土地普查及荒漠化调研结果,中国荒漠化土地面积为262.2万 km²,占国土面积的27.4%,近4亿人口受到荒漠化的影响,而中国每年因荒漠化造成的直接经济损失更是高达541亿人民币。事实证明,荒漠化已由环境问题演化为经济问题与社会问题,对人类社会造成贫困和不稳定威胁。在当今人类诸多的环境问题中,荒漠化俨然成为最严重的灾害之一。

(3)森林锐减

森林是陆地生态系统的主体,具有保护生物多样性、调节气候、净化空气和涵养水源等多种功能,是人类赖以生存的重要物质保障。然而,世界人口的激增,对木材、牧场和耕地的需求量日益增加,导致对森林过度采伐与开垦,使森林受到前所未有的破坏。据统计,自1990年以来,全球共有4.2亿 hm² 森林遭到毁坏,全世界每年约有1200万 hm² 的森林消失,其中影响最大的是对全球生态平衡至关重要的热带雨林。对热带雨林的破坏主要集中在热带的发展中国家地区,主要原因是大量砍伐林木用于出口,尤以巴西的亚马孙地区破坏最为严重。此外,非洲和亚太地区的热带雨林也在遭受不同程度的破坏。

(4)土地退化

土地退化,指自然因素或人类不合理开发利用引起土地质量下降、生产力衰退的过程。例如自然力引起的土地沙化、流失和盐碱化等;人类不合理活动引起的土地沙化、土壤侵蚀、土壤盐碱化、土壤肥力下降和土壤污染等。据统计,目前全球共有20亿 hm² 土壤资源遭受严重退化,约占全球土地面积的6.5%,而目前中国37%的土地存在退化现象,中国自1997年以来已丧失近820万 hm² 耕地。土地退化问题直接危及人类生存与发展,已然成为最严重的全球性环境问题之一。

(5)生物多样性减少

生物多样性,指一定范围内基因、物种和生态系统多样性的总和。目前,生物多样性正以前所未有的速度减少。据专家估计,自恐龙灭绝以来,地球生物多样性损失速度约为自然状态下的1000倍。以鸟类为例,全球9000多种鸟类中,1978年以前仅有290种鸟类受到不同程度的灭绝威胁,而1978年以后,有1000多种鸟类受到灭绝威胁,占鸟类总数的11%。据联合国环境计划署估计,未来20~30年,地球总生物多样性的25%将处于灭绝危险之中。在1990—2020年,因砍伐森林而损失的物种,占世界物种总数的5%~25%,即每年将损失15000~50000个物种,或每天损失40~140个物种。物种灭绝将对整个地球的食物供给产生威胁,对人类社会发展带来无法预料和挽回的损失。

(6)城市热岛

城市热岛,指由于现代城市人口密集和工业集中,形成的城市中心温度高于郊区的小气候现象。城市热岛效应会引发一系列社会、环境和经济问题,严重危害人类身心健康甚至生命安全,如诱发呼吸系统疾病,尤其对患慢性支气管炎、肺气肿和哮喘病的中老年人,还会引发心脏病；严重大气污染可能引发皮肤癌；长期生活在热岛中心区会造成情绪烦躁不安、精神萎靡、忧郁压抑、记忆力下降和失眠等精神疾病。城市热岛效应作为城市化发展中不可避免的现象，引起全社会广泛关注，亟须采取有效应对措施。

（7）其他

除以上人类面临的典型生态环境问题外，全球还存在诸多环境问题，严重威胁人类生存与健康，如全球变暖、全球干旱、臭氧层破坏、酸雨、淡水资源危机、能源短缺、垃圾成灾和有毒化学品污染等，亟须人类采取有效应对措施以挽救我们赖以生存的地球环境。

6.2 生态环境遥感原理

6.2.1 典型生态系统要素光谱特征

生态环境涉及要素众多，难以对其监测方法逐一列举。作为生态系统的生产者，植被通过光合作用将 CO_2 与太阳能转化为有机物与化学能，是整个生态系统维持与运转的物质基础。因此，在生态环境遥感监测领域，主要是通过对植被开展监测，分析其基本状态特征。

由于一般植物均进行光合作用，所以各类植被具有极其相似的反射波谱特征，反映在光谱反射曲线上具有类似的形态特征。不同类型植物记录不同光谱段能量反射和吸收状况，植物叶片的叶绿素、内部结构和水分状况共同决定了植物的反射光谱特征。如图 6-1 所示，在可见光绿波段，0.55 μm 附近存在一个反射率为 10%～20% 的峰值；在近红外波段，0.8～1.0 μm 存在一个反射率为 50%～60% 的较宽反射坪。

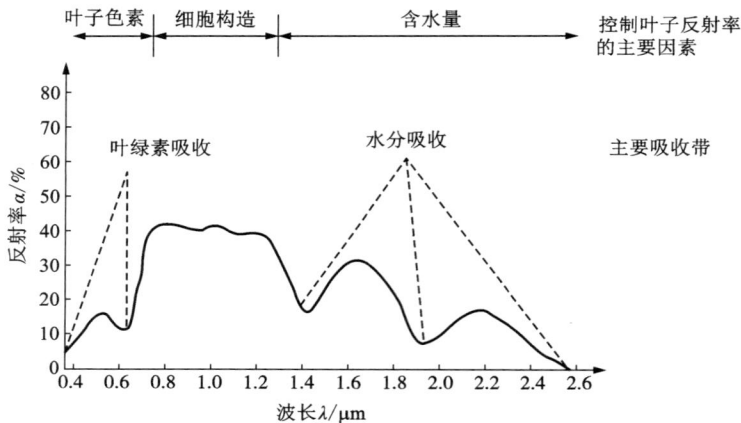

图 6-1 植被遥感最佳波段范围图

植物遥感的最佳反射范围为 0.4～2.5 μm，即可见光和近红外光波段，根据植被反射特性，可将该范围划分为 8 个波谱波段：0.45～0.50 μm 属于色素吸收波段，是叶红素及叶绿素吸收区；0.52～0.59 μm 属于绿色反射波段，可用于区分树种及不同林型；0.63～0.69 μm 可用于区分有无植被、植被覆盖度及健康状况；0.70～0.74 μm 属于过渡波段，仅能增加噪声，不宜包括在其他波段中，TM、SPOT 卫星均避开了这一波段。但受重金属毒害的植被在此波段反射率表现明显，大约有 10 nm 蓝移，且高粱等作物在成熟期大约有 10 nm 红移；0.74~0.90 μm 属于植物通用波段，绿色植物的各种变量与反射率关系在这一波段表现最为敏感。其中 0.74~0.80 μm 与土壤背景对比明显，有助于区分不同覆盖度作物长势；1.10~1.30 μm 在高反射区与水吸收区之间，宜用于区分植物类别；1.55~1.75 μm、2.10~2.30 μm 均位于几个水吸收带之间的反射峰，对土壤及绿色植物有很强的对比。

由于不同的植被具有不同的物候特征和生长周期，针对不同的生态类型需要制定不同的遥感监测参数，表 6-1 所示为几种常规生态监测遥感技术参数。

表 6-1 常规生态监测遥感技术参数

生态环境分类	时间分辨率/d	空间分辨率/m	波长范围/μm
土地生态	10~15	10~30	0.4~0.76
农业生态	5~7	10~30	0.4~0.76
草原生态	1~30	30~50	0.4~0.76
林业生态	30~60	50~100	0.4~0.768，0~1.40
水域生态	30~60	50~100	0.4~0.768，0~1.40
海洋生态	15~30	20~100	0.4~0.768，0~1.40
生物生态	5~10	10~30	0.4~0.768，0~1.40
城市生态	10~30	30~50	0.4~0.76

6.2.2 生态环境遥感典型算法

生态环境遥感典型算法主要有物理模型、经验模型和半经验模型。

（1）物理模型

物理模型是基于电磁波经过植被冠层的辐射传输特征或植被生长过程的描述建立的相应模型，具有精度高和可移植性强等优势，主要分为三种。

1）辐射传输模型

辐射传输理论最初是在研究光辐射在大气（包括行星大气）中的传输规律和粒子（包括电子、质子和中子等基本粒子）在介质中的输出规律时总结出来的规律性知识。辐射传输模型侧重于光的电磁波特性，主要适用于水平均匀植被或浑浊介质，Ross 首次提出了辐射传输模型，之后 Suits（1972）、Verhoef（1984）、Nilson 和 Kuusk（1989）、Myneni 等（1995）、Qin 和 Narendra（1995）等都发展了有自己特点的辐射传输模型。基于平行平面的辐射传输模型由于在描述真实世界的准确性和计算的简便性中的优势，而迅速应用于植被遥感中。

比较经典的辐射传输模型有 SAIL 模型、SUIT 模型和 Kuusk 模型。对于某一特定时间的植被，一般的辐射传输模型为：

$$S = F(\lambda, \theta_s, \psi_s, \theta_v, \psi_v, c) \tag{6-1}$$

式中：S 为植被某一特性的反射率或透射率；λ 为波长；θ_s 和 ψ_s 分别为太阳天顶角和方位角；θ_v 和 ψ_v 分别为观测天顶角和方位角；c 为一组关于植被某一特性的物理特性参数，例如植被 LAI、叶面指向和分布、植被生长姿态和叶-枝-花的比例与总量等。

一般辐射传输模型以 LAI 等生物物理和生物化学参数为输入值，得到输出值 S。从数学角度看，只需得到上述函数的反函数，以 S 为自变量即可得到 LAI 等一系列参数，这就是物理模型反演 LAI 的基本原理。

由于植被冠层的复杂性，陆地植被场景在大多情况下不能简单假设为分层均匀散射介质，因此在 20 世纪 80 年代，Gastellu-Etchegorry 等（1996）提出了向几何光学逼近的三维辐射传输模型——DART（discrete anisotropic radiative transfer），该模型可以模拟不均匀三维植被冠层场景的辐射传输，而其中的三维场景可以是由叶片、草、水体和土壤等组成的非均匀场景。该模型同时考虑了多重散射、地形和热点等的影响，是对目前辐射传输模型的完善和发展。

总的来说，辐射传输模型需要提前确定很多物理参数作为输入，例如，叶片的散射相函数、单次散射反照率、叶面积指数、叶倾角分布和叶形等，它们需要在一定假设条件或者实地测量下得到，而且辐射传输方程的解比较复杂，一般很难得到解析解。

2）几何光学模型

几何光学模型基于"景合成模型"，即在观测器视场内，一部分是太阳光承照面，另一部分在阴影中，观测的结果是两者量度的面积的加权和。几何光学模型更侧重于光的粒子特性，假设光线是沿直线传播的，即忽略光的衍射和极化，利于处理两种不同介质边界表面粗糙度大于电磁波波长时的反射、辐射及吸收的问题。单纯 GO 模型通常要求其各面积分量的亮度特征为已知，或能从遥感图像上估计出来，这为实际应用带来了困难。李小文等考虑不连续植被的间隙率与相互遮阴，提出的几何光学相互遮蔽（geometric - optical mutual shadowing，GOMS）模型是相对较成熟的 GO 模型，GOMS 从宏观的角度出发，把树冠当作椭球体，基于"景合成模型"和 Boolean 原理，从统计角度计算像元内各组分所占比例和二向反射分布函数。并且李小文等提出了几何光学与辐射传输的混合模型，该混合模型解决了组分亮度必须已知的问题，通过该模型的反演，有望获得像元内植被的结构、组分光谱等有关信息。陈镜明等研究者在李小文只考虑树冠分布的基础上，进一步考虑了树枝、树叶的分布，针对北方针叶林提出了四尺度和五尺度的几何光学模型。

3）混合模型

几何光学模型侧重于研究植冠大尺度结构特征，辐射传输模型则更侧重研究冠层内部的结构和多重散射特性，二者各有优缺点。因此有学者提出将两类模型结合，发挥它们各自的优势，由此得到另一种模型——混合模型。由于几何光学模型和辐射传输模型在不同尺度上有各自的优势，Li-Strahler 的几何光学-辐射传输混合模型，将几何光学模型在解释阴影投影面积和地物表面空间相关性上的基本优势和辐射传输在解释均匀介质中多次散射的优势结合起来。针对行播作物，阎广建等建立了双向间隙率模型，该模型以 Kimes 和 Kirchner（1983）的行结构模型和单方向平均间隙率模型为基础，考虑了太阳和观测的双向间隙率，并引入重叠指数的概念描述两个方向间隙率的相关性（阎广建等，2002）。与此同时，传统的辐射传输也在吸纳几何光学的优点，发展新的模型，Huemmrich 等结合 SAIL 模型与 Jasinski 的几何模型，发展了一种新的适合于离散植被的 GeoSail 模型。Verhoef 将 SAIL 模型发展成适合描述异质性冠层的模型，该模型既适用于可见光波段，又适用于热红外波段。

另外，Qin 等从辐射传输的角度出发，结合几何光学模型的一些优点，发展了考虑群体结构特征的多组分植被冠层模型。该模型提高了叶面积密度和重叠函数的数学表达式的精度，同时考虑了冠层内叶片的形状和非随机分布等特性，因此该混合模型可以进一步发展为计算非均匀植被冠层的反射率模型。唐世浩等既吸收了VI反演LAI方法的优点，又利用地物的方向反射特性，对大尺度的LAI进行反演，使得反演方法既具有物理基础，又比较简便，随着卫星遥感其他产品精度的不断提高，该方法的优势逐渐凸显出来。

（2）经验统计模型

经验统计模型是基于陆地表面变量和遥感数据间相关关系，对一系列观测数据作经验性的统计描述或进行相关性分析，构建遥感参数与地面观测数据之间的回归方程。经验模型的建立和使用相对容易，但由于经验模型是根据大量重复的遥感信息和相应地面实况的统计结果建立的统计模型，在时间和空间上受到很大的限制，在很大程度上模型的反演结果依赖于所获取数据的质量，模型的可移植性差，理论基础不完备，缺乏对物理机制的足够理解和认识，参数之间缺乏逻辑关系。经验统计模型主要包括多元回归模型和神经网络模型。

1）多元回归模型

多元回归模型是用来进行回归分析的数学模型（含相关假设），其中只含有一个回归变量的回归模型称为一元回归模型，其他则称为多元回归模型。在生态环境遥感中，利用波段、波段组合或遥感数据计算出的植被指数与地面实测数据进行回归，作为预测变量来构建回归方程。多元回归模型的一般形式为：

$$y = B_0 + B_1 x_1 + B_2 x_2 + \cdots + B_k x_k + \varepsilon \tag{6-2}$$

式中，B_0，B_1，B_2，$\cdots$，B_k 是模型的参数；ε 为误差项。

2）神经网络模型

神经网络通过模拟人脑神经系统的结构和功能，建立起数据分析处理系统。该模型利用实际采集数据和卫星模拟数据，通过神经元不断迭代，找出最优参数组合作为模型驱动的权重系数，得到物理模型的解析解，是目前进行叶面积指数反演的重要方法。常用神经网络模型算法有 CYCLOPES LAI 算法和 GLASS LAI 算法。其中，CYCLOPES LAI 算法利用辐射传输模型 PROSPECT 和 SAIL 的模拟数据训练神经网络；GLASS LAI 算法则是利用广义回归神经网络集成时间序列的遥感观测数据反演 LAI，该算法在时间上具有较好的连续性。

6.3 土地利用/覆盖变化（LUCC）遥感

以森林、草地和耕地等典型植被变化为典型特征的土地利用/覆盖变化（land use and cover change，LUCC）是了解与掌握陆地生态系统时空变化的直观依据，因而成为陆地生态系统遥感的基础性内容。

6.3.1 土地利用/覆盖变化研究概述

（1）研究综述

1990 年全球变化研究委员会最早提出了一个全球性 LUCC 研究框架。国际真正意义上的 LUCC 相关研究计划最早可追溯至 1992 年，联合国在"21 世纪议程"中明确提出将加强 LUCC 研究作为 21 世纪工作的重点，而后不断提出一系列对土地进行研究的国际计划。1994 年，联合国环境署（UNEP）启动了土地覆盖的评价与模拟（LCAM）项目。1995 年，国际地圈-生物圈计划（IGBP）和全球环境变化中的人文领域计划（IHDP）联合提出了"土地利用和土地覆盖变化"（land use and land cover change，LUCC）研究计划，主要研究土地利用和土地覆盖变化的机制以及区域和全球尺度的综合模型，使土地利用变化研究成为全球变化研究的前沿和热点课题。LUCC 研究计划的基本目标是提高对全球土地利用/覆盖变化的动态过程的认识，以及对人类活动和全球变化的人类驱动机制进行研究。2005 年，IGBP 和 IHDP 又联合推出了全球土地计划（global land project，GLP）。该计划是全球变化与陆地生态系统（GCTE）研究计划和 LUCC 研究计划的综合，其研究目标是量测、模拟和理解人类–环境耦合的陆地生态系统。2015 年 9 月，联合国发展可持续峰会通过了联合国大会第六十九届会议提交的决议草案《改变我们的世界：2030 年可持续发展议程》（以下简称"2030 发展议程"）。2030 发展议程中的"可持续发展目标"（sustainable development goals，SDGs）包含了 17 个目标，其中有 7 个目标与土地利用相关，可归纳为高效和集约利用土地、保护和改善土地生态环境和被社会所接受三大目标，以及提高农用土地生产能力、促进工业土地集约与转型利用、建设安全和包容城镇、防治土地污染、恢复生态系统和防治土地退化、消除贫困和实现土地产权安全 7 项具体目标。

1995 年全球土地计划提出了《土地利用/覆盖变化科学研究计划》，使 LUCC 研究成为全球变化研究的前沿和热点课题，确定了三大研究重点，包括土地利用动态、土地覆盖动态以及区域和全球模型。其中，土地利用动态研究重点采用实例比较研究，目的在于了解土地利用变化的自然和人文驱动力，从而有助于建立复杂的区域和全球模型；土地覆盖动态研究则是通过直接观测（如野外调查和卫星图像）和建立模型对土地覆盖进行区域评价；区域和全球模型用于预测各种动因下土地利用变化，建立起能够将不同方法综合起来的模型结构，其目的是改进现有模型和构造新的模型。在三大研究重点中同时贯穿两项综合活动：一是数据和土地利用/覆盖分类，目的是通过分析数据来源和质量，设计能够满足三大研究重点需要的土地利用/覆盖分类结构；二是关注尺度动态，由于 LUCC 过程可能出现在不同尺度上，且尺度不同会影响对 LUCC 的全面认识。上述计划的制定为世界各国的 LUCC 研究确立了方向，也为开展国际合作提供了基础。

经过几十年的发展，LUCC 研究已形成多个具有鲜明特色的研究学派，主要分为四大学派。其中北美学派侧重从宏观尺度定性研究全球尺度大规模土地利用变化及其与全球环境变化的相互关系；欧洲学派主要从福利（welface）分析出发，构建相关模型预测未来情景（scenario）以及由此造成的自然与资源变化情况，特别是未来气候变化情景下土地利用变化对农业产量的研究；日本学派利用数量模型与经济学模型，定量研究区域性土地利用变化与预测；中国学者在此方面开展大量研究，获得系列颇具特色的研究成果，尤其在土地利用监测与驱动力分析方面取得大量前沿性国际成果。

（2）LUCC 监测技术的发展

LUCC 监测技术的发展主要分为四个阶段，其主要特点和重要成果如下所述。

起步阶段（第二次世界大战后—20 世纪 70 年代），早期的土地利用/覆盖变化（LUCC）研究主要集中于动态信息的获取、分类和制图，其监测范围较小，分类体系与方法尚未统一。20 世纪 70 年代，美国最早基于陆地资源卫星 Landsat 系列进行监测与评估，系统提出了土地利用/覆盖分类系统，并在世界多个国家广泛应用。

发展阶段（20 世纪 80 年代），该阶段主要以卫星遥感为获取技术手段，监测范围较大，涉及国家级和洲际范围。美国 EPA 在 20 世纪 80 年代对土地利用/覆盖（MRLC）进行连续、动态的监测,为区域生态评估提供了基础数据。许多大学、研究所利用遥感技术,基于空间生态系统特征、景观生态学方法对中尺度的生态格局与生态过程进行分析,建立景观格局分析方法与模型。欧洲开展大尺度生态遥感监测如 CORINE 计划,建立起具有欧洲特色的土地利用分类与评价方法,开展典型生态功能区域的生态保护遥感监测与研究,如濒危物种生境保护规划等,带来了良好的经济社会效益。中国科学院与部分高校利用遥感技术进行局部区域生态环境研究、生态环境保护规划与生态恢复,如在"京津唐"地区进行生态环境调查与保护规划。这一阶段主要停留在利用遥感技术进行目标定性判别上,尚未形成一套成熟、系统的方法与规范。

突破阶段(20 世纪 90 年代),随着 RS 和 GIS 在土地调查中的广泛应用,LUCC 动态监测蓬勃发展,方法与分类体系进一步成熟,以全国和区域 LUCC 监测为主。我国环保系统于 20 世纪 90 年代后期利用遥感技术进行生态环境监测与评估,如配合西部大开发开展的西部地区生态环境现状调查和中东部地区生态环境现状调查,进行大尺度生态环境监测与评估,比较系统、全面地了解国家尺度的生态环境状况,为环境管理和决策提供了技术保障。随着研究的深入,LUCC 的研究也逐步从数量、质量变化研究转向空间格局分析。我国在 20 世纪 90 年代开展土地利用变化监测与驱动力研究,主要包括利用遥感影像对土地利用与土地覆盖变化的监测分析、土地利用和土地覆盖变化对农业生态系统及全球变化的影响研究等,并取得了多项研究成果,包括中国陆地生态系统对全球变化响应的模式研究、景观动态及其驱动因素和效应分析、基于 GIS 的内蒙古耕地时空变化研究和我国北方土地利用与沙漠化等研究。

成熟阶段(2000 年至今),全球与区域土地利用/覆盖数据库的业务化运行,以及 IGBP、HDP 和 GLS 等体系化计划或项目的实施,共同构建了一个综合性的 LUCC 监测框架。

就遥感平台而言,卫星发展至多光谱、高光谱和主动型雷达卫星并存的全天候遥感卫星监测系列,形成了高、中、低轨道相结合,大、中、小卫星相协同,高、中、低分辨率互补的全球对地观测系统,能快速、及时地提供多种时间分辨率、空间分辨率和光谱分辨率的对地观测海量数据。随着网络信息的发展,逐步形成了网络化的监测系统和智能化的自动管理体系,为 LUCC 监测提供了强有力的数据支撑。

(3)土地利用/覆盖分类体系

根据土地利用的不同目的和类型对土地利用/覆盖进行分类,国外以 IGBP 和马里兰大学的分类体系为主,而国内则主要有以下三种:

全国土地分类:3 个一级类、15 个二级类、71 个三级类。一级类根据利用程度差别及加强利用的可能性划分,包括农用地、建设用地和未利用地;二级类在一级类基础上,按照主要用途细分,在农用地基础上进一步细分为耕地、园地、林地、草地、交通用地、水域及水利设施用地和其他土地;建设用地可进一步细分为商服用地、工矿仓储用地、住宅用地、公共管理与公共服务用地、特殊用地、交通运输用地、水域及水利设施用地和其他土地;未利用地可分为草地、水域及水利设施用地和其他土地。根据每种用地利用条件、方式和方向,将二级类进一步细分,即三级用地。例如,耕地根据水利条件可分为水田、水浇地和旱地;园地根据种植作物类型可分为果园、茶园和其他园地;林地根据乔木郁闭度分为有林地、灌木林地和其他林地;草地根据利用条件和方式分为天然牧草地和人工牧草地;商服用地根据用途分为批发零售用地、住宿餐饮用地、商务金融用地和其他商服用地;工矿仓储用地分为工业用地、采矿用地和仓储用地。该分类系统由大及小、由粗及细，体现一定层次等级的系统性与逻辑性。

土地利用现状分类（8 大类）：8 个一级类、46 个二级类。我国在 20 世纪 80 年代中期土地详查中，根据我国土地利用现状的特点，将我国土地利用类型分为耕地、园地、林地、牧草地、居民点及工矿用地、交通用地、水域和未利用地 8 个一级类。二级类主要根据土地经营特点、利用方式和覆盖特征进行划分。对耕地进一步细分为水田、水浇地、旱地和菜园；园地可细分为果园、茶园、桑园、橡胶园和其他用地；林地根据林木郁闭度可分为有林地、疏林地、灌木林地、未成林造林地、迹地和苗圃地；牧草地分为天然牧草地和人工牧草地；居民点及工矿用地分为城镇、农村居民点、独立工矿用地、盐田（场）和特殊用地；交通用地分为铁路、公路、农村道路和民用机场四种类型；水域可分为河流、湖泊、苇地、滩涂、沟渠和水工建筑；未利用地包括荒草地、盐碱地、沼泽地、沙地、裸土和裸岩、田坎及其他未利用地。该分类系统结合了大规模详细的野外调查，并基本上适应了利用大比例尺航片作为主要信息源的分类。

土地利用现状分类（12 大类）：12 个一级类、56 个二级类。其中一级类包括：耕地、园地、林地、草地、商服用地、工矿仓储用地、住宅用地、公共管理与公共服务用地、特殊用地、交通运输用地、水域及水利设施用地和其他土地。二级类如下：耕地可细分为水田、水浇地和旱地；园地分为果园、茶园和其他园地；林地包括林地、灌木林地和其他林地；草地进一步划分为天然牧草地、人工牧草地和其他草地；商服用地根据用途分为批发零售用地、住宿餐饮用地、商务金融用地和其他商服用地；工矿仓储用地分为工业用地、采矿用地和仓储用地；住宅用地分为城镇住宅用地和农村宅基地；公共管理与公共服务用地可分为 8 类，即机关团体用地、新闻出版用地、科教用地、医卫慈善用地、文体娱乐用地、公共设施用地、公园与绿地、风景名胜设施用地；特殊用地指直接用于军事目的的设施用地，细分为军事设施用地、使领馆用地、监教场所用地、宗教用地和殡葬用地；交通运输用地包括铁路用地、公路用地、街巷用地、机场用地、农村道路、港口码头用地和管道运输用地 7 类；水域及水利设施用地指陆地水域、海涂、沟渠、水工建筑物等用地，可分为河流水面、湖泊水面、水库水面、坑塘水面、沿海滩涂、内陆滩涂、沟渠、水工建筑用地、冰川及永久积雪 9 类；其他用地进一步分为空闲地、设施农用地、田坎、盐碱地、沼泽地、沙地及裸地。该土地分类系统体系完备，既兼顾了分类系统的详细程度和分类精度问题，也体现了土地资源的经营特点、利用方式和覆盖特征，体现了土地利用转化的基本方向，便于进一步监测和评价土地利用的动态变化。

6.3.2　土地利用/覆盖变化遥感监测

（1）解译方法

运用遥感技术进行土地利用/覆盖研究时，从其解译方法上来讲，主要有目视解译，其典型特点是直接通过屏幕数据化，勾绘出不同类别的分布，精度较高，但需要操作人员具有良好的识别能力，且费时费力、效率极低。随着计算机技术的发展，机器分类方法也逐渐兴起，典型代表有监督分类法和非监督分类法。

监督分类法，又称训练场地法或训练分类法，是利用已知训练区的土地类型、光谱特征和其他辅助数据对计算机进行训练，建立分类判定准则，进而对未知地区进行自动分类。监督分类法所得结果的优劣与图像质量的好坏、先验知识的准确性及判别函数的选择有关，其中前两者可以人为调整，后者则是该方法的关键。常用的判别函数有最大似然法、最小距离法等。该方法的主要优点有训练样本的选择可控，可根据应用目的和区域，充分利用先验知识，有选择地决定分类类别，避免出现不必要的类别；可通过反复检验训练样本，提高分类精度，避免分类严重错误。缺点是受人为主观因素影响较大；受图像中同一类别光谱差异影响，训练样本代表性不强；训练样本的选取和评估需花费较多的人力和时间；只能识别训练样本中所定义的类别。

非监督分类法，是根据地物反射率及其时间变化形成的对空间特征进行划分和聚类的方法，非监督分类中常采用的分类方法是聚类分析法。该方法分类精度较低。一方面，由于获取遥感图像光谱特征时受到地形、天气以及土地利用/覆盖类型本身光谱特征相似的影响，存在着大量非真实信息；另一方面，由于不同时间获取的遥感影像不同，相同地物具有不同的光谱特征或者不同地物具有相同的光谱特征。因而非监督分类法在实际应用中有很大的局限性，通常在进行分类后，需要对分类结果进行校正。但该方法简便、省时，在无法得到先验知识的情况下能够得到有效应用，更多的是作为其他分类方法的先行步骤。无论是监督分类法还是非监督分类法，本质上都是依靠光谱特征进行分类与信息提取，这种方式在土地利用/覆盖类型单一、光谱特征差距大时效果较好，而在土地利用/覆盖类型复杂、像元光谱差别不大时分类精度往往不高。

（2）LUCC 监测与评价方法

基于土地利用分类结果开展 LUCC 时空特征分析，主要包括对不同用地类型面积变化及其空间分布特征的分析。

1）面积变化监测

不同时期各用地类型面积的对比分析通常可用转化矩阵进行表达，以初始年份土地面积为行、终止年份面积为列，即可直观展示两个时期土地利用变化特征。如图 6-2 所示，转化矩阵对角线数据表示土地利用未变类型，其他数据则分别代表不同用地类型的转化特征。这种方法较好地描述了不同用地类型间的转换关系，但仅限于两个阶段间的比较，对于多个时期的土地利用变化特征，需要逐一进行分析，难以反映土地类型的指标转化关系。

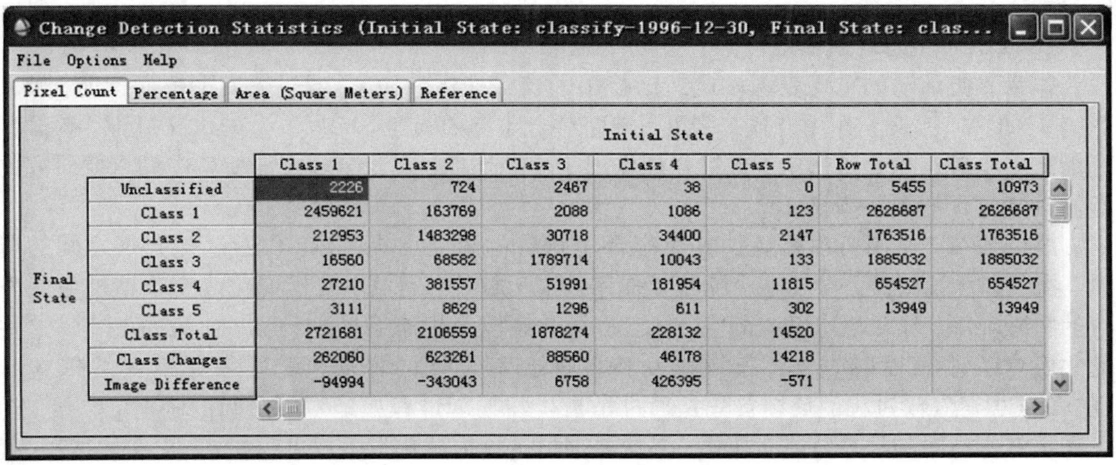

Change Detection Statistics (Initial State: classify-1996-12-30, Final State: clas...

File Options Help

Pixel Count | Percentage | Area (Square Meters) | Reference

Final State		Initial State						
		Class 1	Class 2	Class 3	Class 4	Class 5	Row Total	Class Total
	Unclassified	2226	724	2467	38	0	5455	10973
	Class 1	2459621	163769	2088	1086	123	2626687	2626687
	Class 2	212953	1483298	30718	34400	2147	1763516	1763516
	Class 3	16560	68582	1789714	10043	133	1885032	1885032
	Class 4	27210	381557	51991	181954	11815	654527	654527
	Class 5	3111	8629	1296	611	302	13949	13949
	Class Total	2721681	2106559	1878274	228132	14520		
	Class Changes	262060	623261	88560	46178	14218		
	Image Difference	-94994	-343043	6758	426395	-571		

图 6-2　土地利用类型数量变化监测

此外，面积变化情况还可由土地利用动态度表示，土地利用动态度主要反映土地利用变化的剧烈程度与变化速率的区域差异，主要分为单一土地利用类型动态度和综合土地利用动态度。

单一土地利用类型动态度表示区域研究时段内某土地利用类型数量变化情况，表达式如下：

$$K = \frac{U_{\text{end}} - U_{\text{start}}}{T_a} \times 100\% \tag{6-3}$$

式中，K 为研究时段内某单一土地利用类型动态度；U_{start} 为研究初期某土地利用类型的面积；U_{end} 为研究末期该土地利用类型的面积；T_a 为研究时长。

综合土地利用动态度描述区域总体土地利用类型数量变化的情况，表达式如下：

$$\text{LC} = \frac{\sum \Delta \text{LU}_{i-j}}{2T_a \sum \text{LU}_i} \times 100\% \tag{6-4}$$

式中，LC 为研究区土地利用综合动态度；LU_i 为研究起始时间第 i 类土地利用类型的面积；ΔLU_{i-j} 为研究时段第 i 类土地转化为第 j 类土地利用类型面积的绝对值；T_a 为研究时长。相比单一土地利用类型动态度，综合土地利用动态度添加了不同土地利用类型间的转换来求解土地利用类型数量变化情况。

2）空间分布变化监测

除面积变化特征外，土地利用变化还需要掌握不同用地类型的空间分布特征，基于空间叠加分析方法，可有效分析不同时期用地类型空间分布及其变化特征（图 6-3）。Feng 等基于空间叠加分析思想，以及多时期遥感分类结果，创新性提出了"轨迹分析"方法，以描述不同时期土地利用变化过程。其主要思路是以数字代表不同用地类型，根据影像像元在不同时期表现出的地表类型，用数字排序的方式直观表示出用地类型的转化过程，其计算公式如下：

$$\text{Trac} = \sum_{i-a}^{b} \text{Cl}_i \times 10^{(b-i-2)} \tag{6-5}$$

式中，Cl_i 表示 i 年土地利用分类数据；a 为起始年份，b 为结束年份。例如用字母 F、G、U、P 以及 W 分别表示林地、草地、建设用地、耕地和水体，如轨迹 "$F \rightarrow F \rightarrow F \rightarrow G \rightarrow G \rightarrow G \rightarrow P \rightarrow P \rightarrow P$" 表示土地利用转化过程为"林地→林地→林地→草地→草地→草地→耕地→耕地→耕地"。

（3）LUCC 生态环境响应

作为人类活动的重要表现方式，土地利用/覆盖变化（LUCC）通过改变下垫面特征，极大影响了"地—气"交互作用方式与强度，进而对全球与区域等不同尺度下的水文过程、碳循环和能量平衡等产生显著影响，最终强烈作用于生态环境，成为全球土地变化中的重要研究内容。具体过程如图 6-4 所示。

厘清 LUCC 作用机理是认识其生态环境响应的重要前提。LUCC 通过与大气之间的能量、物质和水气交换，与气候系统相互作用、相互影响。首先，气候变化改变了植被生长发育的物理环境，导致生态系统的生产力、格局分布以及生态系统中物流、能流的改变。这些变化影响了地表辐射收支、蒸腾蒸发和各种温室气体的释放，反过来又改变了气候状况。LUCC 对气候过程的反馈首先是通过植被生物物理过程如地—气之间的辐射、热量、动量和水气交换对气候系统产生影响；其次是通过生物地球化学循环过程如 C、N、P、S 等元素在土壤—植被—大气连续体之间的转换进行，同时控制着 CO_2 的释放。

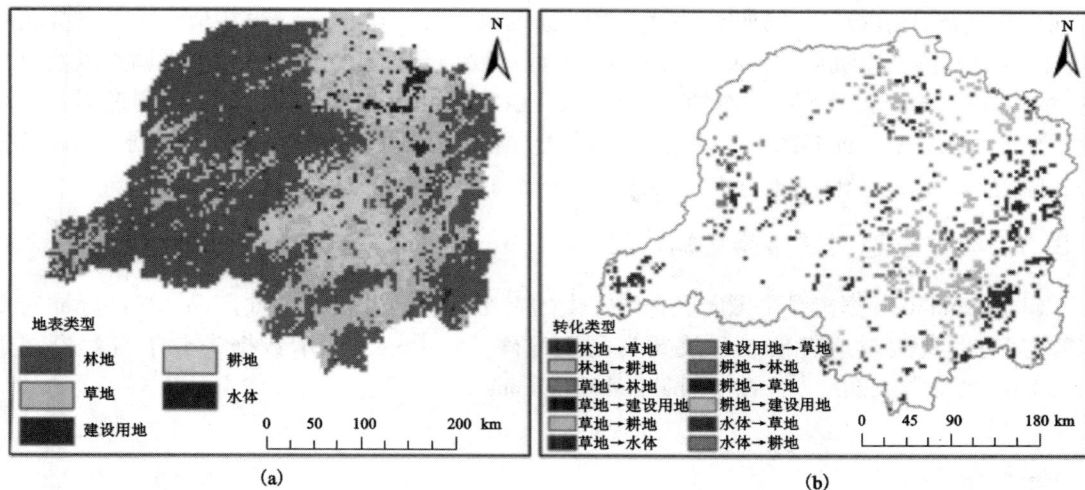

图6-3 洞庭湖流域土地利用类型空间分布变化特征
（扫描目录页二维码查看彩图）

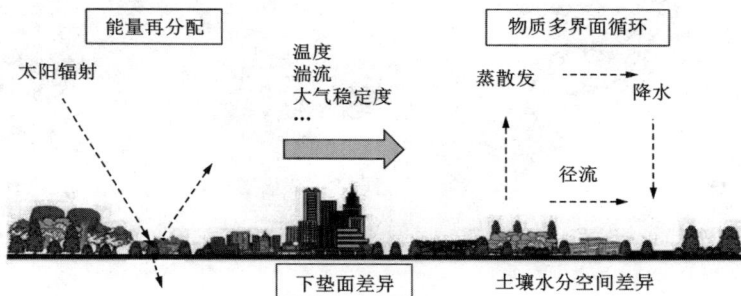

图6-4 LUCC具体过程
（扫描目录页二维码查看彩图）

　　太阳辐射作为LUCC影响生态的重要因素，是维持地球系统运转的重要保障，是地球系统演化的动力，深刻影响着地球系统演化的内在机制，即水热机理，原理如式（6-6）所示。

$$R_n = R_s\downarrow - R_s\uparrow + R_1\downarrow - R_1\uparrow = H + \lambda E + G \tag{6-6}$$

式中，R_n表示太阳总净辐射，W/m^2；$R_s\downarrow$表示下行短波辐射，W/m^2；$R_s\uparrow$表示上行短波辐射，W/m^2；$R_1\downarrow$表示下行长波辐射，W/m^2；$R_1\uparrow$表示上行长波辐射，W/m^2；H为冠层层顶垂直向上的感热通量，W/m^2；λE为冠层层顶垂直向上的潜热通量，W/m^2；G为由地表进入土壤层的热通量，W/m^2。

　　（4）LUCC监测存在的问题与展望

　　虽然LUCC监测有许多优势，但也存在诸多问题，比如分类精度不够高，主要体现在遥感记录的是地物反射光谱，受遥感光谱分辨率及地物复杂性的影响，"同物异谱"及"同谱异物"现象较严重。同物异谱是指在某一个谱段区间，由于时空环境变化的影响，相同类型的地物呈现出不同的光谱特征，例如，在地形起伏的山地，同一种植物类别的反射率受到太阳高度、坡度、坡向的影响而发生变化；同谱异物则是指在某一个谱段区间，不同类型的地物呈现出相同的光谱特征,例如云层投射在地面的阴影和水体的光谱很相似,反射率都比较低,而且有些阴影跟坑塘的形状也很相似。因此需要结合更多先验知识、地面调查以及更高的空间分辨率与光谱分辨率进行监测。同时,LUCC 监测是一个复杂系统,监测过程并非线性不变,因此需要借助多源数据融合与同化,包括利用遥感数据、地面调查数据、统计数据和其他数据(历史地图等)进行检验校正,从而提高拟合精度。

6.3.3 典型土地利用遥感数据产品

GlobeLand30 数据集是中国向联合国提供的首个全球地理信息公共产品,被国际同行专家誉为"对地观测与地理信息开放共享的里程碑"。图 6-5 所示数据来源于自然资源部 GlobeLand30 数据(http://www.globallandcover.com/)。

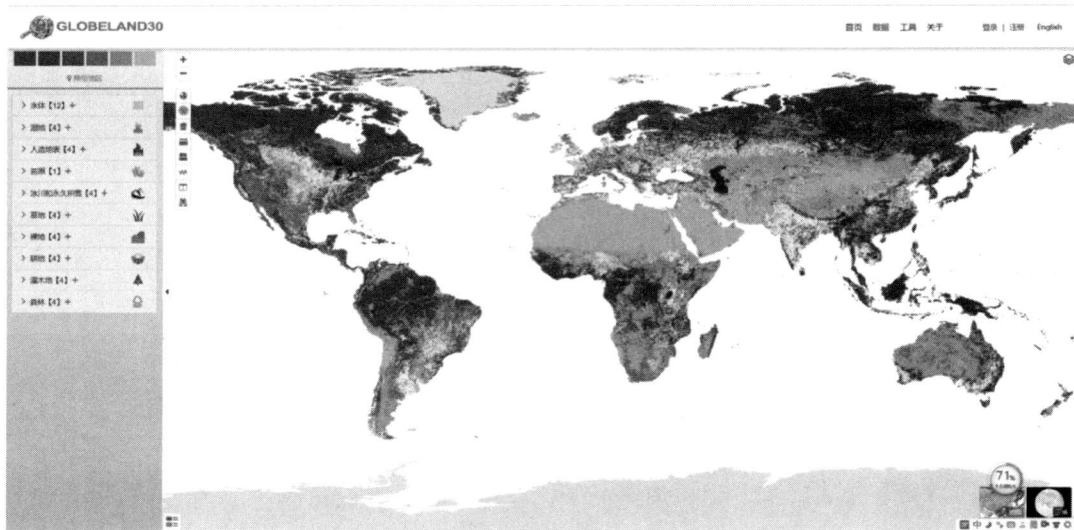

图 6-5 2020 年全球土地覆盖分布图

6.4 自然生态环境遥感

生态系统中生产者、消费者和分解者之间相互依存、相互制约,任何一方受到影响,整个生态系统都会受到制约。其中,以植被为主的生产者在生态系统中起基础性作用,维系着整个生态系统的稳定。因此,对植被进行监测是了解生态系统的重要切入点,也是自然生态环境遥感监测的主要内容。

6.4.1 植被生化特性

植物体内含有的叶绿素、水分、蛋白质、木质素和纤维素等组分以及碳、氮、氢等微量元素统称为植物生化组分。在植物生化组分中,植被冠层生化特征较早引起科学家关注。美国在 1991 年提出冠层化学促进计划(ACCP),该计划提出利用遥感数据提取生态系统的氮素和木质素;我国在 1996—2000 年提出"九五"计划,在国家重点基础研究发展计划(973 计划)、国家高技术研究发展计划（863 计划）中提出开展植被生化遥感理论与技术研究，目前取得了较好进展，提出了一系列方法。

（1）生化组分的光谱特征

国内外研究植物生化组分含量与光谱特征之间的关系，主要集中在两个方面：一是利用统计分析方法，由叶片和冠层光谱特征估算化学组分含量；二是建立包含化学组分含量的叶片散射和吸收模型，将叶片模型耦合到冠层模型中反演整个冠层的生化组分含量。生化组分的差异性导致的光谱差异特征是遥感监测的基础，图 6-6 所示为水、蛋白质、纤维素和木质素的吸收光谱。

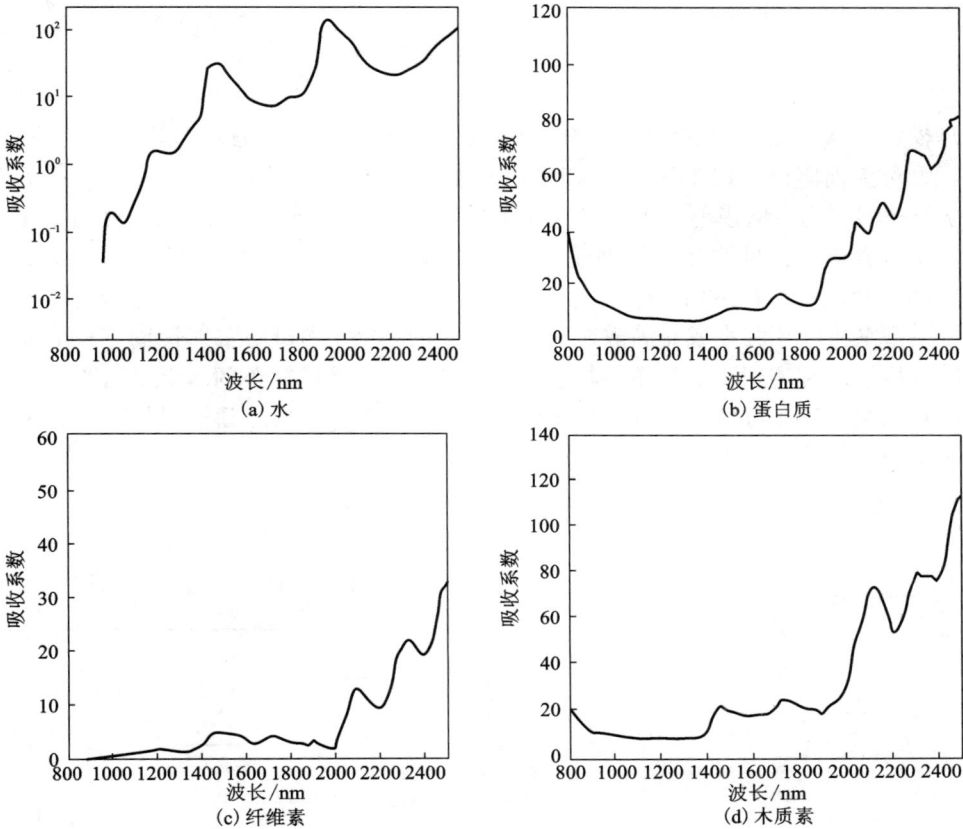

图 6-6 水、蛋白质、纤维素和木质素的吸收光谱

（2）遥感提取理论与方法

基于遥感技术对植被生化组分进行研究，常用的手段有经验/半经验方法和物理模型反演方法。经验/半经验方法是指利用生化组分含量与光谱因子（反射率或其变化形式、光谱指数等）间的相关关系构建统计模型（图 6-7）。其基本思路是在采样获取真实数据的基础上，通过标样实验等方法找出特征波段，进而获取特征波段与生化组分含量之间的关系，建立回归方程。利用这些回归方程提取所求样本的生化组分，在控制良好的实验室状态下，效果非常好。但从可控的实验室状态推广到遥感数据时，大量干扰因素（太阳照明强度和角度的变

化、观测状态、冠层结构、下覆地表和大气的影响)的出现，导致该方法的鲁棒性和可移植性较差。

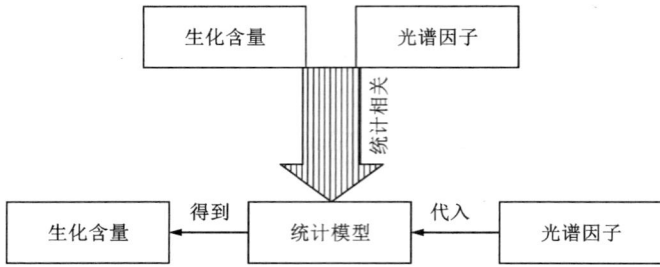

图6-7　经验/半经验方法

物理模型反演方法是通过耦合理想植被物理模型和已知模型输入参数来模拟植被光谱，建立的模型称为前向模型(图6-8)。如果已知植被光谱，通过后向过程，则可反演模型参数，建立的模型称为后向模型。生化参数通常是叶片物理模型的输入参数，通过反演，可以得到生化组分含量。常见的叶片物理模型主要包括 N 流模型、随机模型、Ray tracing 模型、平板模型和针叶模型 LIBERTY 等。

N 流模型是将叶片假设成充满散射和吸收物质的厚板，通过对辐射传输方程的简化和求解得到叶片反射率和透射率的简单解析解，其中二流模型是最简单的 N 流模型(图6-9)。N 流模型的特点是能够很好地描述物质进出的量，但对于两个厚板之间散射体的排布关系和量的关系表达得并不清晰。

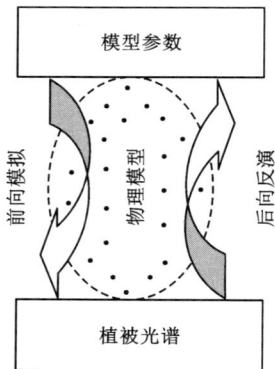

图6-8　物理模型反演方法

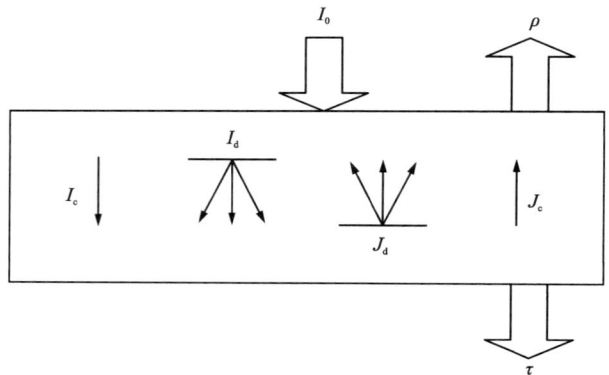

图6-9　二流模型

随机模型通过马尔可夫链模拟辐射传输过程，改进了 N 流模型的缺点(图6-10)。它将叶片分割为栅栏组织和海绵组织两个独立的组织。定义漫射、反射、吸收和透射四种辐射状态，以及各个状态之间的转换概率。通过状态的迭代运算，计算达到稳定状态时的反射率和透过率。该模型更加真实地反映了叶片的结构，对于区分不同生化组分存在优势，缺点是无法得到解析解。

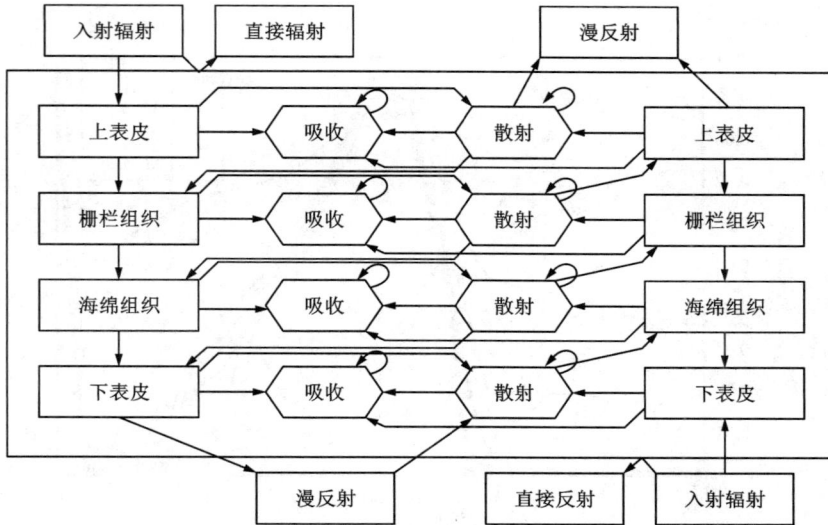

图 6-10 随机模型

Ray tracing 模型是通过描述显微镜下叶片内部的结构，得到光的传输过程。该模型需要对单个细胞和细胞在组织内的排列作详尽的描述，利用反射、折射和吸收定律，确定入射到叶面上的单个光子的传播过程。该模型反演结果优于随机模型，但解析难度大。

此外，针对特殊植被类型，研究人员提出了平板模型和针叶模型 LIBERTY。平板模型主要用于致密叶片，将叶片作为一个吸收板，且具备朗伯表面。所需参数为折射指数和吸收系数，一般适用于紧密的植被叶片（如玉米叶片）。针叶模型 LIBERTY 主要用于没有明显栅栏组织的叶片，该模型将叶片细胞定义为球形粒子，叶片表层由若干层等距排列（如针叶林和松树林等）。

物理模型的特点是将叶片作为理想的辐射体，辐射体内部具有散射和吸收特征，通过把握光进入辐射体内部之后反射特征的变化对其进行反演。物理模型一般不能直接得到解析解，也无法得到理想体，实践较困难，所以最常用的还是经验/半经验模型。

6.4.2 叶面积指数

叶面积指数（LAI）可定义为单位面积上所有叶子表面积的总和，或单位面积上所有叶子向下投影的面积总和。叶面积指数反映一个生态系统中单位面积上叶面积的大小，是模拟陆地生态过程、水热循环和生物地球化学循环的重要参数，一般通过直接测量法和间接测量法对叶面积进行统计。直接测量法是对一棵树上的所有叶子进行测量，该方法测量精准，但是耗时耗力且破坏环境；间接测量法是利用叶面积仪拍照，通过光的散射吸收作用等间接推算叶面积。

（1）LAI 变化时冠层反射率光谱曲线

如图 6-11 所示，LAI 基于绿色植被的光谱特征进行反演。叶子在红光（中心波长 0.65 μm）和蓝光（中心波长 0.45 μm）处主要表现为吸收特性，在绿光（中心波长 0.55 μm）处则反射特性较强，并且随着 LAI 的增加，叶面反射率显著下降。

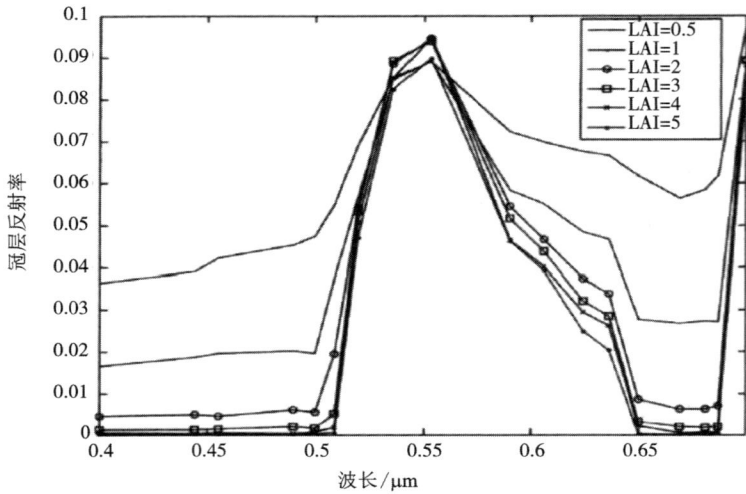

图 6-11　LAI 变化时冠层反射率光谱曲线

（2）LAI 反演方法

叶面积指数的遥感定量反演方法可以归纳为两类：统计方法和模型方法。统计方法是指利用多光谱遥感计算植被指数（Ⅵ）如归一化差值植被指数（NDVI）、比值植被指数（SR）等，建立植被指数同区域实测 LAI 数据之间的经验关系，再将该关系用于估算同类区域 LAI；模型方法是指在给定的"太阳—地表—传感器"系统条件下，基于冠层反射模型将 LAI 和叶片的光学特性等基本参数与冠层反射率联系起来。基于冠层反射模型估算 LAI 常用的方法有反演优化方法、神经网络方法、遗传算法、贝叶斯网络算法和查找表方法等。上述两类方法各有优缺点，统计方法的优点是简单且易于计算，缺点是 LAI 与Ⅵ之间的函数关系或方程随着植被类型的不同而改变，对于具体的植被类型需要通过先验知识来确定函数关系及其系数。模型方法的优点是其建立在物理过程的基础上，且不随植被类型而改变，然而，该方法需要耗费大量的计算时间，模式或方程的逆向推算并不总是收敛的。

（3）冠层模型反演方法

常用的冠层模型反演方法有植被冠层辐射传输模型和神经网络模型（图 6-12）。对于某一特定时间的植被冠层而言，一般的辐射传输模型为

$$S = F(\lambda, \theta_s, \psi_s, \theta_v, \psi_v, C) \tag{6-7}$$

式中，S 指冠层的反射率或透射率；λ 指波长；θ_s 和 ψ_s 分别代表太阳天顶角和方位角；θ_v 和 ψ_v 分别表示观测天顶角和方位角；C 为一组关于植被冠层的物理特征参数。该方法物理机制强，数学结构严谨，理论上，可利用反函数计算得到包括 LAI 参数在内的 C 值。但该方法十分复杂，反函数关系不易得出，F 也无法确定等。

神经网络模型主要是针对植被冠层辐射传输模型的不足，为得到模型的解析解而提出的。该模型利用实际采集数据和卫星模拟数据，通过神经元的不断迭代，找出最优参数组合作为模型驱动的权重系数，得到物理模型的解析解，如图 6-13 所示。该方法是目前进行叶面积指数反演的重要策略。常用的神经网络模型算法有 CYCLOPES LAI 算法和 GLASS LAI

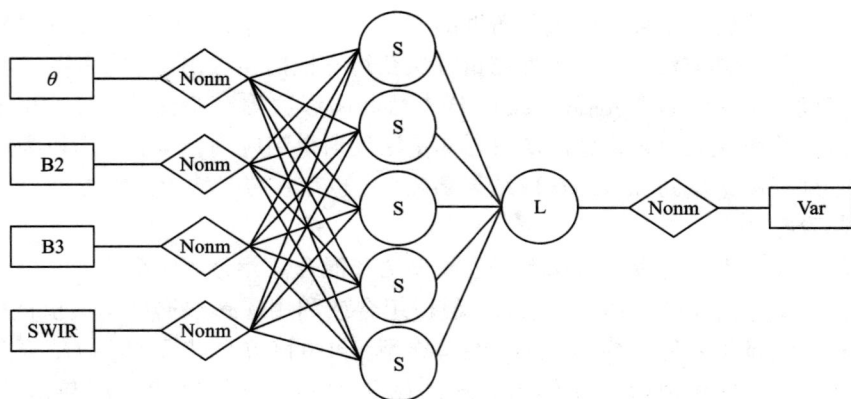

图6-12 神经网络模型

算法。其中，CYCLOPES LAI 算法利用辐射传输模型 PROSPECT 和 SAIL 的模拟数据训练神经网络；GLASS LAI 算法则是利用广义回归神经网络集成时间序列的遥感观测数据反演 LAI，在时间上具有较好的连续性。

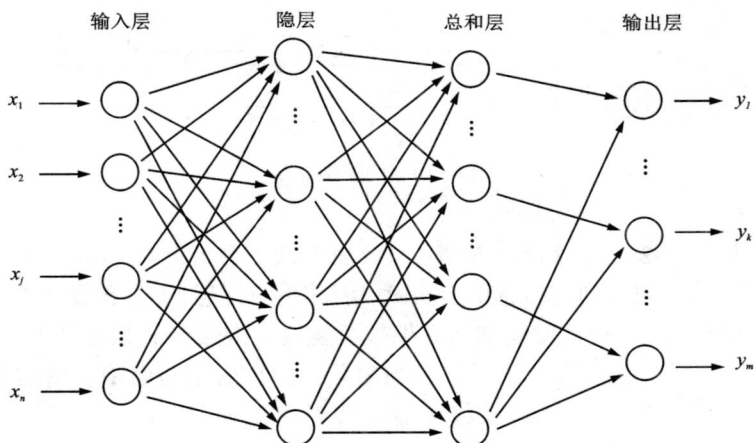

图6-13 反演的神经网络模型

6.4.3 植被覆盖度

植被覆盖度(FC)是指植被植株冠层或叶面在地面的垂直投影面积与植被区总面积之比，是衡量地表植被状况最重要的指标之一，也是影响土壤侵蚀与水土流失的主要因子。因此，植被覆盖度是研究土壤、水文、生态等的重要参数，目前，植被覆盖度研究被广泛应用于生态环境监测、植被覆盖变化和水土平衡状况等领域。植被覆盖度研究方法可以分为地面测量法和遥感反演方法。

（1）地面测量法

地面测量法是研究植被覆盖度的传统方法，常用的有目估法、采样法和仪器测量法等。

目估法是目估者凭经验判别样地植被覆盖度的方法，可分为传统目估法和相片目估法等。采样法是指根据统计采样方法，通过各种测量方法获得样地内植被出现的概率，并将其作为研究区植被覆盖度的方法，主要包括样线法、样点法和阴影法等。随着科学技术的发展，通过运用新的测量手段来获取植被覆盖度的仪器测量法逐渐得到应用，其中应用较为广泛的有数码照相机等。地面测量法的优点是获取结果精确，但也存在费时费力的缺点。

（2）遥感反演方法

常用的植被覆盖度遥感反演方法有经验模型法和混合像元分解模型法。

经验模型法的主要思路是用某一波段、波段组合或利用遥感数据计算出植被指数，并与地面实测植被覆盖度进行回归模拟，建立经验模型，再将该关系进行推广以估算大范围的植被覆盖度（图6-14）。植被覆盖度的经验模型法是利用实际植被覆盖度与遥感植被指数（VI）进行线性回归来建立研究区植被覆盖度的估算模型，并将其应用于整个区域的植被覆盖度计算，一般模型为：

$$FC = a \cdot VI + b \tag{6-8}$$

式中，VI是指所选择的植被指数，a 和 b 是回归系数。经验模型法的特点是模型简单，易于实现；缺点是模型针对特定区域和植被，不易推广，且研究区域范围不能太大。

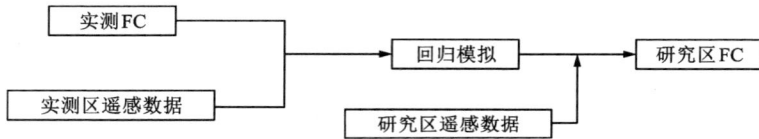

图6-14　经验模型法

混合像元分解模型法基于这样的思路：假设地表的一个混合像元由多个组分构成，而每个组分对遥感传感器所观测到的信息都有贡献，因此可对遥感信息（波段或植被指数）进行分解，建立像元分解模型，并利用此模型估算植被覆盖度。混合分解模型法是进行植被覆盖度计算的经典方法，混合像元的反射率是某个纯净单元的反射率与面积权重的累加，最常用的为像元二分模型。植被覆盖度的混合像无分解模型法公式如下：

$$S = FC \cdot S_{veg} + (1-FC) \cdot S_{soil} \tag{6-9}$$

式中，假设地表像元由植被覆盖和土壤组成，卫星传感器所接收到的光谱信息 S 由植被的光谱信息 S_{veg} 和土壤的光谱信息 S_{soil} 线性加权合成，其权重为各自面积在像元中所占的比例，植被所占的权重即为该像元的植被覆盖度 FC，利用公式可以反算出植被覆盖度。为简化混合分解模型，得出 S 和 FC，经常采用遥感信息 NDVI 进行计算。当遥感信息选取 NDVI 时，像元二分模型公式如下：

$$FC = \frac{NDVI - NDVI_{soil}}{NDVI_{veg} - NDVI_{soil}} \tag{6-10}$$

式中，$NDVI_{soil}$ 和 $NDVI_{veg}$ 分别代表纯裸土像元的 NDVI 值和纯植被像元的 NDVI 值。确定 NDVI 值的一般方法是在整个区域分别挑选出一个最大和一个最小的像元，将 NDVI 最大的像元作为植被 NDVI，将 NDVI 最小的像元作为土壤 NDVI。该方法过于粗糙，适用于小范围的测算，大范围则难以测准。另外针对地区而言，如受南北差异限制，利用该方法可能得出南方植被覆盖度小于北方植被覆盖度的结论，这与常识相悖。因此该方法最大的局限性是模型需要纯植被覆盖和纯裸土的像元，限制了低分辨率遥感数据的使用。总体而言，混合像元分解模型法的特点是模型简单、易懂、可操作强，适用于各种植被类型；但该模型对土壤和植被 NDVI 值的确定限制了该模型的精度。

6.4.4　植被生产力

植被生产力是指植被通过光合作用吸收大气中的 CO_2，将光能转化为化学能，同时累积有机干物质的能力。植被生产力是植被生态系统或整个生态系统对外提供物质基础最直接的体现。研究人员对植被生产力的研究较早，且受到广泛关注。1932 年丹麦生物学家 P. Boysen-Jeose 开始进行以光合作用为核心的植物生理实验，标志着植被生产力研究的真正、系统开始。

（1）植被生产力

植被生产力可以分为总初级生产力（GPP）和净初级生产力（NPP）。总初级生产力（GPP）是指生态系统中绿色植物通过光合作用，吸收太阳能同化二氧化碳制造的有机物，如式（6-11）所示。净初级生产力（NPP）是从总初级生产力中扣除植物自养呼吸所消耗的有机物后剩余的部分，如式（6-12）所示。

$$CO_2 + H_2O \longrightarrow CH_2O + O_2 \tag{6-11}$$

$$NPP = GPP - Ra \tag{6-12}$$

式中，Ra 表示植被自身所消耗的有机物。

（2）地面观测法

植被生产力的研究分为地面观测和模型模拟两个方面，准确的地面观测为模型模拟提供了参数化和验证等基础数据源，对改进和评估模型有着重要作用。当前，常用的模型模拟研究方法主要为生物学法。生物学法通过测定生态系统生物量进行，即测定单位面积上所有生物生产的有机质总量。以下介绍几种常用的生态系统植被净初级生产力的测定方法。

草地生态系统植被以每年生物量峰值作为其净初级生产力。森林生态系统植被净初级生产力是分别对乔木、灌木和草本进行测定。乔木层净初级生产力计算如式（6-13）所示，灌木层净初级生产力计算如式（6-14）所示，草本层净初级生产力测定中，一年生草本年生产量为其生长高峰期生物量，多年生草本通过计算不同时期生物量之和求取其年净生产量。

$$\begin{aligned}乔木层 NPP &= 生物量年增量+年凋零量+树木枯死量+细根年生产量+ \\ &\quad 动物、昆虫等的年消耗量\end{aligned} \tag{6-13}$$

$$灌木层 NPP = 根年净生物量+茎年净生物量+枝年净生物量+叶年净生物量 \tag{6-14}$$

（3）遥感提取理论与方法

遥感提取方法是植被生产力研究最重要的方法，可以分为统计模型方法和物理模型方法。

统计模型方法的基本思路是结合遥感数据和地面观测的植被生产力数据构建统计关系，进而估算研究区植被生产力（图 6-15）。主要分为直接建立Ⅵ和植被生产力的关系，以及综合使用Ⅵ和其他环境因子并采用回归树等复杂统计方法构建回归方程。物理模型方法是现阶段使用最多的遥感方法，其以基于遥感数据计算植被生产力的光能利用率模型（又叫生产效率模型）为主。

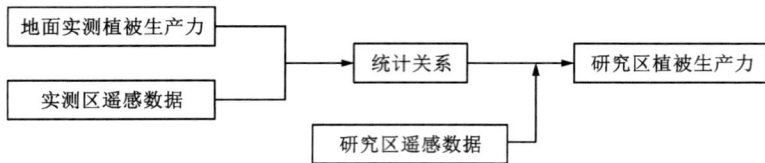

图 6-15 统计模型方法

光能利用率模型的基本思路是假设在适宜的环境条件下(温度、水分、养分等),植物光合作用强弱取决于叶片吸收太阳的有效辐射能量,并且植物以一个固定的比例(即潜在光能利用率)将太阳能转化为化学能;在现实环境条件下,潜在光能利用率通常受到水分、温度以及其他环境因子的限制。为此,植被生产力可以用式(6-15)表示:

$$GPP = FPAR \times PAR \times \varepsilon_{max} \times f \tag{6-15}$$

式中,PAR 为入射的光合有效辐射(陆地植被光合作用所能吸收的太阳光谱能量);FPAR 为植物冠层吸收的光合有效辐射比例(占总 PAR 的比例);ε_{max} 为潜在光能利用率;f 为各种环境胁迫对光能利用率的限制作用,较难获取。目前,具有代表性的光能利用率模型有 CASA 模型、GLD-PEM 模型、MODIS-GPP 模型、VPM 模型和 EC-LUE 模型等。

1)CASA 模型

CASA 模型基于光能利用率模型原理直接计算指标净第一生产力,将 f 表示为两个温度和水分胁迫对光能利用率的限制作用,公式表示为:

$$NPP = FPAR \times PAR \times \varepsilon_{max} \times f(T_1, T_2, W) \tag{6-16}$$

$$FPAR = min\left(\frac{SR-SR_{min}}{SR_{max}-SR_{min}}, 0.95\right) \tag{6-17}$$

$$SR = (1+NDVI)/(1-NDVI) \tag{6-18}$$

式(6-16)~式(6-18)中,ε_{max} 表示在理想条件下的最大光能转化率,取值为 0.389 g C/MJ;SR_{min} 取值为 1.08;SR_{max} 与植被类型有关,取值为 4.14~6.17。

2)GLO-PEM 模型

针对 f 的获取,也可以采用 GLO-PEM 模型,该模型由植被冠层辐射吸收与利用因子、影响光能利用率的环境因子和植被自养呼吸因子组成。

$$NPP = FPAR \times PAR \times \varepsilon_{max} \times f \times Y_g \times Y_m \tag{6-19}$$

$$FPAR = 1.67 \times NDVI - 0.08 \tag{6-20}$$

式中,Y_g 表示植被生长性呼吸系数;Y_m 表示植被维持性呼吸系数。

3)MODIS-GPP 模型

MODIS-GPP 模型是典型的光能利用率模型,是基于光能利用率模型原理发展而来的全球范围 GPP 遥感数据模型,其充分考虑了植被光合作用的影响因子(水分和温度),假定植被在某一临界值以上才能进行光合作用,当温度和水分过低时,植被为了保护自养消耗便不会进行光合作用,于是根据温度和水分的分布,使用分段函数表示水分和温度对潜在光能利用率的限制作用,以此对 GPP 进行模拟。公式可以表达为:

$$f(\mathrm{TMIN}) = \begin{cases} 0, & \mathrm{TMIN} < \mathrm{TMIN}_{\min} \\ \dfrac{\mathrm{TMIN} - \mathrm{TMIN}_{\min}}{\mathrm{TMIN}_{\max} - \mathrm{TMIN}_{\min}}, & \mathrm{TMIN}_{\min} < \mathrm{TMIN} < \mathrm{TMIN}_{\max} \\ 1, & \mathrm{TMIN} > \mathrm{TMIN}_{\max} \end{cases} \tag{6-21}$$

$$f(\mathrm{VPD}) = \begin{cases} 1, & \mathrm{VPD} < \mathrm{VPD}_{\min} \\ \dfrac{\mathrm{VPD} - \mathrm{VPD}_{\min}}{\mathrm{VPD}_{\max} - \mathrm{VPD}_{\min}}, & \mathrm{VPD}_{\min} < \mathrm{VPD} < \mathrm{VPD}_{\max} \\ 0, & \mathrm{VPD} > \mathrm{VPD}_{\max} \end{cases} \tag{6-22}$$

式（6-21）和式（6-22）中，$f(\mathrm{TMIN})$ 是最低温度的限制作用，$f(\mathrm{VPD})$ 表示水分限制作用，$\mathrm{TMIN}_{\max}$、$\mathrm{TMIN}_{\min}$ 分别表示植被光合作用的最高和最低温度阈值，$\mathrm{VPD}_{\max}$、$\mathrm{VPD}_{\min}$ 分别表示限制植被光合作用的最高和最低 VPD 值。MODIS-GPP 产品相关参数如表6-2所示。

表 6-2　MODIS-GPP 产品相关参数

参数变量	参数值					
	ENF	EBF	DNF	DBF	MF	WL
$\varepsilon_{\max}$	0.001008	0.001159	0.001103	0.001044	0.001116	0.000800
$\mathrm{TMIN}_{\min}/℃$	−8.00	−8.00	−8.00	−8.00	−8.00	−8.00
$\mathrm{TMIN}_{\max}/℃$	8.31	9.09	10.44	7.94	8.50	11.39
$\mathrm{VPD}_{\min}/\mathrm{Pa}$	650	1100	650	650	650	930
$\mathrm{VPD}_{\max}/\mathrm{Pa}$	2500	3900	3100	2500	2500	3100

参数变量	参数值				
	Wgrass	Cshrub	Oshrub	Grass	Grop
$\varepsilon_{\max}$	0.000768	0.000888	0.000774	0.000680	0.000680
$\mathrm{TMIN}_{\min}/℃$	−8.00	−8.00	−8.00	−8.00	−8.00
$\mathrm{TMIN}_{\max}/℃$	11.39	8.60	8.80	12.02	12.02
$\mathrm{VPD}_{\min}/\mathrm{Pa}$	650	650	650	650	650
$\mathrm{VPD}_{\max}/\mathrm{Pa}$	3100	3100	3600	3500	4100

注：ENF：常绿针叶林；EBF：常绿阔叶林；DNF：落叶针叶林；DBF：落叶阔叶林；MF：混交林；WL：稀疏林地；Wgrass：稀疏草原；Cshrub：浓密灌木；Oshrub：稀疏灌木；Grass：草地；Grop：农田。

4）VPM 模型

VPM 模型是将叶片和森林冠层分为光合作用植被和非光合作用植被，在原有光能利用率模型公式中将环境限制因子分解为温度、水分和物候对潜在光能率的限制因子。

$$\mathrm{GPP} = \mathrm{FPAR} \times \mathrm{PAR} \times \varepsilon_{\max} \times f(T) \times f(W) \times f(P) \tag{6-23}$$

式中，$f(T)$ 表示温度对潜在光能率的限制因子，$f(W)$ 表示水分对潜在光能率的限制因子，$f(P)$ 表示物候对潜在光能率的限制因子。

5) EC-LUE 模型

EC-LUE 模型是基于涡度相关碳通量站点资料发展起来的光能利用率模型，在原有光能利用率模型公式中将环境限制因子分解为温度和水分对潜在光能率的限制因子。

$$GPP = FPAR \times PAR \times \varepsilon_{max} \times min[f(T), f(W)] \tag{6-24}$$

不同方法所要解决的核心点都是找出最准确的环境限制因子，到目前为止，并没有研究表明哪种方法最优，但可以针对某种环境条件、某个区域、某一特定植被类型选择相对较优的方法。不同光能利用率模型的比较如表 6-3 所示。

表 6-3　不同光能利用率模型的潜在光能利用率和环境限制因子比较

模型	ε_g 或 ε_n	ε_{max}	参考文献
净初级生产力			
CASA 模型	$\varepsilon_g = \varepsilon_{max} \times f(T_1) \times f(T_2) \times f(SM)$	0.389	Potter et al., 1993
总初级生产力			
GLO-PEM	$\varepsilon_g = \varepsilon_{max} \times f(T) \times f(SM) \times f(VPD)$	$55.2\alpha^a$	Prience and Goward, 1995
	$\varepsilon_g = \varepsilon_{max} \times f(T) \times f(SM) \times f(VPD)$	$2.76b$	
MODIS-GPP 模型	$\varepsilon_g = \varepsilon_{max} \times f(T) \times f(VPD)$	$0.604-1.259c$	Running et al., 1999
VPM 模型	$\varepsilon_g = \varepsilon_{max} \times f(T) \times f(W) \times f(P)$	$2.208, 2.484d$	Xiao et al., 2004, 2005
EC-LUE 模型	$\varepsilon_g = \varepsilon_{max} \times Min[f(T) \times f(W)]$	$2.14e$	Yuan et al., 2010
3-PG 模型	$\varepsilon_g = \varepsilon_{max}$	1.8	Landsberg and Waring, 1997
C-Fix 模型	$\varepsilon_g = \varepsilon_{max}$	1.1	Veroustraete et al., 2002

注：$NPP = \varepsilon_n \times FPAR \times PAR$，$GPP = \varepsilon_g \times FPAR \times PAR$，式中，$\varepsilon_n$ 和 ε_g 分别为计算 NPP 和 GPP 的光能利用率；ε_{max} 为潜在光能利用率，环境限制因子包括：温度 $f(T)$、土壤湿度 $f(SM)$、冠层水分状况 $f(W)$ 和物候 $f(P)$。a 为 C3 植物潜在光能利用率，α 为光量子效率；b 为 C4 植物潜在光能利用率；c 为 11 种不同植被类型的潜在光能利用率；d 为针叶林和热带常绿阔叶林的潜在光能利用率；e 适用于所有植被类型。

不同光能利用率模型在模拟 GPP/NPP 时会存在差异，Yuan 等在 2007 年利用 28 个北美和欧洲涡度相关通量站点资料，比较了 EC-LUE 和 MODIS-GPP 模型精度，结果表明：EC-LUE 较 MODIS-GPP 模型有较高的模拟精度，在区域尺度上 EC-LUE 模型没有表现出系统的模拟偏差，即对区域植被生产力的估算与实际情况具有一致性，仅在数量关系上稍有偏差，而 MODIS-GPP 在植被生产力低的地区高估了 GPP，在植被生产力高的地区低估了 GPP，因此利用 MODIS 模型时需要对其进行改进才能得到比较准确的结果。在全球范围内，EC-LUE 和 MODIS-GPP 模拟的全球 GPP 年均值十分接近，空间趋势较好。

(4) 全球植被生产力的时空分布格局

全球植被生产力的时空分布格局受气候、土壤和植被生理特性等多种因素的影响，具有显著的时空变异性。Cramer 等在 1999 年综合利用 16 个动态植被模型和遥感驱动的光能利用率模型分析了植被净第一性生产力的空间分布格局。结果表明，沿着纬度变化，NPP 呈现三峰曲线的变化趋势：NPP 最大区域集中于南纬 5°和北纬 5°之间；其次在南纬 35°和南纬 45°间存在一个峰值，最后一个小峰值出现在北纬 50°至北纬 60°。

6.4.5　地上生物量

广义的生物量包括地上生物量和地下生物量，即地上生长的树木、灌木、藤木和根茎，以及土壤中相关的粗细废弃物与腐殖质，通常定义的生物量用干重表示。在局部、区域和全球尺度精确估算森林生物量分布，可以减少碳循环中的不确定性，分析其对土壤肥力和土地退化或恢复的作用，能更好理解其对于环境和可持续发展的作用。估算生物量的方法主要有地面实测法、光学遥感法和基于激光雷达估算法等。

（1）地面实测法

估算生物量的地面实测方法众多。表6-4中对6种常用的地面实测法进行了比较。

表6-4　地面实测法比较

提取方法	原理及其描述	优点	缺点	适用性
皆伐实测法	全部伐到样地内的林木，分不同器官收获称重，并烘干测干重率	测定精度高	工作量巨大，同时对林分产生负面影响	检验其他测定方法的精度
随机抽样法	生物量=随机样木重量×样地单位面积株数	工作量小，可行性高	精度无法得到保证	天然林和复层林
平均木生物量法	生物量=∑径阶数(样木重×株数)	基于分层抽样理论，保证了森林生物量的测量精度	需要在样地内先进行每木检尺	所有区域
材积源生物量法	生物量=(林分生物量林分木材材积)×蓄积量	对于人工林，林分生物量林分木材材积的平均值较稳定，且易于得到	对于天然林、复层林不适用	人工林、单层林
相对生长模型法	以地面实测单木胸径、树高、冠幅等测树因子与单株木生物量建立回归关系，计算单木生物量，累加每木生物量即得样地总生物量	推算的树干生物量和皆伐法相比，误差不超过5%	模型形式多种多样，易受植被类型影响	所有区域
气体交换法	用红外CO_2测定仪结合其他微气象学技术，通过测定森林群落的光合作用和呼吸作用的CO_2交换量，计算森林生物量	可得到用测树学方法无法反映的短期森林生产力	测定设备昂贵，且只能单点测定	小尺度的科研实验

（2）光学遥感法

随着 RS 和 GIS 技术的深入发展，遥感数据已成为生物量估算的一种重要数据来源，使得生物量估算不再受到空间范围的限制。被动遥感获得的光谱反射率与生物量具有一定的相关性。目前基于光学遥感数据估算生物量的常用方法有统计模型法、物理模型法和综合模型法等。

1）统计模型法

统计模型法可进一步分为统计模型、植被指数、基于 NDVI 的一元回归模型以及多元回归模型等。统计模型是指根据实验区内样地生物量与遥感图像上植被的物理参数、反射光谱特征或不同通道雷达数据间的相关关系进行回归拟合，按像元计算生物量的方法。通过计算植被指数可以减少环境条件和阴影对反射率的影响，从而提高生物量与植被指数间的相关性。基于 NDVI 的一元回归模型是 Dong 等在 2003 年建立起的基于林业调查生物量和基于 AVHRR 数据累计 NDVI 的关系的方法。多元回归模型是 Muukkonen 和 Heiskanen 在 2005 年采用非线性回归分析，利用 ASTER 两个波段（R_2：波段 2；R_3：波段 3）作为预测变量来估算寒带林分生物量的方法，如式（6-25）和式（6-26）所示。

$$y_i = \exp(a + dR_2 + eR_3)(1 + R_2)^b R_3^c + \varepsilon_i \tag{6-25}$$

$$y_i = a + dR_2 + cR_3 + \varepsilon_i \tag{6-26}$$

式（6-25）和式（6-26）中，y_i 为林分生物量的估计值；a、d、e、b、c 均为模型的参数，需要通过回归分析来估计；ε_i 为误差项。式（6-25）和式（6-26）分别表示不包含林下植被的生物量方程和针对林下植被的生物量方程。

统计模型法的优点在于模型简单易用，能宏观、连续地监测植被生物量，缺点主要为适用性不稳定，需要根据不同的区域选择合适的数据源及其波段组合。

2）物理模型法

介绍物理模型法之前需要了解二向性反射的概念，自然界绝大部分物体具有各向异性的反射特性，投射到地物表面的辐射能量往往由来自太阳的直射辐射与天空散射辐射两部分组成，传感器接收的辐亮度受辐射环境的影响，称为二向性反射。物理模型法基于二向性反射与生物量之间的关系由遥感信息反演估算生物量，目前主要有辐射传输模型、几何光学模型。辐射传输模型将植被冠层看成一个水平均匀散射的整体介质，按高度切分成许多层，并测定每层中的叶面积和光强，建立光线辐射传输与植被冠层结构参数的联系，据此反演冠层内的结构（包括树高、密度和 LAI）并输出生物量。几何光学模型是李小文与 Strahler 为了建立适用于森林植被生物量估算的物理模型所开展的研究工作，他们抓住了影响不连续植被 BRDF 的关键因素，即像元在一定光照条件下的 4 分量，提出了强调界面几何光学影响的几何光学模型。

3）综合模型法

综合模型法可以分为综合模型和林窗模型。综合模型是结合具有生态意义的估算模型和遥感数据的一种方法；林窗模型以生态演替为理论基础动态模拟森林植被变化，包括森林中各树种本身的生物学特征和影响树种生长的环境因素两大板块。林窗模型是在理想条件下对森林从幼林至成熟林地的更新速度、生长活力，以及自然死亡、森林生物量及森林覆盖度等进行精确的理论模拟，但在实际情况中，植被会受到一系列环境胁迫的影响，如光、温度、水分、物种和水分等。在计算实际森林生物量时，往往用林木最优生长量和环境限制因子的乘积表示。区域尺度遥感监测森林地上生物量综合模型流程如图 6-16 所示。

（3）基于雷达估算法

由于机载激光器具有准确捕捉冠层高度和密度信息的能力，而冠层高度和密度与地上生物量存在很高的相关性，因此可以利用激光雷达数据与生物量具有高度相关性的特征进行地上生物量估算。雷达数据反演和 GLAS 波形数据反演 Lorey 高度均是基于雷达估算植被生物量的重要方法。雷达数据反演是利用激光雷达直接测量得到植被高度，间接实现对生物量的反演。GLAS 波形数据反演 Lorey 高度是指通过构建 Lorey 高度与生物量之间的回归模型反演地上生物量的方式。

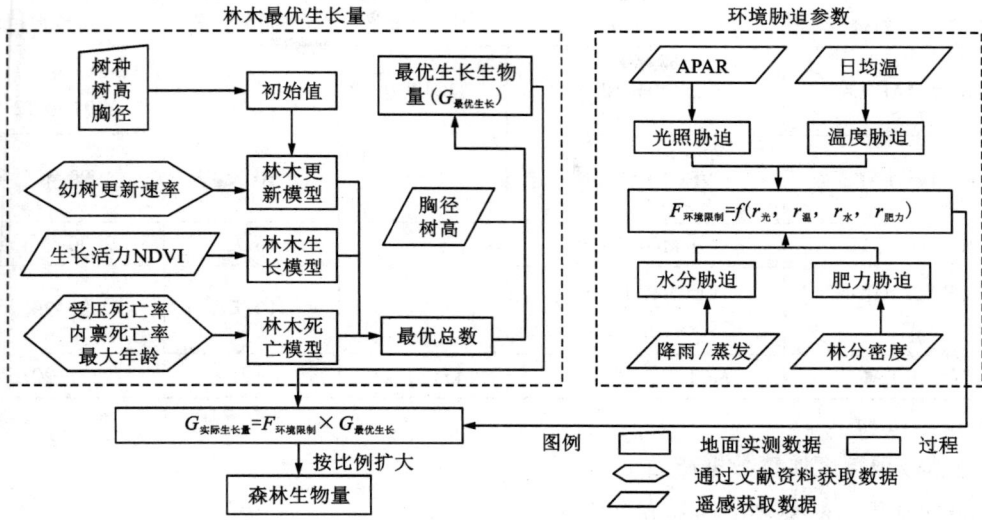

图 6-16 区域尺度遥感监测森林地上生物量综合模型流程

6.4.6 典型植被遥感数据产品

（1）全球 LAI 遥感数据产品

在各种叶面积指数遥感算法的支持下，目前全球研发出了一系列 LAI 遥感数据产品，其中以 MODIS 居多，如表 6-5 所示。

表 6-5 全球 LAI 遥感数据产品

LAI 产品名称	传感器	空间分辨率	时间分辨率	时间覆盖范围
MOD15A2	MODIS	1 km	8 天	2002 年至今
MYD15A2			8 天	
MCD15A2			8 天	
MCD15A3			4 天	
CYCLOPES LAI	VEGETATION	1 km	10 天	1998—2003 年
MISR LAI	MISR	1 km	8 天	2000 年至今
AVHRR LAI	AVHRR	0.25°	30 天	1981 年 7 月—2001 年 5 月
POLDER LAI	POLDER	6 km	10 天	1996 年 11 月—1997 年 6 月，2003 年 4 月—2003 年 10 月
CCRS LAI	VEGETATION	1 km	10 天	1998 年至今

续表6-5

LAI 产品名称	传感器	空间分辨率	时间分辨率	时间覆盖范围
ECOCLIMAP LAI	AVHRR	1/120°	月	2000 年 2 月—2005 年 12 月
GEOV1 LAI	VEGETATION	1 km	10 天	1999 年至今
JRC-TIP LAI	MODIS	1 km	16 天	2000 年至今
GLOBACARBON LAI	VEGETATION, MERIS, ATSR-2, AATSR	1 km	10 天	1998—2007 年
GLASS LAI	MODIS, AVHRR	1 km, 5 km	8 天	1982—2016 年

（2）植被覆盖度遥感数据产品

植被覆盖度遥感数据产品如表6-6所示。

表6-6　植被覆盖度遥感数据产品

文献	来源/项目名称	传感器	产品时间	空间范围
Roujean and lacaze, 2002	CNES/POLDER	POLDER	1996—1997 年，2003 年	全球
Baret et al., 2007	FP5/CYCLOPES	VGT	1998—2007 年	全球
Baret et al., 2006	ESA/MERIS	MERIS	2002 年至今	全球
Gutman and Ignatov, 1998; Bartolome et al., 2002	GEOSUCCESS	VGT	2001 年至今	全球
Garcia-Haro et al., 2005	EUMETSAT/LSA SAF	SEVIRI	2005 年至今	欧洲、非洲、南美洲

（3）全球/区域生物量遥感数据产品

全球/区域生物量遥感数据产品如表6-7所示。

表6-7　全球/区域生物量遥感数据产品

区域	分辨率	基准时间	数据	精度/不确定性	参考文献
全球热带	1 km	2000 年	GLAS、MODIS、SRTM、QSCAT 和地面数据	±30% ±38%	Saatchi 等, 2011
全球热带	500 m	2010 年	GLAS、MODIS 和地面数据	±21%	Baccini 等, 2012
非洲	1 km	2003 年	GLAS、MODIS 和地面数据	$R^2 = 0.82$	Baccini 等, 2008
欧洲	500 m	2000 年	NFI 实测数据、MODIS、气象数据、GLC2000 数据和 VCF	$r = 0.97$ RMSE = 32 m^3/ha	Gallaum 等, 2010

续表6-7

区域	分辨率	基准时间	数据	精度/不确定性	参考文献
大湄公河次区域	300 m	2006 年	LiDAR（GLAS、LiteMapper－5600）、Envisat/MERIS、SRTM、地面数据、GLC2000 数据、WWF 全球生态区数据和土壤类型数据	$r = 0.7$ error = 34 t/ha	庞勇 等，2011
东北亚	500 m	2000—2006 年	GLAS、MODIS、TM/ETM＋、PALSAR 和地面森林调查数据	－1.82%、－4.59%、－24.41%、14.67%	付安民，2008
美国	250 m	2001 年	MODIS、NLCD、地形数据、月（年）气象数据和其他辅助信息	$r = 0.92$、0.31	Blackanl 等，2008
美国	240 m	2000 年	ETM＋、INSAR（SRTM）、FIA 数据、NLCD2001 和 NED 地形数据	$r = 0.7$ MSE = 139 t/ha	Kellndorfer 等，2013
中国	500 m	2006 年	GLAS、MODIS 和森林资源调查数据	$R^2 = 0.727$	池鸿，2011

注：GLC：全球土地覆盖产品；NFI：国家森林资源调查数据；VCF：MODIS 植被覆盖产品；NLCD：全国土地类型数据集；FIA：森林调查分析数据；NED：USGS 高程数据；精度评价指标 R^2 为决定系数；r 为相关系数；百分数表示相对误差；RMSE 表示均方根误差；MSE 表示均方差；error 表示模型平均绝对误差。

6.5 城市生态环境遥感

目前，我国正处于城市化快速发展的关键时期，城市环境污染、大气污染、水资源匮乏、生物多样性丧失等一系列问题依然突出，如何采取合理有效的措施对城市环境进行监测和治理，并实现城市的可持续发展，成为当前城市生态环境遥感亟待解决的重点问题之一。

6.5.1 城市热岛效应

城市热岛效应是指现代城市由于人口密集、工业集中，形成市区温度高于郊区温度的小气候现象。由于热岛的热动力作用，形成从郊区吹向市区的局地风，把从市区扩散到郊区的污染空气又送回市区，使有害气体和烟尘在市区滞留时间变长，加剧了市区污染。热红外遥感图像反映了地物辐射温度的差异，可为研究城市热岛提供依据。热红外遥感得到的是地物的辐射温度，而城市热岛的定性是以气温为依据的。气温的高低取决于诸多因素，大气底层的气温尤其与地面辐射强弱紧密相关。一般认为，气温、地表温度和辐射温度相辅相成，都可作为研究热岛的依据。如果已知相对温度，即可直接用遥感图像上的温度定标读取辐射温度，辐射温度经订正可换算出地表真实温度。

（1）技术流程

针对城市化进程中热岛效应的时空特征，结合各时相热红外遥感影像及地面气象数据，反演地表温度，获取各时相不同热岛等级的空间分布，开展土地利用结构时空演化与热岛效应关联性分析。技术流程如图 6-17 所示。

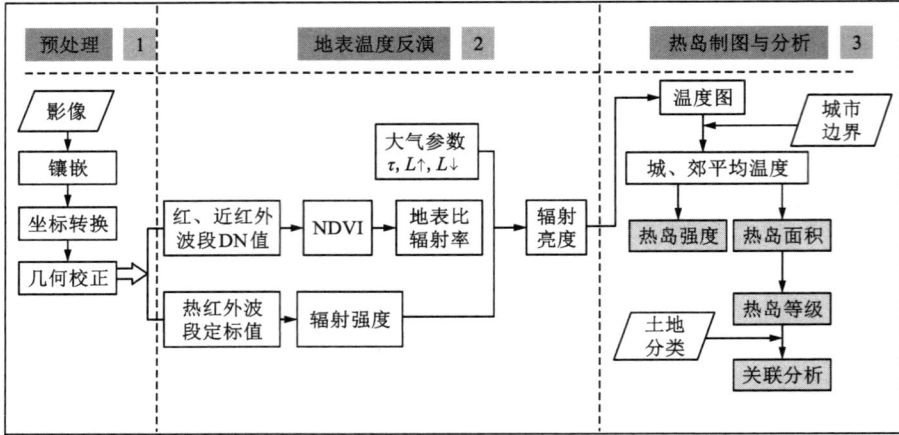

图 6-17　技术流程

（2）地表温度反演算法

城市热岛效应作为城市化进程中一个不可避免的环境现象，已被世界所公认，并开展了一系列研究。常规研究方法将流动观测（汽车、气球、飞机）与定点观测（气象站、雷达）相结合，其局限性在于耗时多、费用昂贵、观测范围有限、观测结果随机因素影响大、难以做到同步观测、重复观测也受到了一定限制等。而遥感技术的发展使过去研究中存在的问题迎刃而解，实现了定性到定量、静态到动态和大范围同步监测。目前地表温度的反演算法主要有基于 Landsat TM 数据的单通道算法、单窗算法和分裂窗算法。

1）单通道算法

单通道算法是指只利用 1 个热红外通道反演地表温度的方法，适用于几乎所有的热红外波段（图 6-18）。

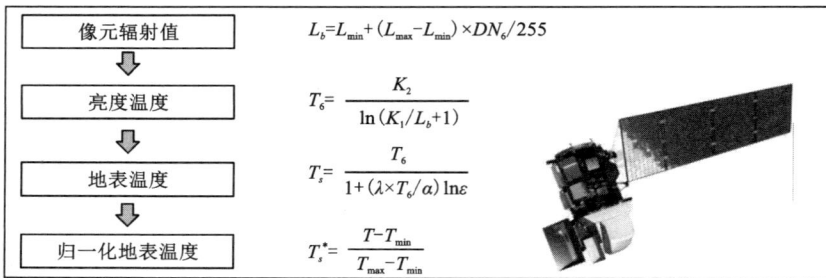

图 6-18　基于 Landsat TM 数据的单通道算法

2）单窗算法

单窗算法是 Qin 和 Karnieli 在 2001 年针对 TM 数据提出的。使用中值定理（McMillin，1975）引入大气平均作用温度 T_a 来近似表达大气上行辐亮度和下行辐亮度。假设大气向上的平均作用温度和向下的平均作用温度相等，在常温下对普朗克函数线性近似，得到地表温度的表达式：

$$T_s = \{ a(1-C-D) + [b(1-C-D) + C + D] T_6 - DT_a \} / C \qquad (6-27)$$

式中，T_6 为 TM 第 6 波段的亮度温度；$a = -67.355351$；$b = 0.458606$；$C = \varepsilon_6 \tau_6$；$D = (1 - \tau_6)[1 + \tau_6(1 - \varepsilon_6)]$，$\varepsilon_6$ 和 τ_6 分别为第 6 波段的地表发射率和大气透过率。该算法仅需要 3 个参数，即地表发射率、大气透过率和平均作用温度。大气透过率和平均作用温度可由大气温度、湿度廓线或气象站点的观测数据估算。算法的不足之处在于大气透过率和平均作用温度估算的经验公式的确定仅使用了标准大气廓线数据，标准大气廓线是大样本统计的结果，无法反映实际的大气状况，因而限制了该算法的适用范围。

3）分裂窗算法

分裂窗算法是由 McMillin 提出的，用于从遥感数据中估计海面温度（McMillin，1975）。它主要利用大气窗口（10.5~12.5 μm）两个波段不同的大气吸收特性，通过这两个波段亮度温度的某种组合（主要是线性）来消除大气的影响。算法采用的基本假设：一是将海水近似为黑体，发射率等于 1；二是大气窗口的吸收很弱，水汽吸收系数近似不变；三是普朗克函数可用中心波长处的一阶泰勒展开公式近似。典型的分裂窗算法的表达式如下：

$$T_s = a_0 + a_1 T_i + a_2 T_j \qquad (6-28)$$

NOAA AVHRR 地表温度反演公式为：

$$T_s = [T_4 + 3.33(T_4 - T_5)] \left(\frac{3.5 + \varepsilon_4}{4.5} \right) + 0.75 T_5 (\varepsilon_4 - \varepsilon_5) \qquad (6-29)$$

Terra/Aqua MODIS 地表温度反演公式为：

$$T_s = C + \left(A_1 + A_2 \frac{1-\varepsilon}{\varepsilon} + A_3 \frac{\Delta\varepsilon}{\varepsilon^2} \right) \frac{T_{31} + T_{32}}{2} + \left(B_1 + B_2 \frac{1-\varepsilon}{\varepsilon} + B_3 \frac{\Delta\varepsilon}{\varepsilon^2} \right) \frac{T_{31} - T_{32}}{2} \qquad (6-30)$$

6.5.2 典型城市遥感数据产品

（1）主要灯光遥感数据

夜间灯光影像主要用于城镇扩展研究，社会经济因子估算，城市化水平、人口、GDP、能耗量和碳排放量等因子估计，以及环境、灾害、渔业和能源等领域。主要灯光遥感数据如表 6-8 所示。

表 6-8 主要灯光遥感数据

观测平台	传感器	空间分辨率	所属国
DMSP 系列卫星	OLS	2700 m	美国
Suomi NPP 卫星	VIIRS	740 m	美国
SAC-C 卫星	HSTC	200~300 m	阿根廷
SAC-D 卫星	HSC	200 m	阿根廷
EROS-B 卫星	全色波段传感器	0.7 m	以色列
吉林一号	全色波段传感器	0.7 m	中国
国际空间站	数码相机	30~50 m	美国、俄罗斯等

6.6　农业生态环境遥感

中国农业面临的现实国情是数量丰富、底子薄弱，当前农业中的主要矛盾是经济发展与耕地保护之间的矛盾。基于此，国家 2006 年出台的国民经济和社会发展第十一个五年规划纲要指出，18 亿亩耕地是未来五年一个具有法律效力的约束性指标，是不可逾越的一道红线。传统农业监测靠农业调查，采用样方抽样、统计上报的方式进行，费时费力且精度低。而基于遥感进行的农业调查，具有范围广、精度高和时效好等优点。

农业遥感监测原理：大部分作物对绿色光部分吸收、部分反射，所以叶子呈绿色，在 0.55 μm 附近存在小反射峰值；叶子薄壁细胞组织对 0.8~1.3 μm 的近红外光强烈反射，反射率可达 40%~60%；叶绿素对紫外线和紫色光的吸收率极高，对蓝色光和红色光也吸收强烈。

农业遥感监测内容：①作物遥感分类与识别：利用作物生长与多源遥感之间的光谱、纹理、物候等特征以及农学机理解析等信息，实现快速、高效、大范围的作物种植面积与空间分布监测。②作物生长动态监测：根据长时序多期遥感数据，利用不同物候期光谱差异特征，在整个作物生长期内通过近实时监测，为作物产量估产提供参考。③作物品质预测：以作物目标品质指标形成过程的农学、生理生态方法和原理为基础，应用遥感数据反演与品质指标相关的理化参数，直接或间接实现作物品质的预报监测。④作物估产：利用卫星进行某一作物的生态分区，收集每一分区内该作物历年产量以及相关的地形、土壤和气候等资料，建立产量模型，同时进行与卫星同步的高空、低空和地面光谱观测，利用卫星影像所提供的信息进行作物产量估测。⑤作物灾害监测与预报：主要依赖于作物受不同胁迫影响后发生的光谱响应。作物在受到灾害侵染后，色素系统常被破坏，导致可见光波段范围的反射率改变。侵染加重时，会进一步引起植株的整体性损伤，如细胞破裂、植被萎蔫等，进而引起近红外、短波红外波段的反射率改变，并引起一些对植被健康状况敏感的特征发生变化（如红边蓝移）。

6.6.1　作物类型遥感

作物类型遥感识别主要依据光谱差异和物候差异，因此可将遥感识别方法分为基于光谱的识别方法、基于物候差异的识别方法和物候与光谱相结合的方法。

（1）基于光谱的识别方法

基于遥感光谱信息进行作物类型识别的方法常有目视解译、遥感影像分类、多时相遥感分析、多源信息复合和混合像元分解等。

1）目视解译

目视解译指通过直接观察或借助辅助仪器在影像上区分作物类型的过程，实质是利用已有知识和经验，对遥感信息进行推理判断。该方法主要用于农业遥感的早期，由对研究区情况了解和对作物光谱特征有深刻认识的专家，使用遥感影像，结合其他专题和识别标志，对作物类型进行判定或判别。优点是充分利用了先验知识和对影像特征的综合理解，以及人脑的优势，避免仅用光谱分析产生的误差，识别精度高且简单易行，因此国家尺度和个人研究都常采用这一方法。缺点是主观性强、效率低、成本高、对时相和人员要求高，但整体的识别精度一般比计算机自动识别精度高，因此目前仍然在国内外广泛使用。

2）遥感影像分类

直接利用光谱信息或经过变换的数据区分作物类型，包括监督分类和非监督分类两类主要方法。基本思路是利用像元间的统计特征建立类别间的判别函数，进而识别作物类型。基于统计特征的监督分类是最早用于作物识别的遥感分类方法。由于农作物也属于植被，与其他植被具有相似的光谱特征，因此往往需要选择作物与其他植被光谱特征有明显区别的时相。但在大尺度尤其是种植条件复杂的地区，分类精度很难控制。由于利用其他有效识别标志的分类方法仍不成熟，因此通常采用自动分类与目视解译相结合的方法。

3）多时相遥感分析

由于地物的复杂性，依靠单一时相的遥感影像进行作物类型识别存在明显不足，精度很难达到要求。Hlavaka 等认为将多时相遥感影像进行组合和综合分析能提高不同作物间的区分能力。该方法从 20 世纪 80 年代开始广泛应用至今，是目前区域尺度提高作物类型识别精度的重要途径之一，尤其是利用光学遥感影像进行作物识别。但在作物生长周期内较难获取同一传感器的多时相光学影像，如 TM 虽然重访周期为 16 天，但实际在一年内对同一地区能获取的无云数据是很少的，因此往往需结合雷达数据进行多时相分析。

4）多源信息复合

多源信息复合包括多源遥感数据的复合以及遥感与非遥感数据的复合。不同传感器的数据在空间、光谱和极化等方面存在差异，进行复合处理可以优势互补。国内外学者进行了大量的试验研究，均证明该方法可以明显提高作物识别精度。而非遥感数据与遥感数据的复合可以弥补遥感瞬时信息的不足，充分发挥遥感的优势，提高识别精度。此外，也有学者利用校正方法，根据地面实测数据对遥感识别结果进行多元回归分析校正，提高识别精度，增加识别结果的可靠性。但该方法的实际应用需要解决诸多关键技术问题，如多源时空配准、误差补偿以及建立数学复合模型等，否则容易引入误差。

5）混合像元分解

当影像空间分辨率与研究尺度存在差异时，必然存在混合像元。传统的识别方法以像元为对象，在对混合像元进行判别且判别为"是"时目标地物面积会增加，判别为"非"时目标地物面积会减少，从而影响精度。大多数研究结果显示混合像元分解方法识别精度较高，且与研究所需要的尺度实际结果基本一致。该方法的优点是考虑了尺度差异及像元的内部细节，但端元不容易选取，通常利用极值选取的方法，在理论上并不完全合理，因此发展一种好的端元选取方法至关重要。

（2）基于物候差异的识别方法

不同植被类型间除了存在光谱差异外，生长规律也存在明显差异，因而也可以作为作物类型识别的重要依据。植被指数是目前用来刻画植被季相变化特征应用最广泛的参数。

1）时间序列匹配方法

高时间分辨率的影像能够充分体现植被的季相变化，而同一区域相同植被具有相似的变化曲线，通过植被指数时间序列变化特征可以识别地物。时间序列匹配方法通过分析未知像元波谱曲线和纯像元波谱曲线的匹配程度以识别地物类型，包括波谱角分类、波谱特征拟合及二进制编码等。该方法源于高光谱遥感的波谱分析，目前被大量引入时间序列数据的分析以识别作物类型。该方法利用季相节律的差异避免了作物类型间光谱特征相似的问题，但能形成时间序列的遥感数据通常空间分辨率很低，因此监测精度不高，常用于大尺度研究。

2）关键物候期识别

同种作物在同一个地区具有相对稳定的生长发育规律。关键物候期可以使作物与其他植被具有较大的可区分性，可作为作物类型识别的重要依据，从而使作物类型识别更有效。该方法通过分析时间序列数据中作物生长的关键物候期的特征值来提取作物；利用当地的作物物候历信息，选择适当时相的遥感影像，使作物类型识别更有针对性，避免了遥感数据选取的盲目性。

3）时间序列变换方法

每种作物都具有特有的季节性生长模式，NDVI 时间序列曲线可以反映其物候特征，对时间序列数据进行相关变换后可以对其变化特征进行定量化描述，进而识别作物类型。如通过时间序列的谐波分析提取每种作物的振幅和相位角影像，然后应用判别分析识别作物；基于离散傅里叶变换检测频率分布状况，将提取的生物学特征引入分类特征空间，提高了类别间的可分性。该方法利用各种变换方法提取作物区别于其他地物的时间序列特征，且能获取一些细节特征，使分类更加准确，但可以使用的仍是低空间分辨率数据。

（3）物候与光谱相结合的方法

由于天气等条件的影响，获取适时、全覆盖的中高分辨率遥感影像异常困难。而高时间分辨率遥感在作物的生长季可获得完整的时间序列，但受空间分辨率限制，监测精度低，尤其在种植结构复杂的地区。实践证明综合光谱特征和时间序列信息可以更准确地识别地物。因此，充分发挥多源遥感的优势，采用中低空间分辨率遥感相结合的方法是区域尺度作物识别的主要趋势。

1）像元分解方法

像元分解方法指中高分辨率影像提供端元，基于关键物候期的单景或多景低空间分辨率影像进行像元分解。国内外进行的大量研究表明作物的识别精度较高，基本可以满足实际需求。该方法考虑了不同类型遥感数据的可获得性，并充分利用了多分辨率遥感的优点，精度相对较高；缺点是未利用低空间分辨率遥感的时间优势，种植结构相对单一时较为有效，另外该方法得到的结果是低空间分辨率的丰度图，可以统计出总种植面积，但不能准确确定子像元位置。

2）关联分析模型

以实测结果或中高分辨率影像识别结果为样本，与低分辨率时间序列或关键物候期数据建立半定量或回归模型识别作物。也有研究通过考虑作物关键物候期植被指数与种植面积的定量函数关系建立模型，其基本原理是像元中混入其他类型地物时会导致关键时段的曲线斜率发生变化。该方法的优点是充分利用了多分辨率遥感的优势，突出了关键物候特性，使构建模型时理论更充分、精度更高；但结果仍然是丰度图，因此不能确定子像元的具体位置，仅用于统计总种植面积和大概种植分布。

3）多时相掩膜法

利用低空间分辨率遥感的时间优势，基于作物的季相节律特征，区分作物与非作物，以作物区为掩膜，基于中高分辨率影像识别作物类型。该方法利用低分辨率遥感的时间优势，缩小了作物识别的空间范围，在一定程度上减小了同物异谱和异物同谱的影响，从而提高了识别精度。但如何制定规则，使含有作物的混合像元都处于掩膜内是需要考虑的一个重要问题。

4）序列数据融合

序列数据融合主要指低分辨率的时间序列数据与中高分辨率的多光谱数据的融合，既提高了空间分辨率和清晰度，又提高了识别的精度与可靠性。该类方法的优点是充分综合了多分辨率遥感时空优势，使用于判别的影像不失时间序列优势而提高了空间精度；但用单个或几个时相的中高分辨率遥感影像与时间序列低空间分辨率遥感影像融合必须考虑不同尺度的影像间的时相差异，其适用性有待进一步验证。

（4）其他方法

遥感与抽样相结合的方法综合考虑了大尺度作物识别与面积提取很难采取遥感全覆盖方式，以及成本、效率、精度等问题，在国内外被广泛应用。神经网络通过模拟人脑神经系统的结构和功能，建立数据分析处理系统，大量研究表明其识别精度优于传统方法。模糊分类方法基于模糊集理论处理地理数据的不确定性特性进行遥感分类，其关键是确定像元的隶属度函数，近年来也得到广泛的关注和较大的发展。生态分类通过在划分的子区内进行分层分类，并对结果综合处理得到最终成果，由于考虑了各子区间的自然环境和社会经济等条件差异，精度较高。决策树分类依据规则将待分遥感数据逐级向下细分，每一分支节点均设定决策判断条件，定义下一级分支节点，优点是直观、清晰、灵活，对输入数据空间特征和分类标识具有更好的弹性和鲁棒性，运算效率高。支持向量机是基于统计学习理论，在最小化样本点误差的同时，缩小模型预测误差的上界，从而提高模型的泛化能力，在小样本、非线性及高维模式识别中表现出许多特有优势，但该方法在当前遥感研究中仍处在起步阶段。基于知识的分类以专家知识、经验为基础，综合光谱信息和其他辅助信息进行影像理解，其核心内容是知识库和推理机，该方法具有较高的精度，但知识的区域性明显。

综上，由于实际情况往往复杂多样，一种方法通常达不到精度要求，因此需要综合运用多种方法，相互弥补彼此不足，从而提高识别精度。

6.6.2 作物产量遥感

作物估产是利用卫星进行某一作物的生态分区，收集每一分区内该作物历年产量以及相关的地形、土壤和气候等资料，建立产量模型，同时进行与卫星同步的高空、低空和地面光谱观测，然后利用卫星影像所提供的信息进行作物产量估测。

（1）传统作物估产方法

传统作物估产方法常用的有地面抽样调查法和作物生长模型法。地面抽样调查是根据穗数、粒数的调查结果，按品种及谷粒的充实度估计千粒重或参考该品种常年千粒重数值，对每亩有效穗数、每穗平均实粒数和千粒重进行乘积，得到单位面积产量，计算如式（6-31）所示。地面抽样调查方法简单且得到的结果准确，但是耗时费力，在大范围区域难以推广，且受品种影响大，需要根据品种分别进行测定。

$$每亩产量=每亩穗数×每穗粒数×千粒重/1000 \qquad (6-31)$$

作物生长模型描述了作物生长发育的基本生理过程，如光合作用、呼吸作用、蒸腾、同化物质分配及干物质形成过程，并考虑了环境条件对这些过程的影响。作物生长模型能够以特定时间步长对作物在单点尺度上生长发育的生物学参数及作物产量进行动态模拟，并定量化研究环境因子及田间管理措施对作物生长发育的影响，因其具有通用性，不受地区、时间、品种和栽培技术差异的限制得到了广泛的应用。然而由于作物生长模型涉及的大气、生物、土壤过程及相互耦合关系尚存在不确定性，需要进一步研究寻求更合理的定量描述方法。

（2）作物产量遥感估测原理

当前，利用遥感技术进行估产是基于作物特有的波谱反射特征，在收集分析各种农作物不同生育期不同光谱特征基础上，通过平台上的传感器记录地表信息，辨别作物类型，监测作物长势，并在作物收获前，利用遥感手段对作物产量进行监测预报。利用影像的光谱信息可以反演作物的生长信息（如 LAI、生物量），通过建立生长信息与产量间的关联模型（可结合一些农学模型和气象模型），便可获得作物产量信息。在实际工作中，常用植被指数（由多光谱数据经线性或非线性组合得到的能反映作物生长信息的数学指数）作为评价作物生长状况的依据。

（3）作物产量遥感估测方法

利用遥感进行农业估产的模型主要有两种。一种是基于地面遥感平台的光谱模型，利用近地面光谱分析仪获取植株冠层反射光谱，建立光谱参数与作物参数间的统计模型；另一种是基于航空航天平台的预测模型，利用航空航天遥感平台，根据建立的统计模型，预测作物区域分布特征。

遥感估算作物产量主要有两种方法。一种是基于遥感指标的作物监测方法，利用卫星和地面观测数据，通过建立基于农学参数的单因子或多因子遥感指标，进行长势监测。如式（6-32）所示。作物产量遥感估测主要流程如图 6-19 所示。

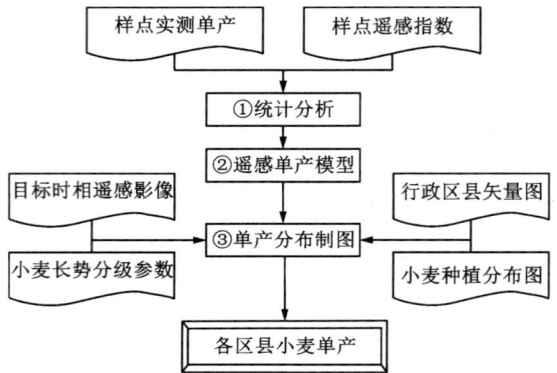

图 6-19　作物产量遥感估测主要流程

$$P = f(VI_1, VI_2, \cdots, VI_n) + \varepsilon \qquad (6-32)$$

式中，P 为作物长势或产量参数；VI_1，VI_2，$\cdots$，VI_n 为遥感指标；ε 为随机误差。

另一种是作物生长模型与遥感融合方法，该方法基于以下考虑：遥感监测具有实时性、宏观性等特点，但机理性不足；作物生长模型具有连续性好、机理性强等优势，但宏观性表达不足。将两者结合应用于大面积作物长势监测和估产是近年来国内外主要的研究方向。两者融合方法有两种，一是驱动法（图 6-20），其主要特点是将遥感反演参数作为作物生长模型的初始参数；二是同化法（图 6-21），其主要特点是通过调整作物生长模型初始值，使模型模拟值与遥感观测差异最小。但该技术目前还不是很成熟，需要继续深入发展。

（4）叶面积指数（LAI）与 NDVI 关联研究

以植被指数、LAI 等为代表的植被遥感参数是公认的能够反映作物长势的遥感监测指标，其中以归一化植被指数（NDVI）等在作物种植信息提取、长势监测和产量预报中的应用最为广泛。对于叶面积指数（LAI）与 NDVI 的关联研究主要分以下四个步骤进行：

①主要生长指标与卫星遥感变量的相关分析：根据地面采样数据，分析筛选的作物生长指标（LAI、叶绿素等）与遥感变量（各指数）的相关性，确定能表征作物生长状态的主要遥感参数。

②主要生成指标遥感监测模型的建立：根据相关性分析结果，运用关联性最密切原则，筛选主要生长指标的最敏感卫星遥感变量，通过线性或非线性回归分析，建立作物长势的遥

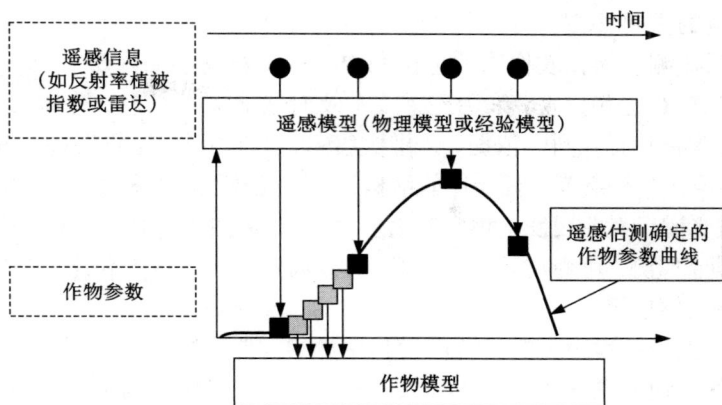

图 6-20 驱动法

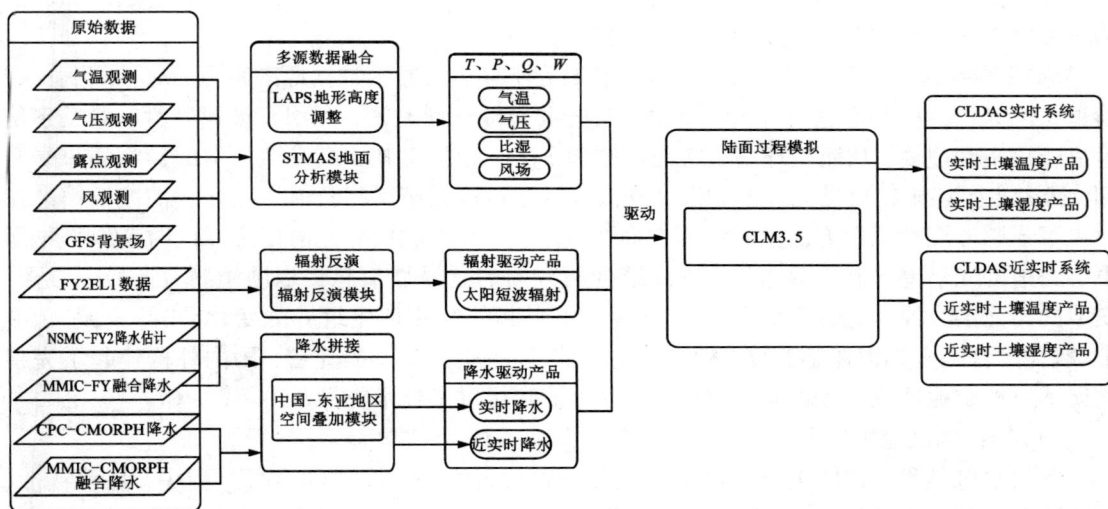

图 6-21 同化法

感监测模型。

③模型可靠性检验：以独立试验数据为检验样本，分析主要生长指标预测值与实测值的定量关系，通过绘制 1∶1 关系图，综合评价作物长势遥感监测模型的定量化水平和可信度。

④专题制图与输出：根据所建立的模型，以 NDVI 等植被指数为自变量，运用 Band Math 等功能，生成作物长势的区域分布图。

6.6.3 农业灾害遥感

（1）作物灾害概述

传统的农业灾害监测和调查方式耗时、费力、效率低、误差大。20 世纪 60 年代，遥感技术开始出现并不断发展成熟，在一定程度上弥补了传统农业灾害监测方法的不足。与传统的农业灾害监测相比，遥感监测技术具有宏观性、经济性、动态性和时效性等特征，从而成为传统农业灾害监测的重要补充,具有十分广阔的应用前景。

农业灾害遥感监测是指在农作物的生长期内,常会遇到水淹内涝、干旱缺水、病虫害及低温霜冻等灾害。针对这些灾害,采用遥感技术及时获取灾情信息,连续监测作物灾情发展状况,为救灾及损失评估提供科学依据。农业灾害遥感监测的物理原理是基于植被的光谱反射曲线,当农作物受到灾害侵袭时,其叶片的结构、叶绿素及冠层结构等生物物理参数会发生变化,由此导致植被光谱反射曲线发生相应变化。对农作物病虫害、作物倒伏、冷冻害、洪涝旱灾和干热风等进行动态监测,可为灾后农田损毁、作物减产等损失调查和评估提供科学依据。

(2)作物虫害遥感监测

病虫害是农业生产过程中影响粮食产量和质量的重要生物灾害。目前,我国的作物病虫害监测方式以点状的地面调查为主,无法大面积、快速获取作物病虫害发生状况和空间分布信息,难以满足作物病虫害的大尺度科学监测和防控的需求。近年来,随着国内外卫星光谱、时间和空间分辨率的不断提升,利用遥感手段开展高效、无损的病虫害监测成为有效提升我国病虫害测报水平的重要手段。与此同时,多平台、多种方式的作物病虫害遥感监测也为病虫害的有效防治和管理提供了重要科技支撑。

利用遥感手段进行作物病虫害监测,主要是针对不同遥感数据源的特点,对不同病虫害胁迫下的光谱响应特征进行分析,通过选取病虫害敏感性波段,利用其波谱特性,对遥感信号进行分析和建模,从而实现病虫害的监测和分类。包括①基于高光谱技术的作物病虫害监测,研究主要集中在可见光波段和近红外波段。通过高光谱观测获取作物连续的波谱信息在病虫害遥感监测和识别方面主要有两方面的应用:一方面利用高光谱传感器同时获取作物病虫害胁迫的光谱差异和纹理差异,进而结合两方面的差异性信息提取胁迫特征;另一方面,获取的高光谱波段信息可以有效表征由病虫害引起的叶片理化组分的变化差异。②基于航空/航天平台的多光谱遥感监测,随着航空/航天遥感平台的不断完善,国内外构建起了完善的遥感对地观测体系,为病虫害的大尺度遥感监测提供了技术支撑。

(3)作物倒伏遥感监测

倒伏胁迫是我国作物生长过程中的主要自然灾害之一。在作物生长过程中,品种特性、栽培管理、病虫危害及外界环境等因素,导致作物在生长阶段容易遭受倒伏威胁,倒伏又导致作物产量和品质降低,成为作物生长过程中主要自然灾害胁迫之一,严重威胁粮食安全。近年来发展迅速的遥感技术以其快速、客观、经济和区域性等优点,为倒伏灾情监测、灾情评估提供了科学的技术手段,对倒伏作物田间管理、产量减损评估及灾后相关措施实施等具有重要意义。

结合天空地一体化遥感技术,利用多平台、多源和多时相的遥感数据进行倒伏作物遥感监测有利于提取大范围的作物倒伏信息。其流程为首先利用无人机遥感获取影像以及利用卫星遥感空间连续地对陆地表面进行监测,依据倒伏作物与正常生长作物在遥感影像中光谱、色调及纹理等特征向量的差异监测受灾范围和灾情等级,然后计算和统计正常、倒伏作物的色彩、纹理特征,最后比较特征的变异系数和相对差异,评选出适宜区分正常、倒伏作物的特征。

(4)农业干旱遥感监测

通常干旱是指某地长期没有降水或降水显著偏少造成空气干燥、土壤缺水甚至干涸的现象。农作物是否遭到干旱的危害,要看农作物吸收和蒸发水分的平衡是否遭到破坏,以及农作物的正常生理活动是否遭到损害。

　　农业干旱遥感监测的原理是基于土壤水分和植被状况的综合分析。对于裸地,卫星遥感的重点是土壤含水量,对于有植被覆盖的区域,卫星遥感的重点是植被指数的变化及植被冠层蒸腾状况的变化。

　　1)土壤水分可见光-反射红外波谱特性[式(6-33)]

$$R = f \cdot R_{dry} + (1-f) \cdot R_{dry} \cdot \exp(-c \cdot s) \tag{6-33}$$

式中,R 为土壤反射率;R_{dry} 为干燥土壤反射率;f 为土壤表面植被覆盖度;c 为衰减系数;s 为土壤含水量。

　　如图 6-22 所示,由于水分对于不同波长的电磁波具有较强的吸收作用,因此土壤反射率通常随含水量的增加而显著降低。在较短波段(0.6 μm),土壤反射率在含水量为 0~20% 时下降较明显,之后变化较弱。波长增加时,土壤含水量在更大的范围内影响了土壤反射率。在短波红外波段(2.2 μm),当土壤水分接近饱和状态时,其反射率依然呈现显著下降趋势。

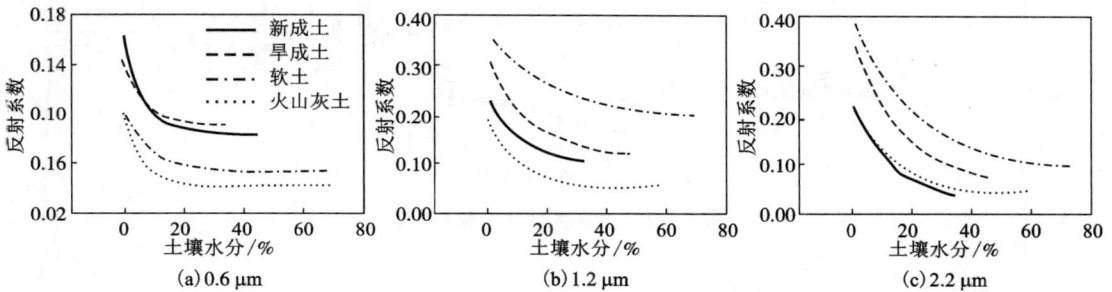

图 6-22　不同波长下不同土壤反射系数

　　2)土壤水分热红外波谱特性

　　土壤热红外发射率在 8~9.5 μm 范围内随含水量增加而增加;在 9.5~11 μm 土壤热红外发射率大致呈单调递增趋势;在 11~14 μm 随土壤含水量增加,土壤热红外发射率有不同程度的减小,而且在 12.7 μm 附近存在一个吸收谷。当土壤水分趋于近饱和状态时,红外发射率的变化幅度变得非常小。

　　3)土壤水分微波辐射特性

　　微波波段的瑞利-金斯公式:

$$T_B = eT \tag{6-35}$$

$$e = 1 - r \tag{6-36}$$

式(6-35)~式(6-36)中,T_B 表示亮度温度;e 和 r 分别为地表微波发射率和反射率。

$$r_v = \left| \frac{\varepsilon \cos\theta - \sqrt{\varepsilon - \sin^2\theta}}{\varepsilon \cos\theta + \sqrt{\varepsilon - \sin^2\theta}} \right|^2 \tag{6-37}$$

$$r_h = \left| \frac{\cos\theta - \sqrt{\varepsilon - \sin^2\theta}}{\cos\theta + \sqrt{\varepsilon - \sin^2\theta}} \right|^2 \tag{6-38}$$

$$T_{Bp} = e_p T_e \exp(-\tau) + T_c (1 - W_p) [1 - \exp(-\tau)][1 + r_p \exp(-\tau)] \tag{6-39}$$

式(6-37)~式(6-39)中，r_v 为垂直极化的菲涅尔反射系数；r_h 为水平极化的菲涅尔反射系数；θ 为入射角；ε 为地表介电常数实数部分；T_{Bp} 为高度温度；e_p 为地表微波发射率；τ 为光学厚度；T_e 为植被层高温；W_p 为散射反照率；r_p 为反射率。由式(6-39)可以看出亮度温度、介电常数与土壤水分存在较强的相关性，这种关系受植被覆被吸收、发射和散射等因素的影响而存在较大差异(图6-23)。

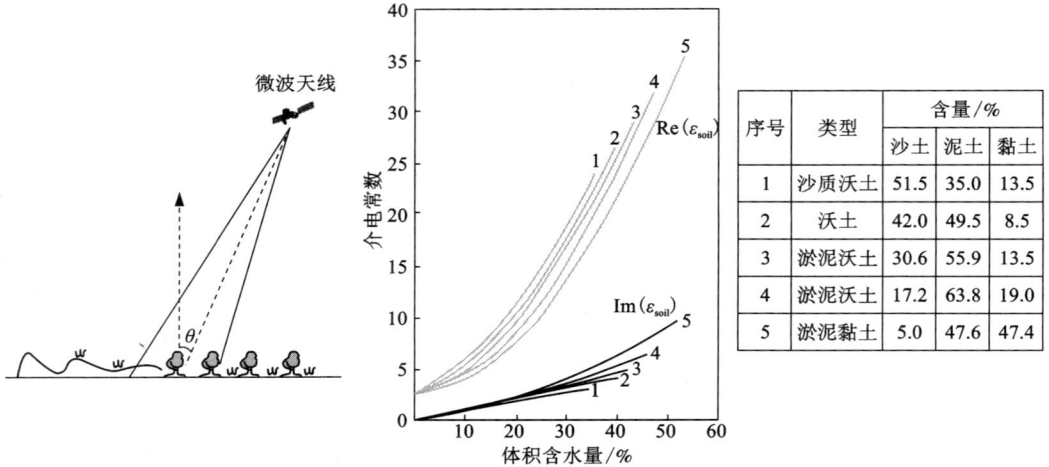

图6-23 土壤水分微波辐射特性

4)土壤水分微波散射特性

土壤微波散射特性是进行微波遥感后向散射模型研究和电磁参数反演的基础，它是微波散射机理研究的主要内容之一，可用式(6-40)来表示 。

$$q = \frac{\sigma_{hv}^{\circ}}{\sigma_{vv}^{\circ}} = 0.23\sqrt{\Gamma_o}\left[1-\exp(-ks)\right] \tag{6-40}$$

式中，q 为交叉极化比；σ_{hv}°、σ_{vv}° 分别为水平-垂直极化(HV)、垂直-垂直极化(VV)下的微波后向散射系数；$\Gamma_o = \left|\dfrac{1-\sqrt{\varepsilon}}{1+\sqrt{\varepsilon}}\right|^2$ 为法向入射的菲涅尔反射系数；k 为自由空间波数；s 为均方根高度，用来描述地表粗糙度。

由图6-24可知，相比其他光学遥感，雷达遥感的一个重要优势是其具有一定的穿透能力，其穿透深度与土壤水分含量及雷达发射频率密切相关。一般而言，低频雷达具有较深的探测能力，因而常用于反演地表土壤水分。此外，探测深度随土壤水分含量增加而降低，在 L 波段(1.3 GHz)，雷达探测深度可从土壤水分含量为1%时的1 m 下降到土壤水分含量为40%时的5 cm。

5)可见光-近红外土壤水分遥感

利用可见光-近红外遥感反演土壤水分的基本原理是同类土壤在不同含水量情况下，其光谱的反射特性具有明显差异。一般而言，干燥土壤的反射率较高，而同类的湿润土壤的反射率相对较低。因此，可见光-近红外遥感通常利用这一波段对土壤水分的敏感性，构建单波段或多波段的遥感指数，并建立其与土壤水分含量之间的统计关系模型，从而获得大范围

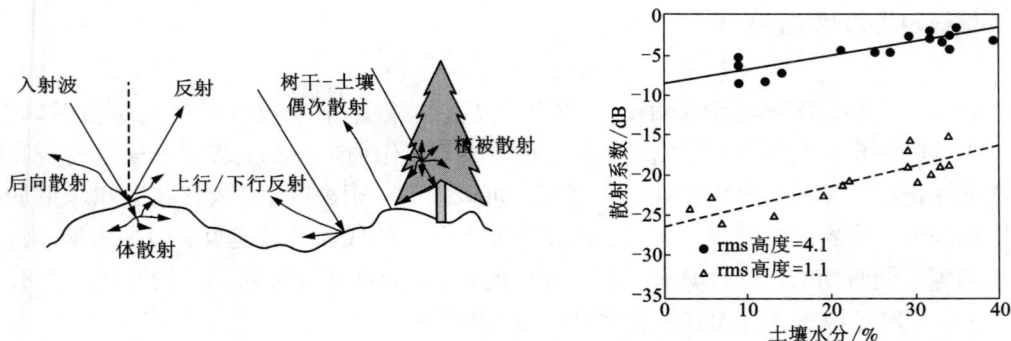

图 6-24 土壤水分微波散射原理与特性

的土壤水分分布情况。主要方法有垂直干旱指数法、植被状态指数法和植被距平指数法。

①垂直干旱指数法［式(6-41)］

$$PDI = \frac{aNIR + R + b}{\sqrt{a^2 + 1}} \tag{6-41}$$

式中，PDI 为垂直干旱指数；NIR 为近红外波段的反射率；R 为红光波段的反射率；a、b 为公式中的系数，用于调整近红外和红光反射率在计算 PDI 时的权重。

如图 6-25 所示，经过原点建立 AD 的平行线 L，由该空间中任一点到 L 的垂直距离反映植被覆盖与土壤水分的分布情况。

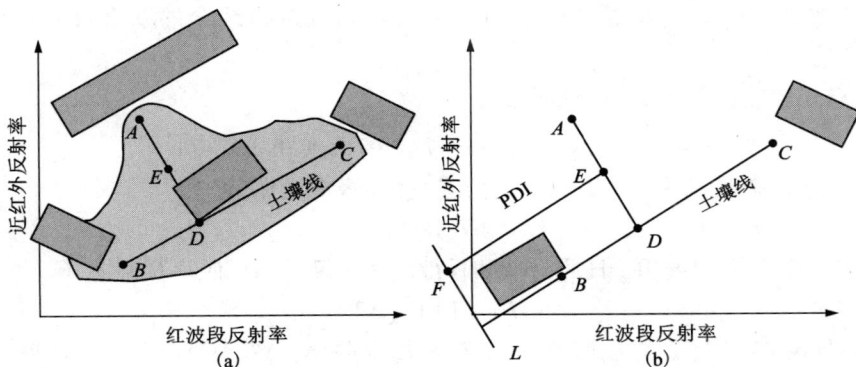

图 6-25 垂直干旱指数法

②植被状态指数法［式(6-42)］

$$VCI = 100(NDVI - NDVI_{min}) / (NDVI_{max} - NDVI_{min}) \tag{6-42}$$

式中，VCI 为植被状态指数；NDVI 为植被指数。由于土壤水分含量直接关系农作物生长情况，VCI 常可反映作物生长期的干旱状态，并具有较高的可信度。由于目前干旱标准尚未统一，一般通过建立 VCI 与实测土壤水分含量之间的统计关系模型，直接用 VCI 表达旱情等级，评价区域性缺水或干旱情况。VCI 最主要的问题在于其计算取决于植被覆盖情况，因而一般只应用于植物生长季节，而在植被枯萎的冬季，其应用效果显著降低。

③植被距平指数法[式(6-43)]

$$\text{ANDVI} = \text{NDVI} - \overline{\text{NDVI}} \tag{6-43}$$

式中，ANDVI 为植被距平指数；NDVI 为植被指数。植被距平指数可以反映作物干旱情况，植被距平指数的负值与降水距平负值一致，可反映当年作物生长季土壤水分缺乏及土壤供水的动态变化情况。植被距平指数在一定程度上可以减少太阳高度角、大气状态和非星下点观测带来的误差。资料的时间系列越长，植被指数平均值的代表性就越好，但平水期、枯水期和丰水期等不同时期的代表性具有一定差异。此外，植被距平指数监测旱情在时间上有一定滞后，在应用时还应注意有无其他自然灾害与云的影响。

尽管 NDVI 在农业遥感中应用广泛，但还存在一些不足之处。因为其以线性拉伸方式增强了 NIR 和 R 波段反射率的对比度，在低植被覆盖区容易与裸土等混合；在高植被覆盖区 NDVI 增速会有所降低，难以反映植被信息，即存在饱和现象。故 NDVI<0.1 或 NDVI>0.65 时，一般不用于表征植被信息。NDVI 计算公式如下：

$$\text{NDVI} = \frac{\rho_{\text{NIR}} - \rho_{\text{R}}}{\rho_{\text{NIR}} + \rho_{\text{R}}} \tag{6-44}$$

6）热红外土壤水分遥感

热红外遥感监测土壤水分主要依赖于土壤表面发射率和地面温度。在一定范围内，地面温度的空间分布能间接反映土壤水分的分布状况，即下垫面温度越高，土壤含水量越低；下垫面温度越低，土壤含水量越高。利用地面温度及其变化特征，建立其与土壤水分含量之间的关系，是热红外遥感的主要方式。热红外土壤水分遥感既有单独使用温度反演土壤水分的方法（例如热惯量法），也有将温度信息与其他波段信息进行组合的联合反演（例如地面温度-植被指数法）方法。

以下重点介绍热惯量法。热惯量公式为：

$$P = 2S\tau C_1(1-A) / \left[\sqrt{\omega}(T_{\text{午后}} - T_{\text{夜间}}) - 0.9B / \sqrt{\omega} \right] \tag{6-45}$$

假设大气透过率及 B 为常数，热惯量公式简化（表观热惯量）为：

$$P = 2Q(1-A) / \Delta T \tag{6-46}$$

若不考虑纬度、太阳偏角、日照时数和日地距离，仅考虑反照率和温差：

$$P = (1-A) / \Delta T \tag{6-47}$$

式(6-45)~式(6-47)中，P 为热惯量；A 为全波段反照率；ΔT 为温度差。在计算热惯量的基础上，可运用线性回归方法建立热惯量与土壤水分含量之间的统计关系，进而估算大面积的土壤水分。此方法简便易行，主要应用于裸土或低植被覆盖区。

7）被动微波土壤水分遥感

被动微波土壤水分遥感的原理是在自然常温条件下，微波波段的土壤比辐射率一般变化范围为 0.6~0.95，对应于湿土（体积含水量约30%）和干土（体积含水量约8%）之间的变化。利用这一特性，可以发展微波波段的土壤水分反演方法。利用被动微波遥感方式监测土壤水分，主要依赖于微波辐射计对土壤本身微波辐射或亮度温度的测量。主要方法有统计回归算法、单通道算法、AMSR-E 算法和 SMOS 算法。

①统计回归算法

算法基本原理：对于裸土而言，微波地表发射率（ε_p）只与地表粗糙度和土壤水分含量相关，

当地表粗糙度随时间的变化可忽略时,其发射率与土壤水分含量(m_v)近似呈线性关系,可表示为:

$$\varepsilon_p = a_0 - a_1 \cdot m_v \tag{6-48}$$

式中,a_0 和 a_1 均为模型参数,其中 a_1 随地表粗糙度变化存在较大差异,地表越光滑,斜率越大,即 a_1 越大。此外,不同阶段的系数也有较大变化,当土壤水分含量小于 10% 时,地表发射率随土壤水分增加缓慢减小,而当土壤水分含量超过 10% 时,发射率呈现急剧下降的趋势。此外,该统计关系还受微波波段频率和土壤质地等因素的影响,因此在实际应用中,通常需要根据地面观测数据,建立回归方程,获取对应的模型系数。

②单通道算法:

单通道算法(single channel algorithm, SCA)利用土壤水分最敏感的单一频率/极化通道数据进行反演,并通过其他辅助数据最终校正反演结果。假设单次散射反照率为 0,并假设微波传感器接收到的亮度温度等于地表亮度温度,则有:

$$T_B = T_s \left\{ 1 - (1 - \varepsilon_p^{s,\,\text{rough}})(e^{[-\tau_c/\cos\theta]})^2 \right\} \tag{6-49}$$

式中,T_B 为亮度温度;T_s 为地表亮度温度;$\varepsilon_p^{s;\,\text{rough}}$ 为粗糙地表的发射率;τ_c 为大气光学厚度;θ 为传感器观测角。

③AMSR-E 算法

AMSR-E 算法由 Njoku 和 Li 提出,根据微波亮度温度 T_B 与土壤水分之间的关系,采用迭代方法同时计算土壤水分、植被含水量和地表温度三个参数。随后,Njoku 和 Chan 将地形与植被因子合并为一个综合变量,进一步发展了归一化极化差异指数算法(normalized polarization differene algorithm, NPDA),从而将微波亮度温度公式改写为:

$$T_B = T_s \left\{ 1 - [(1-Q)r + Qr]\exp(-\alpha g) \right\} \tag{6-50}$$

式中,T_B 为亮度温度;T_s 为地表真实温度;Q 为植被覆盖度;r 为地表反射率;α 为衰减系数;g 为植被层厚度或光学路径长度。

⑤SMOS 算法

SMOS 土壤水分反演采用最优化的迭代算法,具体是指通过迭代运算,选择最佳的土壤水分及植被参数结合,使模拟与实测亮度温度(T_B)之间相差最小。如图 6-26 所示。

可以看出,SMOS 算法充分考虑了不同地表类型对像元亮度温度的影响,通过迭代运算获取最佳的地表参数组合,土壤水分精度相对较高,RMSE 为 0.04 cm³/cm³,在植被较少的非洲与澳大利亚等地区,精度更高,RMSE 可小于 0.02 cm³/cm³。然而,受地形及植被等因素的影响,在欧洲和美洲等地区精度相对较差,成为未来算法改进的重要方向。

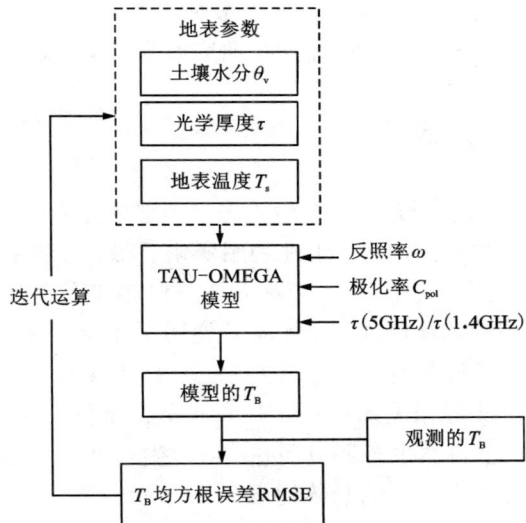

图 6-26 SMOS 算法流程图

6.6.4 典型农业遥感数据产品

（1）高分农业遥感数据产品生产系统

高分农业遥感数据产品生产系统由中国农业科学院农业自然资源和农业区划研究所提供，该系统以丰富的国产卫星影像为核心，利用现代计算机硬件资源、专业的遥感技术、专业的农学模型，建立了一个在线农情遥感监测平台。通过平台可以快速处理大量的国产高分系列卫星数据，高效生产农业基础信息产品，进行农作物面积监测、农作物长势监测及产量预测等。

（2）中国农田生产潜力数据

该数据来源于地理遥感生态网平台（www. gisrs. cn），是基于中国耕地分布、土壤和高程DEM等数据，采用GAEZ（global agro-ecological zones）模型，综合考虑光、温、水、CO_2浓度、病虫害、农业气候限制、土壤和地形等多方面因素，估算获取中国耕地生产潜力。该数据集开展耕地和气候变化对粮食生产潜力的影响研究，揭示近年来中国气候与耕地变化对粮食生产力影响的空间格局及区域分异规律，厘清两者对粮食生产潜力的影响差异，为全球变化背景下中国土地资源开发和耕地保护，以及保障国家粮食安全提供决策参考。

（3）中国农田熟制遥感监测数据

该数据是地理遥感生态网平台基于1 km空间分辨率的SPOT-VGT卫星的旬（每10天）NDVI数据，利用S-G滤波方法对NDVI数据进行去噪，重建作物生长植被指数（NDVI）曲线，用峰值特征点反演提取的全国尺度耕地熟制数据。该数据包括2000—2015年的逐年中国农田熟制遥感监测数据。该数据有效反映了气候变化背景下中国农田熟制的时空演变特点，对国家粮食安全评估和农业发展规划科学决策具有重要意义。

（4）中国农田潜在熟制空间分布数据

该数据是地理遥感生态网平台基于气候变化背景下中国农田熟制研究项目的重要产出成果，是基于DEM数据、土壤数据、耕地分布数据以及气象数据，采用由FAO（联合国粮农组织）和IIASA（国际应用系统研究所）共同研发的GAEZ模型估算获得。如图6-35所示。

6.7 小结

本章主要介绍了自然生态环境遥感方面的内容，主要分为6部分，分别为生态环境概述、生态环境遥感原理、土地利用变化遥感、自然生态环境遥感、城市生态环境遥感及农业生态环境遥感。其中，6.1节和6.2节概述和原理部分是对生态环境的总体概述以及遥感在该方面应用的总体梳理，详细展开说明了生态环境定义、生态圈结构与组成、植被与生态系统、生态系统破坏与恢复、典型生态系统要素光谱特征、生态环境遥感基本原理及生态环境遥感典型算法等相关知识。6.3~6.6节，分别从概念、原理、方法、案例等方面针对土地利用变化遥感、自然生态环境遥感、城市生态环境遥感及农业生态环境遥感4个专题介绍了遥感在生态环境遥感中的具体运用。

第 7 章　环境遥感应用与前沿技术

7.1　典型应用与研究进展

7.1.1　自然资源监测与分析

环境遥感旨在解决全球气候变化大背景下所频发的各种生态环境问题，例如温室效应导致的全球气温异常，在农业开垦、城市扩张、矿山开采和工程建设等人类活动影响下，全球、区域、流域等多尺度上出现的资源短缺、环境污染等资源环境问题。遥感可实现全天候对地观测，其应用基本涵盖了自然资源、生态环境、城市、气象水利、农业和地质等专业领域。其中，自然资源是自然界能够为人类生存及生活提供的物质及能量，而现有资源难以满足人类需求，因此产生了环境问题，自然资源与生态环境紧密联系、无法割舍。

自然资源监测，即对当前地球系统中可用的物质资源及其面积、数量和空间分布等方面展开调查。实地考察作为资源调查的传统手段，不仅耗费巨大的人力物力，在时空范围上也有着较大局限性。随着计算机技术的迅速发展，以人工智能、空间信息、大数据等尖端科技为手段，组建多元化的自然资源监测技术体系成为我国乃至全球厘清自然资源的重要手段。新中国成立以来，我国对自然资源监测给予了高度的重视，1949 年成立内务部地政司、1955 年成立农业部土地利用总局、1986 年成立土地管理局、1998 年成立国土资源部，到2018 年组建自然资源部，统一整合了自然资源监测工作框架体系。在该体系下，我国聚焦构建区域化的自然资源监测网络，完善重点区域的自然资源细化和补充，保证资源可持续利用与发展，最终的监测结果为国土空间开发、国土安全、区域治理等提供了高质量的数据供给。

自然资源监测的目的是掌握资源动态变化以及人类活动等因素对资源的影响，从而提供资源普查、重点目标监控、突发事件预知预警等保障服务。我国围绕监测自然资源的核心目标，对区域内的自然资源定期开展全面清查，实现基础调查成果的定时更新。监测自然资源分为常规监测、专题监测和应急监测。常规监测属于定期的清查工作，资源部门必须按时完成重点资源清查。专题监测指针对某区域某类型自然资源的部分或全部的指标特征进行实时跟踪，摸清其动态变化情况，包括地理国情监测、重点区域监测、地下水监测、海洋资源监测以及生态状况监测。我国重点监测区域主要有京津冀地区、黄河流域生态修复区、长三角区域、长江经济带以及粤港澳大湾区等，除此还包括秦岭、三江源等生态功能重要区和以国家公园为主体的自然保护地。专题监测为我国实施重大战略、落实国土空间规划和政府科学决策提供了精确的信息支持。应急监测主要为应对突发灾情，做好社会应急救灾服务与各项监测工作的融合与衔接，实现资源监测状况的实时共享。

针对自然资源监测的重大战略需求，我国已初步实现多层面全方位智能化一体化监测体系。在国家层面，我国要求实现自然资源的"两统一"：统一行使全民所有自然资源资产所有者职责；统一行使所有国土空间管制和生态保护修复职责。坚持绿水青山就是金山银山，加强生态环境联建联防联治，以"动态感知—精准认知—智能服务"为主线，实现自然资源数据获取实时化、分析评价智能化和决策服务知识化。在区域层面，大多数地方部门也开展了自然资源监测的相关工作，例如湖南省已初步建成 14 个自然资源卫星应用市州分中心，启动了新型基础测绘体系建设，搭建了实景三维湖南工程，全面推动了全省卫星遥感应用网络实体化运行。

随着遥感技术的不断发展，其在自然资源监测上的优势愈发显著：第一，卫星协同观测能力增强，国内外重视卫星组网建设，加强组网规划，从而推进卫星协同一体化观测，例如我国的资源系列卫星、高分系列卫星等；第二，影像数据处理能力提升，随着计算机技术的发展，遥感影像数据获取、处理、质检以及分发的速度和效率已经得到有效提高；第三，数据产品体系多元化，实际研究应用中经常融合多源数据，如光学影像、高光谱影像、干涉雷达和激光雷达等，以达到改善影像质量、叠加影像信息和提升结果精度等目的。我国对遥感技术在自然资源监测中的应用也高度重视，2019 年初成立了自然资源部国土卫星遥感应用中心，并将遥感技术作为构建自然资源调查监测体系的强有力支撑。目前我国已初步构建"山水林田湖草"全要素、全天候、全天时、全尺度的卫星遥感监测体系，以期为自然资源调查、监管等提供数据、信息产品、技术和业务支撑。

面向自然资源全覆盖监测要求，我国积极推动实时、综合、立体的自然资源监测体系，充分发挥 5G、人工智能、区块链等新技术的独特优势，形成空间遥感技术与地面监测相结合的"天-空-地-网"一体化智能监测系统。其中，卫星遥感反演、无人机摄影测量、地面站点观测等智能监测技术，是摸清大区域资源动态变化情况的有效手段。在国家统一的组织和调度下，利用遥感开展自然资源监测已经取得了一系列成果。第一，在土地资源方面，基于高精度卫星常态化监测土地利用变化，例如匡文慧等利用 Landsat 8 OLI、GF-2 等高精度遥感数据，结合大数据、云计算以及人机交互解译方法，构建了 1990—2020 年以 5 年为间隔的 30 m中国土地利用动态变化成果数据库。自 2017 年国土资源部开展第三次全国国土调查，利用多源卫星开展地类分布调查，以收集全覆盖的多源多时相遥感影像为主要手段，全面整合自然资源变化信息。第二，在水资源方面，传感器测量的光谱反射率与水质参数存在一定的回归关系，利用高光谱遥感技术开展水质反演工作，其结果精度基本是可靠的。光学遥感被广泛用于监测水质参数，其中结合多光谱信息与高光谱影像可获得良好的光谱和空间分辨率，进而提升研究精度，例如多光谱中的 Landsat、MODIS、OrbView-2（SeaWiFS）和 Sentinel-2等，以及高光谱中的 Hyperion。使用机器学习或深度学习算法结合遥感数据是较为流行的方法，比如基于"珠海一号"高光谱卫星数据使用集成学习算法估算中国山东省南四湖的叶绿素浓度，其叶绿素浓度反演框架对于内陆湖泊水生态监测具有重要意义。此外，结合雷达遥感数据和光学遥感数据，构建信息自动提取技术和多级分类模型，可实现全国水资源遥感监测。第三，在林草湿地方面，可利用多源卫星影像开展全国湿地监测，例如结合 GF-1/WFV数据和地球静止卫星 GOCI 数据生成时空序列图像，获取上海崇明岛区域的 DTM 数据，从而实现湿地地形高程动态变化的持续监测。湿地生态较为脆弱，易受气候变化和人为干扰的影响，要求监测湿地植被动态变化的相关算法具有较高的敏感性，典型算法有支持向量机、卷积神经网络和随机森林等，例如基于谷歌地球引擎的自适应叠加算法利用光学、雷达影像和

DEM 数据绘制洞庭湖湿地植被分布图,最终得出 2000 年以来洞庭湖周边湿地植被总体恢复状况良好的重要结论。我国对于林地资源保护极其重视,目前以高分辨率卫星数据、高光谱遥感数据、雷达遥感数据和地面实测数据等一系列数据为基础,构建了天然林资源保护工程、退耕还林还草工程、"三北"和长江中下游地区等重点防护林体系建设工程、环北京地区防沙治沙工程、野生动植物保护及自然保护区建设工程和重点地区以速生丰产用材林为主的林业产业建设工程等六大林业生态国家工程。其中,以"三北"和长江中下游地区等重点防护林体系建设工程为例,相关部门基于遥感技术开展了植被覆盖率监测、土地资源分布分析、大气污染影响评价和生态服务功能评估,实现了"三北"工程动态监测。2018 年 12 月国务院发布了《三北防护林体系建设 40 年综合评价报告》,明确指出三北防护林工程区森林覆盖率由 5.05% 提高到 13.57%,森林面积净增加 2156 万公顷,林草资源明显增加,生态环境得到有效改善。第四,在地质矿山方面,可利用干涉合成孔径雷达 InSAR 技术评判灾害隐患,从而实现重大地质灾害隐患监测。其中,由于干涉相位中包含了地形信息和地表形变信息,差分干涉测量技术可用于探测地表形变,典型应用包括地震形变测量、地面沉降、火山监测、山体滑坡和冰川移动等,可为地灾隐患识别与判断提供服务。此外,可通过遥感技术获取区域废弃露天矿山位置,对废弃采矿区地表变形特征进行长期监测和分析,对矿山环境恢复治理和防范潜在灾害具有重要意义。

尽管我国在自然资源监测遥感方面已取得大量成果,但目前仍存在一些挑战,包括卫星传感器问题以及遥感数据集的综合利用等。我国遥感卫星系统缺乏短重访周期、大成像幅宽的热红外传感器以及高光谱卫星传感器,数据可利用性较低。我国区域辽阔,各地区自然气候条件存在较大差异,需要综合利用各种遥感数据集来弥补地理异质带来的研究局限性。综上,基于遥感监测自然资源状况仍缺乏数据与技术的相应支持,在未来道路上仍有不少难题亟待解决。

7.1.2　生态环境调查与评估

随着科技的发展,我国生态环境问题日益突出,例如土地荒漠化、水土流失、林草地资源稀缺以及生物多样性减少等常见环境问题。为了应对生态环境难题,我国出台了一系列方针政策,构建生态环境监测网络,改革环境监测体制,深入打好污染防治攻坚战,为生态环境保护提供坚实后盾。

我国对生态环境保护工作极为关注,习近平总书记指出,生态环境是关系党的使命宗旨的重大政治问题,也是关系民生的重大社会问题。中华人民共和国国民经济和社会发展第十四个五年规划和 2035 年远景目标纲要明确提出,要深入打好污染防治攻坚战,建立健全环境治理体系;中共中央、国务院关于深入打好污染防治攻坚战的意见和《生态环境监测网络建设方案》中提到,要深入实施大气、水、土壤污染防治三大行动计划;各类相关法律例如《环境保护法》和《大气污染防治法》明确了大力打击环境违法行为,提升环境监测的重要性。在地区层面,以湖南省为例,省委省政府对生态环境保护高度重视。湖南省国民经济和社会发展第十四个五年规划和 2035 年远景目标纲要中提出了推进"一江一湖四水"联防联治、大气、土壤污染治理的要求;2021 年湖南省生态环境保护工作会议中也指出,要突出精准、科学和依法治污,持续改善环境质量,着力推进绿色低碳循环发展;《湖南省环境保护条例》旨在保护和改善全省生态环境,推进生态文明建设。总而言之,国家与地方均高度重视生态环境改善和保护工作。

在进行生态环境治理工作时，应明确当前研究区域的生态环境状况和现有难题，考虑使用何种技术对目标区的生态环境状况开展精准监测与诊断。遥感技术对于大范围区域生态环境监测具有独特优势，下面主要介绍遥感在生态环境监测中的典型应用。宏观上，我国已顺利开展全国生态状况变化遥感调查评估工作（2010—2015 年），在生态环境部、中国科学院、31 个省以及 48 个相关单位的协同合作下，采用由 2 万景多源卫星数据和 12 万个野外核查样点构成的"天地一体化"调查体系，结合统计分析方法和定量反演模型，构建"格局-质量-功能-问题-胁迫"生态评估框架，对全国生态状况进行了多时相、多尺度和大范围监测。在国家尺度上，此次调查掌握了现有生态系统构成与分布，明晰了当前主要生态问题，评估了生态系统质量和服务功能，分析了生态变化的主要原因和驱动力机制，为新时期生态保护政策提供了有效建议；在区域尺度上，分别从生态保护重点管控区域和经济发展战略开发区域的生态系统变化与管控政策、区域开发强度与承载力两个方面评估区域生态保护成效与生态风险。此次生态调查工作不仅摸清了目前生态环境状况，揭示了生态变化的驱动因素，也为"十四五"规划等远景目标的政策制定提供了基础的数据支撑。

随着全球化与国际化的发展趋势，遥感在国际战略合作中的地位不容小觑，尤其在"一带一路"区域可持续发展生态环境监测中发挥了重要作用。近年来，中国科学院在集成数据处理与定量产品生产算法的基础上，研发了多源数据协同定量遥感产品生产系统 MuSyQ，对多源遥感数据进行投影转换、空间一致性匹配、辐射处理以及拼接与标准分幅等工作，按照辐射参数、植被参数、冰雪参数和水循环参数的分类标准进行分系统定量遥感产品的生产。该产品生产系统对原始数据、辅助数据、标准产品和定量产品进行严格管理分配，形成资源管理、调度、监控和分发的一体化系统。这些数据产品可实现动态监测"一带一路"共建国家（地区）的生态系统宏观结构和植被状况、太阳能资源、水分收支状况、主要生态环境限制因素和重要节点城市生态环境状况。使用遥感监测大区域生态情况，具有信息量大、速度快、动态性强的优势，可为实现 2030 年可持续发展目标提供决策依据和重要科学支撑。

植被是生态系统中最为关键的组成部分，使用遥感技术监测植被空间分布与动态变化具有重要价值。基于多时序多源卫星影像的像素分类可实现地表植被变化动态监测，相关研究发现热带雨林、中非和东南亚等地区植被覆盖率高，而北非、中东、北亚和澳洲等地区植被覆盖率低。全球植被绿化较为显著，植被绿化区占陆地面积的 24.46%，主要位于东南亚、西欧等地区；植被退化区占陆地面积的 3.74%，主要位于热带雨林和中亚地区。植被覆盖变化主要受自然环境因素和人类活动影响，多种遥感数据可用于分析驱动力机制。以洞庭湖流域植被净初级生产力 NPP 时空分布与驱动因素的研究为例，洞庭湖流域植被 NPP 多年均值为 0.65 kg C/m^2/a，呈现平稳上升趋势；其中土地利用变化解释程度最高，其次分别为降水、DEM、气温及土壤质地，其中因子交互作用主要表现为双因子增强或非线性增强。除了关注植被覆盖变化本身，对于其驱动因素的相关研究也可以为生态系统宏观调控提供知识支撑。

全球生态系统不断受到不同规模下人类活动的严重干扰，遥感技术作为一种有效的评定生态环境质量的定量化手段，具有高效、实时、动态的监测特点，在生态环境评价中得到了广泛应用。可以将遥感数据与景观生态指数、土地适应性参数、土地覆被类型、地块环境组成或水质健康状况等生态参数以及其他参数集成来构建生态评估模型，进而提高对生态环境的评价精度。然而，获取生态参数具有一定难度，实现长期高效的生态环境监测必须依赖于遥感技术。遥感图像中的植被指数、湿度、地表温度和干燥度等参数可用于估算生态环境质量，但所建立的模型很难充分反映生态环境的实际情况。因此，考虑到相关指标的易获取性及生态状况的可视化，研究提出了一个遥感生态指数(RSEI)，其由遥感信息的四个因素分解出的主成分构成(温度指标 WET、绿度指标 NDVI、热度指标 LST、干度指标 NDBSI)。该指数的计算结果具有显著的客观性、稳定性和可视性，在很多地区得到了广泛应用。当然，RSEI 并不完全具有普适性，不同的生态系统对应的规律性指标也不相同，因而一些改进的遥感生态指数随之产生，例如遥感生态距离指数(RSEDI)和区域尺度优化遥感生态指数(RO-RSEI)等。研究以武汉城市开发区为例，选取 2013—2019 年 Landsat8(OLI/TIRS)数据，对原有 RSEI 进行改进，从而提出了一个地方适应性的遥感生态指数 RSEILA，最终发现武汉城市开发区城市生态环境总体呈下降趋势。城市生态健康受到越来越多人的关注，通过遥感和GIS 技术，结合承载状态模型和层级分析法，可构建城市生态系统健康评价指标体系，进而为城市生态系统、空间分布特征以及城市演化规律提供参考依据。

自然保护区指用于保护重要生态系统、拯救濒危物种或保护自然历史遗产的特殊区域，对于维持生态平衡的可持续发展起着至关重要的作用。基于遥感可从两个方面进行监测：一是土地利用/覆盖变化(LUCC)，利用长时序的陆地卫星图像或图像分类产品进行 LUCC 监测，包括 Landsat TM 数据和 HJ-1A/1B CCD 数据；二是分析人类活动的影响，根据土地利用的特点，基于遥感影像对在人类活动影响下的土地类型进行分类，或根据社会因素构建人类活动影响指数，进而分析人类活动对自然保护区生态状况的影响。此外，生物多样性是地球上生物的所有形式、层次和组合的生命多样性，是环境生态评价中的重要部分。遥感技术被广泛用于监测生物多样性，从而保护重点地区的人类活动、物种信息、生物多样性水平和植被覆盖率。例如可通过对 HJ-1A 高光谱数据进行光谱分类监测物种波动情况，以达到生物物种监测的目的。遥感可提供丰富的生物多样性数据，多尺度生物多样性监测和评估方法已有不少应用。

尽管我国在改善生态环境方面取得了巨大成就，但仍然面临着严重的生态压力。由于经济活动的影响，生态恶化问题日益突出。为了保护绿水青山，我国必须利用遥感技术加强对生态环境的保护和监督，特别是中国生态保护红线(ECRL)，坚守底线可以有效遏制我国的生态破坏，保障国家生态安全和生态文明。

7.1.3　灾害监测与预警

在全球气候变化背景下，自然灾害与人类社会生存发展间的矛盾日渐突出，如何破解新形势新常态下所面临的自然灾害风险加剧、灾害损失与影响多元化、防灾减灾救灾工作难度加大等问题是灾害管理亟待解决的难题。近年来我国利用遥感技术有效应对了一系列重特大自然灾害，遥感技术在中国防灾减灾救灾工作中的应用领域广阔、应用潜力巨大，已成为中国防减灾现代化建设的基础性支撑技术，能够为灾害监测评估、应急响应和指挥决策提供强有力的技术支持。

(1)气象灾害监测

气象灾害是最主要的自然灾害类型之一。据世界气象组织统计，90%以上的自然灾害是由气象条件直接或间接造成的。由于气象灾害事件类型多、区域性广泛、季节性特征明显，对生态环境、经济发展、国家安全和社会稳定产生了严重影响，对应急管理部门的快速有效防控提出了更高要求。因此，气象灾害及其相关问题的研究仍是国际防灾减灾领域的重要研究前沿。近年来，随着传感器技术、航空航天平台技术和数据通信技术的快速发展，卫星、飞机和陆地一体化的全球观测能力得到了极大的增强。遥感数据通常包含光谱和空间结构两大特征，能够有效地描述地球表面空间物体的形状分布和形态结构信息。通过探测多时相遥感数据中目标区域的光谱和空间结构的变化，可确定灾害的类型和强度，并分析其影响范围。与传统的灾害监测方法相比，遥感监测在时效性、空间性、经济性等方面具有明显的优势，已被广泛应用于灾害管理的诸多领域。因此，遥感技术不仅提高了灾害监测的客观性和准确性，而且使人们能够全面了解灾害过程。

气象灾害监测的关键在于气象灾害特征参数的提取，气象灾害特征参数能够反映灾害的成因特征、结构特征和发展过程特征，是探究监测、预警防治灾害的重要依据。

旱涝灾害与气象因素紧密相关，其遥感监测可通过分析土壤湿度和地表植被冠层光谱特性的变化实现。土壤湿度的变化会引起土壤光谱特征的变化，而干旱引起的植物生理过程变化可以使植物叶片的光谱特性发生变化，并显著影响植物冠层的光谱特性，在植被水分变化、植被形态与绿度和植物冠层温度等方面表现出异常状态。可见光波段、近红外波段、热红外波段和微波波段均可对旱涝灾害进行监测，研究表明，利用多源遥感数据可以更为精准地提取干旱信息，并可用于农作物的干旱胁迫和生长状态分析预警，以便采取相应措施，尽可能避免因干旱造成的经济损失。

暴雨洪涝灾害是最频繁发生的自然灾害之一，其可能造成严重的人员伤亡、环境破坏和财产损失，因此开展基于遥感的大范围长时序的暴雨洪涝灾害风险评估十分迫切。降水是暴雨洪涝灾害的重要诱因，是大气动力和热作用的综合结果，是目前最难观测到的大气变量之一。降水监测多是通过探测云的温度或云粒子信息来间接计算降水，这与直接观测到的降水不同。用于降水遥感反演的传感器包括可见光波段、红外波段、主动/被动微波波段在内的传感器以及多个传感器的组合。采用不同的遥感数据和反演算法，得到的降水反演精度也存在较大差别。目前的研究重点逐渐转向将多个传感器检索到的降水产品进行融合，以获得更准确的降水信息。此外，洪涝灾害的灾前、灾期和灾后评估必须要考虑到承载体的暴露度、脆弱性及人口密集程度等综合因素，并且与河流水文特征息息相关，利用遥感技术的水文气象耦合技术进一步发展，一定程度上能够定量模拟洪涝灾害过程。

随着工业化的发展，雾霾及一系列有害气体的排放严重威胁城市交通安全和公众健康水平，直径 2.5 μm 以下（$PM_{2.5}$）的可吸入细颗粒物是人体呼吸道损伤和心脑血管病变的重要诱因，一定程度上也增加了呼吸道和心脑血管病变造成的发病率和死亡率。地基采样是传统的大气污染监测手段，但地基站点的建设成本较高，且难以将点状结果扩展到面域，基于遥感手段的大气污染物监测很好地弥补了该缺陷，能够实现大范围长时序的面域大气污染监测。雾霾遥感监测方法主要包括基于气溶胶光学厚度（aerosol optical depth，AOD）的方法、基于光谱特征的方法和多源遥感立体监测方法等。研究表明，气溶胶光学厚度与大气细颗粒物浓度有着较强的相关关系，可通过建立 $AOD-PM_{2.5}$ 关系模型估算大气 $PM_{2.5}$ 污染水平。在近红外波段，雾霾颗粒通常为黄色或灰白色，而云雾颗粒通常为白色，在热红外波段，雾霾与地表亮度温度的差值较小，而雾霾与云亮度温度的差值较大，可通过这种光谱特性，将雾霾与云层分离，进而获取大气雾霾污染水平。此外，激光雷达和红外观测可与光学卫星传感器优势互补，建立多源遥感立体监测方法，从而弥补光学卫星重访周期长和云层遮挡造成的数据缺失问题。

由于石油等化石燃料的广泛使用，人类活动过程中向大气排放了大量臭氧前体物质，这些物质经由光化学反应产生臭氧，近地表臭氧污染的增加已逐渐成为亟待解决的区域环境问题。臭氧在大气中停留时间长、可远距离传播，强烈刺激人的眼睛和呼吸道，导致心脑血管和呼吸系统疾病。目前，基于遥感的地表臭氧污染研究较少，但仍可通过光化学反应的必要条件，根据地表臭氧前体物质浓度建立定量估算模型，实现大范围，长时序的面域监测。

沙尘天气多发于我国西北部地区，沙尘颗粒中含有大量矿物质，其在太阳短波辐射作用下产生强烈的后向散射，改变长波红外辐射特征，严重影响大气的能见度。因此，沙尘的光谱特征明显不同于云和下垫面的光谱特征。高光谱热红外遥感在沙尘探测中具有独特的优势，对粉尘参数的定量反演具有重要意义。特别是当大气中粉尘浓度增加时，可在红外辐射信号中定量获得粉尘粒子的光学厚度和有效半径。根据沙尘与地表的反射率差异，以及沙尘区的反射率高于地表的特点对沙尘进行反演，同时根据遥感测得的亮度温度与晴空地表亮度温度的差异，可以在一定程度上预测沙尘天气的发生。

（2）地质灾害监测

中国山地丘陵区约占国土面积的65%，地质条件复杂，构造活动频繁，崩塌、滑坡、泥石流等突发性地质灾害点多面广、防范难度大，是世界上地质灾害最严重、受威胁人口最多的国家之一。目前，全国已发现地质灾害隐患点近30万处，威胁约2000万人的生命安全和4500亿元的财产安全。

地质灾害的主要监测手段包括基于光学遥感和InSAR的地质灾害监测、基于机载激光雷达与无人机航拍的地质灾害监测和基于地面调查的地质灾害监测。各种监测方式优势互补，可对地表形变导致的光谱特性变化、全天候连续跟踪微小形变、去除地表植被的高分辨率高精度地形地貌状态进行监测，以及精确的灾害评估，从而有效预警地质灾害的发生。研究领域包括地质滑坡、地震和矿区塌陷监测等。近年来，遥感与地理信息系统（GIS）和地理空间技术的应用极大地促进了地质灾害评估研究，尤其在滑坡灾害研究方面取得了大量进展。地质灾害的发生受各种空间和气候因素的控制，如地质、地形、水文地质条件、植被和降雨等。遥感技术的发展和技术进步使人类能够在难以涉足的隐蔽和危险地形内有效地收集地质数据。摄影测量技术，例如地面数字摄影测量（terrestrial digital photogrammetry，TDP）和运动恢复结构（structure from motion，SfM），通常用于提取岩体表征和执行地貌测绘。机载和地面激光扫描可提供三维点云，用于绘制地质结构图和监测位移。利用三维点云建立地表表面模型不仅可以清楚直观地查看滑坡历史和变形破坏迹象（如地表裂缝、拉陷槽等），发现和识别地质灾害隐患，还可进行地表垂直位移、体积变化、变化前后剖面的计算。短波红外光谱中的红外辐射可诊断矿物成分，并可用于识别岩性接触和变化。红外热成像和高光谱成像，已被分别用于研究渗流和岩石边坡矿物学。使用综合方法应用多种遥感技术可以对滑坡失稳机制进行深度解析。遥感技术因其时效性好、宏观性强和信息丰富等特点，已成为重大自然灾害调查分析和灾情评估的重要技术手段。

7.1.4 SDGs 遥感监测与分析

近年来，可持续发展成为国际上科学研究的热门课题。由于第二次世界大战对世界经济和社会造成了严重的破坏，因此，在战争结束后，为了使人们正常生活，同时使经济迅速崛起,人们开始大量开采矿产资源,推进工业化进程等,出现了"唯经济增长论"。单纯注重经济发展,导致了贫富差距两极分化、全球人口膨胀和资源过度开发等人类活动造成的各类环境问题。人们在感受经济飞跃的同时意识到生态环境正在成为经济发展的重要制约因素,于是学者们逐渐将目光放到可持续发展上来。

1972 年,联合国人类环境会议首次将全球环境问题提升到最高国际政治议程,并发表《联合国人类环境会议宣言》和《只有一个地球》。1987 年,世界环境与发展委员会(WCED)发表报告《我们的未来》,并首次提出可持续发展的定义:既满足当代人的需求,又不损害后代人满足其自身需求的能力。该定义一度被广泛视为"可持续发展"的官方定义。1992 年举行的联合国环境与发展会议提出可持续发展战略全球行动,主张制定"21 世纪议程",发表《里约宣言》,开启《联合国气候变化框架公约》,签署《联合国生物多样性公约》,随后成立了可持续发展委员会、可持续发展机构间委员会和可持续发展高级别咨询委员会。2000 年,世界各国领导人在联合国千年首脑会议上发布《联合国千年宣言》,并制定了千年发展目标(MDGs)。2015 年,联合国可持续发展峰会正式通过《变革我们的世界:2030 年可持续发展议程》,提出了 17 项可持续发展目标(SDGs)(图 7-1)和 169 项具体目标。这些目标兼顾了经济、社会、环境三方面的可持续发展,其中 17 项可持续发展目标为:减贫、消除饥饿、健康福祉、优质教育、性别平等、清洁饮水、现代能源、体面工作和经济增长、工业创新、减少不平等、可持续城市、负责任的消费和生产、气候行动、海洋生物、陆地生物、和平正义和伙伴关系。其中,目标 1、2、3、4、5、7、11 和 16 属于社会领域;目标 8、9、10、12、17 属于经济领域;目标 6、13、14 和 15 属于环境领域。2020 年,可持续发展目标机构专家组对全球指标框架进行了修订,得到了包含 231 个具体指标的框架。联合国鼓励各个国家或地区在使用该指标框架时进行本土化,在中国这些指标对应的监测内容有:脱贫人口、妇女平等享有经济资源和有效服务情况、农产品质量安全总体合格率、国内生产总值及人均生产总值、经济结构、资源利用效率、集中供水率、自来水普及率和生物多样性等。

图 7-1　17 项可持续发展目标

中国作为负责任的大国，积极采取相应措施推动可持续发展。1972年，中国参加联合国人类环境会议，这是中国恢复联合国席位后，参加的第一个大型国际会议；1983年，中国召开第二次全国环境保护会议，在会上确立了环境保护的基本国策地位，出台了"同步发展"方针；1992年联合国环境与发展大会召开后不久，中国政府即着手制定国家级21世纪议程，并于1994年审议通过《中国21世纪议程——中国21世纪中国人口、环境与发展白皮书》；1995年，党的十四届五中全会通过关于制定国民经济和社会发展"九五"计划和2010年远景目标的建议，提出必须把社会全面发展放在重要战略地位，实现经济与社会相互协调和可持续发展，这是在党的文件中第一次使用"可持续发展"的概念；1996年，第八届全国人民代表大会第四次会议审议通过国民经济和社会发展"九五"计划和2010年远景目标纲要，明确提出了中国在经济和社会发展中实施可持续发展战略的重大决策；2000年，中国签署《联合国千年宣言》。2001年，九届全国人大四次会议上提出全面推进可持续发展战略，会议通过《中华人民共和国国民经济和社会发展第十个五年计划纲要》；2003年，党的十六届三中全会提出坚持以人为本，树立全面、协调、可持续的发展观，促进经济社会和人的全面发展，为推进可持续发展战略实施提供了重要的思想指导，同年国务院发布《中国21世纪初可持续发展行动纲要》；党的十八大以来，我国提出了"五位一体"总体布局和"创新、协调、绿色、开放、共享"新发展理念；2015年参加联合国可持续发展峰会后，2016年我国以G20杭州峰会为契机，推动率先制定《二十国集团落实2030年可持续发展议程行动计划》，随后，我国在纽约联合国总部发布《中国落实2030年可持续发展议程国别方案》，提出了包括建设国家可持续发展议程创新示范区在内的具体举措，12月国务院印发《中国落实2030年可持续发展议程创新示范区建设方案》；十九大以来，实施可持续发展战略成为我国的七大战略之一；2018年2月和2019年5月，国务院先后批准广东深圳、山西太原、广西桂林、河北承德、湖南郴州和云南临沧6个城市为国家可持续发展议程创新示范区。

可持续发展目标指标体系的构建需要遵循一定的原则：及时准确地评估地区可持续发展水平，为地区发展提供客观依据，并在此基础上打造可持续发展数据平台，探讨可持续发展目标间的关系。为构建科学的指标体系，审议确定全球监测指标框架和统计方法，成立了可持续发展目标指标机构间专家组（IAEG-SDGs），专家组包含地理空间信息工作组、统计数据和元数据交换（SDMX）工作组和发展支持计量工作组。2017年，专家组提出包含232个指标的全球指标框架。这些指标的确定，注重目标实施进展和执行手段的结合，兼顾传统的调查指标和非调查指标，体现"不让任何人掉队"的核心理念，兼顾了需要与可能。

全球指标框架会定期进行修订。2020年在联合国统计委员会第51次会议上，IAEG-SDGs提交了包含36项指标变化的提案，完成了对指标框架的修改，三级指标的数量最终更新为231个。更新后的指标体系按照SDGs官方分级，截至2021年3月，有130个指标是定义清晰、方法明确且包含有效监测数据的，97个指标定义清晰、方法明确但无有效监测数据，所有指标在国际上均有确定的方法或标准，仍有4个指标的不同组成部分属于不同的级别。全球指标框架在使用时仍需要注意三个问题：指标需要本土化、存在指标重复或交叉、部分指标定量化存在困难。

对于SDGs指标需要进行监测以获取相应数据，传统的观测方法主要有三种：第一，实地测量，使用该方法获取的数据精度高，但是耗时耗力、时效性差、数据不连续；第二，站点监测，使用相关仪器定点测量，或组网观测，获取的数据精度高且时间连续性好，但是设备维护需要消耗财力,且站点监测只能代表站点及其周围区域的情况,空间代表性差;第三,资料查询,通过统计年鉴、政府公报等文件可以获取部分数据,这些数据较为权威,但是申请数据程序烦琐、统计数据发表延迟导致时效性差、部分数据前后统计口径可能存在差异。因此,需要实时、快速、大范围、高精度的动态监测技术。

近年来卫星协同观测能力增强、影像数据处理能力提升和多元化数据产品体系的发展,使得遥感成为监测 SDGs 指标的重要技术支撑,遥感技术也因覆盖范围广、信息量大、时效性强和成本低的优点,被广泛运用于指标监测中,例如空气污染相关指标、森林覆盖率等指标都可以使用遥感进行动态监测获取数据。

针对如何使用遥感进行指标监测的问题,中国为世界贡献了自己的智慧与力量。2021 年,我国在太原卫星发射中心用长征六号运载火箭将可持续发展科学卫星 1 号(SDGSAT-1)发射升空。SDGSAT-1 由中国科学院"地球大数据科学工程"先导专项研制,是可持续发展大数据国际研究中心(CBAS)规划首发星,也是全球首颗专门服务联合国 2030 年 SDGs 的科学卫星,搭载了热红外、微波和多谱段成像仪,能实现"人类活动痕迹"精细刻画,有效地服务表征人类活动与地球环境交互作用的 SDGs 指标研究。

基于获取的指标数据,可以对某个国家或地区开展可持续发展水平评估。一般通过对数据取加权平均或算数平均,得到一个综合评价值,用该综合评价值衡量可持续发展水平的高低。加权平均是指为了突出不同指标的重要性,在计算时给指标赋予不同的系数(图 7-2);如果每个指标同等重要,可对指标进行算数平均,即各指标权重均为 1,算数平均是一种特殊的加权平均。就目前来看,算数平均是可持续发展评估的国际通用方法,可以很好地体现各指标间的公平性。

在进行可持续发展评估指标计算过程中,还需注意指标的量纲影响。不同指标的单位不同,如果直接计算,会忽略部分值较小但很重要的指标。因此,在指标加权聚合之前,需要对数据进行处理,常用的方法有标准化法、极值法、线性比例法、归一化法、向量规范法和功效系数法等,而后进行加权平均得到综合评价数值,从而反映研究区域的可持续发展总体特征。

通过可持续发展评估,不仅可以了解区域的总体水平,还可以对某一项目标指标具体开展分析。即使总体可持续发展水平比较高,但各目标指标发展可能存在较大的差异与短板。深入分析各目标间的差异及驱动因素,可以为可持续发展规划和优先领域提供科学的建议与参考。

通过构建涵盖社会、经济、环境的可持续发展评估指标体系,结合区域特征与发展规划,实现各目标赋权;关注目标指标间的权衡和协同关系,确定多目标阈值,构建基于 SDGs 多目标协同的优化模型,随后对该模型进行优化求解,即可实现 SDGs 优化与调控。协同关系是指,某个目标对另一个或者几个目标产生促进作用;权衡关系是指某个目标抑制其他目标的发展。明晰目标间的潜在联系,对实现可持续发展十分重要。

下面讲述几个案例,在可持续发展框架以及相关计算方法下,结合传统观测方法与遥感技术获取的指标,可以开展从全球到区域尺度的可持续发展监测。联合国从 2016 年开始,每年发布对前一年的可持续发展评估报告。在这些报告中,2015 年中国的排名在 74 位,随后在 50 至 60 名之间波动,最高的一次是 47 名,可以看到中国的可持续发展水平在逐步提升。而中国在脱贫方面,即对 SDG1 和 SDG2 做出了巨大成就,在建党 100 周年时向世界宣布了中国已实现完整脱贫。图 7-3 所示为 2020 年部分国家的可持续发展评估指数排名。

一级指标	二级指标	三级指标	符号	静态权重 熵权	动态权重											
					2007年	2008年	2009年	2010年	2011年	2012年	2013年	2014年	2015年	2016年	2017年	2018年
经济发展(0.25)	城市规划	土地使用率与人口增长率之比	x19	1.14	0.96	0.96	1.00	0.99	0.99	1.02	1.08	1.10	1.11	1.20	1.21	1.27
		公共开放空间占比	x20	1.18	1.12	1.13	1.10	1.07	1.05	1.07	1.05	1.06	1.08	1.09	1.07	1.09
	发展水平	人均GDP	x21	1.77	2.13	2.06	1.99	1.93	1.81	1.70	1.61	1.59	1.62	1.64	1.61	1.64
		就业人员人均GDP	x22	1.60	2.00	1.86	1.83	1.74	1.62	1.55	1.47	1.47	46	1.48	1.45	1.48
		财政收入占GDP比重	x23	1.68.	1.89	1.88	1.84	1.73	1.56	1.58	1.54	1.51	1.53	1.57	1.63	1.74
		人均固定资产投资	x24	1.96	2.44	2.38	2.17	2.08	1.98	1.77	1.75	1.77	1.8	1.82	1.78	1.82
		人均实际利用外资	x25	2.80	2.79	3.17	3.53	3.31	2.43	2.47	2.5	2.99	2.57	3.94	4.03	3.01
		城镇登记失业率	x26	2.43	2.03	2.11	2.06	2.09	2.1	2.14	2.16	2.19	2.22	2.25	2.20	2.25
	发展结构	第三产业产值占GDP比重	x27	2.25	1.88	1.9	1.92	1.96	2.05	2.09	2.1	2.12	2.1	2.09	2.05	2.09
		第二产业产值与第二产业就业人数之比	x28	1.64	2.18	2.06	2.00	1.9	1.72	1.55	1.49	1.48	1.5	1.52	1.49	1.52
		农业生产率	x29	1.75	2.08	2.02	1.96	1.77	1.62	1.58	1.56	1.58	1.60	1.62	1.59	1.63
	创新驱动	研发支出占GDP比重	x30	2.47	2.45	2.48	2.38	2.45	2.41	2.22	2.24	2.23	2.26	2.25	2.25	2.29
		万人研发人员全时当量	x31	1.65	1.47	1.49	1.47	1.68	1.62	1.55	1.47	1.49	1.51	1.53	1.50	1.60
		每十万人年新专利申请数	x32	2.98	4.35	4.34	4.20	4.55	3.94	3.08	2.90	2.73	2.72	2.76	2.71	2.76
	大气	空气质量指数优良率	x33	2.50	2.09	2.11	2.13	2.15	2.17	2.20	2.39	2.29	2.41	2.48	2.52	2.44
		PM$_{10}$年均浓度	x34	2.43	2.39	2.29	2.41	2.48	2.52	2.62	2.88	2.84	2.88	2.90	2.91	2.90
资源环境(0.25)	水体	淡水汲取强度	x35	2.78	3.00	3.15	3.43	3.58	3.81	3.49	3.97	4.02	4.03	3.67	3.96	3.86
		水域面积变化	x36	1.48	1.58	1.49	1.38	1.46	1.32	1.32	1.33	1.33	1.36	1.37	1.34	1.37
		水质指数	x37	0.81	0.79	0.79	0.80	0.81	0.92	0.83	0.82	0.83	0.84	0.85	0.83	0.85
	土地	森林覆盖率	x38	2.86	3.40	3.44	3.48	3.53	3.56	3.63	3.68	3.72	3.79	3.83	3.77	3.84
		人均公园绿地面积	x39	1.05	1.10	0.88	0.89	0.90	0.90	0.92	0.93	0.94	0.96	0.97	0.95	0.97
		人均农业用地面积	x40	3.23	2.70	2.72	2.74	2.78	2.80	2.84	3.04	3.16	3.21	3.22	3.30	3.34

图 7-2 各指标权重

中国会定期发布可持续发展议程进展报告。2021 年发布的报告中提出,我国的生态环境总体优化,但存在局部恶化现象,绿色低碳转型稳步推进。我国坚持绿水青山就是金山银山理念,2020 年,主要排放总量减少目标超额完成,地级及以上城市优良天数比例为 87%,全国地表水优良比例提升至 83.4%,全国受污染耕地安全利用率和污染地块安全利用率均超过 90%;山水林田湖草沙系统治理成效显著,"十三五"期间,累计完成防沙治沙 1000 多万公顷,荒漠化沙化面积和程度连续 3 个监测期实现"双缩减",中国为全球贡献了 25% 的新增绿化面积和 20% 的土地恢复净面积;同时,我国积极实施应对气候变化的国家战略,2020 年,单位 GDP 二氧化碳排放比 2005 年下降约 48.4%,超额完成向国际社会承诺的应对气候变化相关目标。

排名	国家	分数	排名	国家	分数
1	芬兰	85.9	43	泰国	74.2
2	瑞典	85.6	44	吉尔吉斯斯坦	74.0
3	丹麦	84.9	45	保加利亚	73.8
4	德国	82.5	46	俄罗斯联邦	73.8
5	比利时	82.2	47	波黑	73.7
6	奥地利	82.1	48	摩尔多瓦	73.7
7	挪威	82.0	49	古巴	73.7
8	法国	81.7	50	哥斯达黎加	73.6
9	斯洛文尼亚	81.6	51	越南	72.8
10	爱沙尼亚	81.6	52	阿根廷	72.8
11	荷兰	81.6	53	厄瓜多尔	72.5
12	捷克共和国	81.4	54	北马其顿	72.5
13	爱尔兰	81.0	55	阿塞拜疆	72.4
14	克罗地亚	80.4	56	格鲁吉亚	72.2
15	波兰	80.2	57	中国	72.1
16	瑞士	80.1	58	亚美尼亚	71.8
17	英国	80.0	59	哈萨克斯坦	71.6
18	日本	79.8	60	突尼斯	71.4
19	斯洛伐克共和国	79.6	61	巴西	71.3
20	西班牙	79.5	62	斐济	71.2
21	加拿大	79.2	63	秘鲁	71.1
22	拉脱维亚	79.2	64	阿尔巴尼亚	71.0
23	新西兰	79.1	65	马来西亚	70.9
24	白俄罗斯	78.8	66	阿尔及利亚	70.9
25	匈牙利	78.8	67	多米尼加共和国	70.8
26	意大利	78.8	68	哥伦比亚	70.6
27	葡萄牙	78.6	69	摩洛哥	70.5
28	韩国	78.6	70	土耳其	70.4
29	冰岛	78.2	71	阿拉伯联合酋长国	70.2
30	智利	77.1	72	约旦	70.1
31	立陶宛	76.7	73	阿曼	70.1
32	美国	76.0	74	伊朗伊斯兰共和国	70.0
33	马耳他	75.7	75	不丹	70.0
34	塞尔维亚	75.6	76	新加坡	69.9
35	澳大利亚	75.6	77	乌兹别克斯坦	69.8
36	乌克兰	75.5	78	塔吉克斯坦	69.8
37	希腊	75.4	79	马尔代夫	69.3
38	以色列	75.0	80	墨西哥	69.1
39	罗马尼亚	75.0	81	牙买加	69.0
40	塞浦路斯	74.9	82	埃及	68.6
41	乌拉圭	74.5	83	巴巴多斯	68.4
42	卢森堡	74.2	84	文莱达鲁萨兰国	68.3

图 7-3　2020 年部分国家的可持续发展评估指数排名

除了全球和国家尺度，可持续发展评估也可以在区域尺度上开展。有学者基于联合国提出的 17 项可持续发展目标，通过指标间均衡度(ES)和平均达成度(MIS)评估了黄河九省 2000—2015 年的可持续发展状况。如图 7-4 所示，2000—2015 年，黄河九省的可持续发展指数都有了显著提高，目标间均衡度对评估结果会带来明显影响——不考虑目标间均衡度可能会高估可持续发展目标达成度，同时，黄河九省与绿色发展相关的指标可能普遍停滞不前甚至倒退。

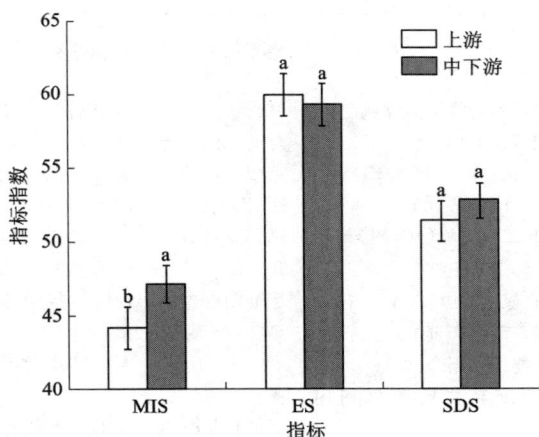

图 7-4 2000—2015 年黄河流域上游和中下游的可持续发展状况(MIS, ES, SDS)比较

如何构建城市层面 SDGs 监测评估指标体系，对城市开展可持续发展评估，对 SDGs 的落实具有重大意义，同时对城市未来的规划与发展也具有现实意义。2018 年和 2019 年，国务院先后批复了 6 个国家可持续发展议程创新示范区——太原、桂林、深圳、郴州、临沧和承德。其中，郴州市位于湖南省，郴州市的可持续发展可以在省内形成典范，也可为国内其他城市的可持续发展提供借鉴。

郴州市制定了可持续发展的规划文件，部分文件公开发表。从已公开的文件中可以知道，郴州市可持续发展的主题是"水资源可持续利用与绿色发展"；拟在 2025 年打造优良生态环境品牌、生态绿色经济品牌、幸福和谐社会品牌、科技创新引领品牌和水生态文化传播品牌；在 2030 年成功打造绿水青山样板区、绿色转型示范区和普惠发展先行区，为中国落实联合国 2030 年可持续发展议程做出重大贡献，对国内同类地区进行辐射，向世界同类地区形成可推广复制的可持续发展经验。

对标《变革我们的世界：2030 年可持续发展议程》与《中国落实 2030 年可持续发展议程国别方案》，郴州市规划文件《郴州市可持续发展规划(2018—2030 年)》中明确了衡量郴州市可持续发展水平的评价指标体系。该指标体系包括创新驱动、生态环境、经济发展、社会进步和水资源可持续利用 5 个方面共 33 项发展指标(图 7-5)。

该指标体系涉及的数据源较为复杂，相关数据可从郴州市统计年鉴、郴州市可持续发展规划、郴州市国民经济和社会统计公报、湖南省水资源公报、政府年度工作报告、各职能部门统计数据和相关遥感研究成果中获取。获取数据之后，采用线性极值标准化方法消除指标量纲影响，随后通过等权重算术平均法对指标聚合。目前国际上对于可持续发展目标的权重尚无共识，等权重算术平均能够很好地体现目标间的公平性。同时该方法简单易行，也利于后期指标体系的修改。

以 2017 年为基期，2030 年为目标导向，通过数据处理得到 2017—2019 年郴州市可持续发展的 SDG 得分(图 7-6)。研究发现，2017—2019 年郴州市可持续发展水平总体向好，但是各指标发展呈现较大差异(图 7-7)。尤其是水资源可持续利用指标发展较差，2018 年明显倒退，已经成为影响可持续发展水平的重要制约因素。

等级	指标名称				
一级指标	创新驱动	生态环境	经济发展	社会进步	水资源可持续利用
二级指标	全社会 R&D 经费投入强度(%) 万人发明专利拥有量(件) 高新技术产业增加值占 GDP 的比重(%) 劳动年龄人口平均受教育年限(年)	城市空气质量优良天数比例(%) 污染地块安全利用率(%) 单位 GDP 化学需氧量(COD)排放强度(千克/万元) 单位 GDP 二氧化硫(SO₂)排放强度(千克/万元) 单位 GDP 氨氮(NH3-N)排放强度(千克/万元) 业固体废物综合利用今(%) 畜禽养殖废弃物资源化利用率(%) 水土流失治理率(%) 森林覆盖率(%) 湿地保护率(%)	人均 GDP(万元/人)单位建设用地 GDP(亿元/平方公里) 万元 GDP 能耗(吨标准煤/万元) 第三产业(服务业)增加值占 GDP 比重(%)	城镇居民人均可支配收入(万元) 农村居民人均可支配收入(万元) 每千常住人口执业助理医师数(人) 农村卫生厕所普及率(%) 人口平均预期寿命(岁) 九年义务教育巩固率(%) 高中阶段毛入学率(%)	重要江河湖泊水功能区水质达标率(%) 地表水水质达标率(%) 万元工业增加值(2010 年可比价)用水量(立方米/万元) 污水集中处理率(%) 农田灌溉水有效利用系数建成区达到海绵城市指标要求的面积占比(%)* 集中式饮用水水源地水质优良比例(%)

* 由于无法获取相关数据,本文暂未考虑"建成区达到海绵城市指标的面积占比"指标。

图 7-5 郴州市可持续发展指标体系

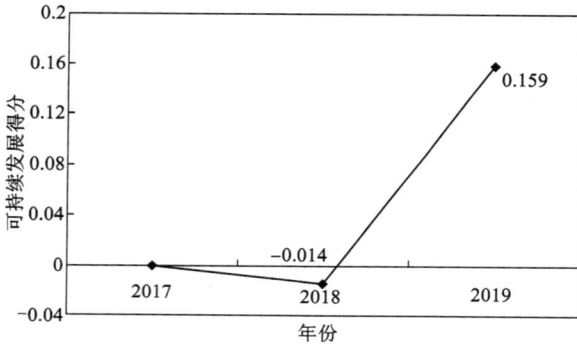

图 7-6 郴州市 2017—2019 各年 SDGs 得分

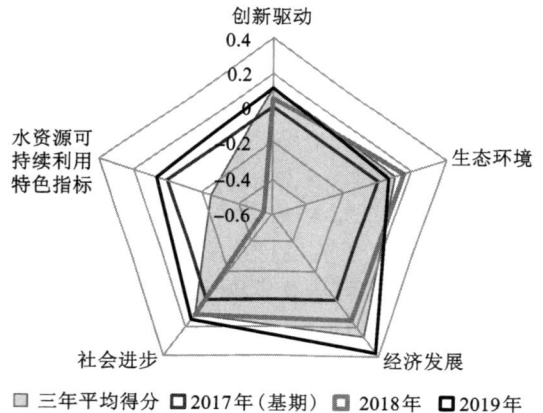

图 7-7 郴州市 2017—2019 年可持续发展评价指标

对各指标进行差异性分析,发现郴州市经济发展与环境保护之间的矛盾仍然明显。研究对郴州市的未来发展提出建议:发展高新技术产业,推动创新驱动不断向前;加强环境监测与治理,补齐生态环境质量短板;提高建设用地集约程度,保证经济持续进步;统筹城乡协调发展,实现社会共同进步;水资源环境协同治理,加强水资源可持续利用;加强政府部门间沟通,保障数据信息详实可靠。同时在后续的研究中,还需要进一步对标联合国 SDGs 目标与指标体系,研究各指标之间的协同和权衡交互作用关系,结合各区县发展特点,纳入对空间维度的思考。

除不同空间尺度的可持续发展评估之外,还可以开展专题性 SDGs 监测。生态系统服务评估是典型的可持续发展评估。生态系统服务这个概念最早由 Holdren 和 Ehrlich 提出,不同学者对生态系统服务的定义不同,但目前广受认可的有两种。一种是 Costanza 提出的生态系统服务，即人类通过生态系统的产品和服务，获得的直接或间接生态效益；另一种是谢高地认为生态系统服务是通过生态系统的结构、过程和功能直接或间接得到的生命支持产品和服务。由于对其定义的认知以及研究的目的不同，学者们对于生态系统服务的功能分类也存在区别。

在雄安新区的自然生态系统服务价值估算中，对雄安新区 2014—2020 年的生态服务价值及生态服务价值损益进行估算，同时对其空间分布进行表征（图 7-8、图 7-9）。研究发现，雄安新区生态系统服务功能整体呈增强趋势；就增幅来看，美学景观>水文调节>原材料生产功能；生态服务价值增加部分主要来自白洋淀区域建设用地向水域和耕地转变而产生的价值增益。

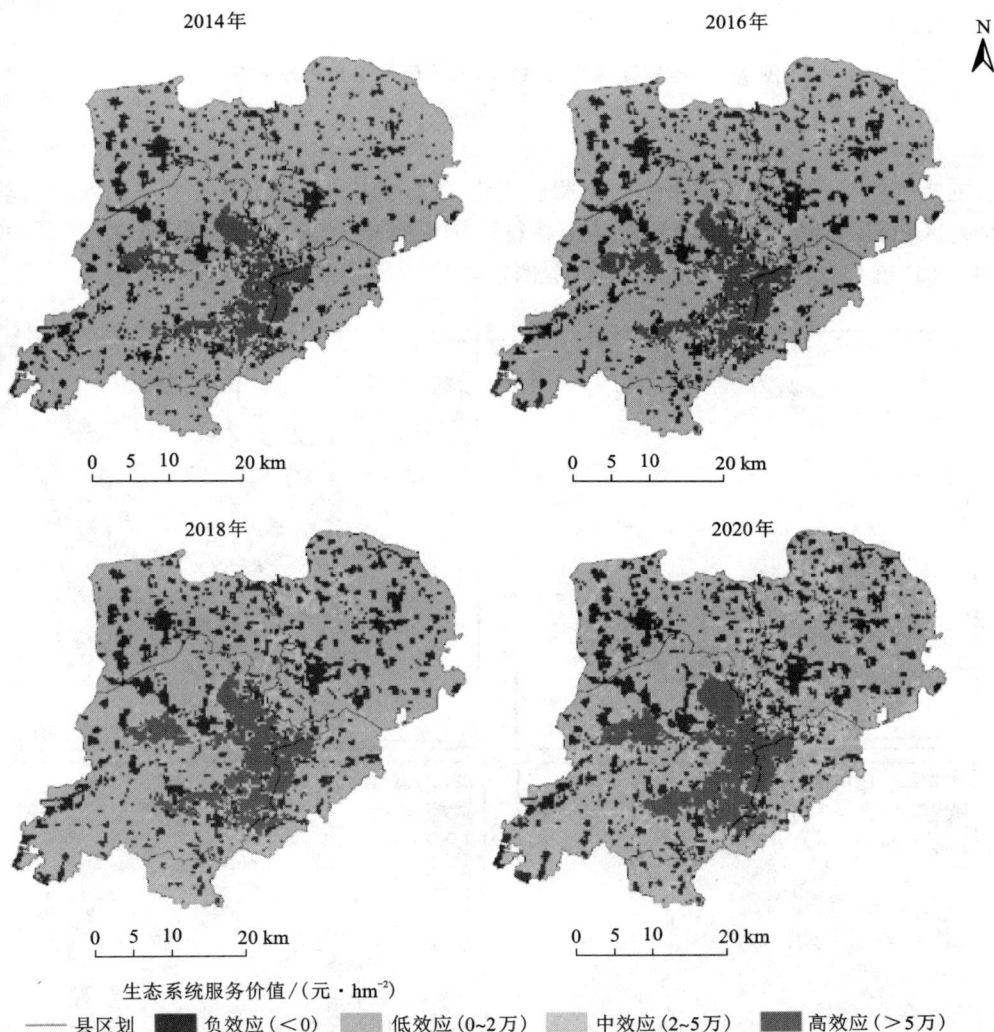

图 7-8　2014——2020 雄安新区生态系统服务价值空间分布

（扫描目录页二维码查看彩图）

在 2000—2019 年洞庭湖流域植被 NPP 时空特征及驱动因素分析中，研究了不同阶段洞庭湖流域 NPP 变化特征（图 7-10），发现洞庭湖流域 NPP 在 20 年时间里呈现较复杂的波动

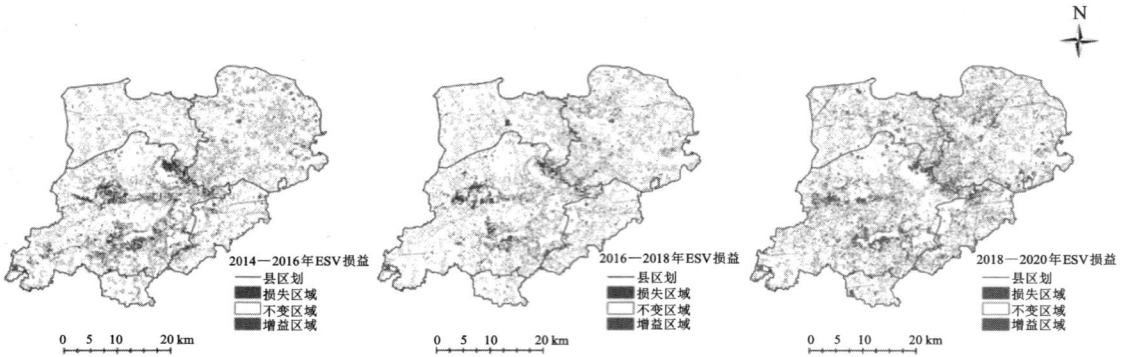

图 7-9 雄安新区生态系统服务价值损益空间分布格局
（扫描目录页二维码查看彩图）

变化，主要可能是受流域气候条件的周期性变化，加之退耕还林还草等一系列人类活动的影响，研究区植被 NPP 变化出现复杂响应特征。同时探索 NPP 重心迁移规律，发现 2000—2019 年 NPP 重心变化较弱，总体上呈微弱西移趋势，不同阶段迁移轨迹较混乱。

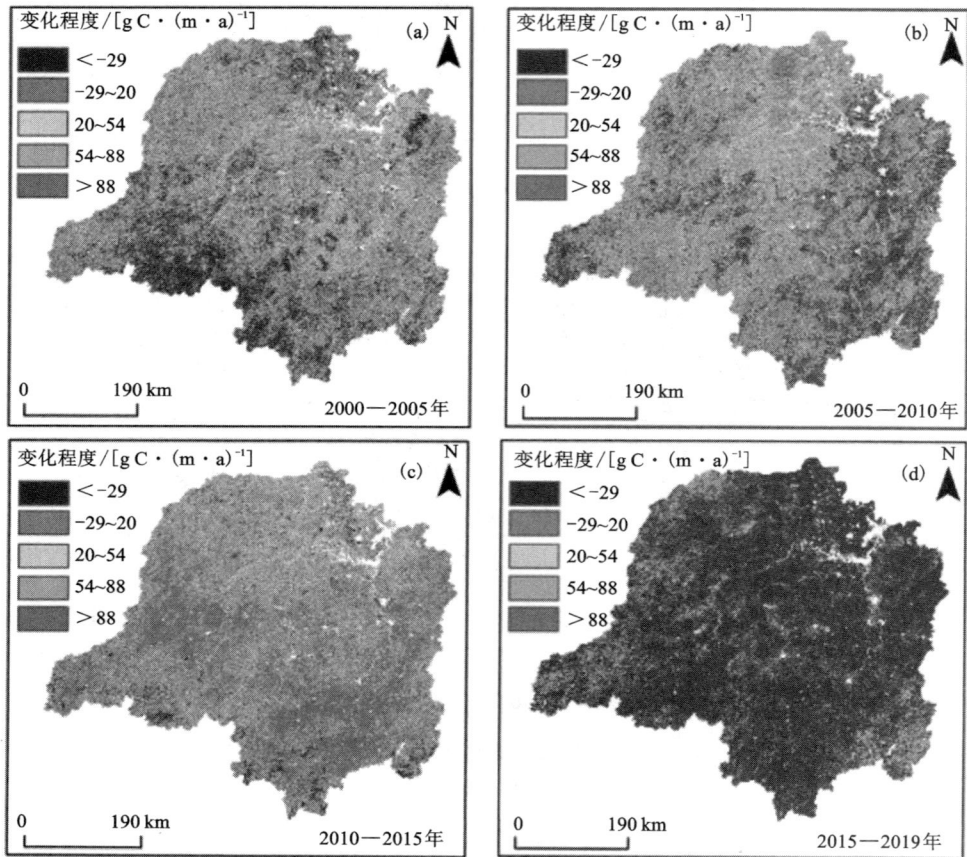

图 7-10 不同阶段洞庭湖流域 NPP 变化特征
（扫描目录页二维码查看彩图）

如图 7-11 和图 7-12 所示，通过分析洞庭湖流域 NPP 的影响因素，发现土地利用类型及其空间差异性直接决定了 NPP 的时空分布特征，各用地类型 NPP 均呈较显著上升趋势；气温、降水等气象因素是影响植被光合作用的决定性条件；该流域内气温对 NPP 的影响更加显著，尤其是西部林地区域。

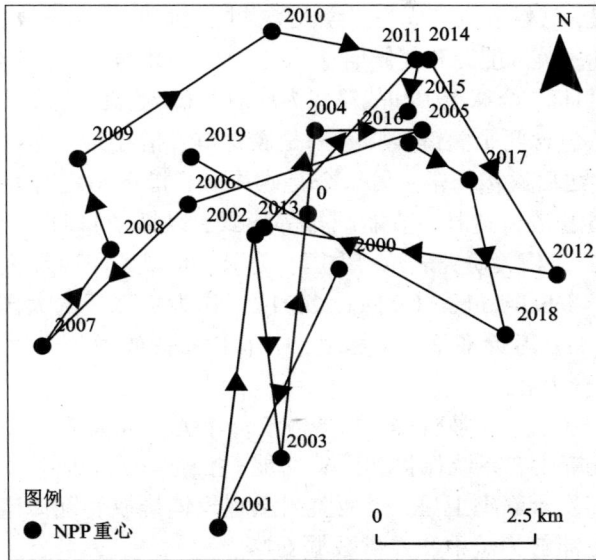

图 7-11　洞庭湖流域 2000—2019 年 NPP 重心迁移规律

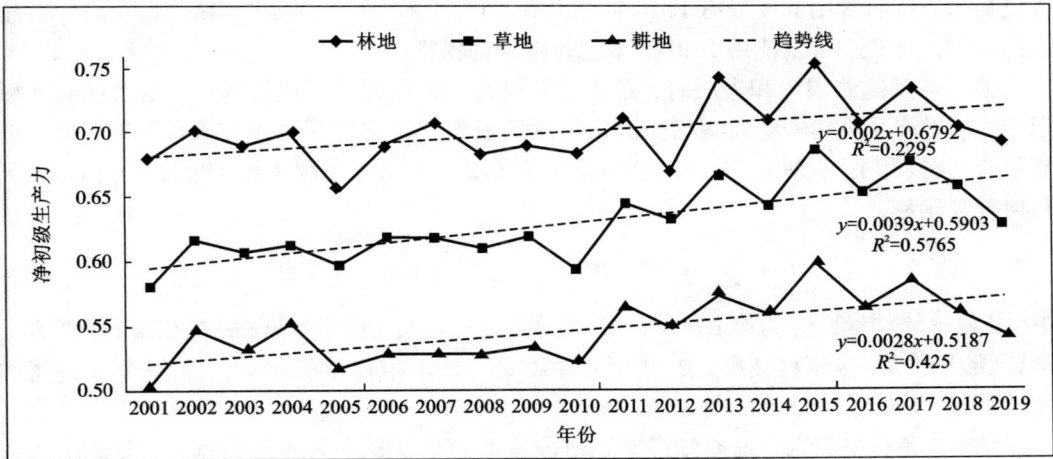

图 7-12　洞庭湖流域 2000—2019 年不同地类 NPP 年均值时序变化趋势

SDGs 不是千年发展目标的简单扩展，而是人类发展史上一次重大的机遇变革，这对于任何政府而言都是极其复杂的政策挑战。为了抓住机遇，迎接挑战，环境遥感以其先天的优势，必将发挥极其重要的作用。

7.1.5 "碳达峰、碳中和"遥感监测

为实现可持续发展，减碳是关键一环。2021年的世界气象组织报告显示，过去的6年是有史以来最热的6年（WMO，2021）。如果不减缓全球排放，2100年全球气温可能上升3℃以上，这将对生态系统造成不可逆转的破坏（UNEP，2019）。热浪、洪水、干旱、火灾和海平面上升等灾害性气候事件将频发，气候危机已成为当今人类共同面临的最大挑战之一。在此背景下，各国相继提出碳中和目标。英国能源和气候信息小组2021年数据显示，截至目前全球超过120个国家/地区提出碳中和目标，全球碳中和战略成为应对"气候危机"的共识（ECIU，2021）。

在碳中和战略中，包含两个关键步骤。一是碳达峰，指在某一个时点，二氧化碳的排放不再增长，达到峰值，之后逐步回落；另一个是碳中和，指在一定时间内直接或间接产生的二氧化碳排放总量，通过植树造林、节能减排等形式，以抵消自身产生的二氧化碳排放量，实现二氧化碳"零排放"。相关研究表示，中国、美国、欧盟和印度等主要国家和地区碳排放量已经超过全球一半（Global Carbon Project，2021）。作为负责任的大国，中国积极应对气候危机。2020年9月22日，习近平总书记提出，中国CO_2排放力争于2030年前达到峰值，努力争取2060年前实现碳中和。

实现碳中和有两个关键，一是减排，二是增汇。相关研究表明生态系统碳汇是减少温室气体的有效途径，要统筹生态系统保护和固碳功能，推进基于土地利用与食物生产变革，提高陆海一体生态碳汇。发展新型卫星，全面监测温室气体排放和陆海碳汇，星地协同增强碳收支核算能力的同时也能够为碳中和提供数据支撑。

针对碳收支核算，目前国内外已有许多方法模型。针对碳排放核算，有排放因子法、质量平衡法和实测法，其中IPCC提出的排放因子法较为成熟，是目前使用较多的方法。针对碳排放模拟，目前常用的模型有Logistic、LEAP、IPAT和IPAC，其中IPAC是专门针对中国开发的模型。此外，可以使用IBIS模型进行碳平衡模拟。

在使用遥感监测碳中和进展时，需要考虑相关指标能否进行遥感监测，是否已有遥感监测记录，这就涉及自然资源监测指标优化与体系重构。在进行森林碳储量计算时，涉及的指标参数有树种（组）、树种龄组、各龄级面积、各龄级蓄积量、木材密度、起源、生物量拓展因子和树种含碳率。

$$C = \sum_{i=1}^{n} \sum_{j=1}^{m} V_{ij} \times BEF_{ij} \times D_{ij} \times (1 + R_{ij}) \times CF_i \tag{7-1}$$

式中，C为总碳储量，V_{ij}为第i种树在第j个样方的体积，BEF_{ij}为第i种树在第j个样方的生物量扩展因子，D_{ij}为木材宽度，R_{ij}为根系生物量与地上生物量的比值，CF_i为第i种树的碳含量因子。

在计算湿地碳储量时，需要知道湿地植被覆盖面积、湿地生态系统面积、湿地生态系统生物量、湿地平均土壤碳密度和生物量碳储量系数等信息。

$$WTOCS = A_1 \times P \times C + A_2 \times D \tag{7-2}$$

式中，WTOCS为湿地碳储量，A_1为湿地上部植被的面积，P为湿地上部植被的碳含量或碳密度，C为湿地上部植被的碳转换系数，A_2为湿地土壤的面积，D为湿地土壤的碳密度。

2013年，我国根据第一次全国地理国情普查内容与指标简表（表7-1），开始第一次全国地理国情普查，该指标体系主要采集各地表覆盖类型信息，可以把握地表自然和人文地理要

素的空间分布、特征及其相互关系。

表 7-1　第一次全国地理国情普查内容与指标简表

一级指标	二级指标
耕地	水田、旱地
园地	果园、茶园、桑园、橡胶园、苗圃、花圃、其他园地
林地	乔木林、灌木林、乔灌混合林、竹林、疏林、绿化林地、人工林地、稀疏灌丛
草地	天然草地、人工草地
房屋建筑（区）	多层及以上房屋建筑区、低矮房屋建筑区、废弃房屋建筑区、多层及以上独立房屋建筑、低矮独立房屋建筑
道路	铁路、公路、城市道路、乡村道路
构筑物	硬化地表、水工设施、交通设施、城墙、温室、大棚、固化池、工业设施、沙障、其他
水域	河渠、湖泊、库塘、海绵、冰川与常年积雪
人工堆掘地	露天采掘场、堆放物、建筑工地、其他
荒漠与裸露地表	盐碱地表、泥土地表、沙质地表、砾石地表、岩石地表

在 2020 年自然资源部发布的《自然资源调查监测体系构建总体方案》中，不仅调查各类资源的分布、范围、面积和权属性质等基础信息，还分别针对耕地资源、森林资源、草原资源、湿地资源、水资源、海洋资源、地下资源和地表基质资源开展专项调查。如表 7-2 所示，该指标体系不仅包含森林覆盖率、湿地面积等数量指标，还包含耕地质量等质量指标。

表 7-2　自然资源调查指标体系

基础调查		各类自然资源的分布、范围、面积和权属性质……
专项调查	耕地资源	耕地质量、土壤酸化盐渍化、生物化学成分组成……
	森林资源	森林覆盖率、森林蓄积量以及起源、树种、龄组、郁闭度……
	草原资源	草原植被覆盖度、草原综合植被盖度、草原生产力
	湿地资源	湿地面积、分布、湿地率、湿地保护率……
	水资源	地表水资源量、地下水资源量、水资源总量，水资源质量，河流年平均径流量，湖泊水库的蓄水动态、地下水位动态……
	海洋资源	海岸线、滨海湿地等，海洋矿产资源、海洋能、海洋生物资源……
	地下资源	陆地地表及以下各种矿产资源矿区、矿床、矿体、矿石主要特征数据和已查明资源储量信息……
	地表基质资源	岩石、砾石、沙、土壤等地表基质类型、理化性质及地质景观属性……

自2017年开始的第三次国土资源调查的指标体系如表7-3所示，不同的指标体系其指标内容存在差别。

表7-3　第三次国土资源调查指标体系

土地利用现状调查	土地利用现状一级分类面积、土地利用现状分类面积、土地利用现状一级分类面积按权属性质统计
	城镇村及工矿用地面积调查
其他统计	耕地坡度分级面积、耕地种植类型面积、即可恢复与工程恢复种植属性汇总、林区范围内种植园地统计、灌丛草地汇总情况、工业用地按类型统计、可调整地类面积、部分细化地类面积、废弃与垃圾填埋细化标注汇总
专项统计	耕地细化调查情况、批准未建设的建设用地用途情况、批准未建设的建设用地现状情况、永久基本农田现状情况
飞入地统计	飞入地土地利用现状一级分类面积、飞入地土地利用现状分类面积、飞入地土地利用现状一级分类面积按权属性质统计、飞入地城镇村及工矿用地面积
海岛统计	海岛土地利用现状一级分类面积、海岛土地利用现状分类面积

如表7-4所示，部分碳中和相关的指标在已有调查监测指标体系并未收纳森林各龄级面积、木材密度、生物量拓展因子、树种含碳率、湿地植被覆盖面积、湿地平均土壤碳密度和生物量碳储量系数等指标。因此，目前已有的监测指标体系已经不能满足碳核算需求，有必要进行自然资源监测指标优化与体系重构。

表7-4　监测指标对比

森林碳储量计算	已有指标体系	湿地碳储量计算	已有指标体系
树种（组）（二级类）	√	湿地植被覆盖面积	×
树种龄组	√	湿地生态系统面积	√
各龄级面积	×	湿地生态系统生物量	×
各龄级蓄积量	√	湿地平均土壤碳密度	×
木材密度	×	生物量碳储量系数	×
起源	√		
生物量拓展因子	×		
树种含碳率	×		

使用遥感技术开展"碳达峰、碳中和"监测的基本思路是，在成熟的指标体系框架下，通过卫星遥感、激光雷达和统计数据等方法获取一系列指标数据后，结合要素网格化、参数本土化以及目前火热的时空数据分析、机器学习建模和情景模拟计算，监测裸露土地、城市道路、建筑施工裸地、重点排放单位和森林火灾等造成的碳排量，以及林地、草原、海洋、湿地、地质的碳汇能力，同时计算碳浓度梯度变化和碳通量等指标，提供碳排放热点分布表征、

碳排放时空轨迹追踪、碳中和状态诊断和碳交易动态评估等服务，实现国土空间碳源碳汇时空精准评估诊断。

目前"碳达峰、碳中和"遥感监测已获得一些成果，为碳中和奠定了一定的数据和方法基础。例如蓝、绿"碳汇"动态监测。蓝色碳汇又叫"海洋蓝碳"，主要是利用海洋活动和海洋生物吸收大气中的二氧化碳，并将其固定、储存在海洋中的过程、活动和机制，主要特指海草床、盐沼和红树林这三种生态系统。海洋水域对减少大气 CO_2、缓解全球气候变暖、支持生物多样性起到至关重要的作用。绿色碳汇则是通过改善生态系统，例如植树造林、植被恢复等措施，减少温室气体在大气中的浓度。

使用不同的模型方法，结合相应的遥感数据，也可以开展在不同区域的土地/植被的固碳潜力评价。已有研究表明，黄河源区沙漠化形势严峻，根据其土地土壤有机碳密度，预计将会有 $10.25×10^6$ t 的土壤有机碳得到固定；青海高原不同生态区植被 NEP 与碳汇量空间分异显著。受自然与人为因素协同影响，青海高原年 NEP 呈现逐步好转趋势；受流域气候条件周期性变化和退耕还林还草等人类活动影响，洞庭湖流域 NPP 在过去 20 年时间里呈现复杂波动变化特征。

以上介绍了对自然用地碳汇能力的直接评估，有些研究也可以间接反映碳排过程。例如通过反演城市地表温度，进而推算出不同区域的用电量，间接得到城市内部的能源结构。对城市内部的楼顶面积和空间分布进行监测，可以计算出城市实现光伏发电的潜力。这就是遥感辅助"碳达峰、碳中和"已经实现的成果。

7.2　环境遥感前沿技术

7.2.1　环境遥感与人工智能

人工智能定量遥感是指从对地观测电磁波信号中定量提取地表参数的技术和方法，其区别于仅依靠经验判读的定性识别地物的方法，研究手段主要包括物理模型和经验模型。物理模型具有很强的物理机制和完善的理论基础，模型参数具有明显的物理意义，并试图对作用机理进行数学描述，如描述作物生长过程的动力学模型等。其优点是物理机制明确，缺点在于输入参数多、方程复杂以及实用性较差。经验模型是利用数理统计方法建立模型模拟的输入和输出之间的关系，如多元回归分析、人工神经网络和机器学习等。其优点是简单易行，例如在物理机制不明时，建立卫星像元与实测像元之间的关系方程，可基于该关系方程反推其余未经地面测量的点的目标数值，从而得出较大范围内面域环境要素的目标数值。

定量遥感中，当参数难以确定，物理模型难以完整表达时，将物理模型和经验模型相结合，采用人工智能相关算法和模型，可以极大地弥补相应模型的局限性。

定量遥感与人工智能紧密联系，应用人工智能技术实现环境遥感定量化意义重大。人工智能起源于 1950 年，其发展充满起伏和突破，2010 年后大数据时代的到来，使得人工智能快速发展并成功应用到多个领域。随着人工智能的深入发展及其与各行业的深度融合，跨领域、全格局正在成为新趋势，对于定量遥感中存在的纯物理定量模型难以完全构建、定量模型参数难以准确获取等问题，将人工智能应用到定量遥感中解决传统模型难以解决的问题，已经成为一个新兴的发展方向。与人工智能所需的海量数据、学习算法及超级计算三要素相一致，人工智能环境遥感也具备三大核心要素：用于建模的海量数据、人工智能环境遥感的算法与模型、能够进行大规模计算的硬件平台。人工智能正在掀起一场技术革命和产业革命，环境遥感既是人工智能的受益领域，也是人工智能技术的贡献者。环境遥感从定性走向定量，从低分辨率到高/超高分辨率，将与人工智能深度融合，从而有望解决定量遥感中模型参数难以确定、模型描述困难而导致的性能欠缺问题。同时，人工智能环境遥感可广泛应用于国土资源与环境监测、农作物监测与估产和森林碳汇估算等许多领域，服务于国家的战略需求。下面以一些应用案例进行说明。

城市内部用地结构及其时空演变特征不仅能在一定程度上反映城市社会经济发展水平、预示城市未来发展空间和发展潜力，而且还会直接影响城市居住环境；不同地区和不同发展阶段城市内部用地结构存在明显差异；与野外调查相比，遥感影像具有覆盖范围广、时间序列长、重访频繁及光谱信息丰富等特点，可通过人工智能技术实现高时空分辨率土地覆盖识别及地表信息检索。将研究成果应用于城市土地利用/土地覆盖制图，从而反映社会经济属性以及人类活动与环境变化之间的相互作用，对城市规划和区域管理具有至关重要的意义。

变化检测在遥感中具有重要意义。高分辨率遥感图像的运用提高了监测土地利用和土地覆盖变化的能力。然而在传统变化检测方法中，存在耗时且烦琐的土地利用和土地覆盖变化的手动识别步骤。近年来，深度学习在自然图像目标检测、语音识别和人脸识别等领域得到了广泛应用，并取得了巨大的成功。卷积神经网络（CNN）可对自然图像分类，可以直接处理二维图像数据，是处理遥感图像分类的有效方法，通过学习目标的几何和空间环境特征实现基于区域的目标检测，可实现复杂场景下的快速提取和目标识别。

基于人工智能的土地类型和面积的自动统计判别技术，能够为自然资源要素核查工作提供数据支持。自然资源主管部门需定期对土地复垦、退耕还林和不动产调查等工作进行进度和质量核查，此类核查工作的检查区域明确、判断标准清晰，宜采用基于人工智能的自动判别技术，进而统计各种土地类型的面积，为自然资源要素核查工作提供数据支持。比如，可以通过深度学习网络，自动判断和统计不同土地类型的面积。

在森林资源调查方面，利用无人机获取的高空间分辨率正射影像，基于机器学习算法的"分类和回归树"能够自动分类温带疏林草原上的木本、草本植物和裸地，计算各类型植被覆盖度。对比验证表明，机器分类计算结果与地面植被调查结果在不同空间尺度上具有稳定的一致性。通过遥感数据对树木进行识别和制图以应用于森林管理是目前较为活跃的研究领域。使用机载和超光谱传感器的方法可以高精度地识别树种，但成本高，不适合小规模森林管理。使用无人机拍摄红绿蓝（RGB）图像和卷积神经网络的方法可用于构建树木识别和制图的机器视觉系统。利用颜色和三维信息以及坡度模型将无人机拍摄的森林 RGB 照片自动分割成若干树冠图像，最后将每幅树冠图像应用于 CNN 分类，以最具成本效益的方式对具有相似颜色的单个树木进行分类，是机器学习及定量遥感在森林资源管理方面的典型应用。

在云检测方面，卫星图像中的云层限制了图像提取地面信息的能力，因此，云检测是卫星图像预处理中的一项基础任务，传统的多波段阈值法缺乏稳定性，存在较多的误识别情况；基于神经网络结构和自适应激活函数，可以显著提高模型的性能。在基于 Landsat-8 卫星和云覆盖验证集的云检测探究实验中，基于深度学习的研究方法在各项指标上均优于传统方法。卫星受云层影响时，难以获取地面的信息。为了减少卫星受云像素影响导致的反演空洞，以相似（地理、气象、距离及时间等）条件下相同参数为参照，采用相似像素时空加权机器学习算法融合多源遥感数据，可在保证产品原始精度的前提下，有效地提高卫星数据覆盖率。

在水体叶绿素遥感方面，根据不同水体的遥感反射光谱特征，结合 VIIRS 卫星遥感数据的敏感波段（448 nm、555 nm、672 nm 和 751 nm），可用于构建适用于类型水体的叶绿素 a 浓度遥感定量估算模型，揭示内陆和海岸带水体叶绿素 a 含量的动态变化特征。

在多源数据大气颗粒物制图方面，环境遥感与人工智能相结合的研究方法同样适用于基于多源数据的大气颗粒物制图。融合地面站和卫星遥感数据，基于时间结构自适应模型的区域细颗粒物估算方法能够实现大范围长时序细颗粒物精细制图，可弥补由于地面颗粒物监测站点稀少，难以实现大范围监测的局限。基于人工智能方法的大范围长时序大气颗粒物制图能够对大气污染范围及趋势进行较为直观的展示。1998—2016 年，大陆地区 $PM_{2.5}$ 浓度呈现起伏增长趋势；18 年间 $PM_{2.5}$ 平均浓度增长至 8.2 $\mu g/m^3$；$PM_{2.5}$ 浓度空间分布呈现明显三高两低的分布特征；$PM_{2.5}$ 污染范围呈现阶梯上升趋势，污染程度表现为先加深后减缓的变化趋势。

7.2.2　环境遥感与大数据

什么是大数据？麦肯锡全球研究所给出的大数据（big data）定义是：一种规模大到在获取、存储、管理、分析方面大大超出传统数据库软件工具能力范围的数据集合。因此，大数据具有如下"5V"特点：①Volume（体量大）：大量 TB、PB、EB 级以上的数据等待处理。②Velocity（速度快）：需要响应以秒，甚至毫秒计的流数据的不断产生。③Variety（模态多样）：数据来源和类型繁多，文本、图片、视频等结构化和非结构化数据并存。④Veracity（真伪难辨）：由数据的噪音、缺失、不一致性、歧义等引起的数据不确定性。⑤Value（价值巨大）：大数据使得人们以前所未有的维度量化和理解世界，蕴含了巨大的价值，大数据的终极目标在于从数据中挖掘价值。此"5V"又译为：体量、速度、多样性、真实性和价值。

随着遥感技术的发展，遥感数据空间分辨率、时间分辨率、光谱分辨率和辐射分辨率越来越高，数据类型越来越丰富，数据量也越来越大，遥感数据已经具有了明显的大数据特征，遥感进入了大数据时代。与大数据类似，遥感数据具有类似的 5 大特征：①大容量。NASA 地球观测数据与信息系统（EOSDIS）每天接收到的数据量以 4TB 的速度增长。这些巨量的数据带来了存储、管理、处理与分析上的难题。②多类型。遥感观测的传感器种类包括全色、多光谱、高光谱、红外、合成孔径雷达（SAR）和激光雷达（LiDAR）等，这些数据的格式不同、元数据不同、数据处理方法也不同，加剧了遥感数据处理的复杂性。③高效率。遥感数据的处理速度远远赶不上遥感数据获取的速度，造成了大量遥感数据的浪费。④难以辨识。遥感数据在获取的过程中受到传感器自身特性、传感器平台抖动、大气影响、地物复杂环境干扰等因素的影响，使得获取的数据存在不一致性、不完整性和模糊性等多类不确定性。⑤高价值。各种遥感数据反映了地物的不同属性，从遥感数据中可以挖掘出军事目标信息、环境状况信息、水文信息、气象信息、农作物长势及产量信息、森林信息、城市要素信息、城市变迁要素信息、城市环境要素、交通信息等，这些属性信息对科学研究及人们日常生活具有极高的应用价值。

除了上述大数据的一般特征之外，遥感大数据还具以下特征：①高维性特征。高维特征描述同一地物。②多尺度特征。同种传感器在卫星平台、有人飞机平台、无人机平台所获取的遥感数据具有不同的分辨率，可以反映地物多层次的特征；同一遥感平台的不同传感器影像，由于成像原理的不同，所获取的数据尺度也不同；另外运行周期不同的不同观测平台上，成像系统所生成的数据具有不同的时相和不同时间尺度。只有充分考虑空间和时间的多尺度效应，对数据分析才能取得理想的结果。③非平稳的特征。不同的时间所获取的遥感影像特征是不相同的，如早晨与下午所获取的遥感影像反射率，会随着太阳高度角的改变而改变；春季与秋季所获取的农作物的遥感影像特征也有差异。在进行遥感影像分析时，需要充分考虑其非平稳的特征，才能挖掘出有价值的知识。

遥感大数据既可以源于空天地专用传感器，也可以源于物联网中上亿个无所不在的非专用传感器。其中，空天地专业传感器资源包括：天上的卫星已超过1000个（美国500多个，俄罗斯120多个，中国135个）；空中的有人飞机和无人机超过10000架；地面移动测量系统和智能驾驶车上百万辆（搭载着光学和激光雷达传感器）；海上移动测量系统（光学、激光雷达和声呐）。为了满足国民经济建设和社会信息化发展的需要，我国发射并构建了对地观测系统中的测绘卫星系列，包括高分辨率立体测图卫星、干涉雷达卫星、激光测高和激光雷达卫星、重力卫星、导航定位卫星和气象卫星等。

除了空天地专用传感器，物联网中上亿个无所不在的非专用传感器，也可以为环境遥感定量化提供有力的辅助信息。比如：①智能手机：具有通信、导航、定位、摄影、摄像和传输功能的时空数据传感器。②城市中视频传感器：由于数量众多，能提供PB和EB级连续图像等。这些专业和非专业传感器都将大大提高地球空间信息学的数据获取能力。

遥感大数据在环境遥感各个层面都有较为广泛的应用，例如：在城市不透水面提取方面，协同众源数据和SAR影像的不透水面提取实验中，众源数据不仅可以为光学或SAR影像分类提供可靠的训练样本，而且经过处理后可以作为可靠的不透水面估计图层；融合众源数据和多源遥感影像数据提取不透水面的方法可以弥补单数据源提取不透水面的局限，可以有效提高不透水面提取精度。

在大气水汽层析研究方面，由于不同的遥感数据具有不同的优缺点，比如GNSS具有较高的时间分辨率，但垂直分辨率低；比如卫星遥感具有较高的覆盖度，但是时空分辨率和精度欠缺。融合多源遥感数据，比如地面GNSS数据，微波辐射计数据等，构建数据融合模型，可以有效实现大气水汽遥感反演。如张文渊等提出了附加高水平分辨率大气可降水量（precipitable water vapor, PWV）约束的GNSS水汽层析算法，相对于传统层析算法，各类精度指标都有了显著改善。通过多源数据，并结合层析成像技术，我们可以精确地探测大气水汽分层结构。通过这种方法，我们可以在所有天气条件下反演三维水汽分布，并且反演结果具有高时间和空间分辨率。

近年来，臭氧污染越发受到重视。为了实现区域臭氧制图，联合Landsat 8红外波段和气象数据，利用深度森林模型估算中国300 m分辨率臭氧浓度：深度森林模型结合了集成树的优良性能和神经网络的分层分布式表达能力；样本、站点、时间交叉验证表明，深度森林模型估计值与台站观测值的一致性较高；不同季节臭氧平均浓度与土地利用和城市热岛分布基本一致。同样的，通过结合卫星遥感、地面站点等多源数据可以基于神经网络实现近地面臭氧估算。

在水体监测方面，通过把卫星遥感反演水文水质数据、低空遥感、倾斜摄影等方式获得的信息和地面及水中在线传感器监测的水文水质数据相融合，融合后的数据与湖库水动力和水质模型体系相耦合，推导预演湖库水文水质变化趋势，根据模型结果建立决策专家方案库，最终通过智慧控制系统，实现湖库的监测、模拟与管理调度系统的智慧化。同时，相关学者也提出在大数据时代，多源遥感数据融合与云计算技术在未来地表水体连续变化监测中具有广阔的应用前景。

人类社会活动分析方面，遥感卫星（美国 DMSP、NPP 卫星等）夜间获得的地表可见光和近红外亮度可以用来表征城镇范围、GDP 分布、人口分布等社会经济要素。经济增长、城市化、人道主义灾难均有可能反映于多时期的夜光遥感影像上。

在精准农业监测方面，随着农业生产现代化的推进，作物产量估算的作用越来越受到重视，作物产量估算在指导农业生产，进行生产调整和决策等许多方面起着重要作用；使用统计报告方法进行生产估算，不仅工作效率低下，而且信息相对滞后；融合卫星遥感光谱数据和作物生长模型，估算大规模大区域农作物产量的准确性可以达到 95% 以上。相关研究已经表明，利用有效的影像数据，结合地块数据能够准确提取农作物信息。

作为大数据的典型代表，遥感大数据已经在分布式集群化存储、面向数据密集型应用的高性能计算、多源异构数据关联分析、遥感大数据地理可视化等关键技术研究方面取得了一定的突破。然而，作为一个新的研究对象，遥感大数据研究才刚刚开始，还有许多问题有待进一步深入研究：

（1）遥感大数据的多类不确定性建模。遥感大数据复杂的非线性关系、复杂的尺度效应、数据的多类不确定性（模糊性、不完整性、粗糙性等）、复杂的高维特征，为揭示地物属性本质带来了挑战与机遇。需要深入研究这些复杂性特征，对非线性关系、多类不确定性、数据尺度效应、高维特性等进行建模，并基于复杂性模型改进现有数据挖掘方法或者探索新的分析方法，能够获得期望的空间数据挖掘和分析结果。

（2）遥感大数据环境下的多源信息融合。数据融合是目前大数据应用和智能决策过程的瓶颈。为了有效利用遥感大数据提供的多源异构数据，需要深入研究异构数据的统一表达模型、关联分析模型和决策规则等，从而提高基于遥感数据决策的准确性。另外，结合遥感数据处理的层次性特点，可以进一步综合利用数据级、特征级以及决策级融合所提供的信息，通过人机交互及机器学习方法的结合，实现复杂条件下的智能决策。

（3）面向遥感大数据的机器学习方法。基于对地物目标的物理特性及其在影像上的图像特征的深入分析，并结合图论、粗糙集、模糊集、软集等数学方法，建立遥感大数据的特征选择模型；将人类视觉认知机理引入特征之间的非线性变换模型，实现从低层次图像特征到高层次语义特征的转换，从而建立基于视觉机制驱动的深度学习模型，实现准确的遥感影像解译；深入分析特征选择、深度学习等算法的特点，基于异构计算模式，从数据高性能存储访问、内存负载均衡、任务调度优化等方面，构建满足于大规模遥感数据处理的机器学习算法。

（4）遥感大数据分析统一架构。由于机器学习中大多数算法都可以表示为矩阵或者向量运算，因此，可以基于矩阵计算模型设计统一的编程计算模型和接口，为用户提供统一的大数据学习和分析算法建模与表示方法，以及其他机器学习算法均可在此模型与接口上进行扩展的矩阵计算模型；进一步，在 GPU/CPU 异构平台上对该矩阵模型接口进行并行化加速，为遥感大数据分析提供强大的计算资源；最后，在此基础上实现其他遥感大数据机器学习算法的扩展。

（5）基于知识驱动的遥感大数据挖掘。大数据知识的挖掘，涉及多个学科知识的应用。

从大量对地观测数据中挖掘出更多有用信息的方法就是发展基于内容影像检索（CBIR）等新概念、新技术及新系统。CBIR搜索引擎主要可以分为3类趋势：按样例查询（QE）、相关性反馈（RF）、主动学习（AL）。基于知识驱动的信息挖掘系统（KIM）是主动学习的典型实例。Alonso等提出了一种基于GIS知识的KIM系统，其通过词袋（BoW）的方式融合来自影像分析与相关GIS矢量分析的特征，能够使用户通过给定的语义概念进行相关影像的检索，这不同于以前的仅仅将语义概念作为算法的一个参数来改善检索结果。

遥感大数据挖掘可实现地球各位置、各尺度变化规律的发掘，还可实现未知地球规律的发掘，重视和抓紧遥感大数据的研究不仅具有非常重要的学术价值，而且具有重要的现实意义，可以为环境遥感提供新的技术支持。

7.2.3　环境遥感与互联网+

2015年政府工作报告中，首次提出了"互联网+"行动计划，即"互联网+传统行业"。其指在信息通信技术不断高速发展的前提下，深度融合互联网技术和传统行业，发挥互联网在社会资源配置中的作用，将互联网成果应用至经济、社会各领域，提升全社会各行业的创新能力和生产能力，形成经济社会发展新形态，谋求行业发展的新优势。

"互联网+遥感"的兴起，为卫星对地观测与导航等行业的发展提供了有利条件。遥感技术依托网络平台得到了更为广泛的应用。卫星传感器获取的信息和数据通过互联网扩展到智能手机、视频播放器等物联网上的非专用传感器，实现了数据的普及和快速传播，大数据时代，互联网+将数据用户从专业用户扩展到全球用户。互联网的发展促进了遥感手段的大众化应用，提升了普及程度，同时促进了遥感技术的发展。

"互联网+"与环境遥感的结合催生出了智慧农业下的农情高效监测、大尺度下的生态修复监测、开放性的遥感服务平台等许多智能需求，这些需求都在一定程度上加快了遥感技术公众化、普及化的进程。

（1）"互联网+环境遥感"支撑生态修复

矿产资源是人类发展历程中必不可少的不可再生资源，矿产资源的开发会引发一系列环境问题。矿产资源开发过程中，爆破等产生的有毒气体、粉尘等细小颗粒物会排放到大气环境中，影响大气质量，改变大气组分，同时随着呼吸作用进入人体，对人类和大气环境产生直接或间接的影响。对于矿山的过度开采会引起地面塌陷、水土流失、地质灾害等问题，对水环境、土地资源造成严重影响。

"互联网+环境遥感"在生态修复方面得到了广泛应用，可以实现生态修复的动态化遥感监测。例如，依托高清遥感影像，组织建立基于互联网的矿山恢复动态管理平台，可以实现对矿山的全方位、立体化监管。针对煤矿安全监测建立互联网+感知矿山安全监控系统，构建感知网络，实现对矿山、环境、人员的全面监测，将信息集成到控制中心，对数据进行处理、分析和挖掘，最后传递到决策应用层，产生具体解决方案。煤矿"互联网+"基于大数据的数据挖掘、云计算平台的决策分析和应用、智能化环境感知技术、传感器网络的传输等技术，感知矿山作业人员生命特征、矿山周围环境以及灾害情况，实时监测矿山灾害指数。依托遥感手段的互联网+生态修复可以有效实现对矿区形变、灾害、人员安全的管理，实现矿山生产智能化、管理高效化、产业互联化和决策数据化。

（2）"互联网+环境遥感"实现农情遥感监测

遥感云服务通过互联网实现按需共享，整合了国内外最新的遥感信息与资源。在互联网技术的支持下，开发农情遥感监测相关系统和平台，实现互联网+环境遥感的有机结合，能够促进遥感技术的应用，减少人力资源的投入，提升监测效率。

互联网+遥感的快速发展催生出智慧农业的需求。农业生态遥感是环境遥感的一个重要专题，准确可靠的农情信息是粮食安全生产的保障。农情遥感监测为作物资源合理配置、种植空间划分、生长情况监测提供全面的技术支持，是遥感手段的重要应用之一。基于农情遥感信息，搭建农情遥感监测云服务平台，可以有效实现对农情的动态化监测。农情遥感监测云服务平台可以为农情遥感监测系统提供稳定的运行环境和强大的计算资源，提供算力支持。农情遥感云平台是结合云计算、地理信息系统、遥感影像解译和互联网等关键技术，建立一体化数据库，开发建立农情监测云平台，实现农情数据统计和分析、农业灾害评估、作物产量评估等功能，用以支持农业决策。

土壤湿度是了解作物生长状况的重要参数，实测搜集土壤湿度数据需要耗费大量的时间和精力，尤其是面对较大研究区域时，不能及时获取数据。环境遥感技术可以弥补实地观测的不足，使用包括土壤湿度数据、MODIS 植被指数数据在内的卫星遥感数据，建立可操作的土壤水分分析系统，进行土壤水分数据的检索、分析、可视化和共享。

高分辨率遥感影像可以估算作物面积，被用于生物量的估计。搜集土壤湿度、蒸散量、降雨量等数据以及 MODIS 高分辨率遥感数据集，可以建立基于网络和地理信息的智能灌溉系统，针对土壤含水量和应用区域的含水量，做出是否需要对作物进行灌溉的决策。结合遥感手段的灌溉系统可以减少农民依据经验对作物进行灌溉的不确定性，避免过度灌溉造成的水资源、能源和设备使用的浪费。

基于互联网+的遥感平台和系统，可以快速汇集最新的监测算法和模型，在云端进行更新，降低使用难度。同时，互联网的开放、共享性促使平台和系统的应用得到推广，促进各部门和机构的合作，推进农情遥感技术的迭代升级与发展。

（3）"互联网+遥感"构建开放平台实现数据共享

遥感卫星通过传感器获取了大量的对地观测数据，但遥感应用方面仍存在技术门槛高、数据昂贵、数据重复存储和加工、极轨卫星的时效性得不到保障、大众化普及困难等一系列问题。基于互联网+技术，开发和搭建直接向公众提供服务的遥感数据平台是互联网+遥感行业发展的必然趋势。

谷歌地球引擎（Google Earth Engine）是一个基于遥感影像数据的集成云平台。GEE 基于高性能的计算机资源和遥感数据对地理空间数据集进行处理，存储了大量面向公众的地理空间数据集，数据目录包括 MODIS、Landsat、Sentinel 等陆地卫星的数据资料以及气候预测、社会经济数据集等，数据资料实时更新，保障了数据的时效性。用户可以通过平台或者客户端构建的交互式开发环境对数据进行云端处理，实现在线编辑。同时，GEE 提供了一个公开和传播研究人员、非政府组织等人员研究成果的渠道，促进了遥感成果的广泛应用，推进了遥感服务体系的建立。例如，通过 GEE 平台，融合互联网+、遥感数据处理的先进技术和云计算等技术，有学者针对缅甸伊洛瓦底江开发了一个基于网络的缅河流形态监测系统，使用长达 31 年的 Landsat 卫星数据，比较河流在季风前后的流道情况，可以实现在大空间范围内对河面的动态监测。

目前，为了满足研究人员和公众便捷获取和处理遥感数据的需求，国内也相应建立了遥感服务平台。四维地球是新一代智能遥感云平台，用户可以借助遥感云影像的接口，在平台上按需使用数据与服务功能，适用于国土监测、环境保护、气象监测、灾害预警、风险评估等领域。遥感集市（http：//www. rscloudmart. com/）、地理空间数据云（http：//www. gscloud. cn/）、中国遥感数据网（http：//rs. ceode. ac. cn/）等平台，都提供了卫星遥感数据，可供公众下载和使用。基于网络的遥感服务平台，促进了遥感影像数据及产品的共享，为遥感应用提供了更广阔舞台。

基于互联网+技术的环境遥感，可以助力生态环境修复，实现高效的农情监测，支持政府、从业人员的生态修复决策和农业决策。搭建的遥感数据服务平台将多源卫星数据下载接口集合至一个平台，解决了用户订购卫星数据时间长、成本高、效率低等问题，也避免了数据的重复下载和处理等资源耗费问题，促进了遥感数据和产品的应用和传播。

7.2.4 其他前沿技术

环境遥感作为获取地球资源与环境信息的重要手段，其技术随着硬、软件的发展，也在不停发展中。除了传统的广泛应用的被动光学遥感外，还有诸如激光雷达环境遥感、无人机环境遥感、夜光环境遥感等新技术。

（1）激光雷达环境遥感

激光雷达（LiDAR）是英文光探测和测距（light detection and ranging）的缩写，是现代激光技术与光电探测技术相结合的产物。其探测的主要原理是以激光器为发射光源，发射高频率激光脉冲到被测物表面；以光电探测器为接收器件，接收被测物表面返回的回波信息。激光雷达既可以用来测量探测器和目标物之间的距离，也可以根据激光雷达后向散射能量定量反演目标物的属性。

激光雷达按照探测对象，可以分为大气激光雷达、陆地激光雷达、海洋激光雷达。大气激光雷达主要探测气溶胶、云、气象参数和污染物等；陆地激光雷达可以用于获取地形图、数字高程模型、提取植被和分析热岛效应等；海洋激光雷达可以用于探测水体深度、水下地形、浮游生物和海洋污染等。

按照搭载平台的差异，激光雷达又可以分为星载激光雷达、机载激光雷达、无人机激光雷达、地基激光雷达以及车载/背包/船载激光雷达等。对于不同平台的激光雷达系统，其硬件的组成大致相同，除了包含激光雷达扫描仪和同步的相机外，还有用于定姿的惯性导航单元（IMU）、全球定位系统（GPS）等。

激光雷达从 20 世纪 90 年代开始发展，第一台激光雷达系统诞生于德国，2003 年，NASA 发射了激光雷达卫星 ICESAT，同期我国开始跟踪和关注激光雷达的国际发展趋势，并开始自主研发国产的激光雷达设备。从 2004 年到 2018 年，激光雷达遥感探测机理、数据处理理论和应用领域得到了快速的发展，激光雷达技术也逐渐发展成熟。2019 年，NASA 发射了激光雷达卫星 ICESAT2，我国也开始研制高光谱激光雷达卫星，使得我国在激光雷达研究层面与世界处于相近水平。

激光雷达最主要的特点是其主动观测的模式。被动光学遥感是在进行遥感探测时，探测仪器获取和记录目标物体自身发射或是反射来自自然辐射源（如太阳）的电磁波信息的遥感系统；而主动遥感是可以从遥感平台上的人工辐射源向目标物发射一定形式的电磁波，再由传感器接收和记录其反射波的遥感系统。因此激光雷达系统不再依赖于太阳光,可以实现全天候的探测。

主动遥感在探测原理上与被动光学遥感存在差异,首先需要了解激光能量在大气中传输的过程。激光雷达的激光器发射出激光脉冲,激光脉冲在大气中传输,同时被大气分子衰减,当激光脉冲碰到气溶胶层或者云层时,会产生强烈的后向散射信号,此信号被激光雷达的信号接收系统获取,并存储在信号处理系统中。

激光雷达方程描述了激光在大气中传输的物理过程,激光雷达方程一般可以表述为:

$$P(r) = \frac{C}{r^2}[\beta_1(r) + \beta_2(r)]\exp\{-2\int_0^r[\alpha_1(r) + \alpha_2(r)]\mathrm{d}r\} \tag{7-5}$$

式中,P 表示信号强度,r 表示探测距离,β_1 表示分子后向散射系数,β_2 表示粒子后向散射系数,α_1 表示分子消光系数,α_2 表示粒子消光系数。从激光雷达方程可以看出,大气分子和大气颗粒都会对激光雷达信号产生影响。因此,基于激光雷达方程,可以反演出大气参数的消光系数和后向散射系数。

激光雷达由于其主动发射激光的特性,可以获取大气参数的分层信息。相比被动光学传感器,激光雷达可以通过定点扫描和移动剖面观测的方式,获取大气污染物的三维分布信息,实现对敏感区域的重点观测。如图 7-13 所示,图 7-13(a) 为定点扫描观测模式,图 7-13(b) 为移动剖面观测模式。

(a) 定点扫描观测模式　　　　　　　　　　(b) 移动剖面观测模式

图 7-13　激光雷达观测模式

基于激光雷达可以获取大气参数分层信息的特性,可以利用激光雷达监测环境质量、追踪污染物的传输路径。比如 2006 年 8 月 17 日,撒哈拉沙漠上空发生了一场沙尘暴,沙尘颗粒在源头上升到 7 km 高的空气中,然后经过北大西洋,最后在接下来的几天里进入墨西哥湾。整个污染物的传输过程,都可以通过星载激光雷达进行详细的追踪(图 7-14)。

此外,利用星基激光雷达大气垂直剖面反演能力,联合被动传感器可以监测海洋风暴立体状态。图 7-15 展示了搭载于 Aqua 上的 MODIS 和搭载于 CALIPSO 上的 CALIOP 激光雷达协同获取的 2009 年 8 月 19 日的飓风云高度图像,以及联合四种不同的仪器观测到热带风暴

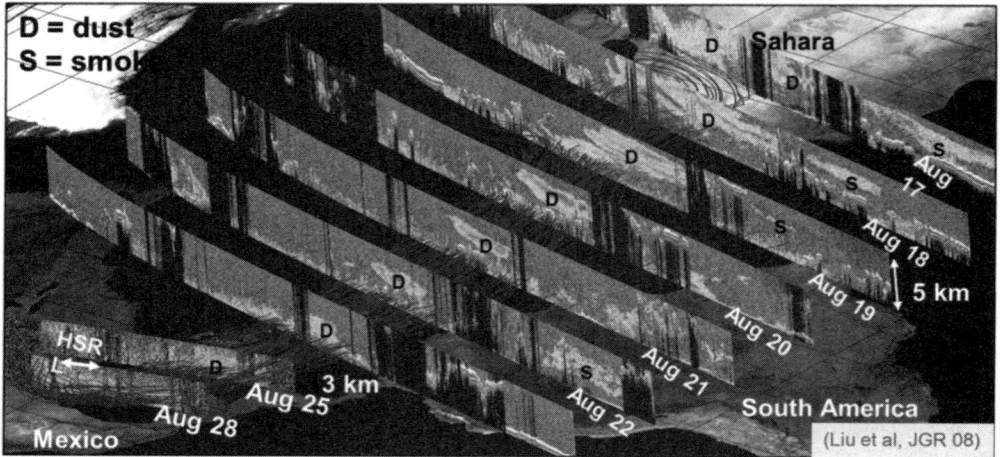

图 7-14　2006 年 8 月 17 日撒哈拉沙漠的一次沙尘暴传输路径

于 2006 年 8 月 24 日穿过大西洋中部的概况。

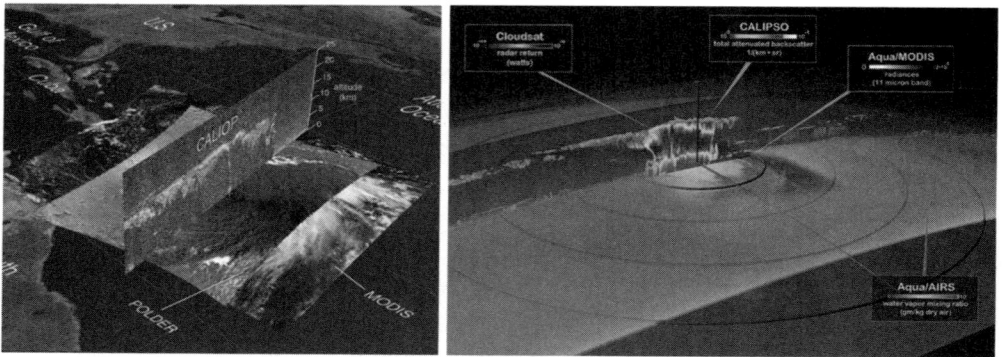

左图为 Aqua 上的 MODIS 和搭载于 CALIPSO 上的 CALIOP 激光雷达协同获取的 2009 年 8 月 19 日的飓风云高度图像；
右图展示了联合四种不同仪器观测到的热带风暴于 2006 年 8 月 24 日穿过大西洋中部的概况。
图 7-15　激光雷达联合被动传感器监测的海洋风暴立体状态

　　激光雷达也可以用于大气边界层的探测。大气边界层是大气最底层,靠近地球表面、受地面摩擦阻力影响的大气层区域。其约束着地表污染物扩散空间,直接影响着地表环境污染程度。相比于地基探空气球的每天 2 次的低观测频率和高花费,激光雷达可以以分秒级观测频率,实现持续性的大气边界层遥感观测。

　　激光雷达可以通过测距获取目标物的点云信息。在林业资源探测上,可以利用点云提取单木位置、树高、冠幅和冠层面积等参数,结合样区实测数据建立单木多元胸径估测模型,实现林分参数估测。在做单木分割和单木提取时都会用到植被冠层模型,而且地形正则化过程中树冠会变形,从而影响单木提取。因此,需要从理论上厘清激光点云空间分布与单木冠层结构、地形之间的相互关系,建立单木参数校正模型,进而提取各种林业参数。

在进行树种分类时，单纯的以激光雷达获取树高等几何信息进行点云分类，效果欠佳；联合高光谱影像，几何点云和光谱数据结合，可以实现更好的树种分类精度。为了获取大区域的森林资源信息，需要用到星载激光雷达数据。图 7-16 展示了以星载激光雷达 GLAS 或 GEDI 数据为主要数据源，联合 MODIS 遥感产品和其他数据构建森林高度反演模型，制作的多期全球森林高度产品，相关数据集也为森林碳储量估算奠定了基础。

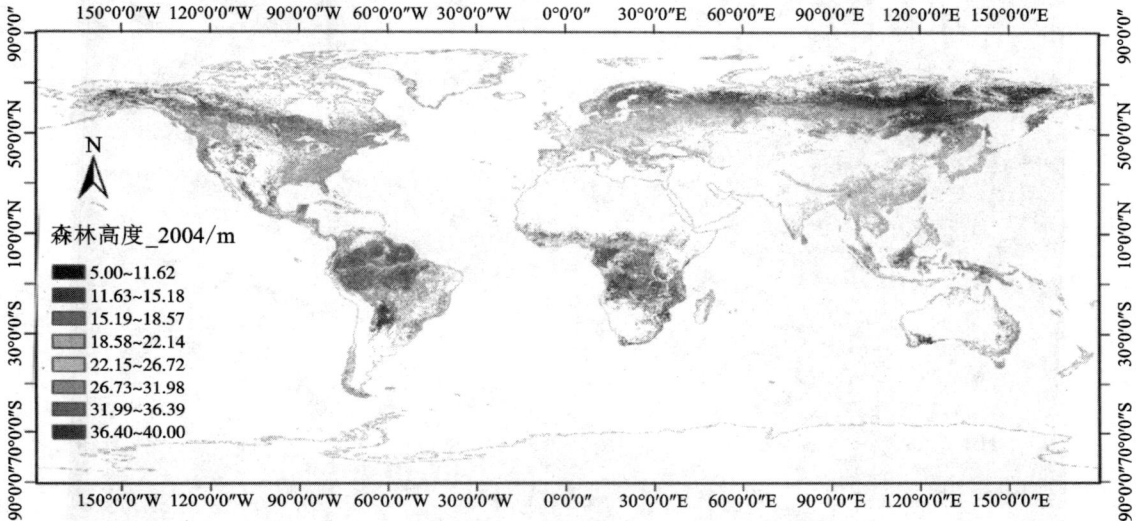

图 7-16　全球森林高度产品
（扫描目录页二维码查看彩图）

激光雷达在城市扩张评估中也可以发挥作用。基于星载激光雷达 GLAS 可以联合 GLAS 和高分辨率卫星影像提取光斑内多级建筑物高度，也可以实现亚光斑尺度上多目标空间三维信息的精确提取。在土地利用情况调查中，可以联合星载激光雷达 GLAS 和夜光遥感 NTL 等多源数据，研究建筑高度与夜间亮度的关系，并将夜间灯光数据用于土地利用模拟，弥补 GDP 统计核算的不足。

除了单波段激光雷达，多光谱激光雷达也逐渐从实验室走向实用化。基于激光雷达不同波段的光谱后向散射信息，可以反演植被在不同生长期的氮含量，评估植被生长发育状态。

（2）无人机环境遥感

无人机环境遥感以无人机为载体，搭载测绘遥感传感器，辅以定位传感器和姿态传感器等，具有自动化、智能化、专题化的特点，是可以快速获取国土、资源、环境等空间遥感信息，完成遥感数据处理、建模和应用分析能力的应用技术。

目前市面上的无人机公司较多，以大疆公司为代表，国产无人机产品已经占据全球消费市场 70%以上。尽管无人机种类繁多，但是其类型主要包括旋翼无人机、固定翼无人机和复合翼无人机（图 7-17）。旋翼无人机具有垂直起降、自由悬停、控制灵活和适应各种环境能力强等优点。比如大疆消费级的御系列，行业级的 M300/M600 等（图 7-18、图 7-19）。

图 7-17　旋翼无人机、复合翼无人机和固定翼无人机

图 7-18　大疆无人机 M300

图 7-19　大疆无人机 M600

　　固定翼无人机具有固定机翼,且机翼外端后掠角可随速度自动或手动调整,具有续航时间长、高空飞行的特点,但是对起降场地要求较高。复合翼无人机指的是固定翼与旋翼无人机型的完美组合,又称垂直起降固定翼无人机。复合翼无人机具有多旋翼无人机和固定翼无人机的综合优势。

　　无人机只是载体,为了实现环境遥感监测,各种传感器是必不可缺的。无人机上除了可确保装置功能与导航正常运行的传感器外(包括加速度计、陀螺仪、磁罗盘与气压传感器等），还可以搭载各种传感器，比如相机/倾斜镜头/热红外镜头/多光谱镜头/激光雷达/环境监测传感器等，以满足不同的任务需求。

无人机环境遥感的特点包括：快速的机动响应能力，无人机应用机动灵活，起飞方便；操作简单、目的明确，无人机具有智能化和自动化的特点；使用成本低，无人机体形小、耗费低、系统的保养和维修简便；无人机遥感具有高分辨率影像数据获取能力，无人机搭载的高精度数码成像设备，具备面积覆盖、垂直或倾斜成像的技术能力，获取图像的空间分辨率达到分米/厘米级。

随着无人机技术的发展，无人机在环境遥感的各方面都得到了应用。无人机遥感监测系统在环境空气质量监测方面的应用已经初见成效，成为国家环境保护监测工作的新选择。在环境保护领域无人机低空遥感监测系统还可以对有毒气体泄漏、粉尘爆炸、意外火灾等突发事件造成的环境污染进行低空遥感监测。在气象领域，无人气象飞机可装载遥感设备对温度、湿度、压强等气象参数进行遥感测定。相比于气象塔、探空气球等气象探测设备，微小型无人机可以在空中长时间、大区域连续监测天气变化并得到高精度测量结果。

森林资源调查是林业上一项非常重要的工作，传统手段在森林资源调查中需要耗费大量人力物力，利用无人机遥感技术可快速获得所需区域高精度的空间遥感信息，使得森林信息实现实时、动态的获取。无人机在森林信息获取中的应用主要有森林蓄积量估算、森林生物量估测、森林郁闭度估测等。图 7-20 所示为利用无人机影像实现单木分割。

图 7-20　利用无人机影像实现单木分割

随着深度学习技术在农业智能遥感信息处理领域的应用，无人机搭载多传感器为智能植保作业提供了基础。在作物分类识别研究领域，可将传统随机森林分类算法和基于卷积神经网络的深度学习方法用于遥感影像图片处理，其中深度学习方法对玉米、大豆等作物分类识别能力较强。

地震作为难以准确预估的意外自然灾害，一旦发生往往会对地区的建筑及市政交通系统造成巨大影响，严重情况下还有可能造成人员伤亡。无人机环境遥感可以在短时间内获取精确的地质灾害遥感数据（包括 DOM、DEM、微波遥感与热红外等），为地面灾情解译提供丰富的数据源。比如，通过航拍获取灾害现场第一手调查数据；通过信息处理和融合，获取灾害现场的类型、废墟的方量、损害面积等。搭载相机的无人机可以用于快速绘制高分辨率滑坡图，评估滑坡表面裂缝和位移，如图 7-21 所示。

根据环境应急管理需要，可以利用无人机技术开展赤潮、溢油、化学品泄漏、地震、泥石流等重大环境事故的动态监测及评估；开展全国重点环境风险源和环境敏感点遥感调查，对国家重点化工园区、重大能源化工基地，以及已确定的重点环境风险源、重要和敏感区域进行巡查，为环境监察执法提供依据。

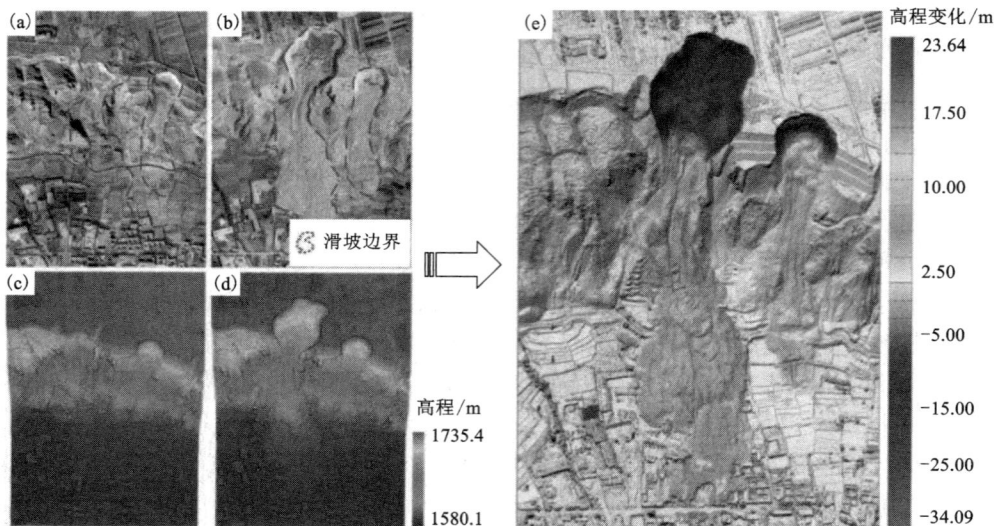

（a）滑坡前影像；（b）滑坡后影像；（c）滑坡前激光雷达影像；（d）滑坡后激光雷达影像；（e）滑坡发生前后的高程变化。

图 7-21　基于无人机遥感技术的滑坡形变信息提取

（扫描目录页二维码查看彩图）

　　水质监测是水资源管理与水污染防治的主要依据，基于无人机遥感技术的内陆及海岸带水体湿地监测，需要结合经验、统计分析或水质光谱特征，并与地面实测水质参数进行联合数学分析，建立相应的遥感反演模型。基于无人机的水质监测具有监测范围广、速度快、成本低和便于进行长期动态监测的优势。保护水资源环境对人类的日常生活至关重要；基于无人机遥感技术和深度学习方法定量反演水质参数浓度，比如水体磷、氮、化学需氧量、生化需氧量、叶绿素 a 等。

　　在无人机低空遥感监测系统，各种新兴技术充分发挥了自身适应性、稳定性、便利性的优势，在环保、林业、农业、地震、气象、海洋低空监测领域均发挥了作用。新兴无人机低空遥感技术充分展现无人机在低空环境遥感监测系统中的价值，为低空环境遥感监测领域的蓬勃发展增添了助力。未来，还需要在以下方面继续努力：平台的系统集成性和稳定性有待进一步提升，基于无人机平台的多源数据后处理软件有待开发，行业相关法律法规有待进一步完善，基于无人机平台的遥感数据分析应用能力有待提升。

　　（3）夜光环境遥感

　　从地球上空观测夜间的地球，可以发现人类聚居区和经济带发出夺目的光芒。当夜间的天空无云时，遥感卫星能够捕捉到城镇灯光、渔船灯光、火点等可见光辐射源，这些夜间无云条件下获取的地球可见光的影像即为夜光遥感影像。与日间遥感不同，夜光遥感对于反映人类社会活动具有独特的能力，因此被广泛应用于社会经济领域的空间数据挖掘。

　　夜光遥感的主要光源可以分为三种，即城市灯光、渔船发光和油气井燃烧发光。城市灯光比较常见。渔船发光是通过巨大的灯光照明，把鱼吸引到船边然后进行捕捞。油气井燃烧发光是为了防止石油开采过程天然气直接排放到大气中产生更大的隐患，因而直接燃烧所发出的光。在这三种光源亮度中，油气井燃烧发光的亮度最大，是城市灯光的几百倍。三种光源遥感影像如图 7-22 所示。

城市灯光　　　　　　　　　　渔船发光　　　　　　　　　油气井燃烧发光

城市灯光遥感影像　　　　　渔船灯光遥感影像　　　　油气井燃烧发光遥感影像

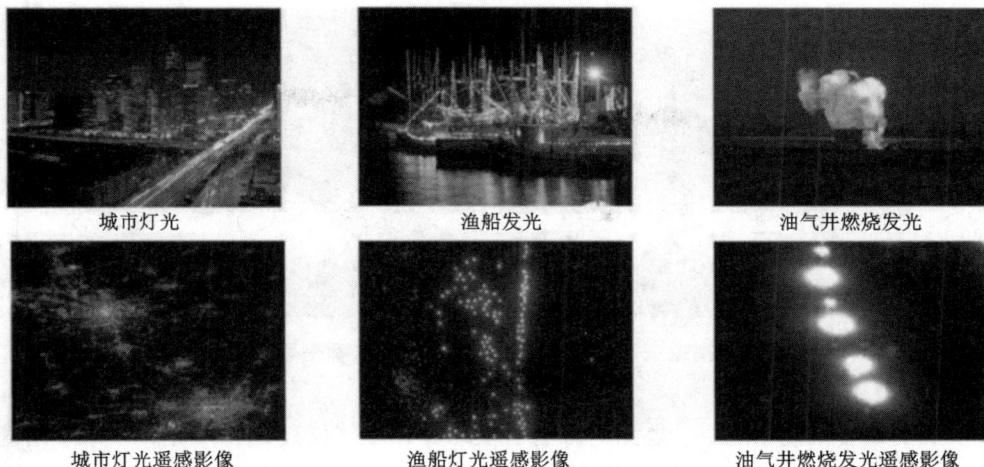

图 7-22　三种光源遥感影像

与传统的光学遥感卫星获取地物辐射信息不同，夜间灯光遥感获取的是夜间无云条件下地表发射的可见光–近红外电磁波信息（图 7-23）。常见的户外灯光有高压钠灯、荧光灯和二极管灯，它们在大气传输过程中受主要气体吸收线的影响较小。

图 7-23　日光图像和夜光图像对比

20 世纪 70 年代，美国军事气象卫星计划（DMPS）线性扫描业务系统（OLS）设计捕捉夜间云层反射的微弱月光，从而获取夜间云层分布信息，然而科学家们意外地发现 DMSP/OLS 可以捕捉到无云情况下夜间城镇等的发光，这就是夜光遥感的起源。至今，已有 DMSP/OLS、国际空间站（ISS）等对地观测传感器可以获取地球夜间的可见光和近红外波段的影像。美国军事气象卫星计划的线性扫描业务系统是最早的夜光遥感传感器，新一代夜间灯光数据 NPP/VIIRS 极大地拓展了夜间灯光数据的研究方向和应用领域。

我国具代表性的国产夜光遥感卫星有珞珈一号科学试验卫星和吉林一号光学 A 星（图 7-24）。珞珈一号科学试验卫星由以武汉大学为首的研发团队研制，是我国首颗夜光遥感卫星，其搭载了高灵敏度夜光相机，地面分辨率约 100 m，夜间能看见长江上所有亮灯的大桥；吉林一号光学 A 星具有夜光遥感影像空间分辨率高、谱段数目多、数据获取快速灵活的特点。

在夜光环境遥感应用方面，城市化监测与评估是重要研究方向之一。城市化是发展中国

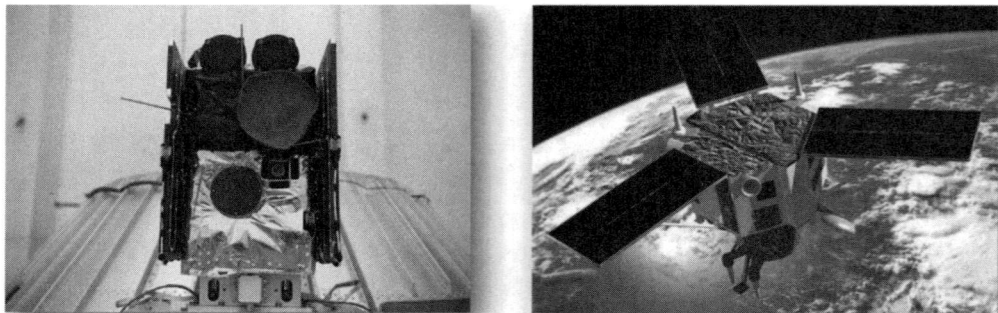

图 7-24 珞珈一号科学试验卫星(左图)和吉林一号光学 A 星

家经济发展的重要推动力之一,也深刻影响了全球和区域气候变化。因此,对城市化进行监测和评估有利于理解全球社会经济发展和气候变化。由于城镇在夜间发出灯光,因此夜光影像可以用来准确提取和分析建成区范围和空间聚集现象(城市群);对于理解全球和区域城市化进程、发掘城市群的时空演化模式具有重要作用。图 7-25 所示为北京市 JL1-3B 灯光影像和对应区域 Google Earth 影像。

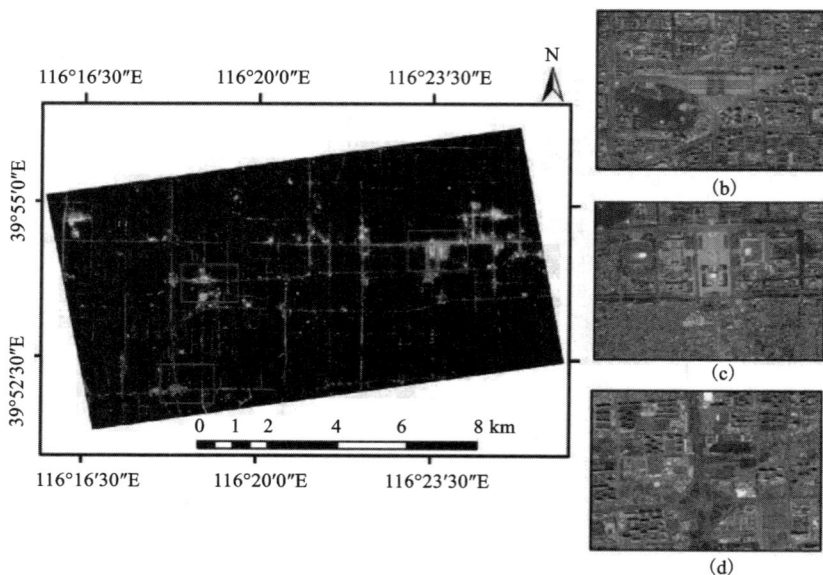

图 7-25 北京市 JL1-3B 灯光影像和对应区域 Google Earth 影像

随着城市化进程的推进,城市地表中渗透性表面(如植被、土壤等)越来越多地被不透水面所替代,并引发了一系列生态、环境问题,夜间灯光数据所反映的地表灯光强度的分布特征与不透水面覆盖程度密切相关。可以夜光强度信息作为先验知识,判别对应地理位置的 Landsat 8 影像像元为不透水面样本,提取 OLI 影像的光谱和纹理特征构建特征集,利用集成分类器提取不透水面。研究表明,高分辨率夜光数据可以作为遥感影像解译与地物提取的先验知识,引导自动分类提取模型的构建,具有较高的实用性。

在碳排放方面,由于夜光影像能够反映照明设施的密度和使用程度,因此其也能够为电力消费空间化提供依据。由于碳排放和人类经济活动密切相关,而经济活动与夜光有较强的相关性,因此夜光能够用来反映碳排放的空间分布并将碳排放空间化地展示出来;联合空间上的夜光遥感数据和单个发电厂排放概况,建立化石燃料二氧化碳排放模型,ODIAC 生成了 1 km 分辨率的全球化石燃料二氧化碳排放数据(图 7-26)。

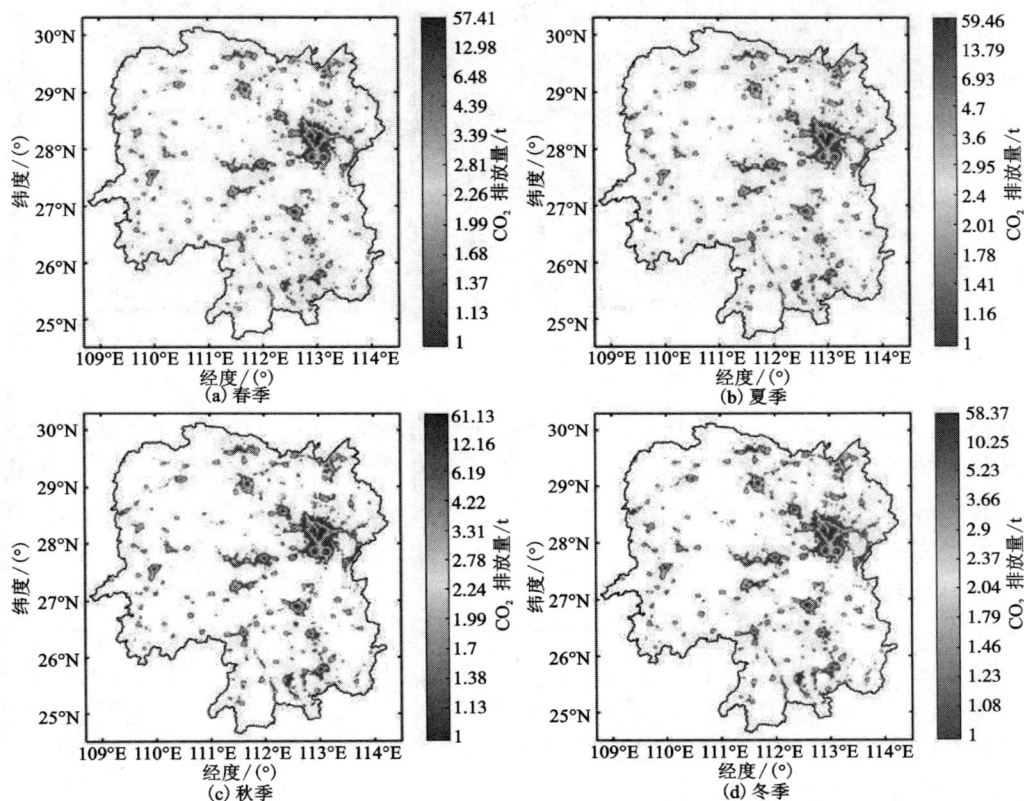

图 7-26　湖南省 ODIAC CO_2 排放数据集分布图

(扫描目录页二维码查看彩图)

在生态环境和健康效应研究方面,夜光遥感影像可以用来研究生态环境和健康问题。城市扩张带来了土壤侵蚀等一系列生态环境问题,可以利用夜光影像作为重要数据源之一评估这些问题;城镇夜光不仅是经济繁荣的象征,同时也是光污染的来源,因此利用夜光影像可以监测光污染及其健康效应。

在人类社会活动分析方面,由于夜光能表征社会经济参数,当社会经济系统发生重大变化时,城镇夜光往往也会发生急剧变化,从而为评估这些事件提供一定的依据。例如,巴西遇到旱灾时,用电量减少了 20%,夜光亮度也相应减少了约 20%;再比如,通过 OLS 夜光影像评估叙利亚内战,发现战争时叙利亚的夜光亮度减少了 74%。通过发展新的时空分析技术,对时间序列夜光影像进行空间聚类,挖掘叙利亚内战的时空模式,可以发现,夜间灯光表现出明显的区域特征(图 7-27)。

图 7-27　叙利亚夜光的空间分布

在社会经济参数估算方面，社会经济参数对于政府决策、科学研究具有重要价值，受到传统统计调查方式的局限，社会经济参数的获取往往存在误差较大及缺乏空间信息等缺点；夜光遥感影像和人类活动存在较高的相关性，且具备时空连续、独立客观等优势；照明设施的密度和使用能够反映一个区域的繁荣程度，进而用来估算国内生产总值；夜光亮度和人口密度分布具有较好的相关性。

人工照明与市区之间的联系促使许多研究人员研究将夜灯数据作为经济活动指标的可能性。研究表明夜光在不同空间尺度上与国内生产总值（GDP）或地区生产总值（GRP）呈正相关。然而，在具有相似 GDP 的国家中，人均发光量也存在相当大的差异。因此，将夜灯数据纳入经济分析的优势在于：可在精细的空间分辨率下估算 GDP；可估算高时间频率的 GDP 变化；可估算缺乏或没有报告的地区的 GDP。

在自然灾害监测方面，自然灾害会通过破坏和中断电力设施服务而影响夜光排放，并且可以使用夜间照明灯从太空中发现相关的停电情况。夜光遥感数据适用于监测云层覆盖率较低的非气象事件（例如基础设施故障、地震）。例如，飓风迈克尔于 2018 年 10 月 10 日登陆美国，之后美国东南部至少 250 万用户电源被切断。图 7-28 显示了佛罗里达州巴拿马市在飓风前、后的夜间灯光差异（分别为 2018 年 10 月 6 日和 10 月 12 日）。

夜光遥感数据可为空间尺度的研究提供快捷有效的数据源，广泛应用于社会经济与城市化进程等研究，如人口空间化、GDP 和电力能源消耗等社会经济数据估计，城市建成区提取，城市群和城市体系发展监测，城市化与生态环境协调影响的监测等。夜光遥感在未来的发展方向：首先多源夜光遥感数据的联合应用将成为趋势；其次，夜光遥感将逐渐走向定量化，地面观测与卫星数据相结合的方式将能够更加准确地反映夜光的时空变化信息；最后，夜光遥感数据与各类社会经统计数据集成的数据挖掘，有助于在全国乃至全球范围快速获取社会经济信息。

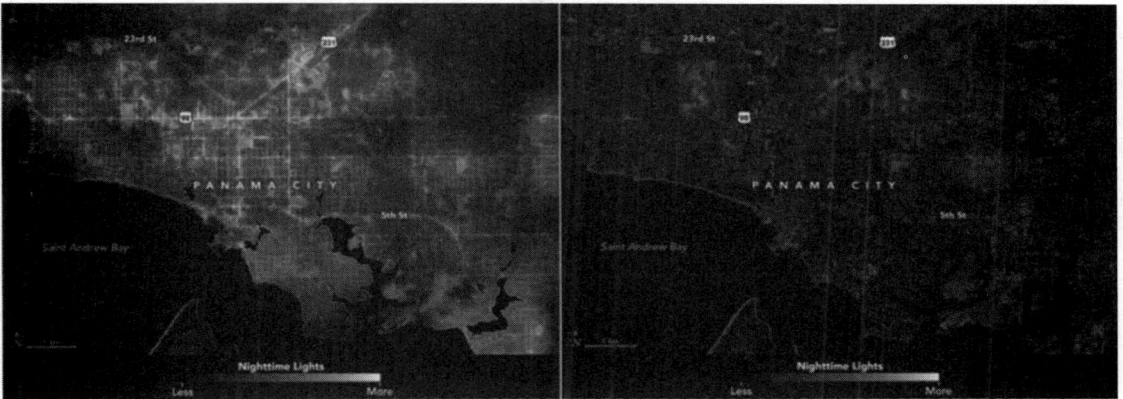

图 7-28　飓风前后佛罗里达州巴拿马市夜间灯光差异

7.3　小结

经过几十年的发展，环境遥感监测逐步向高时间、高空间及高光谱分辨率的时代迈进，有效带动了监测工作从定点离散扩展到空间连续，从静态采样扩展到动态跟踪，环境遥感的应用范围越来越广泛。

为了掌握资源动态变化及人类活动等因素的影响，我国全力推进自然资源动态监测工作，面向自然资源全覆盖监测需求，借助 5G、人工智能、区块链等新技术的独特优势，已初步构建"山水林田湖草"全要素、全天候、全天时和全尺度的卫星遥感监测体系；为了打好污染防治攻坚战，我国出台了一系列相关的方针政策，顺利开展全国生态状况变化遥感调查评估工作，成功构建了"格局-质量-功能-问题-胁迫"生态评估框架，对全国生态状况进行了多时相、多尺度和大范围监测；同时，遥感技术在我国防灾减灾救灾工作中的应用领域广阔、应用潜力巨大，已成为我国防减灾现代化建设的基础性支撑技术，能够为灾害监测评估、应急响应和指挥决策提供强有力的技术支持。

环境遥感从定性走向定量，从低分辨率到高/超高分辨率，并将与人工智能深度融合，从而解决定量遥感中模型参数难以确定、模型难以完整描述导致的性能欠缺问题。作为大数据的典型代表，环境遥感大数据已经在分布式集群化存储、面向数据密集型应用的高性能计算、多源异构数据关联分析、遥感大数据地理可视化等关键技术研究方面取得了一定的突破。互联网+技术高速发展，促进了环境遥感专题应用方法和成果的广泛传播，遥感监测系统和服务平台的搭建是遥感和互联网技术结合的显著成果。

随着环境遥感收集的数据量呈指数增长，处理、储存和管理这些数据本身也逐渐成为巨大的挑战，同时亟须在数据检索、过滤、集成和共享方面得到改进。虽然环境遥感已取得巨大的进步，但其在人工智能、大数据、互联网+等新技术的应用方面仍处于起步阶段，更新一步的发展和应用亟须社会各界共同努力，并与多种技术之间紧密联系、相互协作，以推进遥感服务的大众化和多元化。

参考文献

［1］ 张安定，吴孟泉，孔祥生，等. 遥感技术基础与应用［M］，2 版. 北京：科学出版社，2020.

［2］ 邓书斌，陈秋锦，杜会建，等. ENVI 遥感图像处理方法［M］，2 版. 北京：高等教育出版社，2014.

［3］ 梅安新，彭望琭，秦其明，等. 遥感导论［M］. 北京：高等教育出版社，2001.

［4］ 梁顺林. 定量遥感［M］. 范文捷，译. 北京：科学出版社，2009.

［5］ 童庆禧，张兵，郑兰芬. 高光谱遥感的多学科应用［M］. 北京：电子工业出版社，2006.

［6］ 张琳，任远东. IKONOS 卫星影像在 1：10000 地形图更新工程中的应用［J］. 黑龙江科技信息，2014（33）：59.

［7］ 程三友，李英杰. SPOT 系列卫星的特点与应用［J］. 地质学刊，2010，34（4）：400-405.

［8］ 龚燃，赵晨露，牛庆锋. 美国"陆地卫星"系列最新发展情况［J］. 国际太空，2021（12）：42-45.

［9］ ANGSTROM A. A study of the radiation of the atmosphere［J］. Smithsonian Miscellaneous Collections，1918，65：1-159.

［10］ BRUNT D. Notes on radiation in the atmosphere. I［J］. Quarterly Journal of the Royal Meteorological Society，1932，58（247）：389-420.

［11］ BRUTSAERT W. On a derivable formula for long－wave radiation from clearskies［J］. Water Resources Research，1975，11（5）：742-744.

［12］ IDSO S B，JACKSON R D. Thermal radiation from the atmosphere［J］. Journal of Geophysical Research，1969，74（23）：5397-5403.

［13］ SATTERLUND D R. An improved equation for estimating long-wave radiation from theatmosphere［J］. Water Resources Research，1979，15（6）：1649-1650.

［14］ IDSO S B. A set of equations for full spectrum and 8－ to 14－μm and 10.5－ to 12.5－μm thermal radiation from cloudlessskies［J］. Water Resources Research，1981，17（2）：295-304.

［15］ PRATA A J. A new long－wave formula for estimating downward clear－sky radiation at thesurface［J］. Quarterly Journal of the Royal Meteorological Society，1996，122（533）：1127-1151.

［16］ DILLEY A C，O'BRIEN D M. Estimating downward clear sky long-wave irradiance at the surface from screen temperature and precipitable water［J］. Quarterly Journal of the Royal Meteorological Society，1998，124（549）：1391-1401.

［17］ NIEMELA S，RAISANEN P，SAVIJARVI H. Comparison of surface radiative flux parameterizations－Part II. Shortwave radiation［J］. Atmospheric Research，2001，58（2）：141-154.

［18］ IZIOMON M G，MAYER H，MATZARAKIS A. Downward atmospheric longwave irradiance under clear and cloudy skies：measurement and parameterization［J］. Journal of Atmospheric and Solar－Terrestrial Physics，2003，65（10）：1107-1116.

［19］ JACOBS J D. Radiation climate of Broughton Island. Energy budget studies in relation to fastice breakup processes in Davis Strait Occas［J］. Institute of Arctic and Alpine Research，University of Colorado，Boulder，United States，1978，26：105-120.

［20］ MAYKUT G A，CHURCH P E. Radiation climate of barrow Alaska，1962－66［J］. Journal of Applied

Meteorology, 1973, 12(4): 620-628.

[21] SUGITA M, BRUTSAERT W. Cloud effect in the estimation of instantaneous downward longwave radiation [J]. Water Resources Research, 1993, 29(3): 599-605.

[22] UNSWORTH M H, MONTEITH J L. Long-wave radiation at the ground I. Angular distribution of incoming radiation[J]. Quarterly Journal of the Royal Meteorological Society, 1975, 101(427): 13-24.

[23] CRAWFORD T M, DUCHON C E. An improved parameterization for estimating effective atmospheric emissivity for use in calculating daytime downwelling longwave radiation[J]. Journal of Applied Meteorology, 1999, 38(4): 474-480.

[24] LHOMME J P, VACHER J J, ROCHETEAU A. Estimating downward long-wave radiation on the Andean Altiplano[J]. Agricultural and Forest Meteorology, 2007, 145(3): 139-148.

[25] 胡佳楠, 塔西甫拉提·特依拜, 宋玉, 等. 准东煤田土壤汞含量的高光谱反演[J]. 中国矿业, 2016, 25(5): 65-69.

[26] 徐明星, 吴绍华, 周生路. 重金属含量的高光谱建模反演: 考古土壤中的应用[J]. 红外与毫米波学报, 2002, 30(2): 109-114.

[27] 许鑫. 滇中飒马场小流域不同土地利用条件下群落结构与面源污染输出特征研究[D]. 昆明: 云南大学, 2015.

[28] 孟祥添. 典型黑土区耕作土壤高光谱遥感精细制图研究[D]. 哈尔滨: 东北农业大学, 2021.

[29] 邱堃. 耕地土壤有机质与速效氮磷钾含量高光谱遥感反演研究[D]. 福州: 福建农林大学, 2017.

[30] 郑硕. 基于ASTER多光谱遥感数据的花岗岩类岩性识别与提取: 以新疆西准噶尔花岗岩岩体为例[D]. 芜湖: 安徽师范大学, 2012.

[31] 王兴振. 热红外高光谱(TASI)数据岩性识别方法研究: 以甘肃柳园花黑滩研究区为例[D]. 北京: 中国地质大学(北京), 2015.

[32] 张小康. 松嫩平原北部典型土壤遥感分类研究[D]. 哈尔滨: 东北农业大学, 2018.

[33] 王彦军. 兴安落叶松林下土壤物理化学性质的研究[D]. 呼和浩特: 内蒙古农业大学, 2011.

[34] 郭学飞, 曹颖, 焦润成, 南赟. 土壤重金属污染高光谱遥感监测方法综述[J]. 城市地质, 2020, 15(3): 320-326.

[35] 崔琴芳. 基于机器学习的矿区土壤重金属含量遥感估算及监测方法研究[D]. 西安: 长安大学, 2020.

[36] 吴朦朦. 山西省铜矿峪尾矿库周边土壤重金属遥感反演研究[D]. 西安: 长安大学, 2020.

[37] 刘海隆, 刘洪斌, 武伟, 等. 大气气溶胶光学特性与遥感图像光谱相关性分析[J]. 地球信息科学, 2005(3): 81-86.

[38] 刘心燕, 孙林, 杨以坤, 等. 高分四号卫星数据云和云阴影检测算法[J]. 光学学报, 2019, 39(1): 446-457.

[39] 陈曦东, 张肖, 刘良云, 等. 增强型多时相云检测[J]. 遥感学报, 2019, 23(2): 280-290.

[40] 王宇瑶, 麻金继, 李婧晗, 等. 云偏振遥感综述[J]. 遥感学报, 2022, 26(5): 852-872.

[41] 赵传峰, 杨以坤. 地基云遥感反演进展及挑战[J]. 暴雨灾害, 2021, 40(3): 243-258.

[42] 王宇瑶, 麻金继, 李婧晗, 等. 云偏振遥感综述[J]. 遥感学报, 2022, 26(5): 852-872.

[43] 尚华哲, 胡斯勒图, 李明, 等. 基于被动遥感卫星可见至红外通道观测的云特性遥感[J]. 光学学报, 2022, 42(6): 37-52.

[44] 刘元波, 傅巧妮, 宋平, 等. 卫星遥感反演降水研究综述[J]. 地球科学进展, 2011, 26(11): 1162-1172.

[45] 郭瑞芳, 刘元波. 遥感降水数据精度检验策略及检验方法综述[J]. 遥感技术与应用, 2018, 33(6): 983-993.

［46］刘少军，蔡大鑫，韩静，等.卫星遥感反演降水研究进展简述［J］.气象科技进展，2021，11（1）：28-33.

［47］孙强，吕达仁.非降水条件下微波辐射计海面风遥感产品性能分析［J］.遥感技术与应用，2016，31（1）：109-118.

［48］范开国，徐青，徐东洋，等.星载SAR海面风场遥感研究进展［J］.地球物理学进展，2022，37（5）：1807-1817.

［49］车军辉，赵平，史茜，等.大气边界层研究进展［J］.地球物理学报，2021，64（3）：735-751.

［50］张宏昇，张小曳，李倩惠，等.大气边界层高度确定及应用研究进展［J］.气象学报，2020，78（3）：522-536.

［51］吕政翰，赵越.二氧化碳观测卫星遥感反演研究进展［J］.哈尔滨师范大学自然科学报，2019，35（2）：93-99.

［52］何茜，余涛，程天海，等.大气二氧化碳遥感反演精度检验及时空特征分析［J］.地球信息科学学报，2012，14（2）：250-257.

［53］陈良富，张莹，邹铭敏，等.大气CO_2浓度卫星遥感进展［J］.遥感学报，2015，19（1）：1-11.

［54］张兴赢，白文广，张鹏，等.卫星遥感中国对流层中高层大气甲烷的时空分布特征［J］.科学通报，2011，56（33）：2804-2811.

［55］秦林，杨复沫，陈刚才，等.AIRS遥感观察三峡库区甲烷浓度变化特征［J］.资源节约与环保，2013（12）：99.

［56］刘良云，陈良富，刘毅，等.全球碳盘点卫星遥感监测方法、进展与挑战［J］.遥感学报，2022，26（2）：243-267.

［57］刘毅，王婧，车轲，等.温室气体的卫星遥感——进展与趋势［J］.遥感学报，2021，25（1）：53-64.

［58］吴孔逸，侯伟真，史正，等.基于卫星多角度观测的气溶胶遥感反演算法研究进展［J］.大气与环境光学学报，2021，16（4）：283-298.

［59］苏倩欣，李婧，陈敏瑜.大气气溶胶卫星遥感反演研究综述［J］.科技创新导报，2019，16（36）：108-112，114.

［60］汤玉明，邓孺孺，刘永明，等.大气气溶胶遥感反演研究综述［J］.遥感技术与应用，2018，33（1）：25-34.

［61］于雪，赵文吉，孙春媛，等.大气$PM_{2.5}$遥感反演研究进展［J］.环境污染与防治，2017，39（10）：1153-1158.

［62］黄明祥，魏斌，郝千婷，等.$PM_{2.5}$遥感反演技术研究进展［J］.环境污染与防治，2015，37（10）：70-76，85.

［63］杨晓辉，肖登攀，王卫，等.基于遥感数据估算近地面$PM_{2.5}$浓度的研究进展［J］.环境科学研究，2022，35（1）：40-50.

［64］沈焕锋，李同文.大气$PM_{2.5}$遥感制图研究进展［J］.测绘学报，2019，48（12）：1624-1635.

［65］赵少华，杨晓钰，李正强，等.臭氧卫星遥感六十年进展［J］.遥感学报，2022，26（5）：817-833.

［66］赵军，樊洁平，张斌才，等.大气SO_2卫星遥感监测技术及其研究进展［J］.安全与环境学报，2012，12（4）：166-169.

［67］石颖颖，李莉，陈勇航，等.基于OMI数据的长三角地区NO_x排放清单校验［J］.环境科学研究，2017，30（6）：825-834.

［68］陈良富，韩冬，陶金花，等.对流层NO_2柱浓度卫星遥感反演综述［J］.遥感学报，2009，13（3）：343-354.

［69］VAN DONKELAAR A, HAMMER M S, BINDLE L, et al. Monthly global estimates of fine particulate matter and their uncertainty[J]. Environ Sci Technol, 2021, 55(22): 15287-15300.

[70] WEI J, LI Z Q, LYAPUSTIN A, et al. Reconstructing 1-km-resolution high-quality PM$_{2.5}$ data records from 2000 to 2018 in China: spatiotemporal variations and policy implications[J]. Remote Sensing of Environment, 2021, 252: 112136.

[71] WEI J, LI Z Q, CRIBB M, et al. Improved 1 km resolution PM$_{2.5}$ estimates across China using enhanced space-time extremely randomized trees [J]. Atmospheric Chemistry and Physics, 2020, 20(6): 3273 -3289.

[72] STULL R B. An introduction to boundary layer meteorology [M]. Dordrecht: Springer Netherlands, 1988.

[73] 乔晓燕, 薛禄宇, 田野. 基于激光云高仪探测污染天气边界层高度[J]. 环境保护科学, 2022, 48(5): 121-126.

[74] 车军辉, 赵平, 史茜, 等. 大气边界层研究进展 [J]. 地球物理学报, 2021, 64(3): 735-751.

[75] 于思琪, 刘东, 徐继伟, 等. 激光雷达反演大气边界层高度的优化方法 [J]. 光学学报, 2021, 41(7): 159-167

[76] GUO J P, MIAO Y C, ZHANG Y, et al. The climatology of planetary boundary layer height in China derived from radiosonde and reanalysis data [J]. Atmospheric Chemistry and Physics, 2016, 16 (20): 13309-13319.

[77] GUO J P, ZHANG J, YANG K, et al. Investigation of near-global daytime boundary layer height using high-resolution radiosondes: first results and comparison with ERA5, MERRA-2, JRA-55, and NCEP-2 reanalyses[J]. Atmospheric Chemistry and Physics, 2021, 21(22): 17079-17097.

[78] LI H, LIU B M, MA X, et al. Evaluation of retrieval methods for planetary boundary layer height based on radiosonde data[J]. Atmospheric Measurement Techniques, 2021, 14(9): 5977-5986.

[79] GARRATT J. Review: the atmospheric boundary layer[J]. Earth-Science Reviews, 1994, 37(1/2): 89-134.

[80] BEYRICH F, WEILL A. Some aspects of determining the stable boundary layer depth from sodar data [J]. Boundary-Layer Meteorology, 1993, 63(1): 97-116.

[81] SEIBERT P, BEYRICH F, GRYNING S E, et al. Review and intercomparison of operational methods for the determination of the mixing height[J]. Atmospheric Environment, 2000, 34(7): 1001-1027.

[82] HOCKE K, KAMPFER N, GERBER C, et al. A complete long-term series of integrated water vapour from ground-based microwave radiometers [J]. International Journal of Remote Sensing, 2011, 32 (3): 751-765.

[83] DE ARRUDA MOREIRA G, GUERRERO-RASCADO J L, BRAVO-ARANDA J A, et al. Study of the planetary boundary layer height in an urban environment using a combination of microwave radiometer and ceilometer[J]. Atmospheric Research, 2020, 240: 104932.

[84] COHN S A, ANGEVINE W M. Boundary layer height and entrainment zone thickness measured by lidars and wind-profiling radars[J]. Journal of Applied Meteorology, 2000, 39(8): 1233-1247.

[85] LIU B M, MA Y Y, GUO J P, et al. Boundary layer heights as derived from ground-based radar wind profiler in Beijing[J]. IEEE Transactions on Geoscience and Remote Sensing, 2019, 57(10): 8095-8104.

[86] DANG R J, YANG Y, HU X M, et al. A review of techniques for diagnosing the atmospheric boundary layer height (ABLH) using aerosol lidar data[J]. Remote Sensing, 2019, 11(13): 1590.

[87] STEYN D G, BALDI M, HOFF R M. The detection of mixed layer depth and entrainment zone thickness from lidar backscatter profiles[J]. Journal of Atmospheric and Oceanic Technology, 1999, 16(7): 953.

[88] HELMIS C G, SGOUROS G, TOMBROU M, et al. A comparative study and evaluation of mixing-height

estimation based on sodar – RASS, ceilometer data and numerical model simulations［J］. Boundary – Layer Meteorology, 2012, 145(3)：507−526.

［89］刘思波, 何文英, 刘红燕, 等. 地基微波辐射计探测大气边界层高度方法［J］. 应用气象学报, 2015, 26(5)：626−635.

［90］沈建, 沈利洪, 韩笑, 等. 激光雷达与微波辐射计联合观测大气边界层高度变化［J］. 气象科技, 2017, 45(3)：425−429.

［91］CIMINI D, DE ANGELIS F, DUPONT J C, et al. Mixing layer height retrievals by multichannel microwave radiometer observations［J］. Atmospheric Measurement Techniques, 2013, 6(11)：2941−2951.

［92］BIANCO L, WILCZAK J M. Convective boundary layer depth：improved measurement by Doppler radar wind profiler using fuzzy logic methods［J］. Journal of Atmospheric and Oceanic Technology, 2002, 19(11)：1745.

［93］张婉春, 张莹, 吕阳, 等. 利用激光雷达探测灰霾天气大气边界层高度［J］. 遥感学报, 2013, 17(4)：981−992.

［94］HOOPER W P, ELORANTA E W. Lidar measurements of wind in the planetary boundary layer：the method, accuracy and results from joint measurements with radiosonde and kytoon［J］. Journal of Applied Meteorology, 1986, 25(7)：990−1001.

［95］高星星, 陈艳, 张镭, 等. 基于 CALIPSO 卫星数据的全球大气边界层高度时空分布特征［J］. 兰州大学学报(自然科学版), 2018, 54(5)：646−653.

［96］颜曦, 赵军. 激光雷达获取大气边界层高度几种方法的研究［C］//第 35 届中国气象学会年会, 合肥, 2018.

［97］张宏昇, 张小曳, 李倩惠, 等. 大气边界层高度确定及应用研究进展［J］. 气象学报, 2020, 78(3)：522−536.

［98］王琳, 谢晨波, 韩永, 等. 测量大气边界层高度的激光雷达数据反演方法研究［J］. 大气与环境光学学报, 2012, 7(4)：241−247.

［99］MEI L, LI L, LIU Z, et al. Detection of the planetary boundary layer height by employing the Scheimpflug lidar technique and the covariance wavelet transform method［J］. Appl Opt, 2019, 58(29)：8013−8020.

［100］BROOKS I M. Finding boundary layer top：application of a wavelet covariance transform to lidar backscatter profiles［J］. Journal of Atmospheric and Oceanic Technology, 2003, 20(8)：1092−1105.

［101］LIU B M, MA Y Y, LIU J Q, et al. Graphics algorithm for deriving atmospheric boundary layer heights from CALIPSO data［J］. Atmospheric Measurement Techniques, 2018, 11(9)：5075−5085.

［102］张禾裕, 刘双, 李伟秋, 等. 新治理体系下自然资源监测监管研究综述与展望［J］. 国土资源情报, 2022, 11：1−7.

［103］匡文慧, 张树文, 杜国明, 等. 2015—2020 年中国土地利用变化遥感制图及时空特征分析［J］. 地理学报, 2022, 77(5)：1056−1071.

［104］CHAWLA I, KARTHIKEYAN L, MISHRA A K. A review of remote sensing applications for water security：quantity, quality, and extremes［J］. Journal of Hydrology, 2020, 585：124826.

［105］ALPARSLAN E, AYDÖNER C, TUFEKCI V, et al. Water quality assessment at Ömerli Dam using remote sensing techniques［J］. Environmental Monitoring and Assessment, 2007, 135(1)：391−398.

［106］SWAIN R, SAHOO B. Mapping of heavy metal pollution in river water at daily time−scale using spatio−temporal fusion of MODIS−aqua and Landsat satellite imageries［J］. Journal of Environmental Management, 2017, 192：1−14.

［107］GOHIN F, VAN DER ZANDE D, TILSTONE G, et al. Twenty years of satellite and in situ observations of surface chlorophyll-a from the northern Bay of Biscay to the eastern English Channel. Is the water quality improving？［J］. Remote Sensing of Environment, 2019, 233：111343.

［108］SÒRIA-PERPINYÀ X, VICENTE E, URREGO P, et al. Remote sensing of cyanobacterial blooms in a hypertrophic lagoon (Albufera of València, Eastern Iberian Peninsula) using multitemporal Sentinel-2 images ［J］. Science of the Total Environment, 2020, 698：134305.

［109］SAGAN V, PETERSON K T, MAIMAITIJIANG M, et al. Monitoring inland water quality using remote sensing：Potential and limitations of spectral indices, bio-optical simulations, machine learning, and cloud computing［J］. Earth-Science Reviews, 2020, 205：103187.

［110］QI S Y, CHEN S D, LONG X R, et al. Quantitative contribution of climate change and anthropological activities to vegetation carbon storage in the Dongting Lake basin in the last two decades［J］. Advances in Space Research, 2023, 71(1)：845-868.

［111］LI D, WU B S, CHEN B W, et al. Review of water body information extraction based on satellite remote sensing［J］. Journal of Tsinghua University (Science and Technology), 2020, 60(2)：147-161.

［112］姚杰鹏, 杨磊库, 陈探, 等. 基于 Sentinel-1, 2 和 Landsat 8 时序影像的鄱阳湖湿地连续变化监测研究 ［J］. 遥感技术与应用, 2021, 36(4)：760-776.

［113］GAO W L, SHEN F, TAN K, et al. Monitoring terrain elevation of intertidal wetlands by utilising the spatial-temporal fusion of multi-source satellite data：a case study in the Yangtze (Changjiang) Estuary ［J］. Geomorphology, 2021, 383：107683.

［114］LONG X R, LI X Y, LIN H, et al. Mapping the vegetation distribution and dynamics of a wetland using adaptive-stacking and Google Earth Engine based on multi-source remote sensing data［J］. International Journal of Applied Earth Observation and Geoinformation, 2021, 102：102453.

［115］YUN Y, LÜ X L, FU X K, et al. Application of spaceborne interferometric synthetic aperture radar to geohazard monitoring［J］. Journal of Radars, 2020, 9(1)：73-85.

［116］CHEN D H, CHEN H E, ZHANG W, et al. Characteristics of the residual surface deformation of multiple abandoned mined-out areas based on a field investigation and SBAS-InSAR：a case study in Jilin, China ［J］. Remote Sensing, 2020, 12(22)：3752.

［117］GONG C G, LEI S G, BIAN Z F, et al. Using time series InSAR to assess the deformation activity of open-pit mine dump site in severe cold area ［J］. Journal of Soils and Sediments, 2021, 21 (11)：3717-3732.

［118］LI J, PEI Y, ZHAO S, et al. A review of remote sensing for environmental monitoring in China［J］. Remote Sensing, 2020, 12(7)：1130.

［119］CHU D. Fractional vegetationcover［M］// Remote Sensing of Land Use and Land Cover in Mountain Region. Singapore：Springer, 2020：195-207.

［120］RICHARDS D R, BELCHER R N. Global changes in urban vegetation cover ［J］. Remote Sensing, 2019, 12(1)：23.

［121］YI Y, WANG B, SHI M, et al. Variation in vegetation and its driving force in the middle reaches of the Yangtze River in China［J］. Water, 2021, 13(15)：2036.

［122］朱思佳, 冯徽徽, 邹滨, 等. 2000—2019 年洞庭湖流域植被 NPP 时空特征及驱动因素分析［J］. 自然资源遥感, 2022(3)：196-206.

［123］DE ARAUJO BARBOSA C C, ATKINSON P M, DEARING J A. Remote sensing of ecosystem services：a systematic review［J］. Ecological Indicators, 2015, 52：430-443.

［124］LU J Q, GUAN H L, YANG Z Q, DENG L. Dynamic monitoring of spatial-temporal changes in eco-environment quality in Beijing based on remote sensing ecological index with google earth engine[J]. Sensors and Materials, 2021, 33(12): 4595.

[125] XU H Q. A remote sensing index for assessment of regional ecological changes[J]. China Environmental Science, 2013, 33(5): 889−897.

[126] KARBALAEI SALEH S, AMOUSHAHI S, GHOLIPOUR M. Spatiotemporal ecological quality assessment of metropolitan cities: a case study of central Iran[J]. Environmental Monitoring and Assessment, 2021, 193(5): 305.

[127] BOORI M S, CHOUDHARY K, PARINGER R, et al. Spatiotemporal ecological vulnerability analysis with statistical correlation based on satellite remote sensing in Samara, Russia [J]. Journal of Environmental Management, 2021, 285: 112138.

[128] ZHANG T, YANG R Q, YANG Y B, et al. Assessing the urban eco−environmental quality by the remote−sensing ecological index: application to Tianjin, North China[J]. ISPRS International Journal of Geo−Information, 2021, 10(7): 475.

[129] SHI S E, WEI W, YANG D, et al. Spatial and temporal evolution of eco−environmental quality in the oasis of Shiyang River Basin based on RSEDI[J]. Chinese Journal of Ecology, 2018, 37(4): 1152−1163.

[130] JIANG F, ZHANG Y, LI J, et al. Research on remote sensing ecological environmental assessment method optimized by regional scale [J]. Environmental Science and Pollution Research, 2021, 28 (48): 68174−68187.

[131] ZHU D, CHEN T, WANG Z, et al. Detecting ecological spatial−temporal changes by remote sensing ecological index with local adaptability[J]. Journal of Environmental Management, 2021, 299: 113655.

[132] LIU Q. RETRACTED ARTICLE: application of remote sensing and GIS technology in urban ecological environment investigation[J]. Arabian Journal of Geosciences, 2021, 14(17): 1743.

[133] LIU Q S, LIU G H, HUANG C, et al. Using remote sensing data to monitor dynamic changes of nature reserve of the Yellow River Delta[J]. Chin Agric Sci Bull, 2010, 26(16): 376−381.

[134] XU W G, QIN W H, LIU X M, et al. Status quo of distribution of human activities in the national nature reserves [J]. Journal of Ecology and Rural Environment, 2015, 31(6): 802−807.

[135] WAN H W, WANG C Z, LI Y, et al. Monitoring an invasive plant using hyperspectral remote sensing data [J]. Transactions of the Chinese Society of Agricultural Engineering, 2010, 26(1): 59−63.

[136] REDDY C S. Remote sensing of biodiversity: what to measure and monitor from space to species? [J]. Biodiversity and Conservation, 2021, 30(10): 2617−2631.

[137] YANG H J, LI Y, HONG Y F, et al. Biodiversity monitoring and assessment using remote sensing technology at county's scale[J]. Remote Sensing Technology and Application, 2015, 30(6): 1138−1145.

[138] 范一大, 吴玮, 王薇, 等. 中国灾害遥感研究进展[J]. 遥感学报, 2016, 20(5): 1170−1184.

[139] ROIZ D, BOUSSÈS P, SIMARD F, PAUPY C, FONTENILLE D. Autochthonous chikungunya transmission and extreme climate events in southern France[J]. PLoS Negl Trop Dis, 2015, 9(6): e0003854.

[140] WOODWARD A J, SAMET J M. Climate Change, Hurricanes, and Health [J]. AMERICAN JOURNAL OF PUBLIC HEALTH, 2018, 108(1): 33−35.

[141] HU C, LI J, LIN X, et al. An observation capability semantic−associated approach to the selection of remote sensing satellite sensors: a case study of flood observations in the Jinsha River Basin[J]. Sensors (Basel), 2018, 18(5): E1649.

[142] LI D R, WANG M, DONG Z P, SHEN X, SHI L T. Earth observation brain (EOB): an intelligent earth observation system[J]. Geo−spatial Information Science, 2017, 20(2): 134−140.

[143] TAN Q L, BAI M Z, ZHOU P G, et al. Geological hazard risk assessment of line landslide based on remotely sensed data and GIS[J]. Measurement, 2021, 169: 108370.

[144] HUANG W, BU M. Detecting shadows in high-resolution remote-sensing images of urban areas using spectral and spatial features[J]. International Journal of Remote Sensing, 2015, 36(24): 6224-6244.

[145] 温庆志, 孙鹏, 张强, 等. 基于多源遥感数据的农业干旱监测模型构建及应用[J]. 生态学报, 2019, 39(20): 7757-7770.

[146] 史武智. 黄河典型区域干湿复合事件的演变及其对植被的影响研究[D]. 西安: 西安理工大学, 2021.

[147] 许强, 董秀军, 李为乐. 基于天-空-地一体化的重大地质灾害隐患早期识别与监测预警[J]. 武汉大学学报(信息科学版), 2019, 44(7): 957-966.

[148] 李振洪, 宋闯, 余琛, 等. 卫星雷达遥感在滑坡灾害探测和监测中的应用: 挑战与对策[J]. 武汉大学学报(信息科学版), 2019, 44(7): 967-979.

[149] 李晓恩, 周亮, 苏奋振, 等. InSAR技术在滑坡灾害中的应用研究进展[J]. 遥感学报, 2021, 25(2): 614-629.

[150] 何苗, 吴立新, 崔静, 等. 汶川地震前多圈层短—临遥感异常回顾及其时空关联性[J]. 遥感学报, 2020, 24(6): 681-700.

[151] 刘虎, 姜岳, 夏明宇, 等. 基于30年遥感监测的矿区生态环境变化——以南四湖周边矿区为例[J]. 金属矿山, 2021(4): 197-206.

[152] STEAD D, DONATI D, WOLTER A, et al. Application of remote sensing to the investigation of rock slopes: experience gained and lessons learned[J]. ISPRS International Journal of Geo-Information, 2019, 8(7): 296.

[153] 黄晶. 从21世纪议程到2030议程——中国可持续发展战略实施历程回顾[J]. 可持续发展经济导刊, 2019(9): 14-16.

[154] 韩扬眉. 实现"人类活动痕迹"的精细刻画: 全球首颗可持续发展科学卫星升空[N]. 中国科学报, 2021-11-09.

[155] 朱婧, 孙新章, 何正. SDGs框架下中国可持续发展评价指标研究[J]. 中国人口·资源与环境, 2018, 28(12): 9-18.

[156] 吕红星. 中国落实2030年可持续发展议程进展报告发布[N]. 中国经济时报, 2021-09-27.

[157] 宁瑶, 刘雅莉, 杜剑卿, 等. 黄河流域可持续发展评估及协同发展策略研究[J]. 生态学报, 2022, 42(3): 990-1001.

[158] 邵超峰, 陈思含, 高俊丽, 等. 基于SDGs的中国可持续发展评价指标体系设计[J]. 中国人口·资源与环境, 2021, 31(4): 1-12.

[159] 王璟睿, 陈龙, 张燚, 等. 国内外生态补偿研究进展及实践[J]. 环境与可持续发展, 2019, 44(2): 121-125.

[160] 刘礼群, 江坤, 胡智, 等. 雄安新区国土空间开发的生态系统服务价值响应特征[J]. 生态学报, 2022, 42(6): 2098-2111.

[161] 薛澜, 翁凌飞. 中国实现联合国2030年可持续发展目标的政策机遇和挑战[J]. 中国软科学, 2017(1): 1-12.

[162] LIU D N, XIAO B W. Can China achieve its carbon emission peaking? A scenario analysis based on STIRPAT and system dynamics model[J]. Ecological Indicators, 2018, 93: 647-657.

[163] LI Q S. The view of technological innovation in coal industry under the vision of carbon neutralization[J]. International Journal of Coal Science & Technology, 2021, 8(6): 1197-1207.

[164] WANG F, HARINDINTWALI J D, YUAN Z, et al. Technologies and perspectives for achieving

carbon neutrality［J］. The Innovation, 2021, 2(4)：100180.

［165］BERG P, BOLAND A. Analysis of ultimate fossil fuel reserves and associated CO_2 emissions in IPCC scenarios［J］. Natural Resources Research, 2014, 23(1)：141-158.

［166］张莉, 郭志华, 李志勇. 红树林湿地碳储量及碳汇研究进展［J］. 应用生态学报, 2013, 24(4)：1153-1159.

［167］韩广轩, 王法明, 马俊, 等. 滨海盐沼湿地蓝色碳汇功能、形成机制及其增汇潜力［J］. 植物生态学报, 2022, 46(4)：373-382.

［168］李怒云, 宋维明. 气候变化与中国林业碳汇政策研究综述［J］. 林业工作参考, 2007(2)：130-137.

［169］曾永年, 冯兆东. 黄河源区土地沙漠化及其对土壤碳库的影响研究［J］. 中国沙漠, 2008, 28(2)：208-211, 395.

［170］刘凤, 曾永年. 2000—2015年青海高原植被碳源/汇时空格局及变化［J］. 生态学报, 2021, 41(14)：5792-5803.

［171］ERDEM F, BAYRAM B, BAKIRMAN T, et al. An ensemble deep learning based shoreline segmentation approach (WaterNet) from Landsat 8 OLI images［J］. Advances in Space Research, 2021, 67(3)：964-974.

［172］HE D, SHI Q, LIU X P, et al. Deep subpixel mapping based on semantic information modulated network for urban land use mapping［J］. IEEE Transactions on Geoscience and Remote Sensing, 2021, 59(12)：10628-10646.

［173］WANG Q, ZHANG X D, CHEN G Z, et al. Change detection based on Faster R-CNN for high-resolution remote sensing images［J］. Remote Sensing Letters, 2018, 9(10)：923-932.

［174］李增元, 陈尔学. 中国林业遥感发展历程［J］. 遥感学报, 2021, 25(1)：292-301.

［175］郝红科. 基于机载激光雷达的森林参数反演研究［D］. 杨凌：西北农林科技大学, 2019.

［176］ONISHI M, ISE T. Explainable identification and mapping of trees using UAV RGB image and deep learning ［J］. Scientific Reports, 2021, 11：903.

［177］LOPEZ-PUIGDOLLERS D, MATEO-GARCIA G, GOMEZ-CHOVA L. Benchmarking deep learning models for cloud detection in landsat-8 and sentinel-2 images［J］. Remote Sensing, 2021, 13(5).

［178］XU W W, WANG W, WANG N, et al. A new algorithm for himawari-8 aerosol optical depth retrieval by integrating regional $PM_{2.5}$ concentrations［J］. IEEE Transactions on Geoscience and Remote Sensing, 2022, 60：3155503.

［179］车军辉, 赵平, 史茜, 等. 大气边界层研究进展［J］. 地球物理学报, 2021, 64(3)：735-751.

［180］WEI W, PAN Y N, FENG H H, et al. Bagged tree model to retrieve planetary boundary layer heights by integrating lidar backscatter profiles and meteorological parameters［J］. Remote Sensing, 2022, 14(7)：1597.

［181］HE J, JIN Z, WANG W, et al. Mapping seasonal high-resolution $PM_{2.5}$ concentrations with spatiotemporal bagged-tree model across China［J］. Isprs International Journal of Geo-Information, 2021, 10(10).

［182］于博文. 基于深度学习的 VIIRS 卫星全球海洋叶绿素 a 浓度反演［D］. 北京：中国地质大学（北京）, 2019.

［183］李德仁. 展望大数据时代的地球空间信息学［J］. 测绘学报, 2016, 45(4)：379-384.

［184］朱建章, 石强, 陈凤娥, 等. 遥感大数据研究现状与发展趋势［J］. 中国图象图形学报, 2016, 21(11)：1425-1439.

［185］徐看, 熊助国, 刘向铜, 刘鑫. 城市不透水面遥感提取应用探讨［J］. 江西科学, 2020, 38(4)：498-503, 618

[186] 张文渊, 郑南山, 张书毕, 等. 附加高水平分辨率PWV约束的GNSS水汽层析算法[J]. 武汉大学学报（信息科学版）, 2021, 46(11): 1627-1635.

[187] 李紫微, 马庆勋, 吕杰. BP神经网络的近地面臭氧估算及时空特征分析[J]. 测绘通报, 2021(6): 28-32, 126.

[188] 周岩, 董金玮. 陆表水体遥感监测研究进展[J]. 地球信息科学学报, 2019, 21(11): 1768-1778.

[189] 牛汝辰, 邓国臣. 测绘人眼中的智慧城市——李德仁院士专访[J]. 测绘科学, 2015, 40(1): 3-8.

[190] 覃泽林, 谢国雪, 李宇翔, 等. 多时相高分一号影像在丘陵地区大宗农作物提取中的应用[J]. 南方农业学报, 2017, 48(1): 181-188.

[191] ALONSO K, DATCU M. Knowledge-driven image mining system for Big Earth Observation data fusion: GIS maps inclusion in active learning stage[C]//2014 IEEE Geoscience and Remote Sensing Symposium. July 13-18, 2014. Quebec City, QC. IEEE, 2014.

[192] 李德仁, 张过, 蒋永华, 等. 论大数据视角下的地球空间信息学的机遇与挑战[J]. 大数据, 2022, 8(2): 3-14.

[193] 李德仁. 从测绘学到地球空间信息智能服务科学[J]. 测绘学报, 2017, 46(10): 1207-1212.

[194] 李永庚, 蒋高明. 矿山废弃地生态重建研究进展[J]. 生态学报, 2004, 24(1): 95-100.

[195] 朱世勇. 矿山地质环境动态监管方案研究: 以福建省为例[D]. 北京: 中国地质大学（北京）, 2016.

[196] 丁恩杰, 金雷, 陈迪. 互联网+感知矿山安全监控系统研究[J]. 煤炭科学技术, 2017, 45(1): 129-134.

[197] 王安, 杨真, 张农, 等. 矿山工业4.0与"互联网+矿业": 内涵、架构与关键问题[J]. 中国矿业大学学报（社会科学版）, 2017, 19(02): 54-60.

[198] 李中元, 吴炳方, GOMMES René, 等. 农情遥感监测云服务平台建设框架[J]. 遥感学报, 2015, 19(4): 578-585.

[199] ZHANG C, YANG Z W, ZHAO H T, et al. Crop-CASMA: a web geoprocessing and map service based architecture and implementation for serving soil moisture and crop vegetation condition data over U. S. Cropland[J]. International Journal of Applied Earth Observation and Geoinformation, 2022, 112: 102902.

[200] ZHAO H T, DI L P, SUN Z H. WaterSmart-GIS: a web application of a data assimilation model to support irrigation research and decision making[J]. ISPRS International Journal of Geo-Information, 2022, 11(5): 271.

[201] GORELICK N, HANCHER M, DIXON M, et al. Google Earth Engine: planetary-scale geospatial analysis for everyone[J]. Remote Sensing of Environment, 2017, 202: 18-27.

[202] BHATPURIA D, MATHESWARAN K, PIMAN T, et al. Assessment of large-scale seasonal river morphological changes in ayeyarwady river using optical remote sensing data[J]. Remote Sensing, 2022, 14(14): 3393.

[203] 魏红, 龙小祥, 公雪霜, 等. 四维地球遥感卫星数据互联网服务[J]. 卫星应用, 2022(1): 46-49.

[204] 于思琪, 刘东, 徐继伟, 等. 激光雷达反演大气边界层高度的优化方法[J]. 光学学报, 2021, 41(07): 159-167.

[205] 程庆岚, 黄飞, 曹开法, 等. 气溶胶激光雷达系统研制及在大气监测中应用[J]. 电子测量技术, 2020, 43(23): 139-144.

[206] 朱长明, 张新, 方晖, 等. 基于星载激光雷达的高原堰塞湖水文要素反演与变化特征分析[J]. 测绘通报, 2021(1): 29-34.

[207] 徐沛拓, 刘东, 周雨迪, 等. 海洋激光雷达多次散射回波信号建模与分析[J]. 遥感学报, 2020, 24(2): 142-148.

[208]胡凯龙，刘清旺，庞勇，等. 基于机载激光雷达校正的 ICESat/GLAS 数据森林冠层高度估测[J]. 农业工程学报, 2017, 33(16)：88-95.

[209]NAN Y M, FENG Z H, LI B C, et al. Multiscale fusion signal extraction for spaceborne photon-counting laser altimeter in complex and low signal-to-noise ratio scenarios[J]. IEEE Geoscience and Remote Sensing Letters, 2022, 19：3016995.

[210]宋海润，王晓蕾，李浩. 基于激光雷达的垂直能见度反演算法及其误差评估[J]. 强激光与粒子束, 2020, 32(3)：50-56.

[211]孙忠秋，高金萍，吴发云，等. 基于机载激光雷达点云和随机森林算法的森林蓄积量估测[J]. 林业科学, 2021, 57(8)：68-81.

[212]李德仁，李明. 无人机遥感系统的研究进展与应用前景[J]. 武汉大学学报(信息科学版), 2014, 39(5)：505-513, 540.

[213]杨海军，黄耀欢. 化工污染气体无人机遥感监测[J]. 地球信息科学学报, 2015, 17(10)：1269-1274.

[214]杨安蓉，张超，王娟，等. 应用无人机可见光遥感技术估测林分蓄积量[J]. 东北林业大学学报, 2022, 50(5)：70-75.

[215]李德仁，余涵若，李熙. 基于夜光遥感影像的"一带一路"沿线国家城市发展时空格局分析[J]. 武汉大学学报(信息科学版), 2017, 42(6)：711-20.

[216]ODA T, MAKSYUTOV S, ANDRES R J. The Open-source Data Inventory for Anthropogenic Carbon dioxide (CO$_2$), version 2016 (ODIAC2016)：a global, monthly fossil-fuel CO$_2$ gridded emission data product for tracer transport simulations and surface flux inversions[J]. Earth Syst Sci Data, 2018, 10(1)：87-107.

[217]李德仁，李熙. 夜光遥感技术在人道主义灾难评估中的应用[J]. 自然杂志, 2018, 40(03)：169-76.